阅读成就思想……

Read to Achieve

心理学普识系列

情绪词典

朱建军　曹昱　著

你的感受
试图告诉你什么

中国人民大学出版社
· 北京 ·

图书在版编目（ＣＩＰ）数据

情绪词典 ： 你的感受试图告诉你什么 / 朱建军，曹昱著. -- 北京 ： 中国人民大学出版社，2023.2

ISBN 978-7-300-31312-2

Ⅰ．①情… Ⅱ．①朱… ②曹… Ⅲ．①情绪－通俗读物 Ⅳ．①B842.6-49

中国国家版本馆CIP数据核字(2023)第004631号

情绪词典：你的感受试图告诉你什么

朱建军 曹 昱 著

Qingxu Cidian : Ni de Ganshou Shitu Gaosu Ni Shenme

出版发行	中国人民大学出版社			
社　址	北京中关村大街 31 号		**邮政编码**	100080
电　话	010-62511242（总编室）		010-62511770（质管部）	
	010-82501766（邮购部）		010-62514148（门市部）	
	010-62515195（发行公司）		010-62515275（盗版举报）	
网　址	http://www.crup.com.cn			
经　销	新华书店			
印　刷	天津中印联印务有限公司			
规　格	170mm×230mm　16 开本		**版　次**	2023 年 2 月第 1 版
印　张	24.5　插页 1		**印　次**	2023 年 12 月第 7 次印刷
字　数	380 000		**定　价**	109.00 元

— 序 —

能感受，是判断一个人是否活着的根本标准和重要标准之一。

当我们向小孩解释死亡的时候，通常会这样说："人死了，就什么都感受不到了，就是一动都不能动了。"这种对小孩说的话，其实比任何哲学家高深的用词更准确，更能抓住要点。

人作为生命体，与那些无生命的事物存在两个重要的差别——能感和能动，即人能觉知和行动。如果这两个根本的东西无法兼得，比如几乎完全丧失了行动力的人但依然能感，那么他还是可以算作一个活人。比如，霍金全身瘫痪，仅有三根手指能动，但他还是活着的人，而且可能比很多身体健康的人活得更有深度。然而，如果一个人失去了感觉和感受的能力，就不能称之为"活人"了。感觉是因感而觉，也就是知道了；感受是因感而有了受，即存在愉悦和不愉悦之分。在动这个方面，机器人的行动力很快就会让人类难以望其项背了，但如果机器人没有意识，它就不算是活着的。即使机器人可以采集光信号、声音信号等，还能加工信息，但只要它没有感受，它就不过是一台机器。

人会本能地追求快乐和幸福，逃避痛苦和不幸。说到底，人一生所做的事情，无非就是在感受中选择——选择那些愉悦的感受，回避那些痛苦的感受。有的人一生都在赚钱，以为自己是为了赚钱而活，但是稍微一反思就会知道，从本质上来说，赚钱不过是让人获得一种富有的感受，或是用钱换来一些其他的好感受而已。有的人非常高尚，一生为道义而活，其实也是因为他更喜欢正义感等高级的好感受。所谓的"善"，无非是给别人带来一些好的感受；所谓的"恶"，无非是给别人带来了痛苦和烦恼。

感受是人生的核心。弄懂人的各种感受，按理说是人最需要做的事情。不过，在现实世界中，人们最花力气研究的不是感受，而是诸如如何赚钱、战斗等其他的东西。好奇怪！为什么会这样呢？这是因为，人们常会认为，让自己的感受好，靠的是一些外在的条件。条件具备了，就一定会有好的感受；条件不具备，就只能将痛苦留给自己了。因此，人一生经营，以求获得那些外在的条件。一人如此，很多人也如此；古代如此，当今也如此。人们都想获得快乐、幸福，与之相比，研究感受就显得不那么要紧了。如果一个人没有钱吃饭，那么他首先是要去挣钱，而不是研究美食的学问。这个例子的确情有可原，但对于我们绝大多数人来说，如果我们不懂得各种感受和这些感受的规律，那么即使我们具备条件，也未必就能获得好的感受，这不得不说有点可惜。因此，在现实生活中，亿万富翁活得很不开心的也不少，有美妻帅老公却还是感到不幸福的人也很常见。

好在有心理学这个学科，专门研究人的各种心理活动，当然也包括感受。作为本书作者之一，我还是一名心理学工作者、心理咨询师，所以研究人的各种感受对我而言是职责所在。在心理咨询课程的教学中，我也意识到，对于心理咨询师来说，熟悉和了解人类的各种感受是很重要的。也就是说，心理咨询师不仅要知道它们的名称，还要能感受到、知道产生这些感受的缘由，并能根据来访者外在的表现识别这些感受，以及知道如何转化这些感受。

有心理困扰的人，甚至是患有精神疾病的人，与平常人并无本质不同，只不过他们受困于某些负性的、不愉快的或者痛苦的感受之中，努力挣扎却又难以挣脱而已。例如，强迫症患者有一些在常人看来稀奇古怪的做法，如反复洗手、反复检查门锁。他们之所以这样做，只不过是因为他们的某些感受比常人更强一些罢了。例如，手碰了脏东西，人人都会产生不洁感；想到门万一没锁好，人人都会产生忐忑不安感。如果这些感受轻，人的行为就会比较正常；如果这些感受较为强烈，人就会忍不住做一些事来缓解这些感受，而这些事在旁人看起来可能就会显得不那么正常了。一旦懂得了这些感受，我们就能更理解这些特别的人。如果心理咨询师对各种感受都有过亲身体验，并能掌握相应的知识，那么在理解这些心理受到困扰的来访者时就会比较容易——虽然程度有别，但是能懂他们的感受，这本身对来访者来说就是一种慰藉。

因此，我认为有必要做一些研究和教学，以提升心理咨询师对人类感受的体会和理解能力。在研究人的感受方面，很多心理学家都做过很多工作，留下了很多有用的成果。然而，他们往往是聚焦于一两种感受做研究，以让研究做得更加有专业性。这就会带来这样的问题：心理咨询师在实际工作中，很难找到并看懂那些散落在很多不同期刊文献中的、针对不同感受的研究材料。也就是说，如果一位心理咨询师想了解人类感受，他要是只凭借自己的力量去查找心理学期刊中的各种文献来学习，那简直是不可能的事情。说到这里，你可能会推测，我打算来做这项汇总工作。抱歉，你猜错了，我也不擅长做这项工作。

我想到的是另外一种做法——我决定做一项简单、初步，但是很有帮助的工作：先汇总人类各种主要的感受，列出一张清单；然后，运用心理学知识去逐一解释每种感受。这有点类似于编写一部关于人类感受的小词典。

对每一种感受，我大体都会讲解以下内容。

- 这种感受叫什么名字？
- 哪种内在或外在情景会引起这种感受？
- 这种感受的体验是什么样子的 ① ？
- 这种感受在身体上会有什么表现？
- 当产生这种感受的时候，可能会出现哪些心理意象？
- 在人的心理发展过程中，哪个阶段容易产生这种感受？在各个发展阶段中，发生什么事情会影响这个人，使其更容易在这种感受上不同于其他人？
- 这种感受对人的行为及性格会产生什么影响？
- 这种感受会受什么影响而转变？
- 现实生活或文学作品是如何体现这种感受的？

对于每种感受，我并不会一一讲解上述所有内容。对于有些感受会讲得比较详细，有些则可能讲得比较简略。

描述这些感受的依据，大致来自以下几种。

---

① 事实上，并不能用语言将体验表达清楚，必须亲身体验过才能知道，但是我可以试着用语言去描述。

第一，我的亲身经验。我会先从文字和心理学的理论出发，辨析和确定这种感受。然后，我会诱导自己产生这种感受，并按照一个标准化的程序去内省体验这种感受。这个程序如下。

- **第一步**：在过去的生活中，找到一个曾经激起我产生这种感受（或情绪）的事件。
- **第二步**：放松身体并想象这个事件，让这个想象尽可能清晰，让自己尽可能感到身临其境。我还可以想象一个在现实中没有发生过但是的确会激发这种感受的情景。
- **第三步**：在感受或情绪被激发出来之后，内省观察这个心理能量在身体中的起点、运动的方向、运动的速度和形态，内省观察这个心理能量如果有颜色的话，会是什么颜色，以及它的声音、温度、气味、味道、触感等。
- **第四步**：看看这个感受会不会唤醒一个意象。
- **第五步**：回忆过去体验过的这种感受，并把它的特点描述出来。

第二，在文学作品中寻找激起某个角色产生这种感受的情节，并看看作家所描述的这种感受有什么特点。

第三，让我在学校教的学生或培训的学员按照我设计的标准化程序去体验感受，并把结果反馈给我。当然，并不是所有感受都需要他们这样去体验。

第四，观察和总结心理咨询中的来访者、团体咨询中的参与者，以及心理学成长小组的成员在产生某种感受时的动作、表情、姿势等。

本书并未采用学术论文或学术著作的文体，更像一部以散文手法写成的科普词典。我会为每种感受严格命名，并用易于理解的语言来阐释其含义，以便让读者（尤其是心理咨询师）更容易阅读和理解，更容易将这些知识运用于心理咨询实践中。此外，既然不是论文，那么除个别地方我标注了引用来源外，就不再列出长长的参考文献清单了。还需要说明的是，本书中个别感受的描写，我参考了我带的研究生的作业中的表述，在此表示感谢。

在写完整本书后，我请曹昱复核了一遍，并请她把所有她认为不够精准的内容都重写了一遍，还添加了很多具体的细节。她贡献了这本书大约三分之一的字数，因此她当之无愧地被列为本书的第二作者。

虽然刚开始时，我是为了满足心理咨询师的需要而写的这本书，但随着写作的深入，我越发意识到，其实不仅仅是心理咨询师需要它，心理咨询中的来访者和那些有心理困扰的人也会发现这本书对他们的益处。能了解自己的感受是所谓"心智化"的一部分，而很多人之所以会感到困扰，正是因为他们心智化的水平不足。如果他们能了解人类的感受，就有助于他们了解自己的感受，进而有能力管理自己的情绪和感受。这本书写得通俗易懂，也是希望他们能通过读这本书来提升自己的心理健康水平。

事实上，这本书适合任何对心理学感兴趣，或者说对自己的内心感兴趣的人。也就是说，这本书适用于几乎每一个人——谁会对自己的内心不感兴趣呢？

人生就是在种种感受和情绪中度过的。看到新鲜事，我们会产生新奇感；看不到新鲜事，我们会产生无聊感。成功了，我们会产生成就感；失败了，我们会产生挫折感。得不到，我们会产生缺失感；得到了，我们会产生满足感。热恋时，我们会产生幸福感；失恋时，我们会产生失落感，甚至是强烈的痛苦感……有时，我们的处境会非常复杂，让我们百感交集。

我们会经历人生的百转千回，感受种种情绪和感受。当我们回忆一生时，眼前会出现各种各样的景象：童年门口的小河，院子里大树上的知了，夜空中一颗又一颗相继划过的流星……但是对我们来说，并不是这些景象本身有什么值得留恋的，如果记忆中没有保留下那些当时被唤醒的感受，那么这些画面又有什么意义呢？也就是说，只因我们眼前再现这些画面时，我们再度感受到了那些当时的感受，这些画面才那么打动我们的心。

因为有这些感受，所以我们活着。因为有过感受，所以我们活过。因为感受过美好，所以人生美好。就算感受过痛苦，也是我们存在的证明。

读这本书可以很有用：心理咨询师可以用于助人，来访者可以用于自助，平常人可以用于自学心理学。不过，读这本书也可以不去关心它有什么功用，而只是就这样去读而已。它自会成为一个引子，引导我们再次体验我们有过的那些感受，让那些感受的百涛千浪在心中尽情地起伏。甚至，有一些我们一生都没有机会体会过的美好的、高境界的感受，我们也可以通过读这本书获知。即使我们还没有经历过，也可以心向往之。而心向往之的结果说不定会给我们带来一个机会，让我们在将来的某一天能够感受到它。

你可以将本书作为词典来用，在面对某种感受时，查一查书中相应的描写。不过，限于自身的能力，这本书自然不会像词典那么精准，但我计划过些年后再来修订它，让它更加精准。在现阶段的这个版本中，我希望它能给人们一些启发，让人们通过查阅，了解一些自己没有注意过的关于某种感受的东西，或在闲暇之余作为轻松读物，让生活多一些波澜起伏。

当然，我本想把书写得更好看一些。但是，一方面，这本书中提到的很多感受，目前被研究的还不多，所以也难以写得更深刻；另一方面，我发现我老了，常常心如止水，很难像年轻人那样深深地卷入各种感受，且文采也不足，所以难以写得更生动，这让我多少有一点惭愧。不过，百尺之湖固然不算大，但如果在沙漠中有这样一个湖，对旅人也还是颇有益处的。

希望这本书对你有益。

— 目录 —

第一部分 关于感受的心理学知识

第二部分 感受词和情绪词释义

关于感受的心理学知识

第 1 章

人与动物是如何感受的

什么是感受

我们每天都在体验着种种感受，我们的语言中也有"感受"这样一个词，因此，即使不加细致描述，大家也能知道什么是感受。不过，作为心理学的研究者，不能满足于仅仅是大致上知道，还需要对它进行更清晰的界定。

那么，什么是感受呢？

感受是一种内在的心理现象，或者说是一种主观的体验。

我们固然可以通过观察一个人的表情来推断他的感受。如果他满脸是汗、龇牙咧嘴，那么我们可以推断他正在感受疼痛。然而，这只是一种推断，而不是感受本身。只有在人体验到并内省观察时，才能观察到感受本身。感受是一种体验，因此只有在体验时才能被称为感受。

感受的基础是有所感，也就是先有感觉才能有感受。例如，我们先看到一条虫子，然后才会产生麻酥酥的感受。如果没有看到虫子的这种感觉，就不会有麻酥酥的那种难受的感受。

感觉和感受有什么区别呢？

感觉是有感而觉，也就是说，当某个刺激触及了感官的时候，人才能够觉察到这个刺激物。例如，光的刺激触及视觉细胞，然后我们看到了有着不同颜色的光，这是感觉；化学物质刺激到了舌头上的味觉细胞，然后我们尝到了味道，这也是感觉；血液浓度的变化刺激到了体内的感受器，于是我们感觉口干舌燥，这种内部感觉也是感觉。感觉是感官接触某个对象所接收到的刺激信息。视听味触嗅带来的都是感觉信息，我们靠这些信息可以推测外部或内部发生了什么，获得一种"是什么"的认识。看到光，可能是因为天亮了；口干舌燥，可能是因为渴了。

感受则是因"感"而产生让我们愉悦或不愉悦的"受"。外部或内部的某个刺激——不论是有形的事物还是无形的观念，让我们在感到了之后还会对它进行评估，看它对我们是有益的还是有害的。如果把它视为有益的，我们就会认为它是好的，就会有愉悦的"受"；相反，如果把它视为有害的，我们就会认为它是坏的，就会有不愉悦的"受"。这种评估可以在不同的水平进行，有些是我们无意识的，有些是我们有意识的。

除了上述两种感受外，还有一些感受相对来说比较中性，似乎说不上多么愉悦，也说不上多么不愉悦。如果将这种感受单分一类，那么可以将感受分为这样的三类：愉悦、不悦、没有愉悦也没有不悦（对应佛法中讲的"乐受""苦受""不苦不乐受"）。

可能有人会说，那是不是还有"既愉悦又不愉悦"的感受呢？或者说，是否还有"有时愉悦、有时不愉悦"的感受呢？当然有。比如，一个非常饥饿的人好不容易讨到了一碗馊饭，他会同时感受到胃里饥饿感被缓解的愉悦感，以及口腔里酸腐味道的不悦感。此时，他会有既愉悦又不愉悦的感受。再来说有时愉悦、有时不愉悦的感受，这种情况也有很多。比如，我饿的时候看见母亲给我端来一大盆排骨，我会产生愉悦的感受；相反，我酒足饭饱后看见母亲给我端来一大盆排骨，我就会产生不愉悦的感受。

虽然以上两种情形在生活中时有发生，但是"既愉悦又不愉悦"在逻辑关系上并不能单分出来一类。因为"既愉悦又不悦"并不像愉悦和不愉悦那样，是一种单纯的存在形态——那只是在接受一个刺激的时候，愉悦和不愉悦同时被体验到了，或是愉悦和不愉悦被先后体验到了而已。

"愉悦"这个词其实也容易带来误解，因为组成这个词的两个字"愉"和"悦"都表示某种特定情绪。而这里我们用"愉悦"和"不愉悦"两个词来表达的并不是某种具体情绪感受，而是所有感受都有的一种品质要素。只不过，我们目前尚未找到一个更合适的词来替代，所以只能这样用着。有人可能会说，可以考虑用"正向""积极"这些词来替代"愉悦"，用"负向""消极"这些词来替代"不愉悦"。我认为这些词都是外语词的翻译，原词的意义都有点不适合，所以我还是决定勉强用"愉悦""不愉悦"这两个词。

此外，情绪也是一种感受，但并不是所有的感受都可以被称为情绪。比如，安全感是一种非常重要的感受，但它并不是一种情绪。

感受的七个层次

感受是分层次的：有些感受更加原始，是低等动物就有的感受；有些感受则只有人类才有，动物是不可能有的。

感受的不同层次是进化过程带来的结果。原始的动物，其感受的形式也更原始。而随着进化，感受也在进化。

我在本书中将感受分为以下七个层次。

第一层：原始感受

我们将进化程度很低的动物（比如，腔肠类动物、昆虫类、软体动物等）就有的感受称为原始感受，这是最原始、最底层的感受。

这些低等动物认识世界的能力是低下的，它们的认知和行动都极为简单、直接。它们主要是用无条件反射或条件反射来回应外在的刺激。它们对外界的辨别力很弱，因此它们能感受到的外界是较为混沌的。它们只能很粗略地对外界产生一种不怎么分化的感觉，并在此基础上产生一种总体的感受。

比如，当天敌接近它们时，周围环境中的一些改变会带来一些天敌到来的线索。虽然这些低等动物无法清楚地辨别出发生了哪些具体的变化，但它们还是能够感到一些不好的改变，如果用人类的语言来描述这种感受，就是一种"不祥的预感"。

还有一种情况——天敌没有到来，但当低等动物从事某个活动时，环境中发生了一些异常的事情。此时，它们就会产生一种异样感，如果用人类的语言来描述这种感受，就是一种"不对劲感"。和不祥的预感一样，不对劲感也是一种原始的感受。

除了上述这些对外部环境的基本感受外，低等动物还有一些对自己内部状态的基本感受。比如：身体随着波浪舒张、收缩的感觉，类似人类所描述的身体上的舒展感和收缩感，以及节律感；吞食小东西的时候，伴随的是轻微的充实感；当被刺激或是有力度更大的收缩时，伴随的是强烈而迅猛的收缩感，类似痉挛感或僵硬感。

对外界环境的基本感受、对自身内部反应的基本感受、对自己的行为倾向的基本感受……所有这些原始的感受，其实都可以算得上是情绪的前身。不过，这些基本感受肯定不能被称为"情绪"，最多只能被称为"趋避反应过程"[①]或"反应过程"中的基本感受。

尽管人类在进化的过程中最终进化出了更高级的认知能力和更高层次的感受，但是这些最原始的感受依然存在于人类身上。因此，人类仍能感受得到不祥的预感、不对劲感、舒展感、收缩感、充实感和痉挛感等这些原始动物的感受。

在本书中，为了简单明了，我会用"××感"的方式来命名这些原始感受。

第二层：基本情绪

比腔肠类动物、昆虫、软体动物等无脊椎动物更高级的动物，如鱼类、两栖动物、爬行动物等冷血动物，其认知和行为的反应模式更加复杂。它们的辨别力提高了，不再是简单地对刺激做出反应，而是对外界的对其生存有意义的一组刺激的整体做出的反应，进而产生一组内部和外部的行为。它们会"认出"外界的是"什么东西"了，因此它们的反应是针对"那个东西"的整体做出的反应。

为了有助于外部行动，动物机体内部会发生一些变化，包括激素的水平变化、肌肉紧张度变化等，使动物进入适合某种外部行动的状态。它们的内部有了初步的自我监控，有了对各种特定情景下的整体的内部反应的感受。我们可以勉强地称这些内部状态的感受为情绪，但这些还只是知觉水平的情绪，是更加简单的、基本的情绪。

以爬行动物蛇为例，由于生存的难度更大，因此它需要进化出更强的行动力。

---

① 孟昭兰. 人类情绪 [M]. 上海：上海人民出版社，1989：10.

而对内部活动的觉知度的提高则可以产生初步的预期外界的能力，以便激发一整套行为。这种内部的一系列准备活动就是情绪萌芽。

蛇依然有舒展感、收缩感和运动的节律感等这些原始感受，但是蛇会发现这些原始感受能让它感受到自己的存在，因此带来了基本的愉悦感。这种基本的愉悦感是对情景的整体评估而产生的，所以不是基本的反应过程的感受，而是一种情绪萌芽。这种情绪萌芽，就是所谓的"知觉水平的情绪"。[①] 在日常语言中，也可以把它称为"基本情绪"。

当蛇知觉到有天敌来了，它的身体就会为此做准备——释放肾上腺素，让身体进入适合攻击的状态。之后，它对自己的监控能力让它感受到自己内部已经做好了攻击准备——这种感受就是基本情绪中的怒。蛇的这种怒与高等哺乳动物的怒相比，虽然更为初级、更为简单，但是已经算得上基本情绪了。

同样，当被比自己更危险的天敌攻击时，蛇还会感受到一种基本情绪——恐惧。

从原始感受到基本情绪，这个阶段对应的进化是，不再是在接收到刺激的同时，对一个单一刺激做出简单的、即刻的反应，而是先对感觉信息做整体分析，产生一种整体的知觉，再在这种整体知觉的基础上产生一整套的内部和外部的反应。这一整套的反应是动物先天预存的反应套路模式。由于这套模式在被激发时，内部的激素分泌也会相应地按照预存模式进行，因此由相应激素分泌所带来的感受也是由这套模式激发的。这种被内部预存的模式所激发的感受就是基本情绪。

基本情绪主要包括怒、喜、哀、惧、惊、厌恶。这些基本情绪在人类身上同样存在。

在本书中，我会直接用基本情绪本身的名称来命名这些基本情绪，如"怒""喜""哀""惧""惊""厌恶"等。

---

① 孟昭兰. 人类情绪 [M]. 上海：上海人民出版社，1989：10.

第三层：情绪

"情绪"一词的英文为 emotion，牛津词典对其的定义为 "a strong feeling such as love，fear or anger"（"一种诸如爱、恐惧或愤怒的强烈的感受"）。不过，这种对情绪的直观解释未必经得起推敲。

第一，对于不同情绪来说，爱、恐惧和愤怒通常在体验上或是看起来会比平静、欣然、无聊这些感受显得更强烈一些，但平静、欣然、无聊等也是情绪。

第二，当一个人有很强的安全感时，他对这种感受的体验可能比对一点点轻微的愤怒更强烈，为什么前者就不能被称作"情绪"呢？

更何况，那些通常会显得更强烈的情绪（比如，爱、恐惧和愤怒），有时候也并不强烈，甚至可能会不强烈到让人难以觉察。比如，我们看到一朵花时产生的淡淡的爱的感觉、看到窗外的夜色时产生的淡淡的恐惧，以及在路上踩到一块水果皮时产生的淡淡的愤怒。

实际上，不管是否强烈，情绪就是情绪——强烈的情绪就是强度高的情绪，不强烈的情绪就是强度低的情绪。因此，并不能说不强烈的就不是情绪了。上述定义中所使用的"情绪"这个词，是为了把某些种类的感受和其他感受区分开，并不是按照一个精准的定义来区分的，而只是做了一种习惯性的区分。可见，什么能被称为"情绪"、什么不能，可以说是语言习惯的产物，并没有绝对的划分标准。因此，在心理学研究中，不同的研究者基于各自对情绪的理解和观察视角，对情绪的定义也并不相同。我们在学习某个情绪理论时，不能简单地对词汇做出条件反射，而应了解那个理论对"情绪"的定义及其理论视角，这样才能相对准确地把握这个理论的意涵。

本书的划分标准以动物和人的身心进化水平为基础。依据这个标准，现在所说的"情绪"是狭义的，指的是比上面所讲的基本情绪进化得更高一个层次的那些感受。

接下来，我继续说说我的理论框架中的情绪。

在基本情绪这一层级进化出来后，动物再继续进化，到了恒温动物（包括哺乳动物和鸟类），进化出了象征性的想象力。也就是说，一些预存的形象可以被作为符号用来进行推演了。这种想象推演可以预估一个内部或外部情景对自己的利害——即使这种利害结果并没有真的在当下出现。大体上说，如果对满足内驱力有益，就是有利；反之，就是有害。

基于想象中的推演结果，动物会推测到可能即将发生的利害，这样的预估随后会唤醒动物对外界做出相应的行动的准备（动物对外界采取的一套预存模式的行为准备）——这个内部"准备"给动物带来了相应的生理变化。此时，动物对自己内部的生理变化，以及对自己的行动倾向的感受，就是本书所说的"情绪"了。

单从有能力做出"一套预存模式的行为准备"这一点来看，此时的情绪和上一级别的基本情绪并没有发生质变，那么，我们为什么又要说情绪是比基本情绪更高一个水平的预存模式呢？那是因为，在基本情绪那一层级，其行为预存模式是依靠感知觉来激活并采择的；而到了情绪这一层级，其行为预存模式则是依靠想象来激活并采择的。换句话说，动物从仅仅依赖感官知觉来获取信息、选择策略，到不仅可以使用感官知觉，而且能依靠符号化和想象力来获取信息、预测结果、选择策略，其进化程度向前迈了一大步。

正因如此，进化出了情绪的动物已经具备了运用符号运算的能力，这样一来，它们就发展出了对未来的推演能力，以及对过去经验的记忆、加工和统合能力——在心理上产生了对时间的感知，不只是当下，还有了过去和未来，这就使得不断地学习成为可能。

因此，与仅仅有基本情绪的爬行动物相比，有情绪的动物的预存模式已变得更为灵活和复杂——荣格所说的"原型"（archetype），也许就是人主观感受到的这种模式。进化到这个层次的情绪与前面所说的基本情绪相比，自然是更加细致、更加分化的。例如，作为基本情绪的"喜"，到了情绪层次就分化成了多种不同的情绪，如快感、乐、悦、爽快、欣然、怡然……

如前所述，哺乳动物和鸟类基于想象中的预测结果而感受到情绪后，会产生行动的倾向。尽管这种倾向从根本上说也是为了满足内驱力或需要，但是并非直接受内驱力的影响，而是受情绪的影响。换句话说，原来的"内驱力 – 行动"变成了"内驱力 – 情绪 – 行动"。

例如，停留在基本情绪层级的蛇在被其他的蛇侵入地盘时，它在感觉到这个刺激后会马上反射性地启动战斗行动，哪怕最终两败俱伤甚至是自己死掉也别无选择。然而，换作有了情绪的狗就不一样了。当它被另一只狗侵入地盘时，它会先来预测自己和对方交战后会有什么结果：如果对方身强体壮且来势汹汹，它就会预测自己很可能吃亏，从而产生恐惧情绪，进而启动逃跑行动；如果对方矮小瘦弱且看起来有点懦弱，它就会预测自己很可能胜利，从而产生愤怒的情绪，进而启动战斗行动。

作为推动行为的驱力，情绪是对自己内部的认知所产生的次级驱力，因此与认知活动有关。有时情绪会起到一种动员作用，让行动及时产生足够的驱动力。有时情绪还会针对过去和现在，一种舒服的感受可以告诉我们，过去的某个经验是好的，以后可以继续追求。我们不需要马上有行动，但这会影响我们未来的行为。

值得一提的是，有了"情绪"这个中介之后，选择就成了可能。换句话说，那条蛇只能"刺激－反应"而没有主动选择的余地，因为那是它回应那个刺激的本能。而对于那只狗来说，它有了选择战斗、逃跑、找主人告状等不同的复杂策略的能力。从进化角度来说，情绪的出现让动物有了主观能动性的选择，这大大提高了动物的生存与适应世界的能力。

最后再说说人类。人也是哺乳动物，也和其他哺乳动物一样有各种情绪。此外，人的想象加工的能力比其他哺乳动物更强，因此人的想象可以创造出对情景的复杂理解，他们也会有意识地发展出一些应对性行为，这些内部和外部的行为也不再仅仅是先天预存的，还可以是几种先天模式的整合，或是对先天模式的调整，甚至还可能是全新的。此时，他们会产生一种相应的内在感受，这就是一种更高级、更复杂的情绪。

在本书中，我们对情绪的命名也会直接使用情绪本身的名称，例如，"好奇""平静""忐忑""沮丧""失落"等。

第四层：情感

除了与其他哺乳动物的生活有诸多相似之外，人类生活中还出现了一个重要的质变：建构了一个精神性的存在物——自我，进而想象出了社会和文化等虚构的实体，以及神等超自然的存在。因此，人产生了一种动物没有的新需要——维护自我的需要，这个需要又衍生出一系列具体需要。

例如，人需要有自尊，有自尊才能保护自我的心理边界。这样一来，对人的自尊有影响的境遇也会激发人心中与自尊相对应的感受，进而让人可以更加有意识地、自主地选择如何应对。由于这种应对更多的是精神性的，而不是生物性的，所以并没有很清晰的身体先天固有的反应模式。这些应对与人身体层面的生存和繁衍关系不大，却对人的精神生命的存在关系重大。这些应对被马斯洛划为类本能应对。

那么，什么是本能应对呢？只需比较一下本能应对与类本能应对在同一个人身上的表现，就能理解二者的异同。

比如，当一个人感到自己的身体被攻击（刺激）时，他就会立刻在想象中评估自己和对方战斗的结果（想象）：如果预估自己能胜利，就会产生恼怒（情绪）；如果预估自己会失败，就会产生担忧（情绪）。随后，愤怒会引发一系列的战斗行动，恐惧则会引发一系列的退缩或讨好等行动。这就属于本能应对。

还是以这个人为例。如果别人说了他的坏话，这虽然并没有对他的身体造成丝毫的威胁，但是他会意识到他的"自我"被攻击了（刺激）——他首先会在想象中"看到"，自己的"好自我"意象正在被一个心存恶意的"他者"意象贬低和污损（想象），此时，他会产生与自我概念有关的被羞辱感（情感），同时还会在想象中生成一个"捍卫好我的保护者"意象。这之后，他会再次通过想象来预估不同方式的应对结果：如果自己的保护者对那个恶意的他者这么辩驳，那么那个他者会有什么感觉？会如何再回应自己？经过几次三番的辩论预演，他最终会基于预估结果选择一种给自己带来更多自尊感的回应方式，并在现实中对那个他者付诸行动（比如，直接回怼、拐弯抹角地讽刺、据理力争地自我辩护、揭对方的短、耻笑对方没有见识、沉默不理睬、先忍辱日后伺机报复等）。这就属于类本能应对。

从上述例子我们可以看到，虽然二者都有想象力和情绪作为中介，都有能力预演并选择一套策略，但类本能应对策略比本能应对策略更加精密、复杂，而且更能长期行动，即所谓"君子报仇，十年不晚"。更关键的一点是，类本能应对总是为了给精神自我概念趋利避害，而本能应对则总是为了肉体生命的存在而趋利避害。

人类不仅有和动物一样的捍卫自己肉体生命的身体本能，还有捍卫精神自我的精神本能。与捍卫自己的精神自我有关的感受虽然在体验方面与情绪相似，但并不像一般情绪那样有明确的生物学基础。我将这种与精神自我的利害相关的感受称为"情感"。我之所以这样命名，是因为我沿用了几十年前中国心理学界的术语用法——将社会性需要带来的感受称为情感。

情感是比情绪更高一个进化层次的感受。而且，从情绪到情感，这当中发生了一个质变：原始感受、基本情绪和情绪都与身体层面的利害相关，有利于身体的生存和繁殖会带来愉悦，反之则会带来不愉悦；情感则是与精神层面的自我利害相关，有利于自我会带来愉悦，反之则会带来不愉悦。

如果我们感受到了精神层面的自我存在，就会有存在感。我们喜欢这个被称为"自我"的精神性的存在，进而会产生自爱。我们要保护这个自我的边界，不允许它被侵犯，这就是我们的自尊感。

当我们将自己的自我与别人的自我相比较时，如果发现自己的自我更出色，就会产生自信、优越感、骄傲感、自豪感；相反，如果发现自己的自我比较差，就会感到自卑、惭愧、不自信、自轻自贱、自惭、自怜等。

当我们的自我和别人的自我互动时，我们还可能会感到内疚、屈辱、羞耻、愧、委屈、内疚，以及对他人的爱、恨、怨、嫉妒、依恋、轻蔑、感恩等，这些也都属于情感。

第五层：公情

比情感更高一个层次的感受被我称为"公情"，这是我提出的一个概念。

公情，指的是超越一个人的个体自我而进入团体大我的心理层面，是为团体大我存在的需要而存在和产生的感受。需要指出的是，这里所说的"大我"，既可以是一个相对较小、较具体的团体（如家族、企业、学术流派），也可以是一个相对更大、更抽象的团体（如民族、国家、人类乃至所有生物等）。

换句话说，情感是和"我（的自我）"有关的感受，而公情是和"我们"有关的感受。

例如，当我国运动健儿在奥运会上夺冠时，我们就会产生强烈的喜悦感，这种喜悦的主要成分就是公情。

前文中写过，情感是否愉悦取决于某个事物对自我的利害。公情与情感的不同之处在于，公情是否愉悦，取决于某个事物或情景对自我所在的团体的利害。也就是说，如果某个人或者某件事对其所在的团体好，就会激发愉悦的公情；如果对团体不好，就会激发不愉悦的公情。

例如，如果我看到我的自我比别人的自我更有优势，我就会产生自我优越感，即"我是比别人更强、更好、更独特、更重要的存在"；如果我看见我所在的团体比别的团体更有优势，我就会产生集体荣誉感。情感和公情都是愉悦的，但它们是内心关注的对象不同——情感关注的对象指向个体的自我，而公情关注的对象则指向集体的大我。

尽管个人的一些感受从表面上看与团体有关，但实际上，这个人内心关注的焦点还是在自己的自我上。例如，当不同的人都在说"自豪"和"骄傲"时，他们内心关注的焦点可能是不同的。例如，张三内心关注的焦点在自己身上，好的团体只不过是一个给他的个人自我贴金的工具而已；而李四内心关注的焦点在团体的大我上，此时他的自我与团体中其他成员的自我是完全平等的，他会发自内心地觉得"我们真好"，而不是觉得"看，我的团体这么好，这说明我真厉害"。因此，究竟是情感还是公情，我们不能只看词汇，还要看词汇背后的心理能量关注的焦点。

当然，公情和情绪也是不同的。例如，当一个人看到某件事情威胁到团体时，为了保护自己的团体，可能会激发战斗的行为模式，此时他的感受是义愤。义愤与愤怒是不同的：愤怒是为了自己的个人利益而生的，而义愤则是为了所在团体而生的。因此，义愤不是普通情绪，而是公情。尽管义愤和愤怒在感受上比较相似，但是存在一个质的区别：愤怒是因为别的人或事对自身有害而起；而公愤则是因为某个人或事损害了团体的利益而起。例如，别人抢我的钱包，我的愤怒就是个人的愤怒；有人污染了海洋，虽然我可能不会去海边，且这与我个人的利益无关，但我还是会产生义愤，因为被污染的海洋会损害地球上众多生命的利益。

公情是团体生活的基础，它让团体中的大部分人产生驱动力，从而让团体实现共同的目标。

第六层：共情性情感

人类所能达到的另一个高级层次是能超越自我中心。如果一个人能暂时忘我，能超越自己的身体和精神自我，以及自己团体的利害，就有能力站在他者（包括人类与非人类）的立场上，甚至有能力站在自己的对立面的立场上去关心别人的利害，这种超越自我中心的感受可以被称为"共情性情感"。

"怜悯"这个词可以表达两个层次的感受：（1）情感层面的怜悯，这种怜悯是带有居高临下的自我优越感的；（2）超越自我中心的怜悯，当一个人产生这种怜悯时，他没有不幸，他所在的团体也没有不幸，但他因为看到了别人的不幸而为别人感到难过，从而产生怜悯心。我们还可以称这种超越性的怜悯为"悲天悯人"。

孟子所讲的"恻隐之心"也是这种共情性的情感。你很可能听说过这样的事情：双方交战时，一方士兵冒着生命危险救助了敌方的小孩。这就是恻隐之心，是一种公情性的情感。因为敌方的小孩遇到了危险，这对士兵自身的身心构不成危害，因此，对敌方小孩的关切不属于个人的情感；这对士兵所在的团体也构不成危害，而且那个小孩也不属于士兵所在团体中的一员，因此，士兵对敌方小孩的关切也不属于公情。在见到敌方小孩有危险时，士兵完全站在了敌方的立场上，这就是共情性情感。

有时，虽然人们以为自己正在共情，但其实并不是。例如，心理咨询师对自己的丈夫有诸多不满。当来访者向她抱怨丈夫时，心理咨询师对她说："我能与你共情，男人就是这样不懂感情。"然而，这其实并非共情，只是心理咨询师自己类似的不满被激发了出来。

爱有很多种，有基于自我中心的爱，也有超越自我中心的爱，超越自我中心地爱别人也是共情性的情感。怀有这种爱的人，在必要时可以牺牲自己的利益去成全别人，认为"我只要他幸福就好"——在成全别人的那个时刻，那种共情性的爱让他暂时"忘我"了。

在心理咨询的过程中，一位好的咨询师对来访者的共情也是超越了自我中心的。

共情发生的时刻，咨询师暂时忘记了自我的利害，全心全意地站在来访者的立场上，看到来访者视角所看到的事物，体会到来访者所感受到的感受——但是这些感受都和咨询师自己的利害无关，只与来访者的利害有关。例如，来访者因为失去了一位至亲而感到悲伤，咨询师此时也感到了悲伤，但是他并没有失去任何人，那么他为什么也会悲伤呢？因为他站在来访者的视角去看来访者的境遇，并为来访者感到悲伤，所以咨询师的悲伤并不是情绪，而是一种共情。

第七层：超越性情感

情感、公情、共情性情感和超越性情感都是人在有了精神自我之后产生的内心感受。这些感受也有从低级到高级的进化：

- 情感是与个体自我（"我"）的利害相关联的；
- 公情是与个体自我所认同的团体（"我们"）的利害相关联的；
- 共情性情感是与"他者"（非我）的利害相关联的；
- 超越性情感是更进一步的超越，完全超越了"利害"——不仅超越了身体的利害、自我的利害，还超越了自己团体的利害和他者的利害，从而使得自己的自我融入更大的存在。

我们也可以换一种说法：

- 情感的产生是基于"自我中心"的利害；
- 公情的产生是基于"扩大了的自我中心"的利害；
- 共情性情感的产生是基于"超越了自我中心"的他者利害；
- 超越性情感是超越了利害的存在本身。

所有超越性情感都是有大愉悦的。人的所有烦恼都源于不能超越肉体或精神的我（我的我、我们的我、他者的我）的利害，而一旦超越了，就不再会产生烦恼。也就是说，有一点点超越，就少一点点烦恼，一旦完全超越就彻底不再会产生烦恼。

当我们仰望星空时，看到宇宙如此之大，对比之下想到自己是多么地微不足道，此时，我们可能会暂时忘却自己的肉体或自我，从而产生一种超然的感受——这是一种我们在日常生活中最容易感受到的超越性情感。

美感，在一定程度上也是一种超越性情感。普通的审美并不是超越性的，因为审美者的自我实际上念念系挂着对"我"的利害。例如，在"这个美女真好看"的感受中，其实是掺杂着利害的。"看美女"对于男性来说，相当于看到了潜在的能为自己所用的、满足自己欲望的资源，因而是"有利的事情"，从而产生愉悦。然而，对于他的女性伴侣来说，这会令其产生不愉悦的感受，因为她看到的是自己的潜在竞争者，这对她构成了威胁。因此，上述这种审美只是一种情绪水平的感受。

真正意义上的审美是非功利性的，超越了利害。例如，一个人在欣赏一件艺术作品时，关注的是它所蕴含的美的本身，他的感受在一定程度上属于超越性情感；而另一个人在看同一件艺术作品时，关注的是画作中的裸体给自己带来的生理感官唤醒和意淫想象的刺激，他的感受就属于基本情绪、情绪和情感这三个层面的，而不属于超越性情感。

没有功利性，单纯地为爱智慧而去追求智慧，这时的爱也是一种超越性情感。哲学的本意是单纯的对智慧的爱，因此真正的哲学所带来的感受就是一种超越性情感。

让我们再比较一下人的情绪、情感、公情、共情性情感和超越性情感的不同。

- **情绪**。在动物性层面，我们可以喜欢某些对自己的生存有益的东西，或是对与自己有关的其他动物产生一种依恋之情。
- **情感**。在人的层面，我们对自己的"自我"怀有的自尊、自卑、惭愧、内疚、羞耻等感受。
- **公情**。我们对自己所认同的团体怀有的荣誉感或公愤。
- **共情性情感**。我们因为对他者（包括人类与非人类）的爱与关心而暂时忘我，从而感受到他者的感受。
- **超越性情感**。当我们在某些时刻暂时超越了"我""我们""他（们）"和"利害"，就会出现一种"众生平等""万物一体"的大存在感，这种无分别的大存在感本身就是一种非常圆满的愉悦感，佛教中将这种感受称为"慈悲""平等舍"或"慈悲喜舍"。对普通人来说，超越性情感很罕见，但并非千载难逢——还是能出现一定程度的超越性情感。除了文中所举的例子外，我们偶然从心中涌出的对整个世界的无条件的善意，以及天人合一的感受，禅定时所感受到的禅悦，能够与天地大道融合之后的大乐等，都属于超越性情感。为什么超越性感受与利害无关？因为超越性感受的对象是天地、道、真理或自性等，这些事物都是永恒性的、不增不减的存在，没有什么能让它获益或受损。

总　结

本书将动物和人的身心感受分为七层，从低级到高级依次为：原始感受、基本情绪、情绪、情感、公情、共情性情感、超越性情感。其中，情感、公情、共情性情感和超越性情感是人类独有的。

当然，还有一些感受并不是非常适用于借助这个层次来分类。例如，急躁感、满足感、成功感等。这些感受在动物层面和人的层面都有——满足了动物性需要，会产生满足感；满足了人性需要，也会产生满足感。

本书虽然不可能囊括所有的感受词汇，但是会尽量在各个不同层次都选择一些感受的词汇来分析，这也是对不同层次的一些感受进行了分析。

第 2 章

意象对话心理疗法与回归心理疗法

你可能会感到好奇，这本书并不是介绍意象对话心理疗法（以下简称"意象对话"）的，也不是讲回归心理疗法（以下简称"回归疗法"）的，为什么要提到它们？

因为这是本书的两位作者所使用的心理咨询方法，我们在研究人的感受、情绪和情感的过程中，也使用了这两种疗法中的一些理念和方法。所以，我们觉得有必要简单地介绍一些关于这两种疗法的知识，这样能帮助你更好地理解本书内容。

意象对话

意象对话的核心观点为：人有一种原始认知方式，其认知媒介是意象。所谓意象，就是带有心理象征意义的心理形象，包括视觉意象、听觉意象、味觉意象、触觉意象和嗅觉意象五类。例如：

- 蛇意象通常象征危险、神秘、攻击性、性、原始的本能直觉等；
- 老虎意象通常象征威猛、权威、勇敢和直接等；
- 花瓶意象通常象征年轻美貌的女性特质，或是特指一个外表美丽但是并没有内涵的女性等。

原始认知会在这些象征性的意象的基础上，通过自发的想象来构造故事，并有意无意地用这些故事来推测未来并指导自己的人生选择。

意象对话认为，这种以意象为基础的原始认知是与情绪和感受密切结合在一起的。在纯粹理性思考的时候，人或许可以做到不动情绪地进行认知运算；在想象的过程中，人却必然会有种种情绪或感受被激发出来。当人产生某种情绪或感受时，也会自发地用一些意象及其故事来表达这种情绪或感受。例如，最常见的是幻想、艺术作品和梦。

意象对话中有一种基本技术，可以把情绪和感受用意象表达出来。这种技术的基本操作步骤如下。

- **第一步**：让人身体放松。
- **第二步**：回忆并重新激发出某种过去经历过的情绪或感受。
- **第三步**：观察自己的身体感受和情绪。例如，当我产生这种情绪或感受时，身体的哪个部位先有感觉？我所感觉到的内部能量会如何流动？我身体的各个区域会有什么反应？我产生了什么情绪？我想对谁说一句什么样的话？
- **第四步**：用自我引导语（比如，"如果将这种情绪的能量转化为颜色／声音／温度／气味／味道，那么它将会是什么颜色／声音／温度／气味／味道"）引导自己把这个情绪或感受转化为意象。
- **第五步**：用自我引导语（比如，"如果将这个情绪变成一个场景，那么我将会看到什么"）引导自己把这种情绪或感受转化为一个整体的意象及其故事。

运用这项技术，我们可以知道某种情绪的身体表现和所转化出来的意象及其故事。

我们在本书中也运用了这项技术研究过部分情绪或感受。我们通常会采用这样的做法：让几十名学生去体验某种情绪或感受，并借助这项技术去找到这种情绪或感受的意象。然后，我们会总结学生体验到的结果，筛掉一些不可靠的结果。如果某种意象只有一个人看到，那么我们通常不会将其计算在内。如果有很多人看到同样或类似的意象，我们就会把这个意象总结为"这个情绪的代表性意象"。

我（朱建军）在高校任教期间，有时会在本科心理学课的教学中做这样的研究，或是带领研究生做这样的研究。虽然这些研究并不是非常标准化、规范化，但是仍能为了解情绪和感受提供很多有意义的信息。

回归疗法

回归疗法的理论核心为，人最根本的需求是追求自我存在感，即一种"我在""我活着"的感受。人的所有其他欲望和追求都是从这种最根本的需求中衍生出来的。

回归疗法把人的心理和行为的过程总结为一个六步循环圈（见图 2–1）。

图 2–1　回归疗法的六步循环圈

这个六步循环圈开启于"焦虑"。所谓焦虑，简单地说就是人心中不舒服的感受和情绪。在这一步中，我们会锁定当下涌现出来的焦虑，并确定这种焦虑是什么。

当人产生某种焦虑时，可能会想要消除它。如果人们觉得实现某个目标就能减少或消除焦虑，就会对这个目标产生欲望。例如，如果没钱让人焦虑，人就会对发财产生欲望；如果被欺负让人焦虑，人就会对权力产生欲望。因此，"欲望"是循环圈的第二个环节。

有了欲望目标之后，人们自然就会想办法去实现这个欲望目标。因此，循环圈的第三个环节是"策略"。

在策略的指导下，人们会做出各种实际的行动。因此，循环圈的第四个环节就是"行动"。这个环节非常重要，因为只有付诸行动才能真正对自己所生活的世界产生影响力。好的策略加上得力的行动，可能会产生理想的结果；相反，如果策略不当或行动力很差，结果通常就不会很好。

在行动完成后，人们会有意识或无意识地检验自己的行动结果，看看行动是不是执行了策略、策略是不是能够有助于达成欲望目标、达成了欲望目标后是不是真的能够缓解焦虑。因此，循环圈的第五个环节是"检验"。

检验之后，人们会自发地在心中总结经验，即循环圈的第六个环节——"诠释"。通过诠释，人们会获得一些信念。那些核心的信念会直接反映出人们的世界观、人生观、价值观等，以及对自己、所处的世界和自己与世界关系的认识。诠释中还包含另一个重要的信念：一个人如何看待自己的焦虑。这决定了他会感受到什么样的焦虑。而这个被"如何看待焦虑"引发的新焦虑，也就成了下一圈循环的起点。

这个循环圈就是这样，一环扣一环，一圈结束后另一圈开启，轮回旋转，永无停息。

在这个六步循环圈运行的过程中，各个环节上都存在着种种感受或情绪，也产生了种种感受或情绪，并转变成了种种感受或情绪。换句话说，循环圈上的每一个环节都伴随着相应的感受和情绪。

- **焦虑**。它是感受和情绪的混合体。
- **欲望**。欲望不满足，会产生缺失感、匮乏感等感受；欲望满足，会产生满足感或喜悦的情绪。
- **策略**。选择策略时，患得患失的人可能会产生不安的感受；心态好的人可能会愿意投入行动并为之负责，所以会产生责任感和跃跃欲试的兴奋感。
- **行动**。行动时也会相应地引发不同情绪和感受。例如，战斗的行动会伴随着愤怒与肌肉的紧张；爱的行动会伴随着爱的情感和柔软、开放的身体感受；探索的行动会伴随着好奇心以及眼睛和四肢的兴奋感。
- **检验**。在这个环节，最基本的感受就是"对劲"或"不对劲"，以及得到检验结果后的成功感和失败感，还有与之匹配的快乐或悲伤的情绪。
- **诠释**。在这个环节中所产生或转变的每一个信念，都是以某个感受、情绪、情感或情操为内核所驱动的。例如，如果一个农民连年丰收，就会形成"大地是丰饶的"信念；如果一个奸商多次成功欺骗他人并从中获益，就会形成"那些家伙都是傻瓜，我才是聪明人"的信念；如果一个隐士在树下的茶桌边平静地度过了一个春日的午后，就会强化"知足真的可以常乐"的信念。因此，诠释环节的每一个信念都不是空穴来风，也不是听别人讲几句道理就能信服的，因为诠释中的每一个信念都有其亲身的经历作为基础，有着真实的心理能量的灌注，因此对诠释者本人来说，那就是他"亲眼所见"的、"千真万确"的"事实"。

由于回归疗法的核心和重心在于人的存在焦虑，因此本书中所说的各种感受、情绪、情感和超越性情感对于回归心理疗法都非常重要。我们在进行回归疗法的心理咨询实践时，对各种感受情绪等都做过较多的了解，这些经验也成为本书中的部分内容。反过来说，要成为一名优秀的回归疗法的心理咨询师，就需要对这些感受有比常人更加清晰深入的认知。从这个意义上来说，本书也可以说是使用回归疗法的心理咨询师的必读书。

如果你感兴趣，那么你可以选读一些有关意象对话和回归疗法的书籍，这样有助于你理解本书中的感受和情绪的概念。

- 意象对话相关书籍：《我是谁：意象对话与心理咨询技术》《意象对话心理治疗（第3版）》；
- 回归疗法相关书籍：《回家越走越快乐：回归疗法入门》[①]。

当然，如果你无意了解这些，那么这并不会妨碍你继续阅读本书。即使跳过本书中提到的有关意象对话或回归疗法的少量字句，也没有关系。我们相信，本书同样能为你带来启发和共鸣。

---

① 此书的修订版，稍后将由中国人民大学出版社出版。

第 3 章

感受词与情绪词

感受词和情绪词的习得

情绪是一种主观体验。

如果我们只把鸟类、哺乳动物和人所能感受到的那种与情景想象有关的感受称作"情绪",那么一岁以下的婴儿很少能有情绪。想象力在孩子一岁左右开始发生,在接近三岁时发展成熟,那时孩子的内在感受才算得上"情绪感受",之前的感受只能被称为"感受"。

没有掌握语言能力的婴儿当然也会产生各种各样的感受。如果这些感受在总体上是偏积极的,他们就会用笑或其他愉快的表情、姿势、动作来表现和表达;如果这些感受在总体上是消极的,他们就会用哭或皱眉、蹬腿等不愉快的表情、姿势、动作来表现和表达。

表现是指一个人有了感受,但没有让别人知道自己感受的意图。只不过是他在有了感受后,就做出了愉快或不愉快的姿势、动作。别人看到了,就能知道他的感受了。

表达是指,一个人有了感受,他有意想让别人知道自己的感受。于是,他借助一些姿势、动作让别人知道自己的感受。

表达本来是人们要表达自己的真实感受,但是后来人们又学会了欺骗,从而有了虚假的表达。婴儿的表达基本上都不属于欺骗性的。

婴儿的感受都是混沌的,是当时被激发的那些全部混合的感受的整体。养育者通过观察婴儿的表情、姿势、动作来判断他的感受,并判断其产生这种感受的原因,从而给予相应的对待。例如，孩子哭了→可能是饿了→给孩子喂奶。母亲可以（其他养育者偶尔也可以）和孩子在一定程度上产生共情，或者说，母亲对孩子有一种直觉，有时即使不看孩子也能知道他不舒服了。比如，母亲正在睡觉，虽然她看不到孩子的表情，也没有听到孩子的声音，但她能突然觉得孩子不舒服了，惊醒后就会发现孩子果然马上就要哭了。

不过，母亲（或其他养育者）靠这种方式与孩子互动是需要对孩子保持高度专注的，很耗费精力。短时间内还可以，但是不可能长期持续，否则母亲（或其他养育者）就会精疲力竭。

好在随着孩子逐渐长大，他开始学习语言，母亲（或其他养育者）可以借助语言交流，这会使母亲（或其他养育者）更轻松、更省力气，也更有助于互相理解。

语言中用来表达感受的词被称为感受词。掌握了感受词，说话的人就可以更方便地表达自己，也可以帮助自己了解他人（当然，也产生了欺骗的可能性）。

孩子学习词的时间早晚不一，早的在七个月左右，晚的可以到一岁之后。孩子在这个阶段的认知方式还是条件反射思考（或被称为"感觉－运动思考"）的方式。行为主义心理学对这个阶段的条件反射思考有很多研究，但是他们不肯研究人的主观世界，所以对感受方面没有研究。

这个阶段的条件反射总是伴随着各种感受。因此，也许更准确地说，这个阶段的认知方式是"感受－条件反射"认知。而且对于婴儿来说，感受的强度往往是非常强的。婴儿在面临一种情景时会产生强烈的感受，然后在行动上按照条件反射的方式去反应。

婴儿是如何学习感受词的呢？当他在内心中产生某种强烈感受时，成人往往会对他说出一个感受词。从行为主义的角度说，学习感受词是一个条件反射的过程。然而，"条件反射"这个词只关注行动，却没有关注内在心理体验。更确切地说，婴儿在此时学会了将这个词的发音与自己此刻内心中的感受建立联结。也就是说，他理解了这个词代表着这种感受。

需要说明的是，根据本书的定义，婴儿此时学习的还只是表达感受的感受词，而不是表达情绪的情绪词，但心理学界用"情绪"这个词时并没有像本书的界定这样严格，因此也可将其称为情绪词。

有时，一个词既能表达感受也能表达事件。例如，当孩子听到母亲说"宝宝饿了"时，他知道自己此时的感受叫作"饿"，也知道正在发生着一件"需要吃东西"的事。从感受上说，这个词代表"饥饿感"；从事件上说，这个词代表"需要吃饭"的事件。

等到儿童开始有想象力了，感受中有了情绪感受，其学习到的词汇中就包含了真正的情绪词。不过，词汇学习的基本方式还是一样的：当心里有一种情绪感受时，听到别人说一个词，就将这个词和这种感受建立了联结。举例如下。

- 当孩子看到超市货架上的零食时，他说很想吃，但是母亲不肯给他买，他就会在心里产生一种强烈的情绪。这时母亲问他"你是生气了吗"，孩子就知道了这种情绪叫作"生气"。
- 孩子在玩旋转木马，和他一起玩的小朋友们都在笑。这时母亲对他说"你玩得好开心啊"，他便知道了这种情绪叫作"开心"。

在类似这样的情景中，孩子逐渐学习到了各种表达感受和情绪的词——我们将它们分别称为"感受词"和"情绪词"。

感受词和情绪词对人的意义

学习理解和运用感受词和情绪词，对人具有对内和对外的双重意义。

对内的意义

对内，感受词和情绪词是标定自己内部感受的标签。我们还是以儿童为例。有了这个标签，儿童就可以整理自己内部的感受，使内部的感受更加清晰化。如果没有这个标签，儿童内部的感受就是混沌的，除了知道愉悦和不愉悦之外，儿童很难精细地分辨不同时候的各种不同感受。然而，每次的感受都是独一无二的，对不同事情的感受也会或多或少地存在差异。

这样一来，儿童无法精细地分辨感受，也就无法从中习得什么规律性的东西——既然每次都是独一无二的，那还有什么规律可言？无法习得任何规律性的东西，也就无法从中吸取任何经验教训，更无法从中获知自己是一个什么样的人。处于这种混沌中的儿童只好被迫"活在当下"，无法建立"自我认知"。

边缘型人格障碍患者（女性居多），除了遭遇了其他创伤外，有一个问题就是他们在婴幼儿期没有学会足够的感受词和情绪词。因此，他们无法建立稳定的自我。而且，他们缺乏适用的情绪词，无法对自己的情绪形成规律性认知，因此他们也学不会如何管理自己的情绪。这就使得他们无法调节情绪，随时都被当下的环境刺激主宰，导致他们会因情绪波动而不稳定，且社会适应能力也非常差。

与他们相比，健康人由于理解并能准确运用足够的感受词和情绪词，因此能了解自己在情绪上的特点和规律，从而能够更好地管理情绪，且社会适应能力也会好很多。

不过，从另一个角度来说，有边缘型人格特点的人恰恰是因为没有掌握好大家通用的感受词和情绪词，所以在其试图表达某个时刻的情绪和感受时，只好通过摹写和比喻等"写真"的方式表达出来，反而能让别人感到生动逼真。因此，他们很有可能会成为作家，以对情绪的描写精密清晰而著称——这与我们所说的借助感受词和情绪词"能清晰地认知情绪"是不同的。然而，他们这种"写真"式的描述虽然看起来清晰，但是具有不简便、不便于寻找规律的缺点。

我们将感受词和情绪词作为标签，具有一定的概括性。这一次生气和下一次生气在感受上肯定不是一模一样的，但是都算生气。和具有边缘型人格特点的人的那种"对当下情绪的写真"相比，有人会认为使用情绪词更加"不精确"，但是对于我们学习情绪规律、整理内心、了解自己、适应社会等目标来说，使用情绪词更简便、更清晰。

对外的意义

对外，感受词和情绪词是交流的必要工具。

有了感受词和情绪词，我们才可以简便地告诉别人，自己现在有什么情绪。这样，人与人之间才更容易相互理解。

婴儿没有掌握感受词和情绪词倒也没什么关系，因为他的母亲（或其他养育者）能耐心地去仔细观察他、了解他的情绪。然而，在他长大之后，就很难再有人还有那样的耐心和精力去对待他了。如果儿童不掌握感受词和情绪词，他就会在人际交往中遇到困难。他期望别人耐心地理解自己，但往往会遇到挫败。这种挫败多了，他就会积累很多的愤怒或抑郁。这些消极的情绪会强化他对别人或对自己的敌意，因此会带来更多的挫败……这样的恶性循环最终会引发越来越多的心理问题。然而，如果掌握了感受词和情绪词，就会大大减少这些问题的产生。

语言是人类进行社会交往的工具。人类社会之所以比动物世界发达，就是因为人类的语言沟通比任何动物之间的沟通方式都发达，因此人类的合作能力也会优于其他动物。

如果没有感受词和情绪词，人就无法与别人在情绪方面交流，这会造成巨大的损失。

感受词和情绪词学习的质量与影响

理想的情况是，每当儿童产生了一种新的情绪时，父母（或其他养育者）就能准确地分辨出来，并使用最准确的感受词和情绪词反馈给儿童。

最理想的情况是，父母（或其他养育者）每次不仅能看清儿童表层的情绪，而且能准确地看清表层情绪下还可能存在的深层情绪，并用最准确的感受词和情绪词告诉儿童他有哪些情绪。这样一来，儿童每一次的情绪体验都可以和一个词结合在一起，这让他知道了哪种情绪体验对应着哪个词。

在这一次和下一次的体验中，所有那些相似度高的、可以被算作同一种情绪的情绪都被反复地与同一个词结合在一起，这样儿童就能了解，尽管每一次的情绪略微有所不同，但基本上都是一样的，可以被算作同一种情绪。儿童在将其认定为同一种情绪后，就可以反复地观察它，从而总结出关于这种情绪的规律。

在这一次和下一次体验中，所有那些不能算作同一种情绪的情绪都与不同的词结合了。这样一来，儿童就不会把不同的情绪混杂起来，而是能在一定程度上对情绪进行区分。此外，儿童还能习得区分程度的设定，即多大相似度的感受可以被算作同一种情绪；相似度小到什么程度就不能算作同一种情绪。这是一种关于感受词和情绪词的高质量学习。

当然，要想达到上述最理想的情况还是比较难的。即使父母（或其他养育者）都是心理学家，也很难做到这一点。因为要想每次都能准确地识别儿童的情绪，就需要对儿童有足够的关注和爱，还要有很好的观察力、对情绪有极高的感受力和判断力及足够的共情能力，这样才可能感受到儿童并没有明确外在表现的情绪。此外，父母（或其他养育者）还必须对语言掌握得很好，能即时（即不能在慢慢体会后再弄清楚，更没有时间通过查字典来找到合适的词）、准确地理解感受词和情绪词的词义，为儿童反馈最恰当的词汇。

阐述了这么多，我就是想说明，父母（或其他养育者）无法达到最理想的状态，只是想让大家了解最理想的情况是什么样子而已。这与物理学中说"摩擦力等于零的时候，物体会一直匀速滑动"是一个道理。

在现实生活中，每个家庭都存在着一些大大小小的问题，因此，儿童在学习感受词和情绪词时，其学习质量也会受到一定的影响。

以下几种情况均不够理想：

- 父母（或其他养育者）忽视儿童且不关注儿童的情绪；
- 父母丧失或离开，儿童没有机会向父母学习；
- 父母（或其他养育者）不与儿童交流，也没有使用感受词和情绪词。

在上述情况下，儿童均没有机会学习感受词和情绪词，即使通过与他人接触学了一些，效果也不会很好。如果儿童的父母（或其他养育者）心理很健康，儿童的情绪基调就会比较积极，就算不会管理情绪也不会出现严重问题；相反，如果父母（或其他养育者）心理并不是很健康，儿童可能就会出现严重的问题。

在后一种情况下，儿童无法通过词汇标定内心的情绪，其主观感觉也会很混乱，且他们不会管理这些情绪，从而可能出现很多情绪方面的障碍（如情绪不稳定、情绪压力大）。还有一种可能是，儿童只好用压抑的方式来应对情绪，进而变得冷漠、压抑、抑郁，一旦压抑不住就会产生爆发性的冲动，甚至会出现述情障碍（即无法适当地表达自己的情绪）。

如果父母对儿童的情绪观察得不准确，经常使用不正确的感受词和情绪词，儿童就会习得错误的词汇，从而对情绪产生错误的理解。

在这种情况下，儿童当时的问题比较小，因为他学到了词汇，可以用这些词汇来标定情绪、安顿情绪。不过，他长大后在社会交往中就可能出现问题，因为他在理解别人的情绪时会出错——别人说了一种情绪，他心里体验到的和别人想表达的不一样。因此，他会有人际关系上的烦恼。

如果父母胡乱用词，儿童就会发现，对于自己的同一种情绪，父母今天说了这个词，明天又说了那个词，这会让儿童对感受词和情绪词理解得很混乱，且其情绪也会变得很混乱。

如果父母词汇量小，无法精细分辨情绪，那么儿童对情绪的分辨力也会很低。文化程度低的父母，更容易养出感情很粗糙的子女；文化程度高的父母，则更容易养出情感细腻的子女。这种现象背后的一个决定因素就是词汇量。文化程度高的父母，学习到的感受词和情绪词多，他们就能用更多的词汇来把相近但不同的情绪用不同的词分辨出来，孩子的情感也会变得更细腻了。

不同语言中感受词和情绪词的差异的影响

不同的语言中，感受词和情绪词是不同的。

动物层面的那些情绪，各个不同文化中的人大致差不多，比如中国人的"怒"和英国人的"angry"大体一致。不过，如果仔细品味，二者还是存在一些小到可以忽略不计的差异的。

然而，在人独有的层面，那些和自我有关的情绪以及与人际有关的情绪，在各个文化中存在着很大的差别。这种差别会反映在语言上，所以不同语言中的这方面的感受词和情绪词，其意义之间就会存在着比较明显的差别。

在不同文化中，人们建构自我的方式、自我存在的核心都有所不同。因此，不同文化中的人，其自我都是不同的。既然自我都不同，那么自我的感受也不同，因此与自我有关的情绪自然也不相同。

因此，诸如"respect""self-respect"等词在古汉语中没有精确对应的词汇。它最早所对应的是一些身处上流社会的英国人感觉自己是体面人、有自己独有的风度、在与同类人交往时所产生的一种对人对己的好的感受。简单地说，就是英国绅士的感觉——这与中国君子的那种自我感觉是不同的。虽然君子对君子的态度与之类似（被称为"敬"），但如果细细琢磨，就能感觉到"敬你是一个君子"时的那种情绪与"respect"的不同。只不过，翻译时没有更相似的中文词可用，就只好把"respect"翻译为"尊敬"了。因此，"self-respect"被翻译成了"自尊"——在中国古汉语中，没有"自尊"这个汉语词。被现代人称为"强烈自尊心"的时刻，可能被古人称为"节"或"操守"等。

有人会觉得中国人的"要面子"算是一种"self-respect"，但是相对比较低等，因为"要面子"往往是带着防御的，要保住面子，而且常常是虚伪自欺的，例如，人们认为自己可以吃亏（所谓"丢了里子"），但是不能丢了面子。我觉得，如今一些中国人在追求面子时，的确存在着一些虚伪自欺等不好的心态。但要面子，只是他们心理健康下降后变得比较低等的一种"操守"，是一种扭曲后的情绪，而不是原发的。如果从根源上寻找就会发现，要面子来源于"知羞耻"，而知羞耻是中国文化的一个特有的核心。

在西方传统文化中，一个人的优劣在很大程度上是被赋予的，与个人自身无关。西方人认为，上帝的选民之所以是被选的，是因为上帝就是这么选的，取决于上帝的自由意志。选民的后代也是选民，因为上帝当初就这么定了，且和最初的选民约定了。而中国传统文化认为，一个人的优劣在很大程度上是靠自己的。即使你生下来是一条鱼，你也可以靠努力变成一条龙（是表示中国龙的"loong"，不要将其翻译为"dragon"）。"self-respect"是被选者的那种优越，而中国人所具备的不是被选者的优越，而是一种自我成就的品质。中国古人是从"人皆有之"的"羞耻心"发端，通过提升自己而有了操守，在坚持这种操守的时候就会产生一种对自己很认可的情绪。

其他自我情绪也是如此。例如，严格地说，"惭愧"并不是英语中的"ashamed"，二者的感觉相差甚远。纯粹的"惭"，非中国文化中的人是很难感觉到的。

人际情绪更是如此，比如，"委屈"这种情绪对中国人来说非常常见，但是严格地说，这种情绪在英语中没有对应词。尽管"wronged"一词勉强可以用来表示委屈，但是它只是在情景上和委屈类似——表示被误解了，而在内心感受上，二者还是存在区别的："wronged"含有一种对不公平的愤怒感；委屈则包含着很多对不被理解的失望。中国人相信，人是可以有一种不需要表达就能相互理解的能力的，这种能力就是所谓的"心心相印"。西方文化则不大相信这种能力，因为他们认为这种能力显然不是理性的，也不应该属于人类，而是属于上帝。中国人相信，心心相印才是最好的人际关系，所以在融洽的关系中，表达就变得没那么重要了（"如果我们相亲相爱，我的心你就应该懂"）。因此，在一个人默默地做了一件对另一个人好的事情后，他就会觉得对方应该知道自己的心意。如果对方完全不懂，甚至是误会了自己，这个人就会很"委屈"。然而，由于西方人没有这样的期待，因此他们也就没有这种委屈。

由于中国人和其他文化中的人在人际交往方式上存在着很大的差别，因此中文中关于人际情绪的相关词汇，在其他文化中更是难有对应词（日语中也许会有更接近中文的词，因为日本保留了很多中国传统文化的要素）。

关于人对社会、文化、神等的情绪，中文与其他文化中的语言文字相比，差距更大。严格地说，完全不能互译。比如，我们将西方人对上帝的感受翻译为"虔诚"，但是严格地说，那与汉字中的"虔"并不一样，也不是中国人所说的"诚"。如果用"虔诚"形容佛教信徒的心态还差不多，因为这个词在历史上也的确更多的是用于佛教。"虔"是一种恭敬，但并不是基督徒对上帝的那种"我是归属于你的"感觉；"诚"是那种坦诚地面对自己的心，丝毫不加掩饰。然而，西方宗教中并没有中国的这种面对自己的坦白。你对上帝忏悔，是对上帝而不是对你自己，且上帝早就什么都知道了，所以你干的那些事，说不说其实都一样。因此，西方人并没有中国人的"诚"。再如，佛教所说的"大慈大悲"，也是基督教文化以及基督徒的语言中没有的，如果他们想了解这个词，就必须了解佛教且亲自去体验佛教活动。人们信奉的神不同，所有相关的情绪也不同。在各种不同的文化及其语言中，只有相似关系而已。

因此，学习外语时，必定会有意无意、或多或少地学习外国的文化。经常使用哪门语言，就能经常体验到这个文化中的情绪。换了一门语言，就会感受到不同的情绪。此外，经常使用一门语言，会逐渐让一个人感受世界的方式、情绪的表达方式，都与这种语言所处的文化更加相似。

在心理咨询中，人们格外关注情绪。事实上，除了儿童期外，人们在进行心理咨询的时候，学习的感受词和情绪词最多。咨询师对来访者情绪的判断比一般人的更清晰，他们还会告诉来访者他们对来访者情绪的判断（但这也会使来访者的情绪感受方式受到咨询师的影响）。

在我国，大多数咨询师学习的都是西方的心理咨询方法，使用被翻译了的西方语言来界定和表达情绪。这会带来这样一种效应：以咨询师为中介，来访者对情绪的感受将会在一定程度上更加西方化。

我在本书中介绍的感受词和情绪词，指的是中文中的感受词和情绪词，当然，所指称的情绪也都是中国人的情绪。希望本书能在一定程度上改善上述现状。

新文化运动中感受词和情绪词创新的利弊

新文化运动中，人们创造了大量的新的感受词和情绪词。

起初，造这些词的目的是为了翻译。因为有些外文中的感受词和情绪词在中文中没有对应的词汇，所以如果还是用中文中现有的词汇，翻译就会变得很困难。因此，翻译者就用造新词的方式来解决这个问题，例如，浪漫、幽默等。

随后，这些新造的感受词和情绪词被作家在作品中使用，并汇入了中文，成为中国的感受词和情绪词，进而也影响到了这些书的读者，使这些读者的情绪感受发生了改变。

因此，新文化运动后的中国知识分子，其情绪感受已与中国古人的不同，有很多都是在一定程度上西化或是"洋泾浜化"了。然后，这些中国知识分子又通过教育，把这种影响传递给了大众。

在遇到一个异己的外邦文化时，为了能够互相理解，总是需要造新词的。不过，如果这些翻译者对原来的中文的纯洁性有所追求，那么所造新词的数量还会有所约束，不会严重冲击原来的中文。这样一来，他们会通过造一些必要的新感受词和情绪词，与原有的感受词和情绪词一起使用。这既能让中文使用者继续理解本文化中的情绪，又能懂得外国人的情绪；既能保有自己文化的根，又能学习异文化的长处，从而让中华文化得以进步。

这种情况并非不可能实现，在历史上，中华文化就曾用这种方式引进了来源于印度文化的佛教文化，并在这个过程中造了很多新词，这些新词中包含一些感受词和情绪词。不过，从整体上看，这个过程并没有破坏原来的中文，而是很好地与原来的中文融合，形成了之后的中文。

不过，由于新文化运动的参与者大多有着非常强烈的民族虚无主义（这个标签也是西化的词）情感，因此他们有意识地多造西化字，故意尽可能地毁坏原来的中国文字，导致新造词数量远远超出了必要的程度，破坏了原来的中文。

新文化运动中的激进者，比如我们熟悉的蔡元培、陈独秀、鲁迅、刘半农、钱玄同都有意取消汉字，其中钱玄同是取消汉字最坚决的提倡者。他们的终极理想是，完全消除象形的中国文字，用拼音文字替代。因此，他们不仅无意于保护原来的中文，甚至还有意识地想要消灭原来的中文。既然他们把中文当作一种早晚要被拼音文字替代的文字，那么他们对如何造字才更好并不是很上心，这就导致了现代汉语中的一些感受词和情绪词造得并不理想——大多数都是双字构成的词，基本没有单字词。

这是为什么呢？因为中国字中有很多重音的字。中文古文是以书写为重，所以是不是重音并不要紧，因此古文重音很多。在试图把中文拼音化时，最大的障碍也在于中文重音。我国著名语言学家、现代语言学之父赵元任先生为说明这一点，专门写了一篇短文——《施氏食狮史》。

石室诗士施氏，嗜狮，誓食十狮。氏时时适市视狮。十时，适十狮适市。是时，适施氏适市。氏视是十狮，恃矢势，使是十狮逝世。氏拾是十狮尸，适石室。

石室湿，氏使侍拭石室。石室拭，氏始试食是十狮尸。食时，始识是十狮尸，实十石狮尸。试释是事。

全文只有一个音（shi），却可以成文。试想如果用拼音来书写这篇短文，就完全无法读了。

为了解决这个问题，新文化运动的主要推动者们采用了这样的方法：尽量让汉语的白话文中的词不再有单字的词，都变为至少由两个字构成的词。这样一来，等将来拼音化时，重音的概率就能小很多，且可以为拼音化作准备（其实重音的也还不少，比如"gong ji"，可以是攻击、功绩、供给、供给、共计、公祭、公鸡等）。

新文化运动对感受词和情绪词的影响就是造了大量双字的感受词和情绪词，以至于我们现在所用的感受词和情绪词多为双字，而古汉语中的单字感受词和情绪词如今已使用得很少了。因此，如果我们现在用单字来表达一种情绪，就会让人觉得很别扭。

例如，"喜"和"怒"都是最基本的感受词和情绪词，所表达的情绪也很清楚。然而，现代人写文章则很少会直接使用"喜"或"怒"，而将其相应地写成"喜悦/欢喜"或"愤怒"。即使我们想描述的情绪就是单纯的"怒"，也要写成"愤怒"。如果怒的程度比较高，则会写成"大怒"，而不是写成"大愤怒"。这是因为，现代汉语中的"愤怒"一词本就对应着古汉语中的"怒"，加上"愤"字，只是为了凑字数以变成双字词而已。要想说"大怒"，因为它已经是两个字了，所以无须将"怒"说成"愤怒"了。这样的情况多到不胜枚举。

从文字的角度看，如果我们并不走向全面拼音化，那么这种通过添加不必要的字来凑字数，以将单字词变成双字词的做法就不是一种好做法，这是对文字的破坏。因为"愤"字也有其意义，且与"怒"是不同的（例如，"发愤图强"不等于"发怒图强"）。"愤"字和"怒"字加到一起，虽然字数多了，但是表达的精确性却变差了。

新文化运动中对感受词和情绪词的这种破坏使中国人的情绪感受力和表达力都有所下降，我认为，弊大于利（更准确地说，我认为是弊远大于利，因为这严重破坏了传统文化）。因此，本书会尽量通过辨析感受词和情绪词来消除这个破坏所产生的负性影响。

什么是中文感受词和情绪词，以及中国人的情绪

中文不是一成不变的，中国人的情绪也不是一成不变的。那么，什么是本书中所研究的中文感受和情绪词，以及中国人的情绪呢？

本书大体是这样界定的。

那些古今基本通用的、意义基本一致且变化不大的，而且所指称的情绪也是中国人古今都有的词，必然属于中文感受词和情绪词。

那些古代曾用但现在基本不用的，而且现代中国人很难理解其所指的情绪的词，倾向于不算作中文感受词和情绪词了。不过，如果人们在经典著作中还是能看到，就可以考虑选入，以便大家在阅读经典时能更好地理解。

还有很多的感受词和情绪词属于另一种情况。近代，在人们打开国门接触西方社会后，西方社会文化对人们产生了影响。在英语、德语、法语等西方语言中，有很多用来表达西方情绪的词汇。这些词汇本来不是中文的一部分，但是因受学习西方潮流的影响，近代中国人通过翻译西方文学或社会科学作品而创造了很多表达这些西方情绪的词汇。

甚至可以说，现代汉语中的感受词和情绪词，有很多从英语等西方语言中的词汇发源、用汉字来表达某个英语等西方语词意义的词汇。例如，中文中本没有"浪漫"一词，也没有相应的情感，是西方文学让中国人知道了有这样一种情感，并创造了这个词。又如，中文也本没有"幽默"一词，之前存在的"滑稽""谑"等也与之不一致，中国人便从西方引入了这个词汇和这种情感。

即使是现代中国人很常用的一些感受词和情绪词，也多是来源于西方。例如，"快乐"其实就是以"happy"为本所创造的一个中文新词。而在中国古代，有"快意"这种情绪，也有"乐"，但是并没有"快乐"这个词。

这些词大多是在新文化运动期间所创，导致中国人的情绪逐渐西方化。本书也会收纳这些情绪（人的层级的那种情绪也可称为"情感"）词中的常用词。毕竟，我们要尊重现实——现代中国人常用这些词，也确实感受到了这样的情绪。

然而，毕竟这些词是根据西方语言创造的，而且情绪也是西方化的，因此在中国人被西方化之后，所感觉到的情绪也并不会和西方人所感受到的情绪完全一致。中国人现在说到"浪漫"时，所感觉到的心情也和外国人的有区别：外国人的浪漫可能会更戏剧化，允许出现一些危险刺激感；中国人的浪漫则更多强调用鲜花、蜡烛等要素营造氛围，给人带来一种喜悦感。

有些中国人非常熟悉的感受词和情绪词，在西方文化中并没有可以精确地与之对应的词汇。这些感受或情绪是中国人独有的或在中国文化中常见的，而在西方文化中则可能很少出现。例如，"委屈""愁""怀"等，都是很中国化的感受。又如，"恻隐之心"是中国文化中很重要的情感，但是在其他文化中却不常见——在当今西方心理学中就没有"恻隐"这个情绪词。再如，"随喜"是一个人对别人做的好事情感到的喜悦，是一种超越了以自我为中心而以他人为中心的情感，这在西方文化中也没有对应的词汇。本书对这些中国特有或常见的情绪词给出了解释，但也有一些情绪词并没有被收入本书中——并不是因为它们不重要，而是我对它们的研究和理解还不够深入。如果可能，我会在下一版更多地放入这些中国特有的情绪词和感受词。

通过对这些感受词和情绪词的分析，我希望能让心理咨询工作者、文学工作者、教师和年轻的父母，都能更精确地了解感受词和情绪词的词义，更准确地使用感受词和情绪词。尤其是对于年轻的父母而言，这样做有助于孩子了解自己的情绪，让孩子更好地管理自己的情绪，从而获得更幸福的人生。

第二部分

感受词和情绪词释义

第 4 章

A

哀

哀，是一种因丧失了有价值的事物而产生的情绪，属于基本情绪，感受上是不愉悦的。在现代汉语中，大体上等于"悲哀"一词。

损失或丢失了财物会导致哀；越穷的人，损失财物后越会感到悲哀；失去了地位（如被贬官），哀和受伤感会同时出现并让人感到哀伤；失恋，也是令人哀伤甚至哀痛的事情。不过，最哀伤或哀痛的事情通常是最亲的人的非正常死亡，或者是某个长期幻想的坍塌。

哀这种情绪的典型身体反应是，有一股感觉上像水的哀的心理能量从下向上涌起，其向上涌起的速度比快乐时的能量流要慢，而且完全没有快乐时的能量流的那种轻盈感。哀的能量不是温暖的，有时温度不明显，有时是寒凉的。它向上最高可以涌到眼睛，到了眼睛的位置时，人就会流泪，仿佛这涌上来的心理能量就是泪水。流泪也许能让哀的情绪得到一些宣泄，之后剩下的心理能量就开始向下流了，一直流下去。

哀的时候，人的眼角眉梢是向下垂的，嘴角也是向下垂的，面色也会变得灰暗。肩膀手臂无力地向下垂，身体瘫软向下沉，最后整个身体都软软的，没有力气。如果哀的程度高，人就会没有力气站着，会软下去、瘫下去。哀（或称"悲哀"）的人会蜷在床上，一动都不想动，呼吸也有气无力。

如果泪水能尽情地流，人也可以随心所欲地躺着，那么过一段时间之后，人就能逐渐从哀的情绪中解脱。在这个过程中，如果有爱他的人在旁边陪伴，并给予他必要的支持和帮助（比如，在他站不住的时候去扶着他，在他躺下的时候给他盖被子），他就能更好地度过这个阶段。

悲哀过后，他的面色将会恢复血色，甚至显得比之前更红润，身体的其他方面也都能恢复正常。这时，他的心理感受将偏于积极——尽情地哀是能够带来释然甚至是舒适的。

如果用意象来体会哀的能量，我们就会发现哀的能量颜色是灰色的。通常情况下，哀就像是浑浊的水向上涌，偶尔也会是清澈的。哀的声音是无力的，就像是水涌动或哽咽的声音。在气味上，哀是不新鲜甚至是腐败的气味。在味道上，它是酸、苦、涩等味道。

在意象中，哀通常会显现为灰色的云雾、浑浊的泥水、灰色的铅块、衰萎的植物、衣衫褴褛的人等。有时，它会显现为死亡的动物和人的尸体，还可以显现为鬼的意象。有时，它还会显现为一个缺失，即环境与过去一样，但缺少了一个应有的人。崔护在《题都城南庄》中所写的"人面不知何处去，桃花依旧笑春风"，只是轻微的哀，只是失去了一个结交美女的机会。相比之下，丧失亲人的人在看到亲人所用的东西依然放在桌子上，却意识到亲人永远都不会再坐在桌子前时，那意象才是哀伤彻骨。这类哀伤意象往往很寒冷，甚至会结冰。

人在人生的各个阶段都会面临丧失，所以都有哀伤。在人两三岁时，母亲出门上班或是出差，人就会体验到强烈的悲哀。随着人的成长，尤其是到了老年时，人会面对越来越多的丧失，因此哀伤也会越来越频繁。

如果哀能得到恰当的宣泄，就不会遗留什么不良的后果。然而，在现实生活中，人们在表达哀和宣泄哀时会受到有意或无意的压制。有的人怕别人的哀勾起自己的哀，便会无意中压抑别人宣泄哀，要求对方"不要哭"，或说"有什么好哭的""男人哭哭啼啼的不像话"等。有的父母看到孩子哭，自己的心情也会不好，于是也常会压抑孩子哭泣。如果孩子失去某物是因父母的错误所致，父母就更倾向于压抑孩子的啼哭。例如，母亲把孩子的宠物丢掉，觉得这不是什么大事，但对于孩子来说，这种丧失不亚于丧亲。当母亲意识到了这一点的时候，可能更不愿意看到孩子啼哭，便会严厉压制孩子。

如果受到外界压抑，那么悲哀者自己也会控制自己的哀。在躯体上，他会用一些无意识的动作阻止哀的能量正常流动。

当哀的能量从下向上涌起时，人会用吞咽的动作（力度足够）把哀的能量向下压至腹区，即所谓的"忍气吞声"。此时，由于情绪能量没能到达头部，因此人几乎不会意识到自己有哀的情绪。不过，由于能量被压在腹区，因此会影响腹部的器官。常见的情况是胃部不适（如胃胀、胃酸），这甚至会引发胃病。

如果压抑的力量稍小，哀的情绪能量就会向上一点，被压在胸区而不是腹区，导致胸闷。经常在这个区域压抑哀的人，会形成石头、铁块、铅球等心理意象。

如果压抑的力量更小一点，哀就会更向上一点，往往会在喉咙形成压抑。这会让人觉得喉咙中好像总有个东西咽不下去，即所谓的"如鲠在喉"。也有人将这种感觉称为"梅核气"，就是指那个咽不下去的东西宛如一颗梅子那么大。

如果哀的能量到达了嘴，人就会通过将嘴角向上提来压抑它，即所谓的"强颜欢笑"。这种假笑能压抑哀，从而减弱哀的感受。经常强颜欢笑的人比一般人笑得更多，但是天长日久，身体会受到很大的损害。

如果哀的能量接近眼睛，人就会通过微微抬头以防止眼泪流出来，从而压抑哀。未能流下来的眼泪会沉下去或被吞咽下去。在意象中，从这里沉下去的泪水会向下流进肺。这对肺的影响如同真的有水进入了肺部一样，人会咳嗽甚至是咳血，这就是"悲伤肺"的原理。林黛玉之所以肺病迁延不愈可能也是这个原因。被咽下的泪水在意象中会流到胃，引发很多胃部的疾病。

当悲哀的能量向下沉的时候，人会产生虚弱无力感。有些人不能接受这种感受，会与之对抗。他们不允许自己"瘫下去"，认为这是软弱的表现。他们会硬撑着，不倒下。这种做法也会阻碍悲哀的自然发展过程，使后续的自然恢复过程无法完成。因此，这种总是硬撑的人会出现慢性疲劳、腰椎疼痛、情绪烦躁等多种问题，甚至还可能因此患重病。为了抵御哀的过程中的能量下沉，他们的潜意识有时还会找碴儿激怒自己，用愤怒的向上力量来抵御哀的能量下沉。这样一来，他们就会变得易激惹，人际冲突多。

如果一个人在童年经历过很严重的哀，但是当时没能获得充分宣泄，甚至完全

A

被压抑而未能宣泄，那么这些被压抑的悲哀就会日积月累逐渐淤积起来，让这个人形成一种更容易悲哀的性格，我们将这种性格称为抑郁型人格。被长久压抑而淤积起来的悲哀，被称为抑郁。抑郁会引发很多心理问题和行为问题，如失眠、暴食、心情低落、人际关系不良，甚至是自伤或试图自杀。

在心理咨询中，咨询师的一项很常见的工作，就是帮助来访者找到抑郁的起因，发现悲哀情绪是如何被压抑的，并用适当的方式诱导来访者宣泄，从而减轻其抑郁情绪。咨询师还可以帮助来访者找到那些引发丧失感的信念，并想办法帮助他改变这些信念，从而使悲哀更少出现。

哀是很令人难过的，所以有些害怕感受哀的人会不接纳丧失。所谓"不接纳丧失"，指的是在心理上不接受丧失。例如：亲人去世了，有些人在心理上不能接受，就会努力在心理上与死者保持联系；赌徒输了，在心理上不能接受，就会试图"回本"。对丧失的不接纳可能会形成一些情结，继而引发很多心理问题，而且一天不接受丧失，这个情结就一天不能释怀，心理问题也无法获得改善。在心理咨询中，咨询师的任务之一就是帮助来访者接受现实，在心里承认丧失已经发生了。

一旦接纳了丧失，人就会产生哀伤或哀痛的情绪。这虽然会让人感到不舒服，但是它是健康的。哀伤一旦出现，就会开始自然的哀的过程，等到瘫倒并逐渐恢复之后，丧失所带来的内心哀伤就能得到化解。

从总体上看，人生不可能避免丧失。我们所拥有的一切，早晚都必然会失去。春天的花总要凋谢，美丽的少女总有一天会老去，人总会死，富贵的家族会有穷的时候，历史上那些繁荣的朝代也有衰亡的时候，就连地球也可能终将毁灭……对此，人会在心中产生一种不可消除的哀，我们可把这种哀称为"存在性的哀"。

陈子昂在《登幽州台歌》中云："前不见古人，后不见来者。念天地之悠悠，独怆然而涕下！"见不到古人和来者就是人生的有限性。每个人都希望自己"与天地同寿"，身处幽州台上的陈子昂则突然意识到，他其实是有限的，这就是丧失。在他接受了这个丧失后，他就产生了存在性的哀，"怆然而涕下"就是哀的表现。陈子昂的这首短诗之所以能成为千古名作，就是因为他所写的内容是人类共有的、千古不变的存在性的哀，故能激发人们的共鸣。

爱

爱，是对一个他者的好评，以及在此基础上产生的对这个他者的趋向性，还有相应的好的心理感受。

爱可以存在于各个不同的进化层次，具体表现各不相同。

- 在更原始的动物性的层次，爱就是对某个他者的愉悦的感受。
- 在情绪层次，爱是一种情绪。当一个人爱上了另一个人或爱上了一件事物，就会激发一种行为模式——亲近他所爱的、爱护他所爱的。在去亲近和爱护的时候，人会体验到自己身体中有一些很愉悦的感受，于是他知道自己在爱了，这就是爱的情绪。
- 当一个人所爱的不是肉体而是一种精神存在时，爱就不再只是一种情绪，而成了一种情感。
- 如果一个人爱的是超越性的对象，爱就成了一种境界。

对人来说，针对不同的对象会产生不同的爱，包括对具体的一件事物的爱；对作为一个整体的风景、自然、土地等自然物的爱；对技艺的爱……

这些不同的爱，可以用不同的名字来命名。例如，对亲人的爱被称为"亲情"；对孩子的爱被称为"父母之爱"；对异性的肉体之爱被称为"性爱"；对异性的心灵之爱被称为"爱情"；对朋友的爱被称为"友爱"；对知识的爱被称为"哲学"（"哲学"这个词的本义就是"爱智慧"）；对某些技艺的爱被称为"嗜好"；佛教中所说的"慈悲"是一种更高层次的、超越自我的爱。

自我发展处于不同水平的人，他的爱也处于相应的层级。如果一个人像动物一样地活着，只求满足自己的生理欲望，没有精神追求，那么他的爱就只是动物性的爱，是一种基于需求的爱。动物性的爱和人性的爱之间存在着很大的区别。动物性的爱是自我中心的，最多只有哺乳期的母亲才能对他者有自我牺牲。绝大多数时候，动物之爱都不会令其"舍己为它"。然而，在人性之爱中，自我中心的程度则会大大降低，而且越是爱，就越是不会以自我为中心。当一个人在人性层面爱别人时，甚至常常会把所爱之人看得比自己重要，且爱得越深，越能为了所爱之人牺牲自我。

A

因此，我们可以说，"爱"这个词所指的意义是多种多样的。不同层次的爱之间的共性，就是对所爱的对象有积极的感受和趋近的倾向。而在其他特点上则可以存在差异。

因此，在人际交流中，人们往往会对彼此之间属于哪种爱产生误解。有时，有的人还会故意诱导别人误解以达到自己的目标。比如，一个人对别人的爱本来只是动物性的，但为了满足自我中心的需要，却骗对方说是精神性的爱情，这在人际交往中很常见。

对象所具备的某种好的品质是激发爱的主要因素。例如，食物味道好，人就会爱吃；风景美丽，人就会爱看；一个人有智慧、品德好，就会可爱。儿童往往都很可爱，因为他们身上尚存在着人天性中的很多美德。遗憾的是，这些品德到了成年后往往会丧失。

不过，爱与不爱并不完全取决于对象，还与主体内在的因素有很大的关系。例如，不管食物多好吃，如果一个人肠胃不好，那么他也不会爱吃。因此，爱美食的前提之一就是人的肠胃健康、胃口好。当人心情好的时候，就很容易对周围的环境和人产生喜爱，而心情不好的时候则爱不起来。还有一点就是，不同的人，爱的能力也是不同的。有爱的能力的人，很容易爱上事物和人；相反，缺乏爱的能力的人，尤其是心理不健康的人，则很少能够真正去爱——他可能只能产生低层次的动物性需求之爱，而没有能力像一个人那样去爱。

人们经常会错误地认为，爱是一个人可以自主决定的行动。日常生活中，常会有人要求别人说"你应该爱我"。当这样要求别人的时候，要求者的潜台词是"只要你愿意去做，你就可以让你自己爱我"。然而，这个要求太荒谬了，因为一个人是否爱你，并不是他自己能控制的。更何况有的人的心理发展程度不够，根本就没有能力（在人的爱这个层面）去爱任何人。

爱的基本躯体感受是非常舒服的。温度上，倾向于温暖或是发热，这种加温让人感觉很好。然而，有时温度上并没有明显的变暖，但通常也都不会变冷。爱是流动的，其方向是总体向上、向四周扩散的。它流动的速度通常并不是很快，只有在爱较为强烈时，才会迅速地向上、向四周扩散。如果爱足够多，那么它在扩散后就

A

会让人全身暖起来，就连四肢和双手也会变得更温暖。

在爱的时候，身体是更软的，有时甚至会让人感觉"身体酥了"，有时则会在胸口或心口附近软得最明显，感觉仿佛"心都融化了"。处于爱中的人，看周围的一切都是美的，都是发光的。在别人看来，处于爱中的人的眼睛是亮的，身上仿佛在发光。虽然无法客观地说出爱的眼神有什么特征，但是人天然就可以辨识有爱的眼神。

因此，爱的核心感觉是心区的暖和软，难怪当我们被别人激发了爱的时候，会说对方"温暖了我的心"或是"看到了他，我就心软了"；相反，当爱消失时，我们会说"我心寒了"或是"我硬下心来"。一个时常心软的人，是有爱的人；一个铁石心肠的人，则是一个危险的无爱的人。

在心理意象中，爱通常是红色或粉红色等暖色，是温柔甜蜜的声音或悠扬缠绵的音乐，闻起来是香的，尝起来是甜的。不过，即使有时爱的味道是苦涩的，那也可以是爱。在艰难处境中依然坚持去爱的人，就是在体会着苦涩之爱。

花的意象可以象征爱，因此，人们用献花的方式来表达自己对别人的爱。各种不同的花被文化定义为具有不同性质的爱的象征物，但这种人为定义的象征意义未必与人心中的自然感受一致。有时，送花的人也未必心中真的有爱，他也许只是按照习俗来送花而已。不过，从总体上看，花可以象征爱这一点是毋庸置疑的。

蝴蝶的样子很像花，所以它也可以作为爱的象征。羽毛非常艳丽的鸟和天上的星星也可以作为爱的象征。此外，阳光或月光的意象也可以作为爱的象征：阳光照在人的身上，可以象征着爱覆盖在身上；月光则象征着更加温柔和抚慰性的爱。阳光的各种折射、散射现象也都可以用来象征爱，比如彩虹、日晕、霞光等。

各种不同的爱，也有其特有的意象。例如，亲情之爱（或称依恋之爱）可以显现为相互依偎的两个人或两个动物的意象——动物幼崽依靠着母兽，或者两个动物幼崽相互依偎着，是最常用的象征。如果动物有柔软的、干净的、长长的毛，那么亲情之爱的感觉就尤为明显。

爱是生命最基本的特征，甚至可以说，爱就是生命。生命的源泉就是爱，而爱的削弱则会带来死亡气息。因此，在人生的各个心理发展阶段，爱都会以某种形态存在。孟子曰，"恻隐之心，人皆有之"，这个"恻隐之心"就是爱。

A

在胎儿的生活中，爱以一种混沌的状态存在。如果胎儿的孕育环境整体上比较好，胎儿就会有一种混沌的爱，爱生命、爱整个世界。

新生儿会对整个生活和世界有爱，而在他开始认人后，他最初的爱就是对母亲（或父亲）的"恋慕"之爱。这种爱是最早的一种对他人的爱。孔子的教化目标就是让人成为有爱心的人，因此他非常注重这最初的对他人的爱。孔子认为，从这种最初的爱开始培养，人的爱心的根苗就可以被保留好，继而发扬光大。因此，孔子大力提倡这种最初的爱，并把它命名为"孝"。

早期（通常指三岁之前，尤其是一岁之前）的亲子关系越好，人的孝心就会发展得越好。如果早期的亲子关系不好，父母对孩子缺乏爱或是过于严厉，孩子就会没有什么孝心。如果父母对孩子早期的爱是溺爱，那么孩子也学不会对别人表达爱以及如何爱别人。这些孩子在将来发展其他形态的爱的时候，也会遭遇更大的困难。

在稍大一点之后，儿童开始建立同伴关系，之后产生的爱就是友谊之爱。童年时是否发展了友爱的能力，对这个人成年后的社会生活影响极大。从小懂得友爱的人，成年后也更容易和其他人建立友爱关系，性格也能更友善。

青春期之后，随着少年的性意识发展，就会具有性爱和爱情的能力。二者存在着以下区别。

- 性爱是一种动物性的感受，是对性活动的身体层面的贪恋；爱情则是一种人性的情感，是对异性的心理特性的爱慕和受到特定异性的精神品质的吸引。
- 性爱是无特异性的，是"人尽可夫"或"人尽可妻"的；爱情则是具有强烈的特异性的，是"非他不嫁"或"非她不娶"的。
- 性爱是必有的，也是非常容易获得的；爱情则并不是每个人一生中都会拥有的。

从心理发展的角度看，形成了完整的自我并有了清晰的性别认同，建构了对于自己的性别意识（超越了动物性，且知道自己是一个什么样的人、是一个什么性别的人，以及有什么心理和精神品质），是产生爱情的基本条件。

当一个人有了子女或是有了类似子女的后辈后，如果他本身是一个懂爱的人，就会产生对待后辈的慈爱。

除此之外，我们还可以有各种层次的多种类型的爱——从小孩爱冰激凌到道家真人的天人合一，再到大慈大悲的菩萨之心。

对于食物、性、高质量物品的爱（即大部分的动物的本能之爱），人们是不需要学习就会的。尽管依恋之爱也是动物本能，但是其发展得如何会受到后天经历的影响。而各种人性层面的爱，更是与一个人的人生经历关系密切。

总的来说，人若有过被爱的经历，就比较容易懂得爱，也能比较容易去爱别人。获得的爱越多，爱别人的能力往往也越强。被爱的时候，爱他的人心理越健康，他将来付出的爱也就越健康。

需要指出的是，获得的爱少并不必然导致爱的能力缺失，获得的爱多也并不必然会导致爱的能力发展。以溺爱为例，尽管爱的不少，但是被爱者并没有获得爱别人的能力，因为溺爱是一种很不健康的爱；而被溺爱的人，也只是被强化了动物层面的自我中心的需求。

除了被爱外，一个人若能在生活中爱过别人，也能提高其爱的能力，从而变得更加友善、宽厚、善良。如果在爱别人的过程中因受到挫折而感到心寒，那么其爱的能力就会受到压抑。如果是误会倒还好，如果是对方完全不爱或是根本不懂得爱、没有爱，那么这个人的爱的能力就会受到更大的挫伤。在一个人的爱受挫后，首先往往会引发怨恨，且怨恨之中还有潜藏的爱，但若是屡屡受伤，人就可能不再爱了——轻则不爱某个人，重则会泛化到更多的人，甚至是不再爱任何人，只爱吃喝玩乐。最严重的是，连吃喝玩乐都不爱了，那这个人就会走向死亡——自杀或是杀害别人。

还需要指出的是，即使同样经历了很多不被爱，以及被所爱的人欺骗的创伤和挫折，不同的人也会因为天性差异而存在差异——有的人天性就比较凉薄，有的人天性就更有爱心。天性凉薄的人，哪怕经历了比较少、比较轻的情感创伤，他心中爱的能力也会因此而损坏；而天性更有爱的人，哪怕经历了更多、更严重的情感创伤，他也可能会因此成为一个更懂得珍惜爱、更不忍心伤害他人的人。

爱不是生活中的附加品，爱就是生命本身。

因此，我们应像呵护生命一样呵护我们爱的能力。

A 安全感

安全感不止一种，分述如下。

受到保护的安全感

产生这种安全感的条件，首先要存在一个或大或小的威胁，其次要存在一个保护者，且受保护者要相信这个保护者确实可以保障自己的安全。

如果不存在任何威胁，那么尽管现实很安全，人也不会产生安全感——当然，此时也不会感到不安全。这样一来，人的注意力就不会在安全与否这个维度上，而是在其他维度上。

当存在威胁时，人会关注自己有没有受到保护。如果受到了保护，就会关注这个保护是不是足够可靠。如果判断这个保护是可靠的，就会产生受到保护的安全感。

受到保护的安全感（简称"受保护感"）在身体上会体现为，先产生身体上的紧张，然后紧张消退，继而感到放松。这个转变发生时会让人感到释然，之后又产生了持续的放松感，伴随着喜悦的情绪，以及对保护者的感激。尽管身体还会稍微存留一点紧张，但这种紧张反而会转化为力量感。

在意象中，受保护感体现为有强有力的保护者为自己抵御威胁。这个保护者可以是人的形象，也可以是动物或者神的形象，偶尔还可以是对自己有善意的鬼的形象。比如：一位高大的父兄挡住了要欺负自己的恶棍；一位健硕的猎人告诉自己不用害怕山里的野兽；有一头熊是自己养大的，它陪着自己走过森林和草地；自己所信仰的神在天上看着自己，并把光芒照射到自己的身上……

保护者还可以是无生命的形象。例如高山作为自己住房后面的屏障，挡住了肆虐的北风；自己坐在坦克车里，或是住在坚实的城堡中；在温暖的房间中，看着窗外的风雪或大雨……如果一个人的保护者意象中大多是这种无生命的保护者，那么这个人可能就会有自恋型的人格。

大概在一岁多时，幼儿会产生受保护感。在这个阶段，幼儿开始积极地探索世界，同时也会遇到一些威胁。当遇到威胁时（比如遇到陌生人、狂吠的狗、汽车从面前开过），如果他能及时获得保护，就会产生受保护感。当幼儿在游玩时能在视线范围内看到保护者，也同样可以产生受保护感。如果保护者格外强壮，或是有气势和威严，或是幼儿看到保护者战胜了威胁的场景，那么其受保护感就会更加强烈。

幼儿之所以非常喜欢"举高高"游戏，就是因为这个游戏中有一点危险感，但他们又能获得保护，他们可由此强化被保护的安全感。成年人之间，类似的游戏也可以起到同样的作用。例如，有的男性喜欢带着女伴飙摩托车。尽管这存在着一定程度的危险，但如果结果是安全的，女伴就会产生被保护的安全感。也就是说，在能够承受的前提下，前面的危险感越大，后面的安全感反而会越强烈。

因此，受保护者有时甚至会有意无意地故意制造危险，以求获得更强烈的安全感。例如，在香港老电影《林冲》中，受到陆谦和士兵保护的高衙内故意挑衅地问林冲："我就是把你老婆杀了，你能把我怎么样？"这就是一种寻求更强烈的安全感的行为。

如果在这样的危险中，保护者没能保护好受保护者，那么受保护者的这种的安全感就会被彻底击垮。

安全的环境带来的安全感

这种安全感靠的是安全的环境。所谓"安全的环境"，就是有利于防御各种危险的环境。

风雨等自然灾害，以及火灾、建筑倒塌等事故，这些危险往往不是谁有意要伤害我们，但要防御这些危险，就要事先发现并消除隐患，让环境更加安全。

例如，有房屋、雨伞等用品来遮风避雨，就让人有了基本的安全感；使用的器具没有破损，有应有的保护性的器件，就减少了环境中的不安全性；房屋越坚实、密闭性越好，就越能遮蔽风雨；房子远离山边或山谷中那些危险的区域，就减少了泥石流的威胁；减少易燃物的堆放，就减少了火灾的危险……

安全环境带来的安全感与受保护的安全感有所不同——它不是先有一个威胁，然后看到了有保护存在，而是先有一个担心或疑虑，然后这个担心或疑虑减弱甚至是消除了。这种安全感不是来自保护，而是来自对环境的评估。例如，临出门或是

A

临睡时检查一下门是不是锁好了，在确定锁好了之后就会产生一种安全感。

起初，身体也会有一些紧张，或者至少是不够放松。而在改善环境或是检查之后，我们的担心就会减弱甚至是消除，身体也就放松下来了。安全感越强烈，放松的程度就越高。在感到很安全的时候，我们会非常松弛并且感到很愉悦。如果缺少这种安全感，人就可能会想象出危险或是在梦中梦到可能出现的危险。例如，门没有关好，便想象有小偷进来偷东西；汽车刹车不是很好用，便想象出撞车的场景。然而，在关好门或是排除了故障后，这些可怕的心理意象就不会再出现，或者至少出现的概率会大大减少。安全环境所带来的积极的意象往往与躺着有关，例如，躺在海滩上晒太阳，躺在草地上看云朵，躺在家里柔软的大床上吃零食等。

如果缺少这种安全感，人就很容易出现失眠问题——这是人本能的选择，因为一旦不安全，人就不会睡得太沉，以免危险到来时自己难以及时做出反应；相反，有了这种安全感，人就会更放松地休息，睡得更好，身体也更舒服。

安全感在其他很多方面有着很多不同的表现形式，但无论是在哪个方面，它对人都是非常重要的。如果安全感不足，就会引发很多心理问题。因此，在心理咨询中，让来访者获得更多的安全感也是咨询师的一个核心工作。很多心理咨询的技术以及心理咨询的设置都是为了增强来访者的安全感。

值得一提的是，当安全感被满足的时候，安全感在主观体验上也会随之消失。就好像当一个人被封闭在一个狭小的密闭空间时，他会因为担心氧气不足导致窒息而亡感到焦虑，此时安全感会伴随着心理需要而被觉知到。然而，一旦他走到了外界，意识到了"氧气不再缺乏"，那么他对于"氧气足够让我安全"的意识和感受就会随之消失。从本质上说，安全感是一个悖论——只有存在一定的威胁时，才有可能产生安全感；一旦威胁不复存在，即个体处于没有威胁的状态中，他心中的安全感就会随之消失。

第 5 章

B

卑贱感

卑贱感有两种：（1）自己感到自己卑贱，这种卑贱感又被称为"自轻自贱"；（2）感到别人卑贱，觉得别人"真是贱啊"，这种卑贱感又被称为"轻蔑感"或"轻贱感"。

"卑"与"贱"不同，卑微的人可以不是贱人，而高位的人也可以是贱人。卑更客观，贱更主观。若被欺负还高兴、迎合，就是贱。若身处高位却容忍别人轻视自己，就是更加的贱。

卑，是地位低下或品质低下。贱，则是广义交换中的"卖贱了"，也许反而是因为本来地位高或品质好，更容易感到贱。

卑贱感和自卑并不是同样的感受。自卑是和别人比较的结果，而卑贱感则并不需要和别人比较，是对自己的品质进行评价的结果。如果一个人感觉自己的品质低下，就会产生相应的低自我价值感，这就是卑贱感。所谓"比较"，指的是与一个良知中的标准做比较。

卑贱感和耻感也有些关系，因为有耻感也是自己做了低品质的事情。当一个人感到自己卑贱时，是会以此为耻的。然而，二者的区别在于，耻感主要是因为自己做的事偏于"恶"，或低于人类标准；卑贱感则是因为自己做的事情"贱"。

卑贱感和自尊感是相反的，卑贱就是丧失了应有的自尊。因此，我们从自尊的反面就可以知道什么是典型的自轻自贱。关于自尊，你可以参见"自尊感"部分，这里只简单地说几句。自尊有两个要点：（1）明确自己的价值观，知道自己的核心价值是什么，这样核心价值就成了自我有价值的基础；（2）能保护自己的边界，从而核心价值不会被外界力量侵害。如果这两个要点都能做好，自尊感就会足够高。

一个人内部会有多种不同层面的价值，这些层面有高低之分。人的动物性层面和人性层面相比，动物性层面相对较低。

人性层面的那个部分，会觉得自己作为人的价值才是核心价值，而动物性的价值只能作为次要价值。有人说"如果活着只不过是挣钱吃饭，那和猪又有什么不同"，其实就是说人不能和动物一样仅仅是活着。在这句话中，"猪"就是人的动物性象征。如果一个人活得像动物，就会被人性层面的这个部分视为卑贱的，从而带来卑贱感。

动物性层面的最基本价值就是饮食、安全、性和权力，更高级一点的是依恋。因此，如果一个人把饮食、安全和性等放在各种精神追求之上，他就会在某个特定情况下，为了饮食、安全和性等而放弃自己的精神追求，从而产生人性层面的卑贱感。

当一个人非常饥饿的时候，如果为了能吃到食物而放弃了人性层面的坚守，就会被别人轻贱或是自己感到卑贱。请区分这样两种情况：（1）因为饿，捡别人扔在地上的食物吃；（2）孩子吃剩的饭，父母拿过来吃。这两种情况有什么区别呢？区别在于，前者是自己本来就嫌弃的，但因为饿而放弃了对自己这种人际边界的坚守。在《不食嗟来之食》一文中，饥饿者宁肯饿着也不吃别人施舍的饭，这就是不为满足动物性的需要而放弃人性层面的需要，因此这个人有很强的自尊感，而不会产生卑贱感。相较而言，后者则不会让人产生卑贱感。

安全是所有人的动物性需要，但是在出现危险时，人还是应该尽量不放弃自己的人性精神追求。如果因恐惧而放弃了人性和精神层面的追求，就会被别人和自己视为卑贱。我们会蔑视那些"胆小鬼""窝囊废"，如果发现自己就是这样的人，那么也会产生卑贱感。

动物层面最大的不安全就是死亡。如果一个人即使受到死亡的威胁也不放弃自己所坚持的价值，不做违背自己精神需要的事情，他就会有高自尊感而不会产生卑贱感，我们把这样的人称为"英雄"；相反，那些因恐惧而变节的叛徒，无论身处哪个阵营都会被我们轻蔑。如果一个人做了叛徒，那么不论他如何为自己辩解，即使是安慰自己说"我是弃暗投明"，内心也会产生"我真贱"的感受。

性的驱力是非常强大的。如果性和高层次的精神需要并不冲突，就谈不上什么卑贱不卑贱。相爱的人之间，不管做什么都没有谁会感到卑贱。因为爱情是升华到了人性层面的一种感情，因此爱情中的性是动物层次和精神层次共存的；相反，如果没有爱，甚至和精神层面的某些价值相互冲突，性就可能会带来卑贱感。因为这表明这个人是性欲的奴隶，没有能力超越性本能的驱使。女人色诱一个自己并不喜欢的男人，看到这个男人在性欲的驱使下的种种动作会感到这个男人"丑态百出"。为什么会感觉"丑"呢？因为这个男人无力抵御自己的性欲。如果这个男人在性欲消退之后反思自己，也会觉得自己当时很贱。

在没有爱的两性关系中，事后性欲消退，一个人可能既会感到对方很贱，也会觉得自己很贱。因此，有些人一夜情后不愿意同床共枕，而是希望尽快离开对方。也可能会压抑自己的卑贱感，从而感觉到有一种淡淡的忧伤或者抑郁。

与上述情况相反的是，有些人为了彻底避免卑贱感而有意识地禁欲，以证明自己不是性欲的奴隶。有一部分修行的人就是这样，即通过禁欲获得了自尊感。

有的人为了获得权力而放弃自我的尊严，也是卑贱感的来源。那些阿谀奉承上级、以求自己能升职的小人，不仅会被别人瞧不起，他们的内心也会产生卑贱感。他们会用种种合理化的借口和理由来安慰自己，但是这个卑贱感还是会潜伏在内心深处。一旦他们有了权力就会去欺压别人，通过让别人变得卑贱来缓解自己因卑贱感而产生的痛苦。

动物层面的另一个重要需求是依恋的需求。相对于食物、安全、性和权力来说，人会觉得这种需求层次相对更高一点。因此，人对于为了依恋所做的事情，通常并不会感觉到卑贱。不过，如果对方不喜欢你，你却为了依恋他而放弃了自己的精神追求，你就会感到自己挺卑贱的。

当人感到自己卑贱时，很可能会想要抽自己几个耳光。即使没有真的这样做，也会感觉脸上发热，仿佛被抽了耳光似的。卑贱感还会让人用其他方式自伤，来宣泄出那难以忍受的不愉悦能量。最严重的情况下，有人甚至会用自杀或变相自杀的方式来求解脱。姿态上，卑主要表达为屈膝，而贱主要表达为挺不起来的脊梁骨。

对身边的"贱"人，我们也许也会想抽他耳光，或者想去羞辱他。不过，想归想，但是我不建议大家这么做，因为所有这些羞辱别人的行为都不好。对别人表示轻贱是非常伤害人的，是公认的恶行。

在意象中，"卑贱"可能会表达为妓女、乞丐、狗奴才、胆小鬼等形象，还可能会表达为那些任人践踏的、被污染的小草，以及卑屈的狗等形象。

即使一个人本来没有卑贱感，有时也可以被逼出卑贱感。

上面说对别人表达轻贱是恶行。比这种恶行更恶的，是别人本来没有做出什么"贱"的事情，恶人设置一种情景，故意激发别人的"贱"。比如，电影《武状元苏乞儿》中，一群官兵逼迫苏乞儿吃狗粮，是在饮食方面逼迫他做贱的事。此外，用刀逼别人下跪、乞求饶命，是在安全方面逼迫别人变贱。做这些逼迫别人犯贱的事，可以说几乎是恶中最大的恶行。因此，这些行为很多都被现代社会界定为犯罪。

这些恶人会设置一个情景，让别人不同层次的需求之间的冲突变得非常严重。比如，通过滥用权力，让别人屈从于权力否则就不满足其基本需要，又诱惑别人，若屈从了就能获得很多好处。这样一来，屈从者就会变得很贱。当然，如果有人"威武不能屈"，那么这个情景反而会让他更有自尊。

一般来说，这些恶人之所以这样做，往往是因为他们内心感到自己很"卑"也很"贱"，因此要把别人拖下水，以减少自己的不愉悦感。

在一个人产生了卑贱感后，往往会靠自欺欺人或欺负别人的方式来缓解，但是这种方法并不能真正减弱其内心的卑贱感。

有两种途径可以真正减弱或消除卑贱感。

第一种途径是从此不屈服于低层次的欲望，永远选择高价值，这样将来就会有自尊而不再有卑贱感。孟子所提倡的就是这个途径，如"鱼与熊掌不可兼得，舍鱼而取熊掌""贫贱不能移，富贵不能淫，威武不能屈""舍生取义"等，这些说法说的都是这个途径。孟子所说的"人之异于禽兽者几希"，也是说人既有动物性，又有高于动物性的人性，当被迫在这二者之间选择时要选择人性。

第二种途径则与第一种途径截然相反，即彻底让自己成为"衣冠禽兽"，也就是把自己认同为高级动物。虽然高级动物智力高，但是说到底也不过是为了更多的资源、配偶、势力等而奋斗。这种高级动物并没有超越动物性的更高价值和追求，因此也就不会感到自己的行为有什么卑贱的了。况且，以处于"食物链的顶端"来自居，也可以抵御由尚存的人性所带来的卑贱感。只不过，别人可能会觉得这种人卑贱，并认为这种人只有动物性。

当一个人的核心价值升高时，从动物性升华到了人性时，他会感到过去的自己"挺贱的"，从而因过去的卑贱而感到羞耻、惭愧、懊悔，并下决心不会再做那些事情。

相反，当一个人的核心价值降低时，从人性下降到动物性时，他反而会感觉很舒服，自己可以随便做一些低等的事情而不会被卑贱感所困扰，因为他已放弃了人性层面的自尊需要和标准。因此，有的心理学家会用这种方式来削弱来访者的卑贱感，从而减少来访者的内心冲突。在我看来，这对人的心理健康来说并不是一种好的做法。因为如果一个人只活出自己的动物性需求，且舍弃、割裂了自己的人性需求，那么这个人的心灵不仅是被"拉低"了，而且其完整性也被损毁了，变得不完整了。

被忽视感

被忽视感，就是"你看不到我"或"大家都看不到我"的那种难受的感受。

如果一个人希望被看到和被关注，却发现或认为别人没有看到自己、没有关注自己，就会产生被忽视感。

被忽视感是失落感的一种，其体验是空落落的。被忽视感中还带有一种愤愤不平，即"你为什么看不到我"的难受。

身体上的反应为：胸区会感到空；头会向上抬看着别人，期待自己被看到；身体的存在感比较弱，似乎有些无力，感觉自己的身体轻飘飘的，生命力无法生发。有时，被忽视感还会聚集在面部，且以鼻子为中心，如果此时用鼻子向外喷气并发出类似"哼"的声音，或是用手揉揉鼻子，不舒服的感受就能得到缓解。

在意象中，感到自己被忽视的人可能会把自己表现为幽灵等不明显的存在，或是似有似无的如影子或烟雾般没有坚实的存在，或是如老鼠、虫子等在环境中可有可无的小动物般的存在。

如果一个孩子在幼年时不被父母喜爱，或是父母对他的关注太少，他可能就会积攒很多的被忽视感。这样的孩子，其自信心可能会相对比较弱。

还有一种情况是，幼年时太以自我为中心的孩子，希望自己独占父母甚至其他人的关注，一旦得不到满足，就会产生被忽视感。比如，金庸的小说《天龙八部》中的康敏，自负美貌而期待所有人都以她为中心。乔峰没有关注她，她就产生了强烈的被忽视感，进而感到极端的愤愤不平，并因此做出了报复行为。

如果一个人因过去被关注太少而不自信，那么可以通过心理咨询获得咨询师的关注，并弥补过去的缺失。在缺失得以弥补后，就可以缓解被忽视感。

如果是因自我中心而过度需求关注的人，就不能用弥补的方式来解决问题了。对于这些人，咨询师需要与其适度对质，逐渐削弱其自我中心。在自我中心减弱后，他们就会发现自己已经得到了足够多的关注，其被忽视感也会因此减弱。

被监视感和被窥视感

看和被看到，是人与人建立联系的第一步。如果你从没有被某个人看到过，你就并未存在于这个人的心理世界中。也就是说，只有被谁看到了，才能存在于谁的世界中。

这里所说的"看到"是广义的，不仅仅是看，还包括听、嗅等感觉。我可能从来都不知道某个电台的播音员长什么样子，但是由于我经常听他播的节目，因此他是存在于我的心理世界中的。又如，老人听评书，听到别人讲关羽，那么关羽也存在于他的心理世界中。

看到过，这个人就存在。如果此时此刻看到和被看到，那么此时此刻这两个人就有联系，并且可以互相产生影响。因此，人都很在意别人是不是看到自己。

不过，别人看你，可能会对你有益处，也可能会有威胁，这取决于对方是善意的还是恶意的。我们都很愿意让有善意的人（比如，父母、朋友、恋人、子女等）看到自己和关注自己，如果他们不关注我们，我们就会感到失落；相反，我们不愿意让有恶意的人看到我们，因为被他们看到，可能会给我们带来危险。对于后者，他们通常会采用两种方式：（1）强行地看，即监视；（2）偷偷地看，即窥视。这两种方式都会给人带来很不愉悦的感受，即被监视感和被窥视感。这些感受又会激发愤怒、恐惧、厌恶、羞耻等不同的情绪反应。

被监视和被窥视，都会给我们造成不自然或不自在的身体感受。好像让我们的身体不再能自发地行动，且我们自己也需要监控自己的行动，以保证自己在别人眼中的形象更好或是保证不会泄露自己的秘密。有时还会让我们觉得自己的手和脚不知道该怎么放，皮肤和肌肉也会变紧，类似被侵入感所带来的反应。在我们被监视或被窥视的心理感受中，有时也会产生被侵入感，因为监视或窥视都是违反我们的个人意志的，所以它们本身就是一种入侵。

一般来说，被监视感和被窥视感所带来的身体感受多位于后背，因为后背是我们看不到的方向，也是监视者或窥视者通常所在的位置。同时，我们的侧面也会对此产生一些感觉，因为那也是监视者或窥视者常会在的位置。如果监视位于正前方，那么如果我们能反抗就必定会愤怒地反抗，如果不能则会产生强烈的屈辱感。监视感还可能会出现在上方，因为监视者也有可能会在上方监视。不过，监视感通常不会来自下方，因为监视者通常不会选择在下方监视别人。

当我们发现自己被监视或被窥视的时候，身体也会做出类似自我遮挡的动作。如果我们认为窥视与性有关，那么遮挡的区域就是我们的隐私区域或是很性感的区域。如果我们感到自己被监视或被窥视，就会为了保护自己的尊严和隐私权而本能地穿更多遮盖性的衣服并减少身体的暴露区，我们还可能会希望躲到一个封闭的、遮挡严密的小空间，以减少被监视或被窥视的可能性。不过，也有少数的被监视者或被窥视者在发现自己被监视或被窥视后会做出其他反应，例如：有些人发现自己被异性窥视后会感到兴奋，进而更有意识地展示和暴露自己的性感区；有些人发现自己被人监视后会故意做出一些假动作。

有时，人们会梦到自己被监视的情景或被窥视的情景，或是在其他的意象活动中想象这种情景，这都是因为他们平时就有被监视感，所以才通过梦或想象来表达这种感受。

被监视感的最典型的情景是在监狱中做囚犯。在监狱中，囚犯无权拒绝狱警的监视，自己的一举一动都暴露在狱警的眼前，没有任何隐私权，从而感到很痛苦。

如果一个人在生活中有被监视感，那么他可能会梦见自己成了囚犯，且自己住的房间中有一个别人可以随时向内看的窗户。有些父母对子女干涉过多，总要监控子女的行为，他们的子女就会产生这种感受，也可能会产生自己在监狱中生活的意象。

被窥视感最典型的情景是被性骚扰者窥视。在这种意象中，自己正在进行正常的裸露行为（如洗澡、换衣服或上厕所），但有人在偷窥。

其实，人类有一种特殊的感觉能力：当有人在看我们的时候，我们多多少少都能感觉到。如果我们感觉到了被看，但又看不见看我们的人，就会产生被窥视感或被监视感。当然，有一点也要说明：并不是在我们感觉到了被看的时候，我们在现实中就一定是正在被看。因为有时当一个人因别的原因先产生了被窥视感或被监视感，那么这种感受也会反过来影响他，让他觉得有人正在看着自己或是一直在暗中看着自己。

还有一个能强烈地表达被监视感和被窥视感的典型意象——环境中的很多眼睛。这个意象有很多变式：可能是"天空中布满了眼睛"，这里所指的"天空"大多是夜空；也可能是"墙壁和窗帘上有很多眼睛"，只有眼睛而没有身体的其他部分；还可能是"全身都有眼睛的人或动物"，包括希腊神话中的百眼巨人阿耳戈斯、西游记中的蜈蚣精，以及《山海经》中的视肉（类似太岁，但是全身都是眼）等。

对于动物或原始人来说，被监视或被窥视是一种非常危险的局面。猎食动物在预备攻击之前，通常都会监视猎物的行动，窥视它们的一举一动，继而跟踪、接近猎物，并在某个适当的时刻突然出击。因此，在人的很深的人格层面，被监视感和被窥视感都会带来深入骨髓的恐惧不安。被未知的人或非人所监视或窥视，也就成了精神分裂症被害妄想中最常见的症状之一。患者在现实中看不到实际存在的监视者或窥视者，就会幻想别人用神秘的力量或是高科技方法来监视或窥视自己。比如，幻想外国情报机构甚至是外星人用特别的仪器接收自己的脑电波信号，从而神不知鬼不觉地窥探自己的思想。

在当今科技更发达的时代，很多在过去只存在于幻想中的技术，如今真的可以存在于现实世界中。有些公司会借助一些技术手段来窃取他人的隐私，有的国家的情报机构，也可能会通过大数据等手段窥探人们的隐私。因此，现在人们产生了隐隐的被监视感或被窥视感，多少还是有一些现实合理性的。

当别人监视我们的时候，为了避免我们伪装，通常都会尽量不让我们发现他们在监视我们。例如，虽然班主任有权监视学生上自习课时在做什么，但是他很可能会在学生不注意时，在小窗甚至是更隐蔽的地方去观察。窥视者则更是要隐蔽起来进行窥视。因此，尽管我们看不到有人在监视或窥视我们，但并不能证明没有人在这么做。这也就是说，"有人在监视或窥视自己"这个命题是无法完全证伪的。就算我们很仔细地检查了周围，且并没有发现有被监视或被窥视的线索，也不能证明没有监视或窥视，因为那个监视者或窥视者的行动可能足够隐蔽，没有留下任何痕迹和线索。因此，被监视感和被窥视感是不可能靠理智消除的。我们都必须多多少少地容忍这些感觉的存在，忍受这种不可被完全清除的不安。如果一个人完全无法忍受这种不安，比如通过过度的、反复进行的检查来缓解这种感受所带来的焦虑，那么这种反复检查就属于病理的强迫行为，他很可能就会成为神经症患者。

我们通常可以忍受一定程度的被监视感或被窥视感，就如同动物即使知道远处有狮子在看着自己，也还是可以继续照常生活。如果监视者或窥视者是权威，我们又不能或不敢反抗，那么我们可能还会忍受很强的被监视或被窥视的感受。比如，大臣前一天请客吃饭后，打牌时丢了一张牌，第二天皇帝却将这件小事说了出来。这证明皇帝派人窥视甚至监视了大臣，这种感觉的确会让大臣感到很不愉快，但是他又能怎么样呢？总不敢因此就造反吧！此外，就算孩子知道父母在监视自己，那么最多也只能去和父母吵一架，然后不得不在一定程度上继续忍受。

感到自己被监视或被窥视，并且难于忍受，往往存在一些特殊原因。有的人是因为自我保护能力很差，自我非常脆弱，所以格外难以忍受被监视感或被窥视感。因为在他看来，被监视或被窥视意味着自己离被害不远了。处于不利情景中的人也是这样，例如，半夜在无人的街上独行的少女如果感到有人在窥视自己，就会格外恐惧不安。

还有一些人，比如皇帝，因为自己地位更高，所以不能忍受别人的监视或窥视。他们会觉得，竟有人敢窥视自己，真是胆大妄为！如果一个人在一个地方真的被监视或被窥视，并因此产生了被监视感或被窥视感，那么在他去另一个地方时，很可能连很轻微的被监视感或被窥视感都会觉得无法忍受。

在心理咨询或心理成长的过程中，对于被监视感或被窥视感过强的问题，可以通过探究其特殊原因来缓解。不过，我们不可能完全消除来访者内心的被监视感或被窥视感。人类是进化的产物，人类的人格底层至今仍保留着动物祖先的本能。对于人类的动物祖先来说，这种感觉的存在是有用的，它可以让人类的动物祖先对外界保持警觉，及时发现那些真实存在的监视者或窥视者，并让人类的动物祖先有机会采取措施，去应对外界真实的危险。这样一来，人类的动物祖先也许可以找到战胜或驱逐猎食者的办法，从而获得更安全的生活。

有些人会在精神上屈服于权威或是放弃自我尊严，从而让自己格外能忍受被监视感或被窥视感。比如，一个完全屈从于父母意志的孩子会觉得，反正我一直都很乖、很听话，完全不会和父母对着干，那么就算我做什么都被父母知道了也不要紧，就算被监视也没关系。或者，一个乞讨者在垃圾堆旁边捡饭吃，他会觉得无所谓，不被饿死可比自尊重要得多。

对某些人来说，接受被监视甚至还可以成为自己对权威表忠的方式，反而会为其带来某种愉悦。如果有的人希望有机会表现自己，那么被窥视也会为他提供一个表演的机会，让他产生积极的感受。然而，从心理健康的角度看，这些情况多少有些不健康。

简言之，被监视感和被窥视感都是指向自己的、强加的，是与"被看见"议题有关的感受，二者的关键要素都在于违反人的个人意愿，因而从表面上看是"被关注"议题，核心却是"权力"主题——这一点和性骚扰有异曲同工之处。被监视感和被窥视感最重要的差别在于：在被监视感中，主体体验到的是监视人具有某种程度的主观恶意，以及之后对自己施加某种伤害的可能性；在被窥视感中，主体体验到的则是偷窥者对自己的兴趣和好奇。同时，在动机层面，被监视感会让主体认为监视者具有强烈的动机和自己在现实中建立某种控制性甚至吞噬性的关系，而被窥视感会让主体认为偷窥者只是想暗地里玩独角戏，并没有和自己建立某种现实关系的动机。

在彼此都很有爱的情况下，两个人之间才会没有被监视感或被窥视感。只有双方相爱、彼此非常开放时，才不怕对方知道自己的隐私，并希望对方看到完整、真实的自己，希望与对方保持更密切、更透明的联系，也相信对方完全没有恶意，并会尽量避免让对方产生误解。如果对方的心理是健康的，那么我们会喜欢以这种方式被看到，而不是被监视或被窥视。

被纠缠感

如果别的人或是别的力量缠着自己不放，就是所谓的"纠缠"。也就是说，如果一个人坚持与你建立密切的关系，即使你表达了脱离、摆脱的意愿，这个人也不肯与你脱离，你就很可能会产生被纠缠感。他的纠缠可能对你没有恶意，也可能对你有恶意。如果你没有脱离、摆脱的意愿，那么即使对方坚持与你联系，你也不会产生被纠缠感。

被纠缠，就是被束缚、被困。因此，被纠缠感中也包含着被束缚感和被困感。

如果一个人产生了被纠缠感，心中就会产生"我被缠住了""好缠人啊"之类不舒服的感受，但是对纠缠者并没有太大的敌意。被纠缠者的身体边缘区域（尤其是手脚）会最不舒服，好像有压力在手脚上。其呼吸会更难，胸口会发闷，会有喘不过气来的感觉。此外，他的身体还会产生一种想要扭动的趋向，或是向下向外甩的动作倾向，有时还可能会产生一种被黏住的感觉。

这些身体感受与被一根绳状物纠缠时的身体感受相似，而那种扭动的趋向就像是努力在摆脱这根绳子。不过，需要注意的是，人们在意象中通常不会看到绳子把人捆绑住了，而只是会看到一团乱绳子把人的脚缠住了，还可能是一张网把脚缠住了。在意象中，也可能是一个人在草丛中行走，地上的杂草纠缠着人的脚，让人难以前行，这也是纠缠感。还可能是行走在原始森林，其中有很多藤蔓，人向前走时身体总会被藤蔓缠住，也是纠缠感的意象。

意象中的纠缠感，还可能是被蛇缠住。蛇是原始人生活中极为重要的动物意象。毒蛇是以咬人的方式来对付人的，象征着敌意和攻击；无毒蛇（如蟒蛇）则往往缠人，这种方式不一定有敌意，却象征着贪婪——因贪婪或是想从被纠缠者这里获得什么而缠着不放。蜘蛛网也可以是纠缠感的象征。蛇和蜘蛛网都有一种黏的感觉，这与我们被一个人纠缠时的感觉类似——我们会觉得"这个人太黏人了"。

生活中纠缠我们或是太黏着我们的人，都是对我们有依恋的人，具体而言有几种不同的情况。

最基本的一种纠缠，是小孩子黏父母。不到一岁的孩子，基本上完全离不开父母。不过，父母并不会产生被纠缠感。因为父母也知道，这么小的孩子当然会这样做，所以他们并没有摆脱孩子的欲求。一岁前后，孩子逐渐开始和父母分离，此时父母也不会产生被纠缠感。等到了玛格丽特·S. 马勒（Margret S. Mahler）所说的分离期（即个体化阶段中的和解期，约在孩子 16~24 个月）时，孩子又会回到父母身边。此时，孩子多少都会有些黏人，因为他们在一定程度上独立后体验到了孤独，所以对父母（尤其是母亲）的需要增加了。然而，母亲之前已关注孩子太久了，更希望孩子能从身边脱离开一些，母亲便会产生被纠缠的烦恼。

马勒举例说，有一个 20 个月大的男孩，不断地干扰母亲、打断母亲，在母亲读书、洗衣、工作时也会不断打断她。在母亲工作时，他会不管不顾地爬到母亲的胸前。如果母亲主动抱他，他就会挣脱出来，但在挣脱之后并不会自己玩，还是在母亲身边转来转去。此时，母亲会产生强烈的被纠缠感。

还有一种纠缠是，我们在儿童时期也许会有黏人的弟弟妹妹。他们为什么会让我们感到黏人呢？因为稍大一点的儿童更喜欢与同龄的同伴一起玩，而不喜欢带着年纪很小的弟弟妹妹玩。如果弟弟妹妹始终跟着我们不肯离开，我们就会产生被纠缠感，会觉得弟弟妹妹太黏人。此时，弟弟妹妹完全没有攻击性，我们也不会产生愤怒，只是想甩开他们而已。

在恋爱关系中，如果有一方过度缠人，那么其往往是因为没有安全感，心理学中将其称为"不安全型的依恋"。如果一方时时刻刻要求两个人在一起，另一方如果觉得这样没有问题，就不会有被纠缠感；相反，如果另一方不愿意，就会感到被纠缠，从而产生一种本能的趋向——甩开对方，从而让自己获得解脱感。然而，这个"甩"的动作必然会激发对方的不安全感，会让对方纠缠得更紧，一心想着"别想把我甩开"。这样的互动形成了一种恶性循环：一方越纠缠，另一方越想甩开，这一方越想甩开，那一方就越纠缠，双方的行为会越来越夸张，最后可能需要借助破坏性的行动才能终结这个循环。

在两性关系中，如果一个人要追求另一个人，但被追求者不想接受，要是追求者不甘心放弃，那么也会形成一种纠缠和被纠缠的关系。

在孤独的老年人中，有一些人会对子女产生强烈的依恋需要，坚持要求子女来陪伴。如果子女愿意来，那么没有问题；如果子女每天都很忙、工作压力大，无法拿出足够的时间来陪伴他们，子女就会产生被纠缠感。

孩子在 16~24 个月时，黏人是正常的行为，母亲如何应对孩子的黏人，对孩子依恋这方面的发展会产生一定的影响。如果母亲能包容孩子，即满足孩子的依恋需要，孩子就会逐渐成长并超越这个阶段，并在依恋需要获得满足的基础上获得安全感，长大后在其他关系中也不会太纠缠；相反，如果母亲不能包容孩子，即无法满足孩子的依恋需要，孩子就缺乏安全感，长大后在其他关系中也会容易纠缠别人。

童年时没有拥有好的依恋关系的人，也不习惯别人对自己的依恋，因此当别人想建立持久的依恋关系时，这些人也比较容易产生被纠缠感。

如果被纠缠感太强，人就会感到很烦。随后的常见行为包括：（1）对纠缠自己的人大喊大叫、摔东西或跺脚等；（2）驱赶纠缠者，要求说"让我自己待一会儿"；（3）回避交往、离家出走等。成年人经常会以工作为借口，逃避家人或亲人的纠缠。当然，他们未必真的是去工作了，他们之所以会这样说，是因为这比较容易被接受。小孩子不想让母亲离开，母亲给出的最有力的理由是"我要上班，挣钱给你买吃的"。小孩子不可能不吃饭，于是只好接受。这就在他们心中留下一个这样的印记：去工作，是别人离开自己的合理理由。

因此，如果两个人处于纠缠和被纠缠的烦恼之中，那么至少其中有一个人在依恋关系的建立上是有问题的，也可能是两个人都有问题。心理咨询可以帮助他们处理依恋方面的问题，让他们从这种烦恼中解脱。

B

被看到感

真正意义上的被看到感，其实是一个人意识到自己被别人看到时所产生的自发感受。不过，需要指出的是，这与我们在临床工作中经常听到的"我想要被看到"的诉求并不是同一种感受。在临床工作中，来访者自称的"被看到"，其实并不是仅仅"被看到"的感受，而是一种被称作"被看到"的被关注感。

换句话说，一个真的想要"被看到"的人，只要别人看到了自己，知道自己存在就满足了。然而，被称作"被看到"实际上却是"被关注感"的感受则是另一回事——被关注感的重点并不在于有没有被看到，而是别人看到了自己以后的反应——如果别人看到他但表现得很平淡甚至不在意，他就会觉得自己没有"被看到"。如果别人看到他以后把他当作人群中的焦点，且别人越集中注意力、越认真地关注，那么这种所谓的"被看到"的感受就会越强。此外，被越多的人关注，这种被看到的感受就越强。因此，临床中所说的"被看到感"，实际上是一种需要在他者眼中寻求"我是你眼中的焦点"的自我中心的自恋性需要。这种需要往往具有排他性，如果一个人"被看到"了，但别人也"被看到"了，那么，他这种被看到感立刻就会受到挫折，他会从刚才的满足立刻变成不满足。

这种感受中含有一种"处在别人视野的中心"的体验，还含有一种"被别人评判"的体验，以及自我的存在感。"我被作为聚焦点看到，就证明我的存在是有优越性和独特性的。"这种感受会令人兴奋和激动，但也可能会令人焦虑。对于有的人来说，这种感受是很积极的；对于有的人来说，这种感受会因让人感到焦虑而偏于消极。

当一个有这种需要的人"被（作为中心）看到"时，其身体从整体上会更加兴奋或活跃——血液循环加快，心跳加快，呼吸也可能会加快。喜欢这种感受的人，会更加容光焕发，胸会挺起来，腰会挺直，人看起来也会显得更加精神；对这种感受感到焦虑的人，则会出现类似害羞的身体反应，如脸红、心跳，身体试图逃避或自我掩藏。

在心理意象上，可能会感觉自己在聚光灯下，或是在舞台上，或是在众目睽睽之下，或是觉得被炫目的阳光照耀着。在有的人的意象中，会看到周围有很多眼睛，或是看到百眼怪物、墙壁上的无数双眼睛、夜空中的眼睛等意象。喜欢被看的人，也许意象中会看到一些美丽的异性或是欣赏自己的长辈在看自己。

儿童过了三岁后，会开始更多地注意别人的目光。在这个所谓的"俄狄浦斯期"，有些儿童会有意识地吸引父母或别人的注意，他们会刻意表现自己的存在或自己的可爱。当有客人来访时，儿童有时会唱歌、跳舞、和客人说话，急切地吸引客人的注意，因此被父母称为"人来疯"。当然，也有一些儿童的表现则恰恰相反，他们并不喜欢吸引注意，宁愿躲起来不见陌生人。儿童吸引别人关注是有适应意义的，因为他们吸引了父母的注意，就可以获得更多的心理和物质资源，给自己更好的生存条件。

如果人的心理固结在俄狄浦斯期，那么这种吸引别人眼光、希望被别人看到的倾向就会带来表演性的人格特质。这让他们在成年后的行为举止依然比较夸张且具有戏剧性，装饰也比较引人注目，尽管外向但是显得有些肤浅。

相反，那些对被看到的感受更敏感但是较易于焦虑的人，就会发展为比较内向的人。他们会紧张拘谨，甚至害怕被别人看到。当这种情况比较严重时，他们总是感觉被别人看，会感到很有压力，甚至会产生社交恐惧的症状。在更严重的情况下，有些人会产生被监视的感受，并且产生被害的感受，从而带来心理疾病。

过于贪求被看到的人，可以在心理咨询中学习如何减少自恋，并允许别人也成为被关注的中心。对被看到过于焦虑的人，在心理咨询中则可以通过逐步适应，减少被别人关注时的不安。

被抛弃感

被抛弃感就是感觉被亲近的人抛弃了之后所激起的那种很难受的感受。

引发这种感受的最直接的原因，当然是真实的被抛弃。曾经被弃的婴儿，会在

B

心底烙印下深深的被抛弃感，终生都会因此而困扰不已。有些做法表面上不是抛弃，但心理上也会被视为抛弃，所以同样会激起被弃者的被抛弃感。比如，如果父母在孩子六个月到一岁多期间将孩子丢给爷爷奶奶或姥姥姥爷带，且父母很少来看望孩子，孩子就会产生被父母抛弃的感觉。在这种情况下，如果父母能经常给孩子打电话，与孩子交流并关心孩子，孩子的被抛弃感就会少一些；相反，如果父母对孩子不闻不问，孩子的被抛弃感就会更强烈。有的父母即使和孩子生活在一起，但如果他们只忙于工作，或是每天出门打麻将，对孩子不闻不问，那么孩子仍会产生被抛弃感。孩子心里的感受通常都是对的，无论父母行为表面的理由多么合理，但是只要被孩子视为抛弃行为，从本质上说就是一定程度上的抛弃。

对于成年人来说，情形则会有所不同。有些成年人会对抛弃过敏，尽管有时别人并没有抛弃他，只是偶尔因故远离，他还是会产生被抛弃感，进而抱怨或抑郁。他不知道这其实不怪别人，而是他自己的认知出了问题，把不是抛弃的行为看成了抛弃。为什么有些成年人会产生这种认知偏差呢？如果我们追溯原因，往往就能发现他在童年时曾遭遇过真实的被抛弃，令其对抛弃过敏。

不亲近的人，不会激发我们的被抛弃感。换句话说，能激起我们被抛弃感的人，都是与我们有过依恋关系的人。因此，父母的抛弃或忽视最容易激发孩子的被抛弃感，其次则是爷爷奶奶、姥姥姥爷等其他养育者。成年之后，最容易激起我们被抛弃感的则是恋人或配偶。我们常常会把对父母的期待投向恋人或配偶，期待恋人或配偶能支持保护自己，保持和自己的依恋关系而不离开。如果配偶离开了自己，或者尽管人没有离开但情感淡漠或疏远了，就会激发出强烈的被抛弃感。有些人会对自己的子女产生依赖，这种人在子女离开家上学或工作时，或是结婚建立自己的家庭时会产生被抛弃感。为了避免被抛弃感，他们可能会要求子女不要去外地上大学，结婚后还要和自己生活在一起。有些父母可能会以"帮忙"为借口，深度地介入子女的小家庭，从而给子女的生活带来很多烦恼。

还有一种抛弃感与亲近的团体有关。如果你进入一个并不亲近的团体中，你可能就会产生无法融入感，但不会产生被抛弃感。如果你在一个已经让你感到很亲近的团体中，但若是被团体的其他成员抛弃，那么也会产生被抛弃感。在团体中，被抛弃感和被排斥感往往会同时出现，因此两者往往是共同存在的。两者的差异在于：

抛弃只是抛弃不管了；排斥则是进一步拒绝这个人的接近，或是把这个人驱逐出团体。被团体抛弃的感受尽管比被父母抛弃的感受要轻一些，但也会让人难以忍受。

被抛弃感在身体上的感觉，主要是想依靠却无处依靠的感受。此外，还有皮肤因长期缺少抚摸、抚慰而产生的枯干和板结的感受，以及躯体上的冷感。被抛弃者的常有动作包括：呆呆地站立着一动不动，蹲着或蜷缩着，身体进入一种仿佛要"停止活动"的状态，各种欲求都会减少，连吃饭、喝水等基本欲望都好像没有了。

在意象中，被抛弃者所在的环境通常是荒凉的，可能会是戈壁、沙漠、无人的荒野等。可能是他衣衫褴褛地独自站在这荒凉场景中，无所适从；也可能是自己在一个空间内被寒风吹透、没有暖和的衣服御寒的感觉。还有一种意象则是反衬性的，那就是别人在面前表现得相亲相爱，别的孩子幸福地依偎在母亲的怀抱中，自己则无依无靠地走在街头，在寒风中饿着肚子赤脚行走，无人理睬。还有一种更直接表达被抛弃感的常见意象：一个赤身裸体的婴儿被抛弃在冰天雪地里，浑身僵硬发紫，像死了一样，周围则没有人看见他或在他的身边。还有其他常见意象，比如流浪在街头的小乞丐等形象，也能体现出被抛弃感，如《三毛流浪记》中三毛的形象。

在意象中，被抛弃者有时也会把自己视为某些动物形象，且通常是被抛弃的动物，毛是肮脏打结的，身体瘦骨嶙峋，身上会有泥点甚至伤口，还时常因为翻垃圾找食物而发黏发臭，很落魄。丧家犬往往是被抛弃感的一个象征形象，因为狗是一种追求依恋的动物，所以一旦它被主人抛弃，其被抛弃感就会比其他动物（比如猫）更加强烈。

被抛弃感对心理健康的破坏力非常大，这与哺乳动物的本性有关。对于所有哺乳动物（包括人类）来说，养育者与幼子之间的依恋极为重要。如果养育者（对于动物来说，都是母兽；对于人来说，多数情况下也是母亲，但也可以是其他养育者）与幼子之间的依恋关系很好，幼子就不会有被抛弃感，他们会觉得不论遇到什么困境，母亲都会保护自己平安。然而，在哺乳动物遇到很艰难的场景时，母亲也许会放弃某个幼子，从而把有限的资源用来保护其他幼子。或者，如果某个幼子过于衰弱，母亲就会判断这个幼子很可能最终养不活，也有可能干脆放弃它以节约资源。对于动物幼崽来说，被母亲抛弃几乎意味着死亡，它们很难在被母亲抛弃后继续活下去。因此，被抛弃感对于它们来说是非常消极且绝望的感受。被抛弃的动物幼崽基本上会放弃努力，只能在抑郁中消极等死了。

儿童如果被抛弃，同样会感到抑郁，且往往也会在麻木中等死。如果被抛弃感相对轻一些，他就会产生求生的想法，但是情绪状态也同样会很消极。被抛弃感会引发多种行为：当有轻微被抛弃感时，儿童会用讨好的方式，或是顺从和服务于父母的方式来试图扭转局面，让父母回心转意。如果曾经比较受宠，但是后来感到了被抛弃，孩子就会非常愤怒，产生暴怒或是做出攻击行为。如果孩子到了三至五岁，且被抛弃感还不是很严重，他可能就会远离父母或养育者，带着弃儿的心情生活。如果被抛弃感严重，且心理上无法独立，就会深陷重度抑郁，甚至会持续有自杀的倾向。

心理咨询中非常棘手的边缘型人格障碍患者，往往在六个月到三岁期间，曾经历过母亲或其他养育者的离开，使他产生了被抛弃感。这种抛弃被他感受为一种背叛，因此他内心有一种挥之不去的暴怒。边缘型人格障碍患者的内心深处有一股强烈而持久的仇恨，就是因此而来的。

如果一个人在童年时产生了被抛弃感，就会在成年后的婚姻中产生许多问题。因为他害怕被抛弃，所以他可能会迎合自己的配偶，而一旦对方有一点疏远的表现，他的被抛弃感就会被激发，从而表现出愤怒或恐惧，并采取很多的方式来控制，这些控制反而又会给他带来很多麻烦，增加他被抛弃的概率。

稳定的关爱可以让他的被抛弃感有所减弱，从而减少其问题性行为。不过，这不是一件容易的事。对于爱他的人来说，关爱他、给他提供支持是相对容易的，因为只要真正在意他们，并真心愿意让他们过得好，关爱和支持就是一件自然而然的事。但难点在于，如何长期在与他们的亲密关系中保持自我的稳定性和一致性，而不是随着他们反复无常的态度忽冷忽热。

有强烈被抛弃感的人一旦进入某段关系，就会本能地产生这样的担心："你现在给我关爱，但是在我依恋你之后，你会不会又抛我？"这种对未来被抛弃的恐惧，让他不能轻易地相信对方。因此，他会反复试探，通过做很多破坏性行为（即我们常说的"作"）以求证明"无论我怎么坏，你都不会抛弃我"。遗憾的是，对方即使会给他关爱和包容，对他"作"的忍受也是有限度的。因此，在他反复"作"了很久之后，其伴侣或伙伴就只好放弃他了，这又会让他更加相信，别人早晚会抛弃自己的。下一次，在他遇到某个对他好的人时，就会变本加厉地"作"，在确保自己绝对不会被抛弃之后才敢真正地依恋对方。这就导致了一种恶性循环，让他一次次地毁掉原本有希望的关系。

由于心理咨询师接受过专业训练，因此他们通常具备专业知识和专业技能，但边缘型人格障碍患者对他们来说仍然是"咨询师杀手"。因为边缘型人格障碍患者会把生活中的模式带入咨访关系中，反复挑战心理咨询师的底线，反复试图突破咨询设置。如果心理咨询师能在督导师的帮助下或是依靠自己卓越的自我成长坚持下来，不抛弃，也不纵容，而是一次一次与他反观这些模式后的心理内容，就能在经过足够长期的心理咨询后减少患者的被抛弃感，甚至能让他们的被抛弃感得到转化。

被侵入感

当别人或外部力量违背我们的意志、侵入我们的边界时，我们会产生被侵入感。

边界包括很多种，如身体的边界、个人空间、势力范围、精神领域、行为主导权、属于自己的东西。所有这些边界相互交织，一旦被侵入就会激起消极的、不舒服的被侵入感。

保护身体边界是最基本的安全需求。如果别人或别的力量可以随意侵入我们的身体边界，我们的身体安全就会失去保障。

孩子的身体边界被侵入最常见的情况是，被强迫吃东西。父母或其他养育者因担心孩子吃得不够，硬要把奶或饭塞给孩子吃，孩子就会产生强烈的被侵入感。幼儿和儿童对此的反应往往是拒绝吃；婴儿则会扭过头、闭紧嘴巴，坚决不肯吃。这些都是孩子为了保护自己的边界、对抗被侵入感的做法。如果父母为了让孩子多吃一点而强迫孩子放弃抵抗，就会有损孩子的心理健康，令其日后缺乏拒绝别人侵犯的能力。

对于成年人来说，最恶劣的身体边界被侵入是被强奸或被猥亵，这是在违背受害者个人意志的前提下，其身体边界受到了他人的强行侵犯。在这些情况下，与被侵入感同时被激发的，还有受辱的感受，进而可以激起极为强烈的愤怒等情绪。此外，自己的裸体在不想被人看见的情况下被别人窥视了，虽然并没有被直接侵入身体边界，但也被人在想象世界中侵入了边界（或者说是自己的身体边界），也会激发被偷窥者的被侵入感。

如果有陌生人过度靠近，人们就会感到不舒服。比如，即使公园里很多长椅都空着，但还是有个陌生人坐在你所坐的长椅上，此时你就会感到自己的个人空间被侵入了。

被跟踪感也是被侵入感的一种特殊形式。由于跟踪是指一个人持续尾随另一个人并且试图不被发现，因此跟踪者侵入的不是静态的空间，而是被跟踪者的行为轨道。

在自己的个人空间发现有别人的东西或别人进入过的痕迹，就会激发被侵入感。想象一下，在以下情景中当事人会有什么感受：一个男人从不抽烟，回到家后却发现家里有几个不知道是谁留下的烟头；一个女人发现丈夫有一条新围巾，他说这是他自己买的，但女人知道丈夫从来不会自己买这些东西。

如今，手机也构成了一个空间，如果你的手机空间中有了你不知道的人和对话，也会激起你的被侵入感。

如果你在工作时，某个同事不请自来，在你旁边为你出谋划策，指点你该如何做以提高效率，这可能也会让你产生被侵入感。尤其是有一些从事设计工作的人，会对甲方很反感，因为甲方总是对自己的设计指手画脚、品头论足。尽管他知道甲方是出钱的，也有这个权利，但还是会感到很不爽，因为自己的创作空间被别人强行侵入了。

对事情怎么看、采取什么样的视角、会产生什么样的观点，这是一个人精神领域的边界。如果别人试图影响你并强行改变你的观点，那么你也会产生被侵入感。即使你在一开始时会主动征求别人的建议和意见，但是如果别人的意见和你原来的想法差异比较大，那么你还是会不高兴。如果对方热切地、努力地劝说你接受他的意见，你就会产生更为强烈的被侵入感，很可能拒绝他的意见。在心理咨询过程中，也往往存在着这样的悖论：不少来访者来找咨询师时，希望得到建议，但是接受别人建议又会让他感到被侵犯。因此，他会本能地拒绝咨询师的任何建议。这样一来，有经验的咨询师往往不会给来访者提建议。

在两个人变得更为亲密后,双方会接近对方,并进入对方的边界。这个过程会带来美好快乐,但同时也会让人产生或多或少的被侵入感。在身体层面,性是快乐之源,但也常常会激发一定程度的被侵入感;在心理层面,关心是美好的,但如果关心者过于主动,那么被关心的人也会多多少少感到被侵入感。当恋人之间越来越亲密时,可能会有一方觉得自己的独立性受到了威胁,自己在精神上被对方侵入甚至吞噬,从而会忍不住做一些破坏关系的事情,以便让两个人的心理保持一定的距离。

如果一个人在童年时期得到了父母的宠爱,但其心理边界并没有得到尊重(比如,父母经常把自己认为好的东西强加给孩子),那么他在长大之后就会对被侵入感格外敏感。在他与别人交往时,也会非常害怕被侵入。

如果一个人的自我边界很脆弱,那么他对被侵入感也会极为敏感。因为自我边界脆弱的人会很容易受到侵入性力量的冲击,使其精神世界受到被摧毁的威胁。较为极端的例子是,精神分裂症患者常常会产生被侵入的妄想,会在幻觉中认为有人用某种奇异的方式将其念头注入自己的脑子,控制自己的思想,或是把自己的思想窃取出去,就好像有人可以随意进入他的私人银行账户进行操作一样。他们之所以会坚信这些事情是真实存在的,是因为他们有非常强烈的被侵入感。被侵入感的存在让他们相信那一切都是真的,因为他们觉得"如果那些事情不是真的,我怎么可能会产生这么强烈的被侵入感"。

一旦人产生了被侵入感,就会有如下反应:身体紧张僵硬、皮肤紧、起鸡皮疙瘩、汗毛竖立,以及恶心、腹泻或有异物感等。身体紧张僵硬、皮肤紧、起鸡皮疙瘩、汗毛竖立,是身体自发地保护身体边界,这象征着让侵入者不能很轻易地突破自己的防守。保护自己不受侵犯还会引发一些动作,比如双臂抱胸、紧紧地闭嘴、扭头避开对方等。恶心、腹泻和有异物感,是被侵入之后产生的心理反应,代表对被侵入的心理拒斥。其中,异物感往往是刚刚感到被什么外来的东西侵入了,还没有来得及做出排异反应;恶心是对刚刚侵入的异物做出身体本能排斥的表达;腹泻则是对侵入自己内部已经有一段时间的异物做出身体本能排斥的表达。比如,被强奸或被猥亵的人就很可能会忍不住呕吐。相应的身体反应还有很多,但都是象征性地要把侵入物排出自己的领域，比如，把别人擅自放在自己房间里的东西丢掉，通过清洗、消毒，清掉别人留下的痕迹。如果被侵入感存在于潜意识中，或者存在的时间较长，人就可能会出现慢性的、反复发作的皮疹等皮肤病。

在心理层面，为了消除被侵入感，人们会坚决拒斥别人对自己的影响，因此会倾向于油盐不进或是反驳别人的观点、和别人抬杠。即使别人提出的建议是正确的或是有益的，人们也可能会不顾一切地否认别人的见解。青少年之所以会产生所谓的"逆反心理"，并不都是因为父母所说的不正确，而是因为青少年需要独立，需要有自己的精神空间，不希望被父母过多地"侵犯"自己的精神空间。

感到被侵入，还会使人感到很不安全，因此会激发恐惧情绪，以及"战斗或逃跑"反应。比如，担心被配偶"吞噬"的人，会找碴儿和配偶吵架，以避免感情深入。担心异性影响自己独立生活的人，会沉迷于短期性关系，尽量避免和一个异性建立长期关系。精神分裂症患者会感到自己无法逃避那些"超自然的"侵入（比如"被外国间谍组织用电磁波侵入了大脑"），这种侵入往往是无法逃避的，会让患者的心理崩溃。如果他们有能力反抗，就会愤怒地用反抗或战斗的方式应对侵入。比如，如果一个人认为有甲虫侵入了自己的身体，他就可能会用刀子去割伤自己的皮肉，试图把"入侵者"剜出来。

在意象层面，被侵入感伴随的意象就是各种被侵入的场景：房子的窗户破损，有看不到的东西正在涌进来；房门晃晃荡荡的，马上就要被外面的人踹开了；大量的虫子涌入自己的住处或是钻入自己的身体；野兽、丧尸或敌人闯入自己的住处；自己的房子里肯定有什么看不见的入侵者……在意象中，看得见的入侵者往往强大、龌龊、神秘莫测。不过，与之相比，更可怕的是那些看不见的但是在感觉中存在的入侵者，他们是类似鬼魅的存在。

有的人之所以容易产生被侵入感，往往是因为其在幼年时没能建立起足够好的自我边界。自我边界感越差，就越害怕被侵入。即使别人无意侵犯，那些自我边界感差的人也会感觉到被侵入，进而有过激的逃避或是攻击性的反应。这会破坏他们的人际关系，引发一系列的心理问题。

值得一提的是，自我边界感很差的人虽然在主观上很害怕被别人侵入，但其实

B

他们往往会无意识地去"诱惑""勾招"或"激惹"别人侵入自己。因此，在现实生活中，就会出现"黄鼠狼专咬病鸭子"的诡异现象。这肯定不是被侵入者的初衷，他们在意识里是很不愿意被侵入的，且在他们看来，自己完全是一个受害者。然而，也正是因为这样的受害者心理认同，以及他们不知道自己的这种心理认同在潜意识中对自己的影响，再加上别人即使看到了这一点也会担心自己被其认为是"强行侵入"而很难去提醒他们、帮他们意识到这一点，就让他们陷入一种难以走出的恶性循环和心理困境。

在心理咨询中，为这些容易产生被侵入感的人做咨询需要很谨慎。咨询师不能轻易给出建议，也不要轻易干预和影响来访者。因为一旦来访者把咨询师感觉为侵入者，那么后面的咨访关系就会被严重损害。咨询师必须先长时间地表达自己对来访者的尊重，认可来访者的自我边界，帮助来访者在与其他人的互动中保护自己的边界。这样一来，来访者才能逐渐形成更好的自我边界感，并对保护自我边界更有信心，从而有勇气在一定程度上开放自己，不再将咨询师对他的影响和干预视为侵入。

被指责感

在被指责时，被指责者所感受到的那种很不愉悦的感受就是被指责感。

所谓"被指责"，就是被别人给出了消极评价，且指责者在给出消极评价时往往是带着愤怒、厌恶等消极情绪的，并且隐含了一句归因的认定——"这都是你的过错"。被指责感和被批评感的不同之处在于，言说者内在的指向不同——批评的重点在于对事，指责的重点则在于对人。

当然，现实中有许多人是把批评和指责混淆在一起体验的。这样就会出现一种情况：即使别人能够完全平心静气、不带任何消极情绪地指出他的缺点，他也很可能会感到被指责了，因为被指出缺点这件事，间接地引发了他对自己的指责。

体验到被指责会挫伤人的自恋，因此几乎所有人都不愿意被指责。人们在感到被指责后，非常容易感到愤怒。指责被视为对自恋的蓄意攻击，而自恋是人们的自我赖以存在的基础。因此，人们对指责的主要反应之一，就是反击那些指责自己的人，或是反过来指责对方，以制止对方对自己的指责。

即使不敢攻击指责者，人们在潜意识中也会产生很多的愤怒，但愤怒在被压抑后变成了委屈。当人们不敢愤怒、不敢攻击指责者时，这种愤怒和攻击性的心理能量也有可能会折射回自身，从而变成自我攻击。也就是说，如果被指责者对指责者有愤怒但又无法表达，就可能会变形成为自我指责（即内疚）。如果被指责者当着指责者的面自我指责，就可能会引发指责者的自我指责。这是一个很有趣的社会关系现象。

为了保护自己，人们在被指责时还会通过自我辩解来应对。常见的自我辩解的方式包括：找出证据说明自己没有错，是别人错了；说自己做得已经很好了，别人不应该求全责备；说自己就算有错，也是情有可原的；说尽管自己犯错了，但是责任不在自己，而是另有原因。

很少有人在有被指责感时愿意真的反观自己，看看自己是不是真的做错了。更少有人愿意承认自己有错误，并且去改正错误。因为在人格底层，认错会被视为放弃自我保护以及自我放弃。绝大多数人都会有"人要活下去，就不能放弃自我保护"这样的基本信念。

也有一些人，在产生被指责感时不反抗也不辩解，而是马上认错。不过，这些人并不是在心里真的认同自己有错，他们只不过是用了另一种自我保护策略——通过认错以安抚、迎合指责自己的人，以平复他的消极情绪，从而让他不再继续指责自己。因此，这种"认错"从本质上说根本不是认错，而是认输。事实上，很少有人能真正承认自己有错、承认指责自己的人有道理。

一个人在被指责后，如果其内心并不认为自己错了，那么最可能激起的情绪是愤怒；如果他真的认为是自己错了，那么他可能会感到羞、愧或耻。羞愧、羞耻都会让人不愉悦，但是如果一个人有能力产生这些感受，就证明他有能力接受别人的指责，也有能力在忍受被指责感的同时反观自己，在发现自己有错误的时候有勇气去承认错误——这是一种非常难得的心理品质。这种心理品质可以被称为"知羞""知耻"。孔子所说的"知耻近乎勇"的意思是，一个人能知耻已经可以说是接近真正的勇敢了。没有勇气的人是不会知羞知耻的，他们就是孔子所贬低的"无耻之徒"。

被指责者在产生被指责感后，身体上的感受和反应都类似于被攻击或被击打。被指责者会觉得仿佛有一根手指在戳自己的脑门。如果别人的指责并没有直接表达，而是腹诽，那么被指责者就会感觉有人在戳自己的脊梁骨或后背。如果指责直接而强烈，被指责者就会感觉被抽了一巴掌。反抗指责的身体反应，就是让脖子梗起来，变得更硬，然后用自己的脑门去顶住那根手指。你如果仔细观察那些反抗指责的人，就能发现他们的脖子硬起来，头上青筋暴起并向前面顶，就好像牛在往前顶的样子。如果被指责者感觉如同被打脸，他们的脸颊就会变红，就好像真的挨了巴掌一样。

在意象中，被指责感除了有被戳脑门、戳脊梁的意象外，还会有被捅刀子、被痛打、被践踏等形象化的表达。三至七岁的儿童很容易混淆想象与现实，他们甚至可以真的会将指责记忆为"他打了我"。意象中，指责还会表达为对方把某种东西劈头盖脸地砸过来。因此，有些人对别人表达指责的方式，就是把什么东西劈头盖脸地砸到他头上或身上。比如，影视剧中常用的"泼他一脸水"，就是在表达指责。而"用鸡蛋、蔬菜砸他一脸一身"，也成了表达指责的固定方式之一。相应地，一个人感到被指责，意象中也可以是被人泼了一脸，或者被人用东西砸了一身。追溯"泼一脸水"这个意象的来源，也许是因为指责者会很激动地说话，口水可能会溅到被指责者的脸上。放大之后，就变成了"被泼一脸水"或者"被气势汹汹地砸一脸一身"。

如果被指责者意识到了自己真的有错，他对指责就没有理由去反抗了。在这种情况下，被指责者的脖子就不会硬，头也会低下去。双手会掩盖脸以遮羞，捶胸顿足以表达懊悔，甚至是抽自己的耳光以表达耻感。严重时，还会用自伤行为来表达，最严重的情况是以死谢罪。

指责与被指责在人际关系中很常见。在家庭中，有的人会习惯于指责别人，还有的人可能会习惯于忍受别人的指责，但心里不服气。指责者会敏锐地感受到被指责者是否出于真心认错，如果不是真心的，便会用更激烈的方式去指责，这会严重伤害双方的关系。童年经常被指责的人，会在潜意识中存储了很多的被指责感，因此他们有可能会对指责过敏。哪怕是别人很温和地向他提出一些小意见或建议，他们也会产生强烈的被指责感，从而认为别人是在严厉指责自己。他们可能会因此做出过度的、激烈的反抗，或者反过来指责别人，从而严重有损双方的关系。

消除存储在潜意识中的被指责感、避免对于被指责过敏是很重要的。在心理咨询中，当来访者感到被指责时，咨询师可以温和地对待，循序渐进地引导他去自我观察，看这个被指责感是否适度，此刻是否真的有人在指责他，以及他是否把过去所存储的被指责感激发出来了。如果来访者能看到此刻并没有人在指责他，或是指责非常轻微，抑或是自己的被指责感另有原因，就可以减弱自己的被指责感。不过，在这个过程中，要想做好心理咨询是有困难的。因为如果咨询师告诉来访者"你虽然有被指责感，但是别人并没有指责你，这种感受来源于你自己的过去"，来访者就会把咨询师的话视为对自己的指责，理解为"是你自己有毛病，你诬赖别人指责你"。即使咨询师很委婉地指出这一点，也会被视为"拐弯抹角的指责"。因此，对来访者的被指责感进行心理干预是很困难的。这里面有一个悖论："如果咨询师说我没有被指责，那么这意味着我感到被指责是我不对，所以我应该被指责；如果咨询师说我该感到被指责，就说明我真的被指责了——所以，无论怎样都是我被指责。"这个悖论其实是心理咨询中所有来访者或多或少都面临的悖论之一："我现在需要一些应对生活困境的新方法，以改变我的生活。如果咨询师告诉我，我对生活的现有应对方式都是错的，他就是在指责我，意思是说我现在的烦恼都是自找的；如果咨询师告诉我，我对生活的应对方式是正确的，他就是在告诉我，我不需要改变，因此我无法摆脱目前的烦恼。"

如果咨询师能温和、渐进地让来访者体会自己的被指责感，来访者就会逐渐看清自己的很多被指责感源于过去，本质上是童年时的被指责感。而童年时所受到的指责，有很多都是不合理的。父母或长辈可能自己有心理问题，所以对孩子做出了不公正的指责。如果来访者能看清这一点，就可以"为童年的自己平反"，拒绝接受这个过去的指责，从而减轻甚至是消除相应的被指责感。之后，他也不会再对指责那么敏感了。如果发现过去受到的指责是很合理的（这种情况很少），那么要是能以现在成年的心态看清楚为什么自己该受指责，就可以减少对指责的排斥，从而减少因被指责而产生的愤怒、委屈等情绪。

成年后，我们有时也会被别人指责。这些指责有的较为合理，有的则很不合理。

如果一个人心智很成熟，就能忍受并接纳因承受合理的指责而产生的不舒服；如果一个人完全不能忍受被指责感，就难以成长。能忍受很多被指责感，是心理健康的基础。例如，唐太宗、宋仁宗等，都是因为能忍受臣子的指责才成了好皇帝的。被指责感让我们能发现自己的错误，并督促我们改正错误。在改正了错误后，外界对我们的指责减少了，我们也会减轻被指责的不舒服感受。

如果别人对我们的指责是不合理的，那么我们自然也不能盲目忍受，否则就会让别人以为我们好欺负，从而通过经常指责我们以让他们自己舒服。在一些家庭暴力中，被欺负的一方可能就是太容易忍受指责了，因此家暴者才会振振有词地说"我之所以打你，是因为你做错了事"。心智成熟的人可以有办法抵御别人的无端指责，保护自己的心理健康。在心理咨询和心理教育中，心理从业者可以教来访者或学生学会这件事的做法。

当然，这里有一个困境：如何分辨哪些指责是合理的，哪些指责是不合理的？毕竟，只有能准确分辨，我们才能采取更恰当的行动。不过，要想准确分辨可能非常难，但这就是另一个话题了。

崩溃感

崩溃感是属于人类特有的情感。

崩溃感是人的自我濒临崩溃或开始崩溃时所产生的情感。也就是说，这里的"崩溃"，是就人类的自我感而言的一种即将或正在失去原有主体感的感受。对应的语言通常是"我要崩溃了"（濒临崩溃感）或"我崩溃了"（崩溃感），也有人说"我要疯了"（濒临崩溃感）或"我疯了"（崩溃感）。

这里所说的"自我"，是人在后天建立的一个完整的心理结构，其基本功能是界定和确定"我是一个怎样的人"（自我身份认同）、"我和其他人有什么不同"（自我独特性）、"我要什么、不要什么"（自我意志、自我边界）等。这一整体结构的构成要素包含关于自己的身体和心理特征的意象、语词等方式的信念，以及对自己身体和心理活动的管理和控制功能。

B

所谓"自我崩溃"，指的是在强烈的心理冲击或巨大创伤等的影响下，人的自我管理和控制功能无力应对和处理，从而失去控制并且无力自我管理那个时刻的感受。可以将崩溃感视为失控感的一种特定形态，它是对自我的控制丧失时的那种失控感。这种自我失控感会暂时击溃一个人内心原有的相对持续、稳定、整体的"我感"，让他突然对"我是谁"产生强烈的不确定感，从而引发一种与存在焦虑有关的痛苦的心灵体验。换句话说，崩溃感也是看到"自我"这个原有的相对稳定、整体的心理认同结构受到破坏时所产生的心理极度焦虑的感受（比如，震惊得来不及控制、控制不住后的失控等）。试想一下这个场景：

如果一个人可以随意支配自己的身体，他就会知道并相信这个身体就是"我（的）"。但如果有一天，他发现自己已经无法支配这个身体，他就会失去对这个身体的自我认同，从而觉得身体不再是原来的那个"我"，而突然变成了一个异己的"它"。

当人遇到类似的情景时，往往会引发强烈的消极情绪，如果人的自我管理能力和控制力完全无力对此进行管理和调节，就只能任由这种情绪爆发，而且人也会无力控制自己的行动，使得行动完全被情绪驱使。在这种情况下，人就会产生"我要崩溃了"或"我要疯了"的自我崩溃感。

如果一个人长期处于强大的心理压力之下，一直努力维持着相对正常的生活，却越发感觉到自己将要被压力压垮，那么一旦被压垮了后，人就会失控。此时，也会产生近乎崩溃的感受。

如果发生了一件对自我认同冲击非常大的事，比如，突然发现自己是私生子；或是自己做了一件事，而这件事违背了自己的价值观；抑或一个学霸转学去了一所新学校后发现自己的成绩在班里倒数，这都会让当事人无法维持自己原有的自我认知，从而产生崩溃感。

崩溃感体现在身体上，是进入一种自发躁动的状态，让人感到体内有一股强烈的、不可控的力量。人会想大喊大叫甚至嘶吼，手可能会抱着头，头则可能会用力摇晃。我们观察到，崩溃感的身体反应的中心是头部，人往往会通过四肢来混乱地表达。中心之所以是在头部而不是胸部或腹部，就是因为头部象征的是人的精神性而非动物性，崩溃感是属于人类的情感，是人性层面的心理感受，而不是动物性层面的心理感受。在现实中有崩溃感的人往往会大喊大叫，或是摔东西并对周围环境进行胡乱的破坏（这种胡闹行为会通过四肢来表达，有攻击别人的，也有自己闹的，往往是身边有什么就闹什么）。不过，崩溃感有时也会以精神或意志突然被抽空、魂飞魄散、身体的主体感消融等方式体现出来，这时人往往会产生找不到自我的中心在哪里的主观感受。崩溃感的能量有时是凝固的，往往表现为木僵状态，此时人的脊柱也会产生强直性僵硬的感受（这些可能是更严重的，或可称为"崩解"）。

在产生崩溃感后，人们往往会看到崩塌的意象。比如，梦见房屋、灯塔倒塌了，或是水坝垮塌了等。这些房屋、灯塔、水坝等，都是后天所建构的自我的象征。此外，汽车、飞机、船只爆炸或撞散，工厂的机器爆炸或散架，或是宇宙大爆炸，这些意象也可以用来体现崩溃感。战争中的轰炸带来的景象（尤其是核爆炸的景象）、严重的自然灾害的景象（如山崩、火山爆发、海啸、地震等），以及疯子、无法安抚的婴儿，都可以用来表达崩溃感。主体感消融的崩溃感的意象往往是不清晰的，往往是弥散的雾、太空、孤魂野鬼等。木僵的崩溃感的意象往往更少，且只是通过躯体化来体现。

自我刚刚开始建立、自我控制能力尚不足的婴幼儿很容易产生崩溃感。比如，一个幼儿想买一个气球但父母不肯给他买，他就有可能崩溃。这种崩溃会引发哭闹、发脾气、坐在地上两脚胡乱踢、满地打滚等行为。如果这时能有一个成年人作为其心理容器稳定地守候在孩子的身边，那么这个成年人的这种稳定和包容的态度就会为孩子提供"心理皮肤"[①]，去慢慢涵容孩子崩解的"我感碎片"，孩子也会因为被外部的心理容器所接纳和安抚，慢慢恢复比较完整的"我感"。此外，随着孩子的自我管理和控制能力逐渐加强，他产生崩溃感的次数也会逐渐减少。

自我结构不稳定的成年人（比如边缘型人格障碍患者），其自我结构过于脆弱，

---

① 心理皮肤是分析心理学家布莱恩·弗尔德曼（Brian Feldman）提出的概念。皮肤的体验是自我形成的早期基础以及心理体验的主要中介，心理皮肤成了最初的内在与外在体验的中介，并带来了最初关于自我的体验。可以将心理皮肤视为真实皮肤在心灵上的映射，也可以将其视为一个心理容器，通过抱持情绪，以防止自我分崩离析。当心理皮肤发展不完善时，人们就无法控制自我、抱持情绪，从而引发一系列的心理问题。

一旦受到环境的相应刺激，就很容易经常产生崩溃感。

当自我刚刚崩溃时，人就会产生强烈的崩溃感。但在崩溃了一段时间后，崩溃感反而不再明显甚至会消失，取而代之的可能是虚无感、破碎感、混乱感、不完整感等感受。精神分裂的患者，因长期处于崩溃状态，体验更多的是破碎感、无意义感等这类感受。只有在他们从未发病状态转换到发病的那个时刻，才会体验到强烈的崩溃感。刚刚产生崩溃感时，人会觉得"我要疯了"，但是当一个人真的疯了之后就不会再有"我疯了"的感受了，因为他没有了不疯时是什么样的记忆去作为参照。

崩溃感常常会激发极度强烈的、淹没性的恐惧情绪，以及各种避免自我崩溃的本能行为。由于人在此时的自我管理和自我控制能力已经严重下降，因此这些行为往往会产生不好的结果，甚至会让人陷入更深的崩溃状态。

在心理咨询中，当来访者表现出崩溃感时往往可作为表明他对外界冲击的承受力已经严重下降，或是他已经进入了解离状态的信号。咨询师在此时已经几乎不能对他做任何面质，也不能指望他完成任何有压力的任务，而是要通过涵容他的情绪等提供一个稳定的外部心理容器的方式，尽快帮助他镇静下来，或是引导他做一些稳定而本能的简单运动（如一张一翕地调节呼吸、唤醒对身体皮肤的觉察等），让他回到一个稳定的主体感上，并在某件小事情上获得少许控制感，也许可以让他能够避免陷入更深的崩溃，避免伤人伤己。

逼仄感

狭窄空间给人们带来的不舒服、不愉悦的感觉被称为"逼仄感"。

有时，人虽然身处狭窄空间，但是为这个狭窄空间赋予了一个积极的意义（比如，认为狭窄意味着安全、有依靠等），此时就不会产生逼仄感。

如果人住在狭窄的房间中或是身处狭窄的车、船等空间里感到不舒服，那么这个感受就是逼仄感。此外，如果精神空间或行动空间狭窄、思想表达受限或行为的范围受限（比如，家里规矩太多，家庭成员一不小心就会说错话、被嫌弃；在一家小公司工作，让人感到没有机会去发挥自己的能力），那么也会让人产生逼仄感。

B

　　逼仄感和受束缚感、受限制感、不自由感都有一些关系，但也存在着一些区别。逼仄感和受束缚感的区别在于：受束缚感的产生是因为有一个外在的人、规则或力量在限制这个人；逼仄感则倾向于只是被环境限制，而不是有人在限制自己。有时，限制的力量究竟是来自别人的主动限制还是环境的限制，并不能说得很清楚，那么究竟是被束缚感还是逼仄感就说不清楚了。如果家中的规矩太多，那么是这个客观的规矩在限制人，还是执行这个规矩的那些人在限制人？说不清楚，因此此时的感受就是介于逼仄感和受束缚感之间。逼仄感和受束缚感都属于受限制感，而受限制感则是不自由感中的一种。

　　不论是物理上的狭窄还是精神空间的狭窄，逼仄感在身体上的体现都如同身处物理上的狭窄空间。最主要的无意识动作是双肩内收、夹紧，头微低。如果是坐的姿势，两腿也会稍许内收。呼吸会变得更短、更浅，但并不会变得很快。胸区的肌肉会有一些收缩。行动时，人似乎会小心翼翼，像是怕碰到什么东西似的。在这样的环境中待久了，人会感到憋闷甚至是轻度的窒息。这是因为呼吸更浅但并不加快，身体所吸收的氧气会略有减少，造成轻微的供氧不足。人会感觉空气好像不够新鲜，但其实并不一定是空气不新鲜，而只是因为人吸入的氧气不够，便以为空气不新鲜了。如果环境中的空气真的不新鲜，人的憋闷感就会更强，更容易产生窒息感。

　　逼仄感中虽然包含憋闷感，但是逼仄感和憋闷感是不同的。逼仄感是被人施加了压力，迫使自己被挤压到一个不能动弹的角落，是一种人际的被害感。其聚焦点在于人被限制了。这个人有明确的行动目标和行动欲望，只是想本能地缓解逼仄感，希望通过逃离这个角落来实现。憋闷感则更像是一种内在心境或外在环境所带来的受困、不自由，以及缺乏活力、创造力和新鲜刺激的感受。有憋闷感的人是有一定的空间的，只是空间太小，而且因缺乏新鲜的信息，感觉丧失活力、生活无聊。其核心是自我屈从，以及创造力和活力缺少足够的空间。

　　在意象中，这种感觉会被放大。人在意象中会看到自己身处更狭窄的环境，空气更加缺乏。比如，人在意象中可能会看到自己身处墓穴或棺材内，甚至会看到自己被活埋。人在意象中会完全无法呼吸，以至于很快就会被憋死。意象中偶尔还会出现吊死鬼之类的形象，以表达那种逼仄感所引发的窒息感。

　　逼仄感可能会激发愤怒和攻击。在攻击行动中，最常见的行为是打破某种可以分割空间的东西（比如门窗）。人们会冲出住房，去街道等开阔的地方活动。2020年，美国黑人的抗议在很大程度上是因逼仄感而引发的（当然，这不是唯一原因），因此他们会砸商店的门窗。非常有意思且绝非偶然的是，在引发这次大规模抗议的事件中，被警方压死的黑人所说的"我不能呼吸了"，后来也成为黑人抗议的口号，这其实就是人在产生强烈的逼仄感时身体最明显的感受。

憋闷感

憋闷感是一种不舒服、不愉悦的身心感受。

憋闷感往往因人受到一定程度的限制，或是处于某种限制性的内在心境或外在环境所致。因为主动或被动受到限制，所以当人的思想、语言、情绪情感或行为不能自由自在地流动或表达时就会感到憋闷。

绑匪把人捆起来、堵上嘴，这种极端情况固然也会带来憋闷感，却不是最让人感到憋闷的。让人产生憋闷感的，往往并非受这种直接的暴力限制，还可能是更为隐性的限制。比如，一个小人物有机会参加了一次有很多大人物出席的会议，他感到自己没有说话的资格，在行动上也不敢太随意，此时就会产生憋闷感。在这种情况下，大人物并没有限制和禁止这个小人物说话，但是有无形的限制存在。寒门女孩嫁入豪门，在和婆婆单独在一起时，会因拘束而行事小心谨慎、不敢轻举妄动，也会感到憋闷。一个平时喜欢自由自在的人，偶尔参加了一个很严肃的活动，也会感到憋闷。对于大多数人来说，上班时总会多多少少感到一些憋闷，度假时则往往不再有这种憋闷感了。如果贪玩的孩子被要求在家里不出门，那么他也会感到憋闷。

憋闷感在身体上的体现，最核心的感觉是仿佛呼吸不畅，或是觉得所呼吸的空气不新鲜，有时还会产生诸如潮湿、闷热的感觉。之所以会产生这种感觉，可能是因为当一个人主动限制自己时，他会抑制自己的呼吸，让呼吸不自觉地变慢。同时，还会有身体乏力、间或伴有烦躁的感觉（如果伴有较为强烈的烦躁，那么应更准确地称其为"烦闷感"）。

憋闷感在意象上的体现，往往是受困的意象。比如，被关在一个狭小的密闭房子里不能出去，或是身体被布匹包裹起来如同一个木乃伊，或是被监视、被囚禁等。有时，憋闷感甚至可以用戴着口罩、被蒙在塑料袋里、穿着太空服、被活埋等意象来表现。

憋闷感是人的意志不能自由表达或实现的结果。更进一步说，是人主动压抑自己的意志，导致意志不能实现才引发了憋闷感。如果一个人在被外界强行压抑时极力挣扎，但无法实现自己的意志，那么其憋闷感并不一定会很强；相反，如果一个人在被外界压抑时也内化了这种压抑（即自我压抑），就会感到憋闷。

如果一个人压抑自己是为了迎合别人而主动去做的，那么他所感受到的将会是憋闷感与委屈感的结合，我们将这种感受称为"憋屈感"。

在心理咨询中，如果希望让来访者减少憋闷感，就要找到限制他的是什么、有哪些限制是不必要的。如果找到了一些对来访者来说不必要的限制，就可以帮助他不再自我设限，并在这个方面给予自己更多的自由，从而减少憋闷感。

濒死感

濒死感就是脑中冒出"我马上就要死了"的念头，且这个念头非常真切，让人觉得死亡真的马上就要来了，从而感到极度紧张、焦虑、惊慌失措、痛苦，以至于整个人都崩溃了的感受。

当身体出现某些严重问题、生命真的受到威胁时，人就会产生濒死感。一旦心血管疾病（比如，冠心病发作、主动脉夹层破裂）等严重疾病发作，就会让人产生濒死感。血压或血糖急剧下降且严重低于正常水平，以及血压过高时，也会产生濒死感。不过，有时身体并没有什么问题，只是心理上出现了问题，也会导致濒死感。比如，当惊恐发作时，人会产生强烈的濒死感，但是这并不是真的濒死。

濒死感的体验是非常可怕的，不仅身体极度难受，而且心里也会感到极度焦虑、紧张。

当人产生濒死感时，身体的感受包括：身体不受自己控制，或是发麻或动不了，还可能会全身发抖，或是手脚麻木、冰凉或无力；心跳可能会快得像是要从嗓子里跳出来似的，或是感到严重的心慌、心悸，或是感觉心揪在一起；胸闷、呼吸困难；出汗，甚至可能会大汗淋漓；头晕眼花、天旋地转、眼睛发黑、耳朵听不见了；严重腹痛、腹胀或腹泻等。

B

濒死感体验者并没有报告说有很特别的心理意象。也许是因为濒死感淹没了其他心理活动，所以人的想象活动也被暂时淹没了。不过，经常有濒死感的人在没有发作时，在梦中或想象时，会产生很多与死亡有关的象征意象。比如，在意象中见到黑白无常、阎罗王，或是看到黑衣人开车来接自己，抑或是看到山崩地裂等。

濒死感和濒死体验并不完全相同。濒死体验中包含濒死感，但是人在之后会接受自己死亡的现实，还会产生舒适、愉悦的感受，比如感觉飘在空中、穿过隧道、看到特别的光等。濒死感中则不存在这些感受，濒死感会给人带来极大的恐惧和焦虑，严重影响生活。

如果是生理疾病带来了濒死感，就要通过医学来解决；如果是心理原因引发了濒死感，则可以通过抗焦虑药物配合心理咨询和治疗来解决。

不对劲感

不对劲感是一种不清楚哪里有问题，但是总觉得哪里有问题的感觉。

相对而言，不对劲感往往比较偏于消极，让人有点不舒服，但并不是很严重的不舒服。

在遇到异常的情况时，如果这个异常是可以理解的，或者人在内心的评估中是能够认可的，就不会有不对劲感。然而，如果在这种异常情况下存在着一些令人无法理解的地方，人就会产生不对劲感，哪怕这些地方看起来是异常好或是异常美。

不对劲感是人的远古认知系统[①]意识到好像发生了什么事，但又对其没有更清晰

---

① 远古认知系统，指进化中最早发展出的一种认知系统。皮亚杰称之为"感觉 / 运动阶段认知"，布鲁纳称之为"动作性表征"。这种认知以感觉为基础，以试误、条件反射的方式来学习，以动作或运动来体现所学习到的内容。

的发现和理解，只是觉得好像有某些事情或某些关系说不通、不自然，或是有什么还无法清晰发现的矛盾性存在。

B

当内心产生不对劲感的时候，身体也会产生一种别扭感，即感觉身体的某个部分很别扭，好像姿势不对或是某个肌肉和关节的位置不对——是一种有点不舒服的感觉，但并不是有明确的、可被意识界定或标识出来的痛、痒、麻胀、酸，或是其他特定的感受。呼吸会有点不自然，好像因被什么阻碍着而不能很顺畅、深长地呼吸，但又不是呼吸被什么堵住的感觉。身体感觉也会不自然，有时会觉得手脚的位置好像都不合适，但也不知道到底哪里不合适了，有时还会在肩膀、上臂和脖子附近有别扭感。当手脚不知道怎么放的时候，不对劲感会相对较轻微，甚至有可能大体上知了一点原因（常常是因为不知道该如何应对某个人际场景）。当产生更纯粹的不对劲感时，上臂、肩膀和脖子会感觉更加别扭。

当人感到不对劲时，会对事情感到疑惑、找不到方向，也不知道该如何行动。方向感主要反映在脖子上，传导动作则是靠手臂（尤其是上臂），所以人在感到不对劲时，脖子到上臂都会感到别扭。而且，由于人不知道接下来该如何反应，因此身体会出现暂时停住的状态，就好像人暂时愣住或僵持在某个时间的卡点上。

人们可能会试图对身体做微调，以减少或打破这种别扭感，但结果往往是，无论怎么动好像都不对劲，人也找不到一种舒服、得劲的姿势。因此，人们在此时可能会说自己感觉不对劲。

感觉不对劲，是远古认知系统怀疑是否存在什么没有看清的因素，但并不确定这个因素会带来好结果还是坏结果。为了抵抗远古恶劣的生活环境以及保护自己，人类借助远古认知系统更多的是担心这个可能存在的未知因素会带来坏的结果。因此，不对劲感会在心理上引起一点不安。远古认知系统并没有觉得会有危险，也没有对自己报警，但是已经产生了轻微的警觉。

在电影《大话西游之月光宝盒》中，至尊宝命令二当家的做好准备，一起去捉妖怪，二当家的欣然领命。这时，至尊宝产生了不对劲的感觉。相应的动作是，走路的动作停止，呈现出疑惑和若有所思（试图回味并寻找蛛丝马迹）的表情，以及脖子带动头部稍微有点转向，他意识到了二当家的今天有哪里不对劲。当至尊宝问二当家的"你今天的感觉怎么这样"时，二当家的解释说"淫荡"，至尊宝就没有继续问。这个询问也是因不对劲感而提的。

当产生不对劲感时，人会本能地寻求进一步的探索和解释，以求对情景了解得更清楚一些。一旦有了更好的觉知，不对劲的感觉就会减弱，因为不对劲感已实现了其提醒功能。在人意识到不对劲感后，如果给出的解释更合理，就会得到比较理想的缓解；反之，不对劲感就不会被有效地缓解。

例如，至尊宝觉察到了自己的不对劲感（"这个老东西一贯推三阻四，今天答应得这么痛快，一定有问题"），并让不对劲感有所减轻，但还是会有不对劲感。如果他能做出一个更说得通的解释，他的不对劲感就能消退得更多，甚至会产生消除殆尽感。例如："二当家的一贯推三阻四，时间长了难免对自己的不负责有些内疚。另外，上次他向我报告说那两个女人是妖怪，我没有相信他，而现在菩提老祖证实了他的说法，他也很高兴，所以他才愿意积极地去抓妖怪。"

有说服力的解释几乎可以消除绝大部分的不对劲感，但是除非发现了真实的原因，否则还是会稍微留下一点点不对劲感。不过，如果留下的不对劲感少之又少，人就可以对其忽略不计，即我所说的"消除殆尽感"。

不对劲感的作用是让人提高警觉，启动人的进一步探索，从而去发现可能隐藏的事情，以避免可能存在的危险。然而，人的进一步探索并不一定都是正确的，但即便是不正确的探索，如果言之有理，也可以减少不对劲感。

由于不对劲感是一种不大舒服的感觉，而探索又是一件累人的事情，因此很多人会急于找到一个解释来缓解不对劲感，一旦找到了一个能缓解不对劲感的解释，就会倾向于接受这个解释，好让自己舒服一些。即使这个解释不够完美，也不能完全消除不对劲感，一般人也会选择接受下来。只有少数耐受力很强的人才有可能宁可忍受不对劲感，也不轻易接受一个不够可靠的解释，从而继续探索，直到最终找到正确答案。

如果经过探索，终于找到了那个隐藏的事物，人的不对劲感就会消失，并产生"终于对上了"的感受。和之前提到的消除殆尽感不同，这是一种通畅和释然的感受，哪怕最终答案对自己并不是有利的，也会让人因为"终于明白了"而产生身体上的放松感和心理上的放下感。

如果一个人生活中的某个方面有问题，而他自己并没有觉察（比如，他的妻子有一个隐藏得很好的外遇对象，或者他们的婚姻并不符合他内心深处的需要），也没有任何发现，那么他的婚姻中就有可能长期存在一种不对劲感。如果他一直没有探索出问题所在，他就会渐渐地对这种不对劲感习以为常了。在这之后，他不会每天都在意识中感觉到不对劲，但在其远古认知系统中，仍会持续存在不对劲感。此时，他会把这种不对劲感投射到某个其他对象上，并产生"总是感觉谁别扭"或"总是看什么事情别扭"的感觉。

这种人在生活中也会让别人感觉总是很别扭。原因有二：（1）他的别扭、不对劲感会通过会心感应到别人；（2）他感受上的不对劲会导致他的行为也总会有一些不对劲，这种行为会让别人感到和他的关系总是有点不对劲。

不洁感及厌恶

当一个人心理健康的时候，如果他接触到污秽的事物，就会很自然地产生不洁感。

不洁感往往会带来厌恶情绪（有时也被称为"厌恶感"），但厌恶并不总是因不洁所致。比如，愚蠢的人也可能会令人生厌，但是愚蠢并不是一种不洁；审美疲劳也会生厌，但那只是因过于熟悉而带来的缺乏新鲜感和兴奋感的感受，并不会令人感到不洁。厌恶情绪会带来排斥和远离的行为倾向，但不洁感仅仅是一种感受，它本身并不具有明显的行为倾向。

从生物根源上说，不洁的事物可能会导致感染和疾病，从而对人的健康有害。例如，看起来畸形、闻起来很臭，或者触摸起来有腐败、黏浊的感受的东西，都会被人视为不洁的事物。

令人感到不洁并进而产生厌恶，从而产生排斥和回避，可以避免人被细菌病毒或寄生虫感染。从进一步的引申上说，精神上对人有害的东西（即可能会让人的精神不健康的事物），也会让人产生不洁感，并启动人对之的排斥和回避。

B

从低等动物的层面上说，所谓"不洁"的东西，是不能吃的、不能与之交配的，以及不能接触的。

最常见的污秽的事物就是人的排泄物——粪便、尿、痰，以及脓血等。动物的排泄物有些会让人感到不洁，比如狗屎；有些则不会让人产生不洁感或只感到少许的不洁感，比如牛粪、夜明砂（某种蝙蝠的粪便）、蚕沙（蚕的粪便）等。

为什么人的排泄物会令人感到不洁和厌恶，但有些动物的排泄物却不会让人有这种感受呢？道理很简单，人的粪便中不会包含任何对人有用的营养物（如果有，那个排便的人的肠子会把它吸收的），且还可能包含很多有害的动物（比如寄生虫卵）。以蚕为例，蚕沙对蚕没有用，对人却有用处，所以蚕沙并不算不洁。

人的腐尸很不常见，但它会让人感到极度不洁。与人的排泄物相比，它还会让人感到极度恐惧和厌恶。恐惧是因为人害怕自己也落得这个下场，厌恶是因为它很可能会让人染上疾病——因为腐尸中含有大量对人有害的病毒细菌或寄生虫，且其散发出来的气体也对人有害。

动物的尸体腐烂了也会让人感到不洁，因为猿人并不是食腐的动物，要吃也要吃鲜肉。不过，与人的尸体比较，动物的尸体带来的不洁感会弱一些，如果腐败的程度很轻微，不洁感就会更弱，而且这些肉可能还可以凑合着吃。

苍蝇、蟑螂、老鼠等一些动物也会让人感到不洁和厌恶。这些动物因其习性会沾染很多脏东西，这些脏东西也有可能会沾染我们。

身上有疮、流脓、有皮肤病或者畸形的动物，也会带来不洁感。有疮、流脓、有皮肤病，说明这个动物有病。这种有病的动物会让人因担心染病而产生排斥行为且认为不能吃。畸形动物也意味着它的身体里可能有某种未知的有害物质，也会让人产生排斥行为及不愿意吃。

如果看到别人皮肤上有腐烂和病变，或是身上异常肮脏，或是穿着很脏很臭的衣服，抑或是身体上有污秽的黏液，也会让人产生不洁感或厌恶感。人们会远离这样的人，不让他们碰到自己，以免将疾病传染给自己。

精神上的不洁感会激发一些不好的念头。听到别人说脏话，会让我们感到不洁；

得知别人有肮脏的念头，也会让我们感到不洁。食物在精神层面也有对应。比如，教育中不好的内容会被视为不干净的"精神食粮"，从而让人产生精神不洁感。对此，权力机构会"清洗"掉不适当的教育。宗教信徒会将不符合自己教义的思想视为不洁，并用"清洗"的方式来消除这些思想。越是无法忍受"异端思想"的宗教，对现实中食物的清洁就会越重视，会严格要求教徒某些食物绝对不可以吃。在思想中，接触不好的思想，也会带来不同程度的不洁感。

不洁感和厌恶在身体上最明显的感受，就是恶心、想吐、胃里翻腾，这都是原始人类或动物吃了脏东西之后的本能反应。表现为：（1）皱眉；（2）头扭向侧面（即避免去看那个恶心的东西）；（3）身体收缩，尤其是手臂和腿脚都会有缩的倾向，以尽量避免碰到脏东西；（4）皮肤可能会起鸡皮疙瘩，这也许是因为动物在遇到脏东西时，要把毛立起来避免脏东西碰到皮肤；（5）手可能会有甩动，仿佛要把手上的脏东西甩掉；（6）吐口水，以将嘴里的脏东西吐出来。当产生强烈的不洁感时，有些人还会有过度的清洁行为，比如一天擦十几次地板、洗几十次衣服，或是反复不停地洗手。这些做法在心理学工作者看来，就是强迫症的病理症状了。最严重也是最可怕的是，古时人们会把有出轨行为的女性（尤其是家族中有这种行为的女性）杀死，以此消除他们的不洁感。

虽然在现实中，那些勾起我们不洁感的东西往往并没有真的碰到我们，更没有被我们吃到嘴里，但只要我们产生了不洁感，就会很自然地做出一些原始的排污动作。精神层面的脏并不会沾染我们的身体，但我们还是会用这些动作来排除想象中的污浊，以抵御这种不洁感。

在意象之中，不洁感体现为污物或肮脏动物的意象，比如粪便、脓血、黏液、畸形，或是老鼠、蟑螂等，同时伴有恶臭或腐尸的味道。

有些被人认为不洁的事物未必真的不洁，也未必真的对人有害。比如，人往往不会认为自己的唾液不洁，但是一旦被别人的唾液喷到脸上，就会让人感到极为不洁。这时，不洁感可以维护人的身体和心理的边界。因此，如果他感到别人侵入了自己的边界，把"非我"的东西放到了"我"的疆域中，就会产生不洁感。这种不洁感能保护一个人的自我感，并能让自我感保持稳定。毕竟，就算是没有危险甚至是好的事物，如果动不动就被迫涉入，也会让人的自我受到冲击且变得不稳定。

不平感

B

不平感，或称"不公平感"，就是一种让人觉得"这样对我不公平"的感受或情感。

这种感受表面上的核心是"不公平"，"不公平"的核心则是"我"。

别人的做法虽然不公平，但如果是对其他人不公平，那么通常不会激起这种感受——除非是那个人和我们的某个部分很相像，或者那个人是我们的亲友或利益共同体，才能让我们感到不公平。如果别人的做法是对我们不公平，并让我们因此没有得到应有的利益，或是承受了不应得的损失，就会引起我们的不公平感——这也是引发不公平感的最常见的情况。

这两种情景下的不平感，要么是一种动物层的本能感受，要么是一种人类自恋以及自恋延伸出来的消极感受。然而，真正意义上的不平感与这两种情况不同。换句话说，真正意义上的不平感，与动物捍卫自己利益的本能以及人类捍卫自恋的心理反应不同——在这种情况下，受到了不公平对待的人与我们自己没有任何关系。我们一旦超越了个人利害，从团体的秩序层面去看问题，并看到不公平，此时的不平感就是一种公情。

不平感的体验与怒类似，甚至有时候可约等于怒。因此，有些文学作品描述这种感受时，会直接用"怒"这个词来表达。《水浒传》中，鲁智深听了金翠莲的哭诉后"大怒"，他在此时的感受就是公情类的不平感。[1]阮氏三兄弟对吴用说起官府"一处处动弹便害百姓"，他们的感受也是不平感，但是这并不是公情类的不平感，而是因自己的利益受损而产生的不平感。在《水浒传》这本书中，梁山好汉中很多人造反背后的驱动力都是不平感，尽管大多都不是公情类的。由于不平感在这些人心中普遍存在，因此他们的口号便是"路见不平，拔刀相助"了。

---

[1] 顺便说一句，鲁智深对郑屠的不满，在很大程度上也是因为郑屠用了"镇关西"这个绰号，而鲁智深认为自己都没有自称"镇关西"，而郑屠这个"狗一样的东西"居然敢这样自称，实在可恶，这让他感到不平。我怀疑，如果为这个不平感追根溯源，那也许与朝廷不公有关。军中真正有功的将军们得不到封赏，而高俅之类无能无功之辈却得到了很多封赏。

不平感是否等同于怒呢？二者的确存在一定的相似性：怒是因个体追求的目标受到了阻碍或遇到了天敌所致；不平感是因个体追求公平但是遇到了阻碍所致。不过，如果我们细细体验就会发现，二者还是存在区别的。尽管不平感会引发与怒相同的身体反应（比如，呼吸急促、血压升高等），但与怒不同的是，在感觉不公平时，脖子会有一种"梗着"的劲儿，这种劲儿会带动头向某侧倾斜并抬起来。同时，人也会因不平感而在心中产生一种劲儿，是"我非要把这个说清楚"或"我非要把这个扭转过来"等。此外，不平感激发的行为模式也与怒激发的行为模式不同：前者激发的是反抗、抗争等；后者激发的则是战斗。

中国人在表达不平感时，最习惯用的意象是大闹天宫时期的孙悟空。孙悟空之所以大闹天宫，是因为他认为天庭对他不公——他这么优秀，却只得到了低微的小官"弼马温"之位，甚至都没有出席蟠桃宴的资格。因此，孙悟空抬头怒视天宫、伸出手戟指向天的形象就是反抗的意象（与之类似的，普罗米修斯反抗宙斯的形象也可以表达不平）。

不平感的意象还可以是喷发的火山，或是地下涌出的泥水等。《水浒传》中洪太尉误走妖魔，"井中冲出来一股黑气"也是不平感的象征意象。

不平感和秩序感是相反的感觉，也可以说不平感是秩序感被破坏后的一种结果。秩序感产生于人的肛欲期，因此不平感也是到了这个时期（1~3 岁）才会产生。

如果儿童在肛欲期感觉自己身边的人不公正，没有按照应有的公平标准做事，感觉自己受到了不公平对待，就会产生不平感。如果这个人的心理发展固结在了肛欲期，那么他一生中都会对不公平"过敏"，总会感到不公平，并因此形成一种反叛性的性格。

儿童对公平的看法与成年人的看法是不同的。儿童对公平的看法有两种常见倾向：（1）以自我为中心的倾向，即只要有损于自己应得的利益，就会产生不平感；（2）"绝对公平"倾向，例如，在家里给几个孩子分食物或分配家务时，孩子会要求"每个人要分得一样多"，如果不均等就会让孩子感到不公平。如果成年人采用了其他原则，比如给小孩子更多的牛奶，给大孩子更多的核桃，以让孩子们都得到更适合他们的食物，那么孩子也可能会感到很不公平。

现实生活中，由于每个人都有自我服务偏见，因此当个体获得了更多的资源时，他并不会产生不平感（此时他产生的往往是喜悦感和幸运感，甚至是自由、优越感等感受）；如果个体获得的资源偏少，就会产生不平感。人人都倾向于认为自己吃亏了、不公平。因此，即使客观上资源分配十分平均，也常常会有一些成员认为自己得到的少了，从而产生不平感。

魔鬼原型的力量常常会煽动人，让人感觉不公平、自己吃了亏。这种做法往往会离间人与人之间的关系，摧毁爱的亲密，并引发人际冲突。不平感的力量往往是很大的，很可能会轻易地摧毁亲密的关系，引发激烈的冲突。

偏执型人格的来访者常会有强烈的不平感，这也是导致他们产生很多心理问题的根源。因此，在心理咨询中，如何化解他们的不平感是咨询师需要解决的核心问题。

帮助有不平感的人学会从别人的角度看问题，是化解不合理的不平感的关键。如果来访者从自己的角度看问题并产生了不平感但客观上并非如此，那么咨询师要是能在此时帮助来访者从别人的角度去思考，可能就不会有不平感了。

如果这是一种公情类型的不平感，那么也许并不需要化解；相反，我们还可以以这种不平感为驱动，去推动团体向更加公平的方向改变。

不祥的预感

被我们称为"不祥的预感"的，是一种非常原始的感受，这种感受还没有被赋予过更简洁的命名。

"好像要坏事了""感觉不妙""有某件坏的事情要发生了"，都是能较为确切地描述这种感受的说法。英文谚语"smell a rat"的意思是"发觉有可疑之处""感到其中有诈"，荣格将其解释为"某物将闯入意识"的感受。

这种感受不能被称为"恐"或"恐惧"，因为这两种感受都是有对象的，是知道有某种特定的危险或可怕的东西就在附近或正在临近。

B

　　有些学者把某种没有明确对象的危险临近时人所产生的感觉称为焦虑。如果这样定义焦虑，那么不祥的预感与焦虑存在着一定的关联。不祥的预感可以是这种焦虑的起因，也可以是这种焦虑的核心部分，但并不能把这种感觉称为焦虑。原因有二。一是不祥的预感比焦虑更加原始。焦虑中带有反应的意图，即虽然我不知道有什么危险将临近，但我要准备去应对。虽然我不知道该怎么应对，但我至少会让自己先激发出焦虑。换句话说，虽然我不知道具体该做什么，但我总得有什么反应，于是焦虑会伴随着无序的躁动感。然而，不祥的预感则没有应对的预备，它就是一种单纯的"好像要不妙"。二是"焦虑"这个术语还有其他的意义，可以用来表示多种负面情绪混合后的情绪。

　　不祥的预感可以被归类为一种不安感，但不安感很多种，这种感觉只能算是其中的一种，而且是不安感中很原始的一种。

　　不祥的预感中含有一种潜在的预测，就是认为将要发生什么坏的事情。从现实来看，这个预测并不是可靠的预测，即并不是有了这个感觉后就一定会发生坏事。然而，当产生这种感觉时，人会在远古认知系统中把"坏事将要发生"当作真的，而不会对之产生疑问。因此，产生这种感受的人会无理由地认为就是"会坏事"。

　　这种感受的产生，似乎源于经典条件反射。在现在的情境中，如果出现了某种曾在与现在类似的情境中带来坏结果的事物，就很可能有什么因素激活人的条件反射——人往往不能清晰地辨别这是什么因素，但的确激活了条件反射。由于人未能辨别是什么激活了感受，因此无法形成因果的假设，更不知道如何去避免，只留下一种"会发生"的预感，且无法激发一种特定的应对性的行为。

　　因为无法应对，所以这种感受中会伴随某种程度的失控感，这是一种很不舒服的感受，类似于汽车滑向悬崖时，乘客在座位上的感受。尽管我们遇到的事情并没有汽车滑向悬崖那么危险，不祥的预感也不会那么严重，但由于这种感受源自远古认知系统，因此这种感受还是比实际的危险严重很多。

　　不同的人，内心对威胁的警觉程度也不同。如果是对威胁不太敏感的人，那么他可能产生不祥的预感的阈限就会相对高一些，这种感受产生的频率也相对低一些；相反，如果是过度敏感的人，产生这种感受的阈限就会很低，从而可能会经常产生这种感受。如果这种感受频繁出现，人就很可能会产生继发的认知反应，如果严重到认为"外面随时都会有危险降临"，就会变成焦虑症；如果更严重，认为"一定有人在一直试图加害我"，就可能会引发精神分裂症的被害妄想。换句话说，精神分裂症患者的被害妄想，是因其有过多的不祥的预感所致。由于这种感受是"无理由"的，因此我们很难说服精神分裂症患者用理性去证明并没有人加害他。患者的逻辑是："我有不祥的预感，肯定有坏事要发生——一定有人要害我。"如果不祥的预感无法消除，就不可能消除其被害妄想。

一旦加入了更高级别的认知活动，人们对情境有了了解并能做出解释后，这种不祥的预感就可以转化为更高级别的感受或情绪（比如，转化为恐惧感等）。如果在此基础上有了进一步的应对，那么还会转化为愤怒等情绪。这会让人稍微更舒服一点，因为恐惧、愤怒等具体情绪都比不祥的预感会让人好受一些。因此，为了让自己能好受一些，很多人在产生了不祥的预感后，往往会自发且迅速地找一个对象去恐惧（往往并不是真正带来威胁的那个对象），继而迅速归咎到一个人身上并对这个人发怒。这常常会引发不必要的人际矛盾，还可能成为很多心理疾病的起因。

如果个体产生了不祥的预感，但其更上层认知结构中却认为没有危险，那么其远古认知系统就会难以接受这个结论（"不可能！我明明感觉到了危险"）。恐惧症患者、强迫症患者，都是因为他们的这个感觉被激发了，然后为了能让自己稍微舒服一点，便迅速找一个对象去恐惧或是找一个东西去担心。强迫症患者的那些恐惧的理由都是牵强的，但是不祥的预感或危险临近感却是实的。虽然有些人表现得没有这么严重，但也会对生活和周围人制造出替代性的焦虑。比如，有的对婚姻中的隐患产生不祥预感的女性，会把这个感觉的激发原因投射到孩子学习成绩不好上，便给孩子施加了许多不必要的压力。

不真实感

这里所说的"不真实感"，不是对假话、拙劣的舞台布景等事物所产生的那种感觉——这是一种对不真实事物的真实的感受，而是一种与外物是否真实关系不大的内在感受。这种感受用语言来表达就是"一切都显得那么不真实"。当一个人产生了不真实感的时候，即使所有人都说是真的，他也会认为不真实。因此，不真实感不是真实地感受到了某个事物是不真实的，而是真实感丧失之后的那种感觉。

"梦幻感"或称"如梦如幻感"，是不真实感最常见的一种表现形式。精神分裂症患者也会有一种不真实感，但与梦幻感有所不同的是，他们并不是觉得自己在梦里，而是觉着周围的一切都是假的。比如，父母不是真实的父母，邻居对自己友善不是真的友善而是暗藏阴谋等。

绝对的不真实感是无法描述的，体验者只能近似地描述它，通常的描述方式是借助比喻。例如，"一切仿佛都在雾中""一切都会流动""有一种不真实的气氛"等。

之所以会产生不真实感，主要是因为生命能量被抽离，且让人感觉无所着落。生命能量被抽离得越多，个体在感觉中所看到的事物就会越不真实。不真实感应归类为不愉悦的感受，对感受者来说，这不仅是一种高度的不愉悦感，甚至可以说是一种中性的或冷漠的感受。

在发生急性应激事件后，当事人会出现解离，生命能量抽离，从而产生强烈的不真实感。例如，在车祸中受到重伤的伤员、战争中被虐待的俘虏、暴力强奸的受害者，都有可能在当时出现严重的解离。那时，他们会感觉自己仿佛离开了身体，成为旁观者，在情感上却和那件事没有什么关系，就好像是在看着"一场戏"。对正在发生的事情，他们的感受中就是"不真实"的。失恋时，当事人也会对前男友 /前女友产生不真实感（"这不是我认识的 ××"，甚至是"原来我从来都不认识这个人"）[1]。

长期慢性处于一种会让人受创伤的环境中，或是尽管环境不会让人受创伤，但是人长期处于抑郁心境之中，生命能量就会逐渐被抽离，产生一种慢性的不真实感。这种不真实感有时具有一定的针对性，会特别指向某个人。比如，如果儿童的不真实感指向了父母，就会让儿童逐渐怀疑"这个人可能不是我真实的爸爸（或妈妈），

---

[1] 对于失恋这种情况，如果说得更详细一些，那么不一定都是不真实感。有时，当恋人分手时，一方会真实地发现对方的另一些侧面，所以会真实地看到"这不是我认识的 ××"，这并不属于不真实感。然而，即使看到的是对方的同一面，如果一方的情感能量从对方那里抽离，也会产生不真实感。这种不真实感，体验过的人就不会感到陌生了。

B

而是被假的替代了"。有的儿童甚至会产生妄想性的念头，如"这个不是我爸爸（或妈妈），是妖怪变成了爸爸（或妈妈）的样子"。再如，有人加入了公益团队，起初积极参与公益活动，但是后来越发意识到，这个团队有很多违背自己理想的地方，从而产生了一种不真实感。

个体在长期抑郁后产生的这种不真实感会更加弥散，似乎世界上的一切都染上了不真实的色彩。个体可能会说"一切都是假的"，且其他消极情绪也会长期存在，并带来一定的不真实感。如果不真实感长期存在，个体慢慢地适应了这种不真实感，就不大能感受到不真实了。然而，如果个体通过心理咨询、传统修行等方式，让心理状态获得突然的改善，就会立刻产生一种格外真实的感觉，对比之下就会觉得过去的生活恍如梦中、很不真实。个体在突然产生的积极愉悦的情绪下，也会产生格外真实的感觉，从而感觉过去的生活浑浑噩噩、很不真实。因此，当个体体验到一些"极乐"的幻觉时，可能会觉得那个幻觉中的世界"比我生活的现实世界更加真实，而所谓的'真实世界'相比之下则显得很不真实"。

请注意，生命能量被抽离的前提是事先投入了。因此，前面投入得越多，在后面被抽离时，所体验到的不真实感就越强；相反，前面投入得越少，后面就不会产生很强的不真实感。

不真实感的存在并不影响个体所看到的内容——他所看到的天还是蓝的、沙子还是黄的、父母还是长那个样子，但这些都会让他感觉不真实，很像隔着一层玻璃看东西。

当产生不真实感时，个体身体的感受力会全面降低。相较而言，视觉上的变化并不是很大，而听觉、触觉、嗅觉和味觉则会变弱，对痛觉的敏感度也有所下降。身体会感到不实在、变得轻飘飘的。对身体进行抚触或按摩可以改善身体的感受力，也可以减少不真实感。如果不真实感太强，有的人就需要用强刺激（比如，自伤、强烈的感官刺激）才能减少不真实感。

似乎没有什么专门的意象可以用来表达这种感受，但是对于部分或所有意象，当事人会有不真实的感受，即认为这些意象很"假"。

因生命能量被抽离且无处安放而产生的不真实感，标志着个体的生命没有被实现，是心理不健康的表现。成长和修心能让个体找到更真的真实，将生命能量投注于更高的存在，从而让个体感到自己过去所投注的那些地方不真实，这种不真实感标志着个体的心理变得更加健康。

为什么会这样呢？一是因为疏离，二是因为看到了真，便意识到过去以为真的其实不真。老子曰："惚兮恍兮，其中有象。恍兮惚兮，其中有物。窈兮冥兮，其中有精。其精甚真，其中有信。"他就是超越了日常的意识，与"道"融合为一体。在感到"道"的存在"甚真"后，作为一种反衬，就会感到"人生如梦"、不真实。"一切有为法。如梦幻泡影，如露亦如电。"这是《金刚经》最后一个四句偈，是在领悟了真实之后，反过来看日常意识所产生的不真实感。

看到了真，且对过去以为是"真"的产生不真实感，此时我们的生命能量并不是无所着落的，而是变成了更加自由的生命能量。这是人的精神的超越，是一种值得追求的理想境界。

惭和愧

《现代汉语词典》解释"惭"字，说"惭"就是"惭愧"；解释"愧"字时，又说"愧"就是"惭愧"。可见，"惭"和"愧"是同义词。《说文》中曰："媿[①]，慙[②]也。"也是把这两个字作为同义词看待。"惭愧"这个词，既然是由两个同义词构成的，那么也是同义了。《现代汉语词典》对"惭愧"这个词的解释为：①因为自己有缺点、做错了事或未能尽到责任而感到不安；②谦辞，多用于收到别人的称赞表示不敢当。

不过，从心理感受上去体会，这两个字的意义还是有区别的。比如，尽管"自惭形秽"和"自愧不如"这两个词都表达了自己和别人相比，发现自己不如别人时的心情，但"自惭"似乎只是发现自己不如别人，并不是很"不安"，而更像是"难为情、不好意思"；而"自愧"则更像是发现了自己不如别人品格高贵，但别人还没有发现，此时自己的心里有一种很不安的感觉。再如，"四人惭，皆伏地"（《资治通鉴·汉纪》）、"羊子大惭"（《乐羊子妻》）、"成视之，庞然修伟，自增惭怍，不敢与较"（《聊斋志异·促织》），在这些带有"惭"字的例句中，都是某个人发现自己不如别人（或自己的促织不如别人的促织）而产生的感觉。未必是自己做错了事，也未必是因为自己没能尽责。

与"惭"字相比，在用到"愧"字时，则往往并不简单是自己不如别人，还可能是自己做错了事、没有尽责，或是自己不如别人或自己做得不好，却没有被别人

---

① 古同"愧"。

② 同"惭"。

发现。感到愧的人心中是有很强的不安感的。杜甫《自京赴奉先县咏怀五百字》一诗中"所愧为人父，无食致夭折"这句，显然是说自己没有尽到父亲应尽的责任。"愧不敢当""受之有愧"，则是别人给自己一个高于实际的评价，所以"自己的不足没有被别人发现"。《资治通鉴·汉纪》中的这句"纵上不杀我，我不愧于心乎"也包含了别人和自己之间的比较，"上不杀我"是指别人认为我的错误可以饶恕，"我愧于心"是我无法放过自己的错误。在"惭"字中，似乎没有这种"别人和自己之间的对比"的含义。

"愧"可以作为动词，指一个人用某种方法让另一个人感到"愧"，这一点与"惭"是不同的。比如，"此可以愧口给之文人，矜庄之大吏矣"（《智囊·胆智部》）。愧还可以有"辜负"的含义，"惭"也不具这层含义，比如"吾上恐负朝廷，下恐愧吾师也"（《左忠毅公轶事》）。可见，"愧"的含义比"惭"更丰富。

"此虽颜惭，未知心愧"（《魏书》）似乎表明，"惭"更强调外在表现，"颜惭"是指有惭的表情；"心愧"则是指心里有"愧"的感受。不过，这句话也可能是一句"互文"，即颜也惭心也惭，心也愧颜也愧，这样"惭"和"愧"在这个方面就没有内外之分了。不过，由于我们找不到更多类似的句子，因此我们并不能确定这一点。

引起惭的情景，就是"别人比我优越"。不过，惭和自卑是不同的：自卑是指自己的品质差；惭则是自己的品质并不差，只是和别人相比较后，发现自己比别人差得太多。比如，贾宝玉在太虚幻境中遇到仙女后感觉自惭形秽。其实贾宝玉的外貌和内在品质都很优秀，他并没有自卑之心，但他的优秀与秀丽脱俗的仙女相比还是差得很远，于是他就自惭形秽了。

引起愧的原因，则往往是因为自己有错误或失职等，别人未必发现，但是当事人自己心里清楚。

惭的感受大体是这样的："看看人家，再看看自己，发现我自己真的不行，好惭愧啊！"愧的感受则是这样的："我本应更好，结果是这个样子。别人可能还以为我不错呢，但我实际上却这么差，好惭愧啊！"在愧的感受中，不安感是核心，即心里特别不踏实。

虽然惭和愧都是与人比较后因感到自己低劣而产生的不适感，但二者是有区别的：惭的比较更外在、浅表，愧的比较则更内在、本质；惭的不适感指向自尊心，愧的不适感则指向良心；惭来自自觉某种能力不足而不如别人，愧则来自人自觉品德有亏而不如别人。

惭所引发的身体反应，有些像羞的样子，会有遮挡自己脸的倾向，身子会收缩但并不紧，是那种"一口气泄掉了，身体就软了、瘫了"的感觉。"四人惭，皆伏地"（这四个人惭的时候，都趴到了地上）。这个趴到地上的动作，固然是仪式性的表达惭的动作，但也是一个人感到惭时的身体的自然反应——因为身体软了、瘫了，所以其自然倾向就是趴到地上。羞与惭的不同之处在于，单纯感到羞时，人只是私事被曝光，但并不认为自己有什么不如别人的地方，所以没有类似泄气的反应。如果人的私事被曝光，且在同时又发现自己不如人，就会产生羞惭的感觉。

愧的身体反应主要是抬不起头来，即头会低垂。其他还包括：目光不与别人对视，只能往下面看；双手常常挡在胸前，或是无力地垂在身体两侧。如果自己犯的错伤害到了别人，那么在愧的同时还会有内疚——内疚也会让人低头，同时胸区会堵。这种情况就是愧疚，此时人的头会低得更低。

惭和愧常常会同时出现，此时就是所谓的"惭愧"。当别人给我们的评价过高时，我们就会感到惭（因为我们并没有别人认为的那么优秀），也会愧（因为别人以为我们比我们实际的样子更高尚），因此我们就会说"惭愧惭愧"（即《现代汉语词典》中对"惭愧"的第二种解释）。

惭在意象中的表达，可以是在看到了另一个人之后，自己迅速变得很低、很矮，对方则变得非常高大，令自己仰望着对方。或者是自己变得很丑，对方则越发美丽，自己只好远远地避开对方。愧在意象中的表达，则是自己躲进暗处、不敢见人。

动物和人的动物层是不知惭愧的。惭愧并不是情绪。情绪都伴随着一套行为（比如，愤怒伴随着攻击），并且有一个明确的目标（比如，愤怒的目标是击败敌手）。然而，惭愧则不伴随着一套行为模式，也没有明确的目标。因此，惭愧应属于情感，即人在有了精神自我之后所产生的感受。

惭，是在比较了"我的精神自我"和"别人的精神自我"之后，因发现自己的精神自我比别人的精神自我更低劣而感到不好意思——前提是人能知美丑，有了审美和自我观照的能力，因此有了与动物"我"的本质不同。愧，是精神的"我"做错了事或是因没有尽责而感到良心不安——前提是人有了是非之心，有了对错的内心标准，而不是仅仅以功利为标准，这之后才能有愧。懂得愧，并且尽量让自己做好，这样才能让自己问心无愧，这就是人与动物的区别。因此，惭和愧都是人性层的、属于精神自我的情感。

惭和愧这种情感，并不是在人生命周期中的某个阶段必然会产生的。有些人可能一辈子浑浑噩噩，只像动物一样生活，没有发展出人独有的精神品质，因此他这辈子只能是个"衣冠禽兽"[①]，不懂得什么是惭愧。

让人成为真正的人，让人能形成精神自我，就可以让人懂得惭愧。懂得惭愧的人可以管理、约束自己，从而提升自己的精神品质。懂得惭愧的人，可以向儒家所说的"君子"的方向发展。

那么，什么能让人成为真正的人，从而懂得惭愧呢？答案是，人文教育。已经懂得惭愧的人，用自己的行为示范，并且教导后代人，就可以让后代成为懂得惭愧的人。没有接受过这种教育，人固然也可以活着，甚至是快乐地活着，但只有接受过这种教育，人才真正是"人"。人既然有做"人"的潜力，那么倘若不发挥这个潜力，一辈子只做一只高级动物，岂不可惜？

成就感

成就感，是看到自己达成了某个有着重要意义且常人很难轻易完成的目标时，产生的那种"我能""我太厉害了"的感受。

成就感和成功感都与做成一件事有关，但是它们是不同的感受，区别在于以下

---

① 儒家用"衣冠禽兽"这个词并不是骂人，只是指有些人没有发展出人的独特品质，不能异于禽兽。按照儒家的看法，秉承"社会达尔文主义者"（这是由达尔文生物进化理论派生出来的西方社会学流派，主张用达尔文的生存竞争与自然选择的观点来解释社会的发展规律和人类之间的关系，认为优胜劣汰、适者生存的现象存在于人类社会）作为毕生生活方式的人都是衣冠禽兽。那些认为人只是"裸猿"的人，也都是衣冠禽兽。

几个方面。

- 成功感是一个人看到自己达成了某个内心所期望达成的目标的那一刻所产生的自发感受，这种感受通常是一过性的，而且即使是达成了很小的目标也可以引发成功感。成就感则是向外看，即看到了自己做成的事，并对这件事评估后认为自己获得了有重要或长远的价值、常人难以达成的成果。这个评估所带来的指向自我评价的感受（即成就感）是较为持久、稳定的，会作为一种积极的自我评价让个体感到自信。在人产生成就感时，他往往事先已经经历过许多次成功了。

- 成功感大致是"这件事做成了"；成就感则是"这项了不起的事业是我实现的"。

- 成功感是一种当下的感受；成就感则是可以累积的，每当看到过去的成果时，都可以再度激发人的成就感。

成就感包含着充实感，而且可以给人生带来经久不衰的意义。当人们看到自己的成就、产生成就感时，就可以把这作为自己"没有白活"的证据，从而感到人生有意义，减弱存在焦虑。成就感是一种很愉悦的感受。如果缺少成就感，就会让人感到空虚，或是感到人生没有意义。

成就感在身体上的体现，包括胸轻微地挺起来、感到胸是充实的。同时，整个身体也更挺拔一些，头会稍微抬高，腰和腿伸展得更直。眼睛也会炯炯有神地看着那些代表自己成就的东西。

有些代表成就的东西是直观可见的，比如，某个人种了一片森林；有些代表成就的事物并不是直观可见的，比如，某个人参与制定了一部法律。对于前者，人可以直接去看，从而获得成就感；对于后者，人可以用一个代表这个成就的标志物（比如，奖杯、奖章、证明身份的证书等）来激发自己的成就感。

成就感也是建立自信的基础，更多的成就给更高的自信提供了外在的证据。因此，如果没有外人所授予的证书或奖杯，人也往往能找标志物来提示自己所获得的成就，以激发自己的成就感。

成就感是心理咨询师工作的核心驱动力之一。当看到来访者经过心理咨询后发生了明显可见的积极转变时，心理咨询师就会产生成就感。这种成就感也能让心理咨询师感到工作有意义，并更加热爱这个行业。由于心理咨询师的工作很艰难，而获得的经济收入又不是很多，且很容易受到消极情绪的浸染，容易产生职业倦怠，因此成就感能有效缓解心理咨询师的职业倦怠感。

耻感

耻是自我评价时引发的一种强烈的消极情感。

一个真正意义上的人，会有一些自己设置的"我之所以为人"的内在精神品质的标准。正是依托这些标准，这个人的内在自尊才有了立足之地。当这个人对照这些标准检查自己并发现自己尚未达到这些品质标准时，哪怕其他人都不知道，他也会产生耻感。

因此，当他发现自己并没有做自己作为一个人该做的事情（即使并没有做错事或做恶事）时，他也会产生耻感。比如，对于一个认为"我是一个见义勇为的人"的人来说，如果他身边有人遇到危险，而他出于恐惧或其他原因没有去救，就会产生强烈的耻感。又如，对一个自认为有尊严的人来说，如果他被别人侮辱，但没有勇气反抗，那么他也会产生耻感。

可见，耻感是纯粹内在的自我评价的感受，和一个人为自己设置的内在精神品质的标准息息相关。耻和羞的最大不同就在于，羞是发生在人与人之间的，而耻与他者没有关联。

人格中的动物层面是没有耻感的，现实世界中的动物绝大多数也是没有耻感的。只有当人形成了精神性的自我之后才会有耻感。耻感的作用是为了保护自我，让自我处于心理健康、品质良好的"人的"状态。因为耻感是一种很不愉悦的、难受的感受，所以一个注重正直的人在意识到自己做了并不正直的事之后就会产生耻感，并且能勇于面对自己的阴暗面，还会在后续的行动中及时改正错误，不让自我堕落。如果一个人放弃耻感，那么他的确能因此减少一些痛苦，但是他的自尊水平也会因此逐渐降低，自我会逐渐堕落到动物水平。

如果一个人的自我只在动物水平发展，没有形成人性的特有品质，只知道追求吃喝玩乐、求偶抢地盘，那么他很少会感觉到耻。儒家把这种人称作"无耻之徒"，或者干脆说这样的人就是"衣冠禽兽"。儒家认为，对于人来说，最重要的事情就是"成为人"，即形成人的精神自我，而不是过着动物性的生活，所以儒家对"无耻之徒""衣冠禽兽"都是很轻蔑的。

"衣冠禽兽"不会产生耻感，这样能让他们少一些痛苦，从而可以更愉悦地去做一些无耻的事情，并从中获得利益。因此，有些人宁愿选择让自己不知耻。能感受到耻感的人有时会因此而受苦，但他们宁愿受这个苦，也要确保自己能做一个人——一个堂堂正正的人、一个品质高贵的人。

什么样的品质是好的品质，什么样的自我是高贵的自我，什么事情是做人之耻，这个标准是什么？不同心理学派对此有不同的观点，我认为这个标准是先天的，是作为"人性应该是什么"的原型性的标准，后天的影响则决定了这个先天标准的具体表现形式。康德把心中的道德律比作天上的星辰，意指它们都是先天的、稳定不变的存在，我也认同这个观点。违反了"什么是真正的人"的标准，就是违反了心中永恒不变的天赋道德律，人就会以自己的行为为耻。

耻在身体上的最明显的体现是头下垂（耻感越强，头垂得越低）、双臂双手下垂、肩内收且向前面垂、弯腰、眼睛下垂或闭上（就算不闭眼，也会回避与别人对视）、愁眉苦脸（有的人在耻感强烈时还会捂脸——这么做的人可能同时伴有羞，即羞和耻的情感共存）。当有的人有强烈耻感时，还会做出自我攻击的动作（比如，用打自己的脸等方式自伤）。

耻在意象中的体现，可以是身上有可耻行为所留下的印记。小说《红字》（*The Scarlet Letter*）中的那个红字，就可以被视为与耻有关的意象。

人最核心的耻是人被动物性的欲望驱动而没有能力超越，且引发人们产生耻感的错误行为多是这种性质。人要吃、要生活，这并不可耻，但如果靠偷或抢去改善生活，就是可耻的，因为这么做就相当于为了物质欲望而放弃人所独有的自尊。自尊是人性，而钱财是动物性的需要，为了钱财而放弃自尊是可耻的。此外，为了利益而出卖朋友也是可耻的，因为友谊是人性，利益则是动物性的需求。

性行为经常和耻感有联系。有些心理学家误以为"这是因为在教育或社会习俗中把性污名化的结果，性本身不应该带来耻感"。然而，实际情况并非如此。性本身当然不是一种耻，但是如果人没有能力超越性本能，被性的欲望驱使而失去了自我管理的能力，就是一种耻。如果为了满足性的欲望而放弃了人性中的一些东西（比如，自尊、同情心、责任感等），就成了可耻。

耻感是很痛苦的，因此人需要消除它。要想消除耻感，就要先"不再做可耻的事情"。要想做到这一点往往需要放弃一些利益或是承受一些损失，因此有时很难做到。

不舍得放弃不当得利的人，有时会用合理化的方式说服自己，从而减少自己的耻感。比如，在性方面有一些可耻行为的人会安慰自己说"感到羞耻只是一种超我的教条，心理学家说不应该有那么强的超我"，或者"现代的性观念更加开放了，所以我这种行为并不可耻"。这种做法可以暂时削弱耻感并减少主体的痛苦，但在人的内心深处的良知层面，耻感依然存在。因此，这样的人会被迫持续地与自己的良知辩论、与别人辩论，以持续压制耻感，直到最终彻底毁灭了自己的人性面，成为纯粹的无耻之徒、衣冠禽兽后，才能获得内心的平静。

在做到了"不再做可耻的事情"后，耻感会得到显著缓解，但还不会完全消除。如果耻感比较强烈，即个体在想到自己过去的耻后还会继续有耻感，那么这是一种"往事不堪回首"的体验。要想消除这种耻感，就需要"雪耻"，即做一件能抵消过去的错误的事，以消除这种错误所带来的后果。例如，如果耻让我们丧失了自尊，那么就去做一件让我们重获自尊的事情。

张自忠将军在早期对日本人报有一定的幻想，误以为日本人没有那么危险，且因为与同僚有冲突，便希望借助日本人的影响力来争权夺利。很多人因此骂他是汉奸，这让他产生了强烈耻感。在抗日战争中，张将军为了雪耻，格外勇敢无畏地战斗，最终以上将的身份亲自持枪作战并战死疆场。当他为国捐躯之时，再没有人对他有任何怀疑，这让他一雪前耻，成为著名的抗日爱国英雄。

尽管不同国家、不同文化背景的人都有耻这种感受，但我们中国人由于受到儒家价值观的影响，对耻有更深的理解和体会，因此我们更加认同这个理念——做人要"知耻"。

充实感

如果一个人对自己的生活状态进行评估后发现，自己没有浪费时间，且将时间都用在了对自己有意义的事情上，那么此时所产生的感受就是充实感。这是一种对自己的生活状态感到很满意的感觉。

充实感的反面是无聊、空虚之类的感受。无聊是荒废了时间，空虚是找不到意义。之所以会缺少充实感，往往是因为一个人没能找到要做的事情，或者虽然知道该做什么，却没有投入地去做。也就是说，如果是敷衍地、三心二意地做事，人就不会产生充实感。

对自己的生活状态进行评估，是人类特有的活动。这不是针对一时一事的评估，而是对生活的整体做评估。因此，这个活动是一个高级的心理活动。可见，充实感也不是一种低层次的心理感受，而是一种高层次的情感。

充实感在身体上的体现为，在躯干或胸区会有一种饱满感，且腿上也会产生一些力量感。

在意象中的体现，则可以以"满载而归"等形象来表达。比如，马车上满载着很多麻袋的粮食，或是一个人背着满满的一袋子财富等。

充实感的存在有助于提升人的自信心，增加满足感。如果一个人在生活中缺少充实感，那么他需要做的是思考人生的方向，找到对自己有意义的事情，并投入地去做值得做的事情。学习和工作都是让人获得充实感最常见的源泉。

崇高感和崇敬感

崇高感是那些更高境界的存在、这个存在所具有的伟大和美好的品质，以及具备这个品质的人或事物给人带来的感受。崇敬感，是人们对崇高者产生了敬意之后的感受。崇高感和崇敬感都是超越性的积极感受。

当一个人感受到崇敬感的时候，他并没有超越自我，而是站在自我所在的心理位置上，但同时，他又能感受到有一种高于他自我的存在。能感受到这种更高存在的那个心理部分，是超越了平时的自我境界的。他觉得那种存在更伟大、更美好、更善良或更完满，但是这种存在还没有被认同为自我的一部分。这种更高的存在，只有用心才能被"看到"。

C

这种更高境界的存在有人称为"神"，有人称为"道"，有人称为"大智慧"或"慈悲心"，还有人称为"上天"。这个存在中包含一切积极的品质，当我们"看到"这些品质的展现并知道自己不具备这些品质时，也会产生崇敬。当这种品质在某个人的身上存在并能被我们看到时，我们就会崇敬这个人。孔子具有超凡的智慧和仁爱，他的弟子对他极为崇敬，表达这种崇敬的词是"高山仰止"。医生为了阻止瘟疫蔓延，不顾自己的安危冲到了危险的防疫前线，我们也会对他们产生崇敬感——因为尽管他们不是圣贤，但他们在这个时刻体现出了高于日常的精神境界。当我们看到一幅画或一首诗传递出了高境界的品质时，以及看到大自然所蕴含的极美时，也会产生崇敬感。

崇敬感在我们身上体现出来的基本动作是仰头，仿佛是在看一个位于高处的东西。这是因为我们用位置的"高"来象征这个境界在精神上的"高"，所以当我们感受到一个人或事物精神境界高时，身体就会出现如同面对高大的人或物一样的反应。当不可见的精神存在让我们感到崇敬时，我们会仰头向上看，如果我们在这时看到了天空，天空就成了所有那些高境界品质甚至是高境界存在的象征。这也说明了中国人为什么习惯于用"天"来表达"道"——因为"老天"或"老天爷"是中国的神。其他国家的人也都认为神应该住在天上而不是别的位置——就算奥林匹斯众神不在天上，也要住在高高的山顶。

仰头时，我们的眼睛往往会向上看，这是一种无意识的身体的表达。同时，双手还会倾向于放在胸前或是向上、向前伸举展开。至于双手用什么姿势，并非固定。有的宗教中会用合十的姿势，有的则是双手抱拳，或是双手放在胸口等。

如果所崇敬的对象是人，身高也未必足够高，如果崇敬者一仰头就会看到被崇敬者的头顶上面，崇敬者就需要降低自己的高度。比如，下跪、鞠躬或伏在地面上，这些动作都是用"拜"的动作来表示崇敬和崇拜。

崇敬感在意象中的体现，可能是把某个人视为神的形象（比如，高大甚至是头顶有光环等）。被崇敬者会在崇敬者的脑海中显现为非常美的意象，或是在其意象中出现很美的事物，比如莲花、宝石、雪山、太阳、月亮、光甚至虚空等。

崇敬感通常是人格发展到一个高水平之后才会有的。人的内心能产生崇敬感的前提是，他是有能力去看到有某种高境界的事物、品质或人的存在的。如果一个人过着动物性的生活，那么他是没有这种能力的。如果一个人的人格滞留在早期阶段，对外在世界只不过是喜欢或害怕，那么他也是没有能力去看到其美好或伟大的。只有自己的心理发展水平足够高，才能看到美、真理和智慧的光辉，感到有崇高的事物和人存在，从而对之产生崇敬。

尽管有些年幼的孩子的人格发展程度不高，但是由于其心地单纯，不受表面现象所迷惑，因此他们也可能看到另一个人身上的高境界品质，并对其产生崇敬感。不过，这种崇敬感容易与理想化对方的感受相混淆，而且现实生活中也常常会有一些孩子在有崇敬感的同时，出现基于理想化的盲目崇拜，从而更容易强化这种混淆。分辨这两种感受的要点是，崇敬感是对真实存在的高境界和好品质的崇敬，超越了自恋；理想化的感受则是针对某个对象的积极的心理投射所产生的积极的心理感受，本质上还是自恋的延伸。

愁、闲愁和万古愁

《现代汉语词典》对"愁"字的解释为：①忧虑；②忧虑的心情。

当我们为某件事担忧、想要想办法解决又感到很困难时，就会产生愁（或称"发愁"）的情绪。当我们在秋天看到黄叶飘落或淫雨霏霏时，也会产生这样的情绪。

愁会让人产生一种"这可怎么办啊"的感受，也可以说是一种畏难的感受、一种"不好办啊"的感受，同时还会让人做出"活得很苦、很艰难"的消极评价，并预见未来也并不会有所好转。就像"愁"字的结构是"心上的秋天"——秋天到了，冬天也不远了，明知道不会变好，但好像又阻挡不了，怎么办啊！不过，愁并不是完全没有办法了，因为人要是完全没有办法了就会放弃，产生绝望感；也不是积极、努力地在想办法，因为人在积极、努力想办法的时候常会头疼急躁。可以说，愁介于这两种情况之间，是想不出办法但还没有放弃，总体来说还是隐隐地指向未来的解决，只是暂时还没有找到任何解决的办法。

愁的时候，表情（即"愁容"）和身体通常都能明显地显现出来，包括：

- 眉头紧锁、噘着嘴且嘴角向下、眼角向下；
- 头无力地歪着或垂着好像要倒下去，且头会有昏沉、沉重、不舒服的感受；
- 双臂和双手也无力地垂下去，身体瘫软、有气无力；
- 有人会感觉双手发麻，没有力气、使不上劲，之后双手会酸胀；
- 有人也会感觉双脚酸、累、难以移动；
- 呼吸无力，会有叹息，胸腔内有空空的感觉。

"愁"在我国的诗词中一直都是一个非常核心的主题词。诗人、词人们会很频繁地"说愁"（甚至会"为赋新词强说愁"），也用过很多意象来描述愁。

"愁云淡淡雨潇潇"（《眼儿媚·愁云淡淡雨潇潇》），这是用"淡淡的云"或"潇潇的雨"的意象来表达愁。愁的时候，郁积在胸中的情绪能量是一团，而且是弥散的、比较静止的，感觉上很像云和雨。"如今但暮雨，蜂愁蝶恨"（《薄幸·青楼春晚》），这里的暮雨也给了人类似的感受。

愁的时候，心理能量是向下的，与悲哀有一点相似。"水村残叶舞愁红"（《雪梅香·深萧索》）用落叶的意象来表达愁，可体现愁的情绪能量轻轻地向下运动。"睡起玉屏风，吹去乱红犹落……愁拖两眉角"（《好事近》），也是下落。"砌下落梅如雪乱，拂了一身还满"（《清平乐·别来春半》），落下的梅花宛如落下的雪花，都体现了愁的情绪能量向下轻落的特点。"拂了一身还满"则体现了愁的另一个特质——很难消除，持续存在。

《青玉案·凌波不过横唐路》中的"试问闲愁都几许？一川烟草，满城风絮，梅子黄时雨"一句，包含三个意象：烟草体现了情绪能量的弥漫，风絮有弥漫、轻轻落下的感觉，细雨是轻轻落下的感觉。

《虞美人·春花秋月何时了》中的"问君能有几多愁？恰似一江春水向东流"一句，"一江春水"这个意象和渺渺烟水的意象不同，它是流动的，因为这种愁与通常的愁（更加静止）不同。

诗词中表达愁的意象还有很多，比如月、月色、斜阳、秋水、寒鸦、柳树、燕子、笛声、泪水等。

愁产生的前提，是我们发现"世界不能如我所愿"。因此，愁实际上是人有了现实感之后才可能体验到的一种情绪。

钱不够花、想吃好的吃不到，这些愁都是人的动物性层面的愁，是更具体的愁。此外，还有一种高层面的愁，即当一个人对世界有一定的了解并意识到世界存在一定有限性时，就会觉得世界"不如人意"，便会产生一种根本的愁、存在性的愁，这是一种超越性的情。

中国文化很早熟，因此很早就具备了高度的超越性。中国人对世界和人生都有根本性的思考，这些思考让中国人深刻地意识到了世界的有限性和人的有限性，正是因为这种有限性，才使得一些欲求是不可能实现的，使得不如意成为必然。

几乎人人都不想死，但死亡是必然的，因为这就是人生在时间上的有限性，这与太阳总要落山、春天的花总要凋零、萧瑟的秋天总要到来是同样的道理。中国人重视亲情和友情，不愿意和所爱的人分离，但是总有种种原因，让人们不得不背井离乡、生离死别。这种我们知道必然存在但没有办法的事情，会给我们带来存在性的愁。当然，我们也不是完全什么都不能做，正所谓"盈缩之期，不但在天"（《龟虽寿》），即我们做的事情也还是有一定帮助的，但"青山遮不住，毕竟东流去"（《菩萨蛮·书江西造口壁》），大势还是不可改变的。如何应对因害怕死亡而产生的焦虑？心理学家欧文·亚隆（Irvin Yalom）总结出了两个途径：（1）做一些事情，在世界上留下痕迹（立德、立言、立功）；（2）投入爱。

我的一个学生总结了宋词中的愁，发现这些愁基本上都与以下主题有关：孤单、分离、思念、羁旅，这些都与爱的有限性有关；抒发报国壮志和报国无门的烦恼，这些都与事业的有限性有关；怀旧、感慨历史与人生、感慨时光易逝，这些都与人生的有限性有关。可见，宋词中的愁大多是存在性的愁。

　　这种对存在性的愁的关注，当然不只宋人有。李白《将进酒》中的"与尔同销万古愁"，"万古愁"也是存在性的愁。这种万古长存的愁并不是后天某个处境带来的，而是所有人生来就有的。《宣州谢朓楼饯别校书叔云》中的"人生在世不称意，明朝散发弄扁舟"，这里所说的"不称意"，是一种人只要活着就不可避免的不称意，也是万古愁产生的原因。当我们忙于其他事情时，可能就会忘掉这种存在性的愁，但是一旦我们闲下来，这种存在性的愁就会浮现出来，因此我们也可以称之为"闲愁"。在诗句"试问闲愁都几许？一川烟草，满城风絮，梅子黄时雨"中，为什么用到了"一川""满城"，且如"一江春水"？因为这不是某一个人的个人的小情绪，而是全人类共同的存在性的愁，所以才有这么多。

　　对于一般的愁，消除的方式就是解决困难。困难解决了，也不发愁了。然而，存在性的愁是不可能消除的。"一种相思，两处闲愁。此情无计可消除，才下眉头，却上心头。"爱人不能总在一起，如果我们把这个看作一种日常困难，那么这有时是可以解决的，这种情况带来的愁就是普通愁。然而，如果把爱人不可能保证总在一起视为世界的一个特点，体现了世界的有限性和不如意性，我们就可以把这视为一个不可解决的问题，那么此时这个愁就是万古愁或存在性的愁，是不可消除的，所以"才下眉头，却上心头"。

　　存在性的愁虽然在感受上稍稍偏于消极，但它对人的心理成长其实是很有益处的。有了这种愁，就意味着人看到了世界的有限性。这是一个人精神上有了深刻领悟的表现，也能为这个人精神的超越奠定基础。

　　中国文化中之所以有这么多愁，就是因为中国文化足够深邃。

存在感

　　当我们说"存在感"的时候，往往会在心中将其默认为"自我存在感"，也就是对自我的"存在"的感受。

　　存在感对人极为重要，可以说，天崩地裂之变与存在感的有无之变相比，如蚊子之于巍巍泰山。没有存在感，万古如长夜。对一个人来说，存在感的生起，如同盘古开辟天地、创生万物。

可以超越存在感、不再需要存在感的人，道家称之为"得道"，佛家称之为"出生死"，即已经不再是凡人，也不是我们这本书所要关注的对象。因此，我们这本书强调的是，存在感是一切的基础，无人可脱离。

存在感可以有不同的层次，低层次的存在感就是感觉到身体还活着，高层次的存在感则需要感觉到自己的精神生命存在着。

在肉体存在感这个低层次，存在感有弱也有强。

如果人没有什么精神生活，肉体的生命体验就会很弱，他在低层次的存在感就会很弱。此时，人会感觉昏沉、混沌、生命力弱，在别人看来他呈现出了一种没精打采、半死不活的感觉。

如果一个人肉体的生命体验强，对肉体的感受有更多的觉察，这个层次的存在感就会更强，这个人会感到自己很有活力。刺激越强，给肉体层面带来的存在感也越强。比如，眼睛看到五彩缤纷的光线变幻，就激发了视觉的存在感；耳朵听到激烈的音乐，就激发了听觉的存在感；做运动的时候，则激发了身体动觉的存在感……一旦肉体的低级存在感被激发，生命力也就被激活了，能让人觉察到自己的身体是活着的，会产生存在的快乐。

高层次的存在感，是感受到精神生命的存在所产生的存在感，与低层次的存在感所产生的感受有质的差异。一旦人觉察到自己的精神生命的存在，就会产生高层次的存在感，其整个生命也会变得完全不同——生命将更有意义、价值、方向。万象纷纭，都由此而生。与高层次的存在感相比，所有低层次的存在感都显得浑浑噩噩。即使低层次的存在感很强，与高层次的存在感相比也是昏沉的。

高层次的存在感产生的前提是，人感受到了自己精神生命的存在。有些人一辈子过得都像动物一样，只管觅食、交配、争夺群体中的地位，并没有精神追求，这种人是不可能获得高层次的存在感的——他们没有高层次的存在方式，当然也不可能感觉到高层次的自我存在。

有了精神追求和精神生活的人，能意识到自己并不是像动物一样地活，而是有了人独有的精神品质，这样他就会产生高层次的存在感。高层次的存在感的体验是，仿佛有光照亮了世界，一切都变得更加清晰了，不再是浑浑噩噩的了。人明确地知道了"我在"，并且知道了"我是这样一个人"。这时这个人的意义感、价值感、自爱或自恨等一系列感受都会随之出现，人会深切地感到"我在生活"。

我们可以用电视亮度的差别来比喻存在感的弱与强的区别：弱存在感就好比屏幕的亮度不够，强存在感就好比屏幕足够亮了。我们也可以用黑白电视机和彩色电视机来比喻存在感的层次区别：低层次的存在感就像一台黑白电视机，而有了精神生命和高层次的存在感则像是一台彩色电视机。

C

存在感强的时候，整个身体都会更有活力。例如，对于一个通过自己身体的感官来获得存在感的人来说，如果他这一次的存在感是经由视觉激发的，他的眼睛就会显得格外明亮，仿佛他在那一刻看任何东西都更加清晰，整个世界都随之进入了"高清模式"。如果是经由触觉而获得的存在感，他的触觉在那一刻就好像是进入了敏锐模式。

存在感层次升高之后，人的理性和情感都会更加纯净，人能感受到自己是"人"，并对自己的人性感到愉悦。

在人的心理发展过程中，儿童的低层次的存在感通常更多。儿童的生活与动物更相似，因为受到社会的干扰比较少，所以其动物性的一面可以更加自然地展现。儿童在吃东西的时候，往往不会关注这个食品的品牌，只是让自己的舌头去感受味道。当好吃的甜味或是难受的辣味激发了他的感觉时，他味觉的存在感就自然被激发了，他也在吃东西的同时感觉到了自己的存在。当儿童撒欢时，他有了身体动起来的感觉——既可能是很舒服的感觉，也可能是很累或其他的感觉，这些都会让儿童感受到自己的存在。

如果儿童生活在一个感官刺激足够丰富但又不过度的环境中，他的存在感就会比较强烈、比较好。如果他的生活环境给了他行动的自由，让他有比较多的时间去自由游戏，那么他的存在感也会更强烈、更好。在儿童房的墙壁上画上花草，给儿童多种玩具，让儿童到处去玩，都可以给儿童带来丰富的感官刺激。如今比较常见的感觉统合训练，就是为儿童补偿了身体触觉刺激。

不过，如果感官刺激过度，让儿童感到了压力，他的心就会封闭起来。比如，如果噪声太强，儿童就会捂住耳朵，此时他反而会缺少感受，也难以获得存在感。

成年人可以从日常生活中、艺术（如绘画、舞蹈）和体育运动（如跑步、游泳）中获得低层次的存在感。至于高层次的存在感，尽管可以在很多情况下产生，但最容易激发高层次的存在感的是爱与创造。歌曲《一生有意义》中所唱的"人海之中找到了你 / 一切变了有情义……此生有了意义 / 一世有了意义"，就是因爱而产生了高层次的存在感和意义感。从事创造性的活动，可以让人从"无"中创造出"有"，也能获得存在感。

人文教育可以让一个人更像人，拥有更多人性的品质，以及更多爱、智、责任、勇气等，接受过人文教育的人也能从中体会到高层次的存在感。正如柏拉图所说，"德行所带来的快乐是更大的"。因为一旦人看到了自己的德行，就会获得高层次的存在感，从而产生更高品质的满足感和喜悦感。

不过，并不是好的精神品质才会带来存在感。之所以有人会有"若不能流芳千古，就去遗臭万年"这样的想法，就是因为他们在不能用美好的精神品质来获得存在感时，也可以用坏的精神品质来获得存在感，即"我坏，也可以让人感到'我在'"。

钱钟书抱怨近代的"坏人"，说这些坏人坏得像机器、坏得没有灵魂。这样的人就很少能获得高层次的存在感。然而，坏但有坏的灵魂的人，也能获得高层次的存在感。

不论是高层次还是低层次，存在感都会对人的行为产生影响。如果存在感弱且人不求进取，那么这个人的整个生命状态就会显得衰弱无力；相反，如果人在此时试图增强自己的存在感，就可能会采取多种不同的方式。当人的存在感较强时会更加满足，且性格比较鲜明。

增强存在感的方法很多，这些方法的核心有两点：（1）更投入地生活；（2）更好地觉察到自己在生活。在茨威格的一篇小说中，主人公是一个有钱的贵族，生活无忧无虑但总觉得人生没有意义且无聊。他之前曾在花天酒地中体验到了低层次的存在感，最终他投身军队，勇敢地参与战斗不畏牺牲，这使得他体验到了高层次的存在感，并因此感到自己活过。我忘记了这小说的名字，但是我至今依稀记得小说中对于存在感的激动人心的描写。主人公最终获得有更强的存在感的人生，让人读得热血沸腾。

挫折感

挫折感，是一个人在做事的过程中遇到不顺利时所产生的被阻碍的心理感觉。

如果挫折感中再加上类似"我怎么这么失败"的消极的自我评价，那么这种感觉就被称为挫败感。虽然这种自我评价被贴上了"失败"的标签，但是在人产生挫败感时，并没有认定自己真的失败了。如果已经认定自己失败了，那么此时产生的感觉则为失败感。

虽然在仔细分辨时可以体会到的这些细微的差别，但在日常生活中，挫折感和挫败感往往是同时存在的，所以很难区分开，而且往往也没有必要区分开。二者的感受和效果在很大程度上是相似的，甚至是重合的。

挫折感是一种不愉悦的感受，让人有一种自己的心理能量被堵住的不通畅感，以及因能量堵塞而引发的胀闷感。

挫折感在身体上的体现，类似于身体被压住、按住、挡住等受限制的感觉。尽管里面有力量，但是外面的力量更大，让身体无法自由行动。手臂的感受会更强一些，即感觉手臂有力，但还是挣脱不了困住自己的更大的外力。

在意象中，有关挫折的意象往往能体现出外界的阻碍，比如高不见顶的墙、挡路的石头或恶狗，以及凶恶的敌人等。还可能会显示为自己受挫折的样子，比如受伤的人、坏了的汽车、折断的树枝等。

有多种原因会导致行动遇到挫折：有时是因为行动的方式有误，不符合现实世界的规律，比如违背自然规律的发明是无法成功的；有时是因为机遇不好，比如刚想出门郊游就遇到了暴雨；有时是因为被别人阻碍，比如遭到了竞争者的恶意破坏。

由于挫折意味着有需要被克服的阻碍，但现在自己的力量不够强，因此挫折经常会激起愤怒情绪，继而激发更大的力量，以克服阻碍。不过，在被挫折激发出愤怒之后，人更容易把外在的阻碍解释为是由他人的敌意所带来的。于是，人们便在

C

挫折感的驱使下，把愤怒指向某个似乎对此有责任的人，认为"都是他害的"，进而攻击这个人。如果的确是这个人使我们遇到了挫折，那么这种愤怒和攻击可能还会产生效果；相反，如果并不是这个人使我们遇到了挫折，这种愤怒和攻击就是不公正的，还会引发反击或批判，从而恶化我们的人际关系，并进一步强化我们的原有判断，让我们越发觉得"这个人果然是在和我作对"，也让我们的愤怒和攻击更加强烈，继而进入一个敌意越来越强烈的恶性循环中。即使我们不攻击别人，只是很生气地叫喊"这该死的天气"，这种愤怒也是无益且有害的，因为愤怒会让我们的心态失去平衡，并造成不良后果（比如，摔碎了东西、气坏了身体）。更重要的是，如果挫折是因为我们自己的方法有错误，那么愤怒并攻击外界并不能让我们克服这个挫折，正如一头走错了路的、愤怒的牛不停地用力撞墙，并不能让它回到正确的方向上。

和成人相比，儿童更加自我中心，儿童很难像成年人那样理解遇到挫折是正常现象，因此当儿童遇到挫折时，他所感受到的挫折感会比成年人的强烈。在遇到挫折时，儿童也更容易愤怒并发脾气，还会试图用发脾气的方式逼迫成年人为他解决挫折。比如，当儿童想买一个玩具但父母不同意时，他常会大哭并坐到地上两脚乱踢，或是在地上打滚。

对此，父母不当的处理方式有这样的三种：（1）压抑、不让儿童哭闹，这会使儿童产生更大的挫折感；（2）顺从，即赶紧买玩具以平息哭闹，这会使儿童习得用哭闹来解决问题的倾向，也不利于他的心理健康；（3）父母采用"站在一边看他哭，等他哭完了再理他"的方式，这会使儿童把父母的行为看作"冷漠，不爱我"，并由此习得一种无助感，感觉"我这么努力都没有用"。

与上述三种方式相比，父母在此时最好是告诉孩子："你此时的感受就是挫折感，我知道挫折感很不舒服，我会陪伴你度过这种不舒服。"

每一次经历并成功地耐受了挫折感都能提升一个人耐受挫折的能力，这有利于人的心理变得更加成熟、健康。

第 7 章

D

大乐

人超越通常的人性进入更高的精神境界之后，会体验到不同性质的"乐"。在不同的精神境界中所体验到的乐也是不同的，但共同之处在于，这些乐不仅远远超越了动物性，还超越了通常的人性。在不同的精神传统中，对于各种不同的高精神境界的乐有不同的称呼，这里姑且统称为"大乐"。

尽管孔子并没有给出"大乐"的定义，但宋朝的田锡在《归去来》一词中写道："尔不闻仲尼曰，饭疏食饮水，曲肱而枕之。乐亦在其中……"在《论语》中，孔子在赞扬颜回时说："一箪食，一瓢饮，在陋巷，人不堪其忧，回也不改其乐。"儒家将这种乐称为"孔颜之乐"。孔子告诉大家有这样一种乐：这种乐几乎不需要什么外在条件，仅仅要求满足最基本的生理需要就能实现，但一般人都无法获得这种乐，因为一般人的乐都需要更多的外在条件。颜回能够有这种乐，是值得赞叹的事情。

道家的乐，是逍遥自在、廓然无累、独与天地精神相往来。我们能确定和孔颜之乐一样的地方，就是这种乐也不受外界条件影响，而是取决于一个人自己的精神境界。如果我们观察道家人物的状貌，就会发现道家和儒家还是存在一些差异的。"孤光自照，肝肺皆冰雪"的感觉更像道家人物。带有道家气息的人，更容易在自然之中感受到大乐。"素月分辉，明河共影，表里俱澄澈。悠然心会，妙处难与君说"的妙处就是大乐。"纵一苇之所如，凌万顷之茫然。浩浩乎如冯虚御风，而不知其所止；飘飘乎如遗世独立，羽化而登仙"，也颇具道家味道。

孔颜之乐和逍遥自在之乐，从根本上说应是一致的，只是在表现方式上略有不同。

佛家的乐在不同的修行阶段各不相同。在修习禅定到不同层次时，会产生不同的"禅悦"。初禅、二禅、三禅都有各自的乐。明心见性，会体会到大乐。究竟解脱，更是达到了无可比拟的最高的乐。佛家的大乐也不是外在条件引起的，而是内心达到某个境界后自然产生的。

不论是哪个体系中的大乐，都不能说引起这种大乐的外在情境是什么。从根本上说，它与外在情境无关。精神境界很高的人有这个乐，无论外在情境是多么好还是多么不好都可以乐。孔子、庄子和佛，他们都可以永恒地处在这种大乐之中。有些人的精神境界相对高一些，有能力体会到这种乐，但不一定能稳定在这个状态。比如，孔子的其他普通弟子、道家刚刚入门的人，还有佛家的初级修行者，环境还是会对他们造成一定的影响的。对他们来说，环境也不是大乐的原因，但是好环境不会干扰他们的内心状态，因此在好环境下他们更容易得到好状态，从而感受到大乐；相反，坏环境也许会干扰他们，使他们失去好的状态，从而失去大乐。"素月分辉，明河共影，表里俱澄澈"，这种美景并不是大乐的原因。然而，如果这首词的作者张孝祥当时所处的环境是一个垃圾堆，或者是屠城后的尸骸堆，他大概率就不会有大乐。

大乐和外界无关，而与内心有关。感受到大乐的必备条件是内在的条件，即这个人的精神境界要足够高。

禅悦，要求修禅者的心足够安定，以及心中的杂念很少甚至消失。见性和解脱的大乐，需要开悟并见到心性的本体。道家的大乐，需要足够逍遥，得无所待，不与物相刃相靡。儒家的孔颜之乐，要能君子坦坦荡荡、不愧不怍。若心能够达到这样的境界，大乐自然会在。

大乐和乐、快乐是不同的。我们没有办法用语言来表达清楚，也没有办法告诉那些没有体验过这种大乐的人大乐是什么感受。如果非要勉强说不可，那么可以这样区分。

- 大乐比通常的乐要愉悦得多；乐是一种激发出的状态，有一定的兴奋性，而且通常不可能持续几天。
- 欢乐的事情，几天过去后情绪就会逐渐平息；大乐则可以持久，从理论上说，一个人可以持续几年甚至整个后半生都处于大乐之中——当然，能达到这种状态的人其实非常少，需要达到孔子、孟子、王阳明、庄子、苏轼和惠能大师的境界才行。

- 乐是有所得；大乐则是无所得，且超越了得失之心。

大乐可以"无往而不乐"，所以从根本上说，以上所说的这些人，无论身体处于什么状态，都不妨碍他们的大乐。不过，相对来说，大乐的时候，身体更倾向于放松，而不是紧张。身体会更多地感到协调，而没有扭曲和不协调。身体也会感到通畅，而没有阻塞淤积的感觉。身体还会感到清静，而没有混浊污秽感。"肝肺皆冰雪""肌肤若冰雪，绰约如处子"，这些都是与大乐相伴随的身体感受。

表达大乐的意象，往往都具有空灵纯净而不染的特征。比如，万里无云的碧蓝天空、清澈见底的山间水潭、皎洁的明月、巍峨洁白的雪山等。

这种大乐，大多数人一生中可能都不曾经历。只有少数心理成长非常好、修为异常深入、品格境界特别高的人，才有可能经历这种大乐。

大乐，可以是因与天地万物同体、天人合一或合于道而生。而所谓的"天人合一"，其实是现代心理学还不能解释的心理体验。也可以是因体悟到了天地之"理"而获得了与天理合一的体验，并产生了快乐。

大乐还可以被视为人心本性固有的状态，人的"良心"或本心本来就是大乐。从这个角度看，问题不是"什么能让人有大乐"，而是"如果心的本性就是大乐，那么平常人为什么会不乐"。这个答案大概是这样的："因为人心被污染了，所以心的本性被遮蔽了。因此，如果将遮蔽心的污浊清除，本性的大乐就会浮现。"儒家、道家和佛家大体都是这样的看法。佛家也说，人之所以会苦，是因为贪嗔痴遮蔽了人的佛性，如果将这些遮蔽物清除了，大乐就会像万里无云的天空一样显现。

如果一个人有过大乐体验，就会对其心理品质带来很大影响——使其了解人可以有更高的、更美好的、更善良的、更光辉的精神境界。这种大乐的愉悦与日常的快乐相比，不仅仅完全不在一个重量级上，而且在品质上也截然不同。有过这种大乐体验的人，会相信这种光明境界是可能存在的，并觉得与这个境界相比，人间的那些所谓的"快乐"都不值一提。这不是推理论证的结果，而是实在的体验。这往往会给这个人的认知带来一种质变：让这个人不那么在意日常的得失，而更在意自己精神的成长。如果他们由此走向精神成长之路，且如果没有走错路，那么他们的精神境界在将来必定能获得大大的提升。

当然，也有些人虽然暂时瞥见过大乐，但是由于有很多情结没有解开，因此并没有走上精神成长之路；还有些人在体验过某种程度的大乐之后又走了错路，失去了提升自己精神品质的机会；还有些人可能忘记了有过的大乐体验，退回到了庸庸碌碌、苟且的人生，但即使如此，如果以后有机会看到别人大乐的体验，他们的记忆也很可能被激活，从而继续追求精神超越。

如何做才能让一个人有机会体验到这个大乐呢？历史最久的方法，就是儒释道的各种修心方法。这里对那些具体方法不做阐释。心理成长如果做得好，就可以增加获得大乐的可能。意象对话心理疗法和回归疗法都有助于引导人获得这种体验。从回归疗法的视角来看，大乐就是人超越了存在焦虑时所体验到的心理感受。回归疗法的最终目标，就是暂时或长久地让人超越存在焦虑，因此回归疗法也是一条让人获得大乐的很好的途径。

（自我）独特感

所谓"独特感"，就是觉得某个事物很特别，和其他事物不一样。在心理学中，最值得研究的独特感，就是人们觉得"我与众不同、我是特别的、我是独一无二的"。因此，可以将这种独特感称为"自我独特感"。

这种感受是与生俱来的，不是因为人发现了自己多么独特才产生的，而是人在有了这个感受后才会去寻找内在及外在的证据，以证明自己的独特。当然，我们也可以说，有一个证明独特的证据是与生俱来的：每个人都会发现，只有自己看任何东西都是主观第一人称的视角，而自己眼中的任何其他人都不是。

由于"我是独一无二的"这种感受伴随着一种自我的优先意识，因此每个人的本能都以自我为中心。

我们永远都是独特的，所以独特感并没有什么特有的身体表达。不论我们的身体是什么样子、有什么感受，都是我们此时此刻的独特。

从意象方面看，独特感的意象可以是这样的：舞台上有很多人在一起跳舞，我担任领舞，所以我的舞蹈动作可以和别人的不同，而其他人都是一样的；即使我和别人的动作一样，我也位于舞台上的中心位置。

新生儿就有独特感，而且在生命的早期，人的独特感是很强烈的。随着人逐渐长大成熟，逐渐有了现实感，并且逐渐了解并接受了别人和自己是一样的人，人的独特感才会逐渐减弱。

自恋的人因心理发展固着在早期，所以会产生更强烈的独特感。同时，他们也需要别人承认他们是独特的，但在别人眼中，他们并没有多么独特。因此，这又会让他们感到愤怒，因为他们觉得"我的独特如此明显，你们却不承认，这显然是你们对我有敌意"。在心理咨询中，无论咨询师运用什么心理学理论来向他们解释，他们都会感到不满或愤怒，因为"用心理学理论解释"就说明咨询师不承认他们的独特感，认为咨询师竟然觉得"我这个独特的人，可以用心理学的普遍理论来解释"，这是对其独特感的"恶意攻击"。如果咨询师说"我理解你"，也会令他们不可忍受，因为这也会被视为对他们的独特感的攻击。

自恋的人只允许别人以一种方式来理解自己："爱我，承认我独特，并且追随我，从而得以理解我。"

如果自恋的人在心理咨询等方式的影响下逐渐放下过度的自恋，就会知道"自己其实并不是那么独特"，其独特感就会有所减弱，从而更好地理解现实世界和他人，心理更加成熟。

待他逐渐形成了自己的性格之后，就会发现自己的确有一些独特性，此时他会再度感受到自己的独特。这种独特感是合理的，而且是有价值的。不过，这种独特感是局限的，而不是全面的。也就是说，人会发现自己在某个能力上与众不同，或是在相貌上与众不同，或是在某个性格特点上与众不同，但是并不会认为自己"完全与众不同"。

"他人笑我太疯癫，我笑他人看不穿"，这种将自己和别人比较，并且指出自己在某个方面和别人不同，就是成年人的成熟的独特感。

对跌落的不安感

对跌落的不安感是一种重要的不安感，这种感受与忐忑不安有别。

导致这种不安的基本情景是，身在一个高处的危险边缘，身边就是很深的悬崖或深洞等，随时都有可能掉下去。

这种不安是人这个物种最原始的本能。原始灵长类生活在高树上，一旦掉落就可能会摔伤甚至摔死，或是遇到其他危险。因此，这种不安是灵长类所固有的。

在高楼楼顶的边缘，如果没有矮墙或者栏杆，人向下看就会感到不安。此外，在悬崖边、高高的树上，人们也会感到不安。如果此时感觉脚下很不稳定（比如，脚下是摇晃的树枝），这种不安就会大大加剧。如果再有狂风吹过来，就更会让人感到不安。即使不在悬崖等环境中，如果脚下不稳定（比如，在摇晃的船上或是在摇晃的汽车上），也会让人产生不安感。

这种不安很容易转化为恐惧，并让人产生尽快离开这个危险环境的冲动。不过，对于少数人来说，这种不安却会带来兴奋感、刺激感、激动感等感受，并抵消了一部分恐惧，这些人因此反而会喜欢这种不安的感觉，并宁愿忍受一定程度的恐惧。

不安感在身体上的体现包括：身体收缩的感觉、心跳加快的感觉、呼吸变得浅而快或是屏息，双手抓紧能抓住的东西（如果没有东西可抓，就会攥紧手），腿发软或是发抖。这些也可以说是恐惧的身体体验。

如果人在物理世界中并没有处于类似场景，但是在心理世界中有象征性的跌落危险，那么也会有不安感。比如，一个人身居高位，如果处理不好就有可能被贬职甚至可能会被监禁，即存在着精神上的跌落危险，同样会让人感到不安。

如果给不安的人一个可以抓的结实的把手，就可以缓解这种不安。同理，如果给因精神或心理原因感到不安的人一个可用的坚实的理论或信念，且这个人相信这种理论或信念，那么也能缓解这种不安。不过，这可能会令他对这个理论或信念比较执着，且让他在需要转变信念时更加难以转变。

偏执、顽固等性格特质往往就是因为人内心的不安感过强所致。如果希望一个人不那么偏执，就要缓解其不安感。

第 8 章

F

烦

《说文·页部》中说："烦，热头痛也，从页，从火。"

这个解释很简明，烦就是"头痛"的感觉，让人头痛的事情就是烦人的事情。烦字的部首是"火"，说明这个头痛感觉上是热的，也就是和"着急上火"有关。可见，烦是一种很不舒服的身心体验。

带有"烦"字的词汇有很多，比如烦躁、烦乱、烦恼、烦闷、厌烦，以及烦琐、麻烦、烦扰等。这些词都表示烦和另一个相似或相关的感受同时出现：烦躁，是烦且躁动；烦乱，是烦且心乱；烦恼，是烦的同时又恼了；烦闷，是烦的同时又感到闷；厌烦，是烦的同时又感到厌恶。此外，烦琐，是因为琐（事情多且杂乱）而烦；麻烦的意思也类似，事情像乱麻一样，所以让人烦；烦扰，是因为被打扰而烦。这些都是讲引起烦的各种原因——通常就是事情太繁多、太杂太乱、太不如意，总让人疲劳和厌倦。

烦的感受有一点像生气或怒，怒也是热的、上头的，二者在体验上有相似性。不过，怒是因为自己被阻碍或是被攻击，阻碍越大，人的怒火就越大。烦则不是因为受到了大的阻碍或攻击，而是受到了小的但是频繁的攻击或干扰。相较而言，怒更聚焦，烦则更发散。

让我们怒的对象如同敌军主力，我们要和他们战斗；让我们烦的对象则如同敌人的小股游击队，我们迎战后却发现那并不是可怕的敌人，但我们却消灭不了他们，他们过一会儿来一下，且他们的行动没有规律、很乱，他们对我们来说威胁也不是很大，却总是存在着小的威胁。烦，是一种让我们没有办法放松和休息，但也没有机会找到可以决战的敌人的感受。如果有一个人和我打架，我会怒；但是蚊子来伤害我，我则不是怒，而是烦——蚊子虽然不堪一击，但是它总用游击的方式来接近我，让我无法轻易消灭它。我想忽视它，但它总是用"嗡嗡"的声音提醒我它的存在，这最烦人。如果人长时间处于这种被激起的状态，就会感到热。

烦在身体上最基本的表现就是热、头痛。人在烦的时候真的会头痛，因为问题总也解决不了，我们只好持续用脑，这就造成了紧张性的头痛。心烦的人常会眉头紧锁，额头上也有深深的皱纹；眼睛可能会斜开或闭上，因为心中会有一种"我烦死了，不想再看了"的拒绝；鼻翼会微微张开，嘴也可能会张大，甚至会发出"烦死了，烦死了，烦死了"这种喊叫；呼吸会变浅、变乱，感觉胸区内好像有烟火似的燥热；双手可能会抱着头，或是焦躁地挥动，或是敲打什么东西；腿往往也会抖动或是踢什么东西，好像只有这样才能将烦的能量释放一些。由于烦都是乱的，因此双手双腿的运动都是方向不清的、杂乱的。

烦在意象中的表现可能是一个疯子的形象，还可能是苍蝇、蚊子等。

经典精神分析中被称为"口欲期固结"的人，心智是不成熟的，他们会期望世界能符合自己的愿望，希望自己能心想事成，但又缺乏主动影响外界的能力。然而，现实中世界不会按照任何人的愿望运行，因此他们总是会遇到不如意。这些不如意的事情虽然大多是小事情，但是应对起来也会让人颇感麻烦，故更容易产生烦或烦躁的感受。

烦躁的人在行为上会表现出明显的不耐烦——他们会用厌烦的、不痛快的语气和别人说话；胡乱地应付差事；甚至可能会做出一些无目标的破坏性行动，如摔东西、砸东西等。因为并不清楚"敌人"在哪里，所以只能这样四面八方地胡乱释放破坏力，这显然会影响人际关系。

化解烦的方法是培养心的定力。我们可以通过多练习，让我们的心有能力少受到外界因素的干扰。一旦有了定力，即使出现了一些小的干扰事件，我们的心也可以不被触动，不会觉得心里很乱。此外，我们还可以培养心的接纳性，这样在遇到小小的不如意时，我们也可以将其视为正常的事情，能够接纳它而不是去抵抗它。

这样一来，烦就减少了。佛家用来培养定力和接纳性的方法就是禅定，道家和儒家也有类似的方法。在禅定或类似的修炼中，人们还可以通过调匀呼吸的方式来强化效果，可以有意识地减少甚至停止脑中的杂念。如果能做到呼吸均匀、脑中很少有杂念，烦就不容易被激发了。心理咨询中的正念技术，就是沿用了佛教中的禅定技术，因此也是化解烦恼的有效方法。

方向感

方向感是一种不迷茫、知道自己要去哪里、知道目标在哪里的感受。这种感受的主观感觉有点类似于自信或胸有成竹。

人若在物理世界清楚自己的方向，就会有方向感；若在精神生活中对自己的人生有明确的规划，知道自己想要什么，也知道自己要做什么，就会有人生的方向感。如果一个人在某个具体的事情上知道自己该怎么做、知道自己要什么、知道可能的结果是什么，并能为之做准备，他就能在具体事情上有方向感。

有目标是有方向感的前提。没有目标的人就像一条没有航向的船。人有各种各样的需要和欲望，有长期的、未来的，也有短时的、眼前的，因此会有各种驱动力推动着他向不同的方向行动。如果放任自流，人的行动就会混乱无序，一会儿向这边，一会儿向那边。如果人一直这样生活下去，就会失去方向感。

成长得好的人，能有意识地自我发现、了解环境，以及思考自己的人生。通过自我发现，他能更清楚自己的需要和欲望——哪些是长远的需要，哪些是当下的需要；哪些欲望是最根本的，哪些欲望是衍生的。这样一来，这些欲望和需要在他心中就成了一个整体，而不是一团混乱的内在驱动力，再加上对外界环境的认知和对时势的分析，他能知道可以如何设定目标（包括长期目标是什么，以及可以先将短期目标设置成什么等）。一旦人完成了这项任务，就能有较为明确的目标，在未来的人生中，能在一定程度上做到胸有成竹，也有了较好的方向感。

从回归疗法的视角来看，这个任务是策略环节中要做的，因此营界的人可能最需要这样做，而在界的人率性生活，人生似乎可以不用这样谋划。[①]然而，实际并非如此，处于在界的孩子或许可以随波逐流地生活，但是处于在界的成年人则需要找到自己人生的方向。由于处于在界的人更加真实不自欺，因此他们在自我发展时，能更容易地明确自己"真正最想要的"是什么，更知道什么是自己最深切的欲望，因此在确定自己的目标时，也更容易摆脱外界的干扰信息，从而更容易找到自己人生的方向。我国台湾地区的漫画家蔡志忠，在刚刚成年时就明确地知道，自己要做的事情就是画画，便毫不犹豫地投身于绘画事业，很快就成了漫画家。可以说，他是一个有很好的方向感的人。

还有些人由于对自己缺乏深入了解，对时势和环境也看不清楚，或因为贪心什么都想要，或是人云亦云、没有自己的主见，因此无法搞清楚人生的路该怎么走，也无法明确目标或是犹疑不定，从而失去方向感，感到迷失或迷茫。

F

如果一个人在精神生活中失去了方向感，那么他在现实物理世界中也更容易迷路。这是一个很有趣的现象，但这个相关并非绝对。有些在心理世界中没有方向的人，在现实世界中开车时方向感很好；相反，有些在现实世界中缺乏方向感的人，在精神世界里却很有方向感。

方向感好的时候，身体上的体现为，眼神聚焦不模糊，呼吸沉静不乱，全身稳定没有乱动、乱抖等小动作。方向感好的时候，人也不容易晕车。

意象中，象征方向感的可以是天上的北斗、标志性的建筑、熟悉的道路等。

---

① 回归疗法将人分为四界，分别是在界、营界、守界、溃界。在界指的是人时刻活在当下。普通人很难做到时时刻刻活在当下（在投入地做一件事时，可以偶尔地活在当下），只有少数人或是得道高僧才能更多地处于在界的状态。我们只能说"处于在界的时刻"，不能说"属于在界的人"，因为普通人在多数时候都处在各种焦虑中。营界是指生活中大部分时刻处在苦心经营、努力争取成功的状态中。守界的人心理状态更差一些，他们是无法获取成功、对成功不抱有希望的人，是每天只想做一些事情让自己舒服地守住现状的人，是避免生活状态或心理状态更糟糕的人。如果在守界也失败了，连让自己舒服的努力也失败了，人就会滑向溃界，会崩溃或癫狂。

丰饶感

丰饶感是一种"哇，好东西真多"的感觉。由于丰饶感能令人非常积极愉悦，因此，人们都很喜欢这种感觉。

丰饶感是资源丰富并且能为自己所用而产生的感觉。这不是"东西够用"的感觉，而是"东西多得用不完"的感觉，是一种比"东西够用"更加积极的感觉。因为"东西够用"固然好，但是还要以不浪费为前提，因此还带有紧张感。"东西多得用不完"比"东西够用"更让人感觉放松，无须担心浪费。因此，丰饶感会让人感觉更加放松。

丰饶感和满足感是不同的。满足感来源于吃饱了的那种饱足，而丰饶感则不是远古人类在吃饱之后的感觉，而是在他们看到自己有很多资源时产生的那种感觉。

当看到很多好吃、好用的资源，并且知道这些资源都可以为自己享用时，就可能会让人产生丰饶感。如果尚不明确这些资源是否属于自己，就不一定能产生丰饶感；如果确定这些资源并不属于自己，就不会产生丰饶感。

由于丰饶感属于远古认知系统的感觉，因此这里所说的"资源"，都是指对于远古生命重要的资源（食物、衣服等）。如果所看到的东西对于远古的人来说并不是资源，但是对现代人而言是资源，那么就不一定会让人产生丰饶感。例如，看到一片芯片放在桌子上，人不会一下子就产生丰饶感。如果这个人是专业人员，知道这个芯片值很多钱，也许他接下来就会产生丰饶感，但这个丰饶感是间接产生的，是他在心中把这个芯片换成了钱继而又用钱换成了很多好吃、好用的东西后才产生的。

此外，丰饶感的产生，需要看到有很多好吃、好用的东西。数量很重要，人只有感受到多才会产生丰饶感。比如：如果我们看到大桌子上摆满了食物，就会产生丰饶感；如果我们看到卡车的后斗中装满了苹果，也会产生丰饶感（如果这些苹果装箱摞起来摆满了一卡车，其产生的丰饶感与散装的苹果所产生的丰饶感相比会弱一点。因为装箱后，我们无法直接看见苹果）；如果果园里的树上果实累累，树下筐里也装满了水果，那么我们也会产生强烈的丰饶感；商场里琳琅满目的商品也会让人产生丰饶感（当然，前提是你没有马上意识到自己没有足够的钱买下它们）。

哪些东西更容易激发丰饶感呢？最容易激发丰饶感的是水果，尤其是新鲜且颜色鲜艳的水果。其他食物也可以，但颜色鲜明的、熟了就能拿来吃的、香气浓郁的则更直接。丰收时节，尽管金黄的稻谷或玉米堆满仓时也会让人产生丰饶感，但不如宴会上拿来就能吃的食物产生的丰饶感强烈。

衣服和各种日用品也可以激发丰饶感，堆在一起的东西比整齐摆放的东西更容易激发丰饶感。因此，有的商场会把很多衣服堆成一大堆，让人们挑选自己想要的衣服。虽然这种方式会显得衣服比较低档，但更容易激发丰饶感。现代的产品在激发丰饶感上，效果反而相对比较弱，这也许是因为人类的远古认知系统并不认识这些东西。

金银珠宝也能激发丰饶感，而且最好也是堆成一堆，而不是整齐地放着，更不需要有包装。最能激发丰饶感的方式是像《阿里巴巴与四十大盗》故事中那样把财宝放在一个箱子里，一打开就有满满的财宝闪闪发光。

是否能激发丰饶感，与这些东西真正值多少钱并不成正比。比如，一张里面有几个亿存款的银行卡并不能激起丰饶感，因为这并不是很直观，所以我们的远古认知系统就没有多少感觉。因此，很多非常富有的人也许会缺乏丰饶感，账户上的钱对于他们来说只不过是一个数字而已。

幼时太穷的人因缺少丰饶感，故常被匮乏感所苦。如果能让他们有机会多体验丰饶感，就会对他们很有帮助。有了更多的丰饶感，他们就会感觉更好，生活的总体幸福感也会增加。

在心理咨询中，如果来访者的丰饶感增加了，其行为也会发生变化，比如会变得更加慷慨。慷慨这个品质往往对人有益，能给人带来积极的回报。

如果遇到了缺乏丰饶感的来访者，咨询师就可以有意识地为其提供丰饶感的体验。比如，可以让他们买很多的水果放在面前，让他们看到自己拥有这么多的水果，然后让他们随便吃，体会吃也吃不完的感觉。如果还有剩余，那么还可以分给其他人享用。当然，并非只能买水果，还可以买别的食物，但这些食物要好吃、要买得多，而且不需要多么贵。

对于童年比较穷、现在很富有但心里还没有足够富足感的来访者，咨询师可以建议他去堆了很多好东西的商场、超市等地方逛一逛，买的时候不要看价钱也不要计算。来访者会在练习时买很多东西，并能意识到自己可以买也买得起商场、超市等地方的任何自己需要的东西，从而产生丰饶感。

想象也可以带来丰饶感，比如让来访者想象丰饶的场景，并想象自己置身其中。想象诸如丰收女神等形象，也会对此有帮助，丰收女神的身边还可以有硕果累累的果树。

能否激发丰饶感，并不取决于这些东西是否可食用、是否真的占有它们，而是人是否意识到了这些东西是可以食用的或是被占有的。比如，有一些菜品中会放置一些不能吃的物品用于摆盘，但如果人没有清晰地意识到这些不能吃，就不会影响其丰饶感。

当来访者产生丰饶感时，应尽量让其接纳并认同这种感受，这样丰饶感就可以印刻在他的心里。比如，此时让他对自己说："我真的能买得起这么多，我其实是很富有的，我会记得我是一个富有的人。"如果来访者有消极的、不认同丰饶感的想法，比如"虽然有这么多东西，但都不是我的，我买不起"，丰饶感就无法很好地印刻在他的心里了。

把自己的东西拿来与他人分享或是赠予他人，也可以强化丰饶感，故也可以鼓励来访者这样做。不过，如果来访者在与他人分享或是赠予他人时感到舍不得，并且认为自己吃了亏，就不要强行让他去分享或是赠予。否则不但无法强化丰饶感，还会让他产生被剥夺感，不利于其心理健康。

在团体心理咨询中可以做与丰饶感有关的练习，或是看相关的电影电视节目。比如，聚餐点菜时多点几道价格不太高的菜，或是吃饭前把餐费安排好，点餐的时候就不用算计钱，这些都会有一些用处。

感受到丰饶感并且尽量接纳、认同这种感受，能让这种感受成为人的心理资源，还能让人在日后通过回忆这种感受来强化丰饶感，增加人生幸福感。

尴尬

《现代汉语词典》对"尴尬"解释为：①处境困难，不好处理；②（神情、态度）不自然。

什么样的处境会让人尴尬呢？一种是你在背地里做一些对别人不太好的事（往往也不是很坏的事，只是一些能被理解的、小的、对人不利的事），本以为别人不会知道，却因为巧合暴露在对方面前了。或者，不经意间撞见别人在做不希望被你看到的事（往往也是不太好的，但也不是很严重的事），让你不知该如何处理。

人在尴尬时，躯体的主要反应和惊是有共性的。比如，瞠目结舌、手足无措、眼神躲闪漂移、不愿意和面前的人对视、身体的活动或呼吸突然暂停或凝滞。尴尬本身似乎没有特定的情绪能量形态或模式，而是正在身上运行的心理能量突然停顿，而且暂时方向不明。在身体温度体验上，既可能是凉的，也可能是热的。无论是身体感受还是心理感受，尴尬都会让人不舒服。

在电影《大话西游》中，二当家的去大当家的那里，告状说春三十娘和白晶晶是妖怪，结果发现二人就在现场。在看到春三十娘和白晶晶的瞬间，二当家的感觉就应该是尴尬。背后说人坏话，当然不愿意让本主知道，但是当场撞见了本主，这就尴尬了。不过，二当家的所做的事情本身也不邪恶，向自己人提醒也是有道理的，所以这只是尴尬而已。

尴尬中包含惊的成分，因为尴尬都是意外发生的。不过，在尴尬中，惊所带来的直接生物学反应不是最主要的，或者说不是最强的，最关键的是惊过之后的那种无措感。这种无措感和焦虑慌乱也有些相像，但焦虑慌乱是更加无方向感的，尴尬则并非一种弥散的焦虑慌乱，而是有定位的，是针对这件事的暂时性的无措感觉。

尴尬与羞耻关系密切。感到尴尬既可能是因为自己有羞耻感，又可能是因为情境中的对方有羞耻感。二当家的尴尬，是因为背后说别人坏话被发现，自己有耻感。

尴尬之后，人需要的就是尽快做出相对较为适当的行为来消除尴尬。最常见的是回避性的行为。比如，转过头不再去看、假装没看见、假装没看清楚、用重新解释的方式来减少冲击，或者告诉对方我可以当这件事没发生过等。

二当家的发现春三十娘和白晶晶在现场后，为了缓解尴尬，他说："我们养的猪一个有八只腿，另一个头好大。"这就是重新解释。

感恩或感激

"感恩"和"感激"大体同义，都是得到别人的善意帮助后所产生的情感。区别在于，感激更倾向于表达当时的感受，感恩还有"我懂得并记得别人的恩德"的含义。感恩和感激都属于爱的一种。

得到别人的帮助、关心和支持，是唤起感恩之情的条件，但并不是一旦得到了别人的帮助就必然能唤起感恩之情。如果受助者发现或认为别人帮助他的行为并不是出于真实的爱和关心，而是出于功利性动机或炫耀的动机等，那么此时往往就无法唤起他的感恩之情。此外，如果受助者的心理不够健康，或是心理发展不好，那么即使他得到了很多的帮助也不会产生感激和感恩之情。例如，他可能会因以自我为中心而把别人对自己的帮助视为理所应当，可能会认为别人的帮助是对他有所企图，可能会嫉妒别人竟然不仅拥有自己想拥有的东西而且还很富裕，还可能会把别人对他的帮助视为对他的贬低或侮辱等。事实上，在得到帮助时能产生感恩之情的人并不是很多。正因如此，如果助人者发现自己所帮助的人是一个懂得感恩的人，他就会感到惊喜和快乐，并更愿意帮助这个人。这样一来，在助人者和受助者之间就会形成一个正反馈，令双方之间的关系越来越好，双方都能得到心理上的满足。

当人产生感恩之情时，内心会产生"他对我太好了""他真是一个好人"的感受，

G

且与其他种类的爱一样，会在胸口和心区产生温暖感。此外，胸口还会产生一种充实感，仿佛被别人放进一些好的东西。人的双手还会向胸区靠拢，并就着这个靠拢的趋势，按照自己习惯的风俗双手合十或抱拳。感恩之情会引发与对方亲近的趋势，可能会让人想要拥抱对方或是倚靠对方。感恩之情还会引发一种天然的行为趋势，即以后在有机会的时候去报答别人。

在意象层面，感恩的意象多是对方给了自己珍贵的物品或礼物。"雪中送炭""沙漠中的甘泉"都可以形容别人给自己的珍贵恩惠。在意象中，给自己恩惠的人会更美、更有光彩，有时还会在意象中成为天使或菩萨等形象。

是否能产生感恩之情，取决于受助者是否认为助人者是出于爱而帮助自己的。如果是出于爱，就说明助人者的确"像个天使"或"有菩萨心肠"，受助者也会产生感恩之心；相反，如果受助者认为助人者并不是出于爱，而是有所贪求，那么助人者的行为就不是恩惠，而是"投资"，受助者也不会产生感激或感恩之情。

人心隔肚皮，我们几乎不可能了解别人的真实动机是什么。因此，我们对别人的助人行为怎么归因，决定了我们是否会产生感激和感恩之情。如果我们希望受助者能产生感恩之心，就需要尽可能地消除其他动机存在的可能性，尽可能地避免对方对我们的动机产生误解。然而，这实际上也是一个悖论——如果我们帮助别人是为了让别人感激或感恩，那么我们的"帮助"就成了"投资"。

我们在现实生活中可见的多是，美女得到男性的帮助后很少会产生感恩之情，因为她会把男性的帮助归因于自己的魅力。有权有势的人得到别人的帮助后也很少会产生感恩之情，因为他会认为助人者是对自己有所求才帮助自己的。如果助人者此时再做出一点可疑的举动，受助者就很容易会认定助人者有功利性动机。比如，男性在帮助美女后要求一起吃饭，或是人在帮助了有权有势的人后问其家族中有威望的人的近况等，都会使受助者立刻失去感激之情。如果助人者在此时提起自己的恩惠，受助者就很可能会感到厌恶，并认为"这就是'示恩'啊"。因此，为了避免被受助者视为功利性的，助人者有时只好刻意地回避所有可能会引发怀疑的行动。如果嫌疑很难回避，有的人甚至会因此而避免去帮助别人。

自恋的人很难产生感恩之情，因为在他看来，他就是世界的中心，别人为自己服务是理所当然的。不信任别人的人也很难产生感恩之情，因为他总会找到一些可疑之处，把别人的帮助看作别有用心、有所贪求。如果自恋者经过了心理成长，认识到自己不是世界的中心，别人有别人的生活，别人帮助自己是"分外"的情分，他就有可能产生感恩之情了。因此，懂得感恩是自恋者经过了很好的心理成长的标志，说明他已经开始超越自己的自我中心了。如果不信任别人的人心理成长了，对别人的怀疑减少了，就可能会产生感恩之情，这也体现出了他信任别人的能力有所提升。

感激和感恩之情能激发人回报别人的愿望，即"别人对我这么好，我以后有机会一定要报答他"。没有感恩之情的人，在接受别人的帮助后有时也会想着以后给对方好处以还对方的人情，这么做只是为了"我们要扯平，我以后不要欠你的"，其中没有爱。此外，如果因接受别人的帮助后感到愧疚，觉得自己欠了对方，并愿意以后给对方一些好处，那么这也是没有爱的。然而，有感恩之情的人在回报对方时是带有爱的，是"你对我好，我也要对你好"的积极情感的表达，因此我们说感恩回报很可贵。

不过，回报的大小与当初获得的帮助的多少并不一定是一致的。感激和回报类似相互赠送礼物，无须斤斤计较来回的礼物价格是否相当，只要能表达心意就好。当然，如果有强烈的感恩之情，回报时也会"滴水之恩，涌泉相报"，但即使"大恩大德，无以为报"，只要表达了感激和感恩也无妨。表达感恩的回报有时还可以不是回报给当年帮助自己的那个人，而是其他人——这里有一种更深刻的心理认同，即"我知道你不需要我回报你，所以我回报你的方式就是我要成为你，像你一样地去帮助世界上需要帮助的人"。

受助者虽然有时良心上想要回报，但是由于他非常以自我为中心或是心理不健康，故不愿意去回报；或者，他一方面感觉得到了别人的大恩，应该好好地回报对方，另一方面却非常不舍得给别人好处。这样一来，他就会内心充满矛盾。在这种情况下，为了让自己的内在认知协调，他可能会产生将恩人污名化、贬低恩人的需求，可能会把助人者视为别有用心、有利可图，从而让自己能够合理地、坦然地不去回报，这种行为便成了恩将仇报。历史上和民间故事中不乏这样的事情，我们的生活中也有这样的事情：甲曾给过乙极大的帮助，后来甲有了难处便向乙求助。乙觉得自己应该回报甲，但又不愿意为甲承担风险，便找个理由和借口，说服自己去把甲害了。"升米恩，斗米仇"说的就是这种现象。

还有一个可能出现的问题是，助人者身居高位，故他在帮助对方时多多少少可能会产生一些优越感，从而对受助者不够尊重。但由于受助者急需帮助，因此不得不忍受这种不尊重，但内心会产生愤怒和受辱感，这也可能会导致他以后恩将仇报。有时，助人者本身并没有多少优越感，但是受助者因较为敏感而疑心对方瞧不起自己，便误以为助人者轻视自己，也可能会产生愤怒和受辱感，并在将来恩将仇报。

助人者为了避免给受助者带来心理压力，或是为了避免令受助者恩将仇报，有时会表现出"明明自己是无所求的，却假装有所求；明明自己给了别人一个比较大的好处，却告诉对方这个好处并不大"。《红楼梦》中的平儿把自己的衣服给刘姥姥时，告诉她这个衣服是自己穿过的，从而显得自己的付出并不大，就是为了减少刘姥姥的心理压力。刘姥姥的心理很成熟，故她能知道平儿的好意，从而更加感恩。

《水浒传》中的"金眼彪"施恩给了狱中的武松很多帮助，施恩从一开始就是功利性的，希望武松帮助他打架作为回报。对于这种助人者，其实不感恩也是正常的，但武松明知如此，却依然感恩并回报对方，这说明武松是个懂得感恩的人，人品高于普通人。我们从另一个角度来说，武松之所以这样做，也是因为施恩诚实，不伪装成不求回报的人。这样一来，至少双方的交易是公平的、透明的、言而有信的、互惠互利的。在现实生活中，这样的互惠互利是常态。我们在助人时可以要求自己有更纯良的动机，但不能强求别人在帮助我们时也如此。

在有的家庭里，有个问题很常见：父母不断地告诉孩子"我都是为你好"，试图激发孩子的感恩之情。父母对孩子的态度，有真正的不求回报的爱，也有求回报的算计，这其实是很正常的。不过，如果父母把自己伪装成完全出于爱而无所求，就会影响孩子对父母的信任，甚至会让孩子忽视了父母真实的那部分爱。这会导致孩子不仅不感恩，反而还会感到自己被控制了，由此产生亲子冲突。在有的感恩活动中，组织者会借助催眠暗示等技术诱导孩子"感恩"并用夸张的方式表达出来。这种做法能让父母在短时间内感到满足，但实际上并不能真正地解决问题。

从心理角度来说，健康的感恩一定是真心换真心的。倘若做不到真，那么还不如没有。从现实角度来说，人与人之间能够公平、透明地互惠互利，也算足够健康了。

孤独感

当一个人需要和别人建立联系却无法做到并因此感到不悦时，这时的感受就是孤独感。

如果一个人并不需要和别人建立联系，或者和别人的联系是可有可无的，那么他即使在独处时也不会感到孤独。然而，人的本性就是需要关系的，亚里士多德说："离群索居者，不是野兽，便是神灵。"即使有的人的心理状态如同野兽，他也同样需要有关系。此外，如果有的人心理状态如同神灵，那么即使他离群索居，也不妨碍他在精神上和别人有联系。因此我们可以说，人需要关系而得不到的这种求而不得的苦会带来孤独感。

孤独感在身体上的体现主要是身体的活力减弱、行动减少。孤独的人常会闷坐在一个地方或是躺在床上，很少有什么活动。他们的身体肌肉会松懈，那是一种肌肉像作废了一样的感受。呼吸也会变得无力，眼神无精打采。

孤独感是很难受的，对人的心理摧残也很严重。因此，人往往会竭尽全力去抵御孤独，并愿意为此付出极大的代价。如果一个人丧失了抵御孤独的能力，被迫承受了孤独，那么他通常也会失去活下去的欲望。

最简单、原始的孤独感，是没有和别人在一起时形单影只的感受。单独生活、没有别人陪伴，也无法与人共享某些重要心理体验的情境，群居需要得不到满足，并由此感到孤独。这种孤独感往往与空虚感、无聊感相伴而生，而且感受上也有些相似。短时间内还可以忍受，时间长了就会让人很难忍受。高尔基曾在一部作品中讲述了一个罪犯被放逐到荒野，不能与人接触的故事。如果这个罪犯接近人，人们就要避开他。这个刑罚让这个罪犯感到极其孤独并难以忍受，最后他的最大愿望竟是赶紧死掉。

如果一个孩子被同龄人排斥，没人和他一起玩，他就会产生强烈的孤独感。要

G

是他找不到其他方法来缓解孤独感，那么他往往会不惜一切代价地想要融入群体以缓解孤独感。比如，有的孩子宁愿成为被团体虐待的对象也要成为其中的一员。还有的孩子会因孤独而暴怒，从而成为攻击者，用攻击伤害其他人的方法来感觉自己不孤独。

有机会与其他人接触，可在一定程度上缓解孤独感。人烟稀少地区的居民常会有孤独感，因此他们很喜欢有客人来访，并且非常好客。即使这个客人并不是很可爱也不要紧，因为对于孤独者来说，有人总归比没有人要好（除非客人太邪恶或是威胁太大）。

还有一种孤独可以被称为"感情不足的孤独"。比如，有的人有不少酒肉朋友，平时经常混在一起吃吃喝喝，但是他内心对这些人并没有多深的感情，此时他也会感到孤独。

如果我们的身边有人陪伴但是这些人都与我们不亲密，我们的依恋需求就无法得到满足，也会产生孤独感。这种孤独感和最简单、原始的孤独感有所不同，可被称为"亲近不足的孤独"。比如，一个职员每天在工作中都会接触很多人，但是他与这些人没有什么私交，他在下班回到他独居的家中后，也时常会感到很孤独。由于亲密感和依恋感都属于感情的范畴，因此亲近不足的孤独也属于感情不足孤独的一个特例。

不能被理解、被理解的需求得不到满足，也会带来一种孤独，可被称为"理解不满足的孤独"。

有些人更重视精神生活，更喜欢思想和智慧，对于他们来说，不被理解更能让他们感到孤独。这种孤独的感受是一种苦闷感，即使他们身边有人，甚至有对自己有感情的人，这种孤独也无法消弭。《夏日南亭怀辛大》中的"欲取鸣琴弹，恨无知音赏"一句描绘的就是这种孤独。

最深的孤独是存在性的孤独。自我和非我分割，使人与他人之间形成了壁垒。不论人与人之间有多少联系，他们都不是"完全的一体"。只要我是我、你是你，那么就算我们之间亲近又有感情，相互也很理解，我们仍会感到一丝孤独。

没有人际交往的人，虽然往往不能免于孤独，但也有例外。比如，修习禅定的人或是"坐忘""忘我"的人，他们处于一种不同于常人的心理状态中，可能会感到"天地万物和我本来就是一体的"。有了这种心态，他们在现实世界中就不需要再与他人建立具体的联系了——不再需要和人见面、聊天，不需要亲密关系，也不需要沟通。他们在精神世界中可以和天地精神相往来，与万事万物都联结着。他们不会感到孤独，甚至都不会有存在性的孤独。中国传统的隐士虽然不修习禅定，但是其精神境界提升后，至少可以"侣鱼虾而友麋鹿"，更进一步则可以"天人合一"，当然就不存在孤独感了。

表达孤独的意象往往是各种荒凉的景象，比如茫茫的沙漠或戈壁、破败的废墟，或是只放着破旧家具而没有人气的房间等。在所有这些景象中，除了可能会有那个感受孤独的人的形象之外不存在其他人，而且往往也没有其他人留下的痕迹（偶尔也会有其他人的痕迹，但通常只是为了以过去的不孤独来反衬现在的孤独）。孤独是一种无生机、无活力的感受，因此在表达孤独的景象中，不可能有郁郁葱葱的植被，只有沙子、石头等这些无生命的东西才能体现出孤独的那种无生机感。破旧、破败和不整齐，都是孤独心态的象征性体现。有时，孤独感还会表现为同床异梦或是独自远远地坐在喧闹人群中的意象等。

G

归属感

归属感是对自己与团体的关系的感受之一。当一个人希望自己作为某个家庭、组织、国家或者文化中的一员存在，并得到了这个团体的接纳、获得了一席之地时，就会对这个团体产生归属感。归属感是一种伴随着"好团体、好我"的身份认同而产生的愉悦感受。

对儿童来说，最重要的归属感是对家庭的归属感，也就是要感受到"我是这家的人"。归属感往往伴随着亲密感，但是这两种感受是不同的：亲密感是彼此之间有爱；归属感则是即使没有足够的爱，也可以存在。被家庭其他成员认可自己属于这个家，是归属感最根本的基础。"我们家的××"这种说法可以强化归属感，发现自己和家里其他人有共同点也能强化归属感。比如，发现自己的样貌很像父亲，或是和母亲的脾气相似，都能让人更有归属感。孩子与家人有同样的缺点也能强化其归属感，但前提是这个孩子对这个有缺点的家也保持着心理认同；相反，如果这个孩子因为看到家人共同的缺点而对这个家产生了排斥感甚至是鄙视感，他就会因为意识到自己归属于这个家而产生自卑或是羞耻感等消极感受。

一般来说，寄养在别人家的孩子对于原家庭的归属感会大幅减弱，但如果寄养家庭能给他归属感，那么也能让这个孩子心理健康。比如，小时候被爷爷奶奶抚养、长大后回到父母身边的孩子，很有可能会缺乏足够的归属感。因为他可能会觉得自己不属于父母的家，只属于爷爷奶奶的家，父母也会因为对孩子不够熟悉和了解而无法给他足够的认可。不过，偶尔也会出现相反的情况，即寄养在别人家的孩子更加渴望对原生家庭的归属感，以此来作为"我不是没人要的、我不是没根的"的心理代偿。

稍大一点的孩子会在伙伴团体中寻求归属感，希望自己属于某个"小圈子"。有些孩子会追随某个小团体，渴求自己能被允许加入，和其他人一起玩，有的孩子甚至为此宁愿成为被大家欺负的人，以获得归属感。同样地，我们在心理咨询的临床工作中也常常会发现，不少人会为了维护自己在家族中的归属感而宁愿当家族中的"精神垃圾筒"或"替罪羊"。

学校老师更希望培养学生的是，对正式的大团体有归属感。比如，让小学生对自己的班级有归属感，让中学生能对自己的学校有归属感，并让每个学生都对国家有归属感，即所谓的"爱国心"。不过，从人的心理发展规律来看，归属感是从小团体逐渐扩大的。让低年级的小学生有强烈的爱国心是有些困难的，但如果他们能对自己的班级很有归属感，那么他们在长大之后也比较容易有爱国心。

有些特定的情景更容易激发人的归属感。其中一个情景是，自己所属的团体与其他团体之间处于竞争状态。比如：在本班和别的班进行体育比赛时，人们对自己班级的归属感会格外强；在本校和外校比赛时，人们对本校的（运动队成员可能是外班同学）的归属感很强；在观看奥运会时，绝大多数人都会对自己的国家有极强的归属感。

还有一个情景是，与本团体的人共同参与某个重要的事件。比如，美国黑人一起上街游行时，他们的归属感会被强化。参与者走在队伍中，看着前后左右的人都是黑皮肤、大家一起做同样的事情，就能真切地感受到"我属于黑人"。不过，这种归属感并不是很单纯，其中还包含了竞争。人们对自己团体的归属，多多少少都意味着对其他团体的排斥。

归属感在身体上的表达，是和同团体其他人的身体一致性。穿同样的衣服就是表达归属感的最基本的方式，因此，各个民族都有自己的民族服饰，军队、医院、学校也都有各自统一的服饰。一个家的人，虽然不需要统一服饰，但至少会有相似的穿衣风格。语言风格的一致也能表达归属感，因此学者会有自己的术语，青少年团体有自己的流行语或者"梗"，不同的文化圈子也都有各自的语言。不同团体的人，习惯的姿势也会有所不同。青少年小团体中也会形成一些特殊动作，以体现他们这个团体的归属。在少数的两三个人之间，大家在同一时间看向同样的方向，或是同样跷起脚来，也是在表达归属感。

象征归属的意象，可以是自家的房子、透过窗户看到的家里的灯光，或是自己所属团体的标志、祖国的国旗等事物。还有一类常见的意象是成群结队的人或动物，且自己也在这一群体之中。

对个人来说，归属感能让人感到更加安全，因为自己不仅有家、有团体可依靠，还因为家人和团队能给予自己支持而感到力量感。对于人类来说，归属感能让人组织成稳定的团体，有了这些稳定的团体，才可以在此基础上形成社会和国家。人类文明的建立，归根结底是建立在归属感的基础之上的。

G

第 10 章

H

寒凉感

寒凉感分为两个层次：一是生理上的寒凉感觉，二是心理上的寒凉感受。

身体上的寒凉感是由温度低导致的。外界环境冷了或是吃了凉的食物，都会给身体带来寒凉感。

心理上的寒凉感包括悲凉感、凄凉感、荒凉感、寒酸感、心寒感、阴冷感、清凉感等感受。这些感受都和心理上的某种失去有关，除了清凉感之外，其他感受都会令人感到不太愉悦。

悲凉感是与"悲"的情绪伴生的感受，其产生的原因往往是有所丧失。人因丧失而对生活的热情在整体上有所下降，从而产生了悲凉感。人若产生悲凉感，其身体整体上会感觉到凉。秋天，天气逐渐凉下来，那种感觉和悲凉有些类似，这也就是人们会"悲秋"的原因。秋的意象，有一些也可以用来象征悲凉感。

凄凉感是人对自己的境遇进行评价后，认为自己的境遇比较悲惨时产生的感受。凄凉感往往是由内心的对比而产生的，如果过去境遇比较好、现在比较差，就会让人感觉格外凄凉，且过去和现在的反差越明显，凄凉的感觉就越强烈。苏轼所写的"千里孤坟，无处话凄凉"，就是苏轼把和妻子过去的和美生活与妻子已故的现状相比较，产生了凄凉之感。引发悲凉和凄凉的条件似乎比较接近，但悲凉更多的是内心直接的反应，凄凉则是反观时的感受，且后者层次更高一些。人在感到凄凉时身体上也会感觉凉，但与有悲凉感相比，身体凉的程度似乎要轻一些，是那种有一丝丝凉的感觉。

荒凉感是人在看到场景荒芜（即没有被建设好）时所产生的感受。比如，看到了未经开垦的蛮荒之地会让人产生荒凉感。荒凉感所产生的条件为：（1）有潜在的对比，且对比的另一方是更为繁华或热闹的地方；（2）预期与现实对比，即现实中看到的比预期的更加荒芜。荒凉在身体感觉上的凉意并不大。

寒酸感是人在看到房子、衣服或生活设施等时，所有者因贫穷而用了破旧或廉价的东西而产生的一种与自我评价有关的感觉。寒酸是对贫穷的感受之一，产生的原因就是看到了穷。寒酸在身体上的感觉，凉意并不很强，但是身体的姿势却更像是遇到了寒冷的表现，比如，缩脖子、双肩向内夹并向上耸起、微微驼背或弯腰、低头、避开别人的视线等。

心寒感是人在自己所信任的人背叛了自己或是做了令自己非常失望的事情时所产生的感受。在身体上的体现为，心一下子凉了下来，且凉的程度取决于人感觉自己被辜负的程度。如果被严重地辜负，心可能就会寒凉到疼痛的程度。心寒的意象为冰山、雪山等很寒冷的事物。

阴冷感往往是人遇到让自己感到恐惧的且往往是不可知的危险情景时的感受，或者是因意识到某个人异常阴险可怕而产生的不寒而栗的感受。如果人有阴冷感，就会觉得冷到了骨头里，并伴有强烈的恐惧情绪。

清凉感是一种舒服的寒凉感，让人感觉如同在炎炎夏日有清风吹过，或是在闷热的天气里下了一场透雨。这种能够让人舒服的清凉感，往往是因为放下了某件让人烦恼的事情而产生的感受。

好感

人在接触到美好的或是对自己有助益的人和事物时，所激发的朝向那个好的对象的积极感受被称为"好感"。好感是爱的一种。喜欢、欣赏、爱慕都属于好感，对一个人或一个事物有欲求也属于好感。爱好是对某种活动有好感，并因此去从事这种活动；偏好则是指在几个事物中选择出自己更喜欢的那个。

在我们对一个人和事物有好感的时候，内心常会冒出来诸如"这个人真不错"

或是"这个真好"等评价性的想法。

在现代语言中，对一个人有好感通常用在异性之间，代表的是初发起的、轻度的喜欢。"他对她有好感"，是指"他对她好像有一点喜欢，但是还没有到很强烈的程度"。也就是说，有好感意味着内心初步升起了想接近对方的欲望，但是这种欲望并不强烈，所以就算不接近也没有什么关系，而且有好感以后也未必会有更亲密的交往和进一步的关系。这种互相有好感的关系会让双方相处起来很舒服，但是离开了也只是有点惋惜而已。

在与性别无关的日常交往中，有好感代表了对对方的感受偏于积极、比较喜欢，且其中不包含性的吸引力。

当我们与有好感的人和事物在一起时，我们的身体感受是舒适的、轻松的、喜悦的，还可能是轻微兴奋的。身体还会感到较为轻盈，有一丝"向上提"的感觉，并略向前倾，趋近我们有好感的对象，头也许有点倾斜以表示有兴趣，眼睛也会稍微明亮一点。

在关于好感的意象中，可能会出现春光明媚、花红柳绿、湖水荡漾等场景。场景会偏于美好，但不会很夸张，并不是"人间仙境"那样的绝美，而只是一种还不错的人间风光而已。在历史人物中，周瑜是一个性格很好、善于社交的人，人们会赞许地说"和周公瑾交往，如沐春风"，这种如沐春风的感受就是一种好感。意象中，有时也用可爱的小动物（比如小松鼠、小兔子、小猫等）形象来表达好感。

在社交中，如果我们对一个人有好感就愿意接触他。如果在接触中有另外的契机，就可以进一步加深双方的关系。如果没有发生什么，那么双方也可以持续地处在这种浅浅的交往中。如果我们对某个团队、某个活动、某个事物有好感，我们就不会对其产生排斥、抵触感。这会为我们带来与之加深关系的机会，但是也未必一定能加深。

心理健康的人因为心情整体上偏好，所以总体来说他对外界的人和事情都更加喜欢，也比较容易有好感。抑郁的人则较难对人和事情有好感。对异性的好感与心理是否健康的关系较小，更取决于性欲望的大小，即性欲望比较强的人，更容易对异性产生好感。不过，好感并不是赤裸裸的性，而是在一定程度升华了的、更加精

H

神化的性。它不是薛蟠式的"皮肤淫滥"，而更接近于贾宝玉式的多情。

在心理咨询中，来访者偶尔会需要学习发现自己对某个人的隐蔽的或是潜意识中的好感，以更好地了解自己的心理。

"好像有什么"的感受

"好像有什么"的感觉是一种与遗忘和试图想起有关的感受。它通常在一个人意识到自己的遗忘时发生，或是在某个心理经验刚刚落回到潜意识的瞬间产生——比如，在我们试图抓住一闪而过的某个重要的灵感时刻，或是早晨从梦中醒来时感觉刚刚还栩栩如生的梦境此刻正在像哈气一样消失的时刻。

在日常生活中更常见的是，我们隐约记得有什么事情要做或者要说，却完全不记得是什么事情，就会产生这种"好像有什么"的感受。有时，我们虽然不记得是什么事情，但确定无疑地记得"有什么"；有时，我们也不是很确定是不是有什么事情，只是好像记得有事情。

这种感觉会驱使我们去回忆，如果回忆起来了，我们就会有一种释然或恍然大悟之感；如果回忆不起来，就会在一段时间内继续维持这种"好像有什么事"的感受。

这种感受偏于消极，而且如果继续加强就会变成担心、焦虑等情绪感受。

有强迫性人格或是有强迫性神经症的人希望自己不犯错误，所以他们也希望自己能记住该记住、该做的事情。即使是忘记了一件很小的事情，或是记不起一件无足轻重的事情，也会让他们产生这种"好像有什么"的感受，并因此而担心和焦虑。

为了缓解这种不舒适的感受，人在试图回忆而未回忆起来时，有时会随便选择另一件事去做。例如，临出门觉得好像有什么东西忘记带了，但是又想不起来有什么该带的没有带，便随手往包里塞了几块巧克力，这样就能让自己感觉好多了——可在后来才意识到，自己本该装进包里的口罩没有装。

当人产生"好像有什么"的感受时，会在胸区产生一种轻微的空洞感，但这与失落感所带来的那种向下陷的空洞感不同。前者会让心有一点提起来的感受，人的双手也倾向于提起来，也许还会用手来敲头，因为这种感受有时也会在头部被体验为轻微的紧张或懵。

这种感受在意象中最常见的体现是，四处找东西却又不知道在找什么。

恨

接下来要说的"恨"，是指"仇恨""怨恨"的"恨"，而不是代表"遗憾"的那个"恨"。如果一个人对另一个人或事物有持久的敌意，这种态度在人心里所产生的情感就是恨。

恨是在人际关系中产生的一种情感。当某个人或某个事物伤害了我们的自我时，我们就有可能产生恨的情感。

怒和恨相似，二者的区别如下。

- 怒是一种生物层面的情绪，是我们遇到挫折时的一种自发反应；恨则不是生物层面的自发反应，而是在自我层面选择与对方为敌而产生的情感结果。
- 怒是当下的，当下发怒、当下战斗，然后事情就过去了；恨则不是一时的事情，恨需要我们记住对某个人或者某个事物保持敌意，然后随时按这个态度与其建立联系，所以我们在说到恨时会说"记恨"。

恨的体验中有一种狠劲、一种耿耿于怀的恶意。恨之中还常常带有一些抑制或压抑，这给恨的感受带来了一些阴阴的氛围。

恨是一种长久的心理态度，在人的身体上的表现不是很强烈。对于短暂的情绪活动，身体的表现强，但是对于长久的情感，身体不可能持续地有强烈的表现。不过，每一次恨被记起来时都会引发一些身体和心理的反应。我们不可能持续数年都表现出来恨，但是我们可以每次一想起来就恨。

当我们处于一想起来就恨的状态时，恨在我们身体上的最主要的表现是咬牙切齿。这种咬牙切齿和怒时的咬牙切齿不同：怒的咬牙切齿表现得更加夸张、明显；

H

恨的咬牙切齿则是更加隐蔽的、不明显的，并暗暗进行的。同样，恨也会令人皱眉、攥紧拳头，这些表情都与怒的表情有些相似，但也都不是很明显。有时，我们心中迸发出了恨意，面部的表情则只是"沉着脸"，而没有清晰可辨的表情。

和愤怒不同的是，恨的时候眼睛会死死地盯着对方而非睁大，胸部会紧张，但呼吸并不会明显加快。因胸部紧张，所以会有压迫感。愤怒是攻击性的能量喷薄而出，恨则是攻击性的能量引而待发，不过恨的能量通常远远大于一般的愤怒。

在心理意象中，恨的颜色通常是黑色的，声音是沉闷的低音，气味是血腥的。恨的能量似乎是更加黏稠的，很像沥青的感觉。这能量的中心在胸口、脖子、头的区域，蔓延到全身，且在手上的感觉最明显——手会变得紧张，仿佛要撕烂什么东西。

在梦中或是想象（主动想象或意象对话心理疗法）活动中，恨的意象可能会是"厉鬼"类的形象。它们服装的颜色主要是黑色，皮肤的颜色通常也很黑。它们面目狰狞、目光阴险、手如利爪。如果人同时存在恨和抑郁，那么在梦中或是想象中看到的鬼则可能并无利爪，只是面色阴沉、眼神死寂。恨还可以呈现为黑色的树或森林、可怕的怪石、魔窟、猫头鹰或怪鸟、鬣狗或怪兽、血淋淋的尸体、人的尸骨、冷兵器中的叉或斧子、毒药、毒蛇或蝎子等形象。

任何毒都带有恨的成分，所以意象中所有有毒的矿物、植物和动物都可以用来象征恨。不同的意象象征的是不同原因所产生的恨。比如：蝎子所象征的恨是性能量被压制所产生的恨；蜘蛛所象征的恨则是控制别人的欲望得不到满足所产生的恨。

恨是心理病态发展的产物，而不是健康心理中应有的。引发恨的原因通常是某种欲望得不到满足，其能量得不到释放，人还会把导致这个结果的原因归咎于其他某个人或某个事物。如果人因此产生愤怒并且发泄了愤怒，那么很可能不会留下恨；相反，如果这个人不敢表达愤怒，强行压抑了愤怒，或是没有完全发泄愤怒，或者攻击别人的行动被压制了，消极的情绪能量就会淤积，继而转为恨的能量。另一个常见的原因是，人在受到别人的攻击和严重的伤害后感到非常痛苦，却又没有能力进行反击，导致攻击性的能量淤积在心中，也会产生恨。

人们常说的"因爱生恨"，比如失恋之后对前任的恨，就属于欲望得不到满足并把问题归咎于对方，且未能充分释放攻击性而产生的恨。如果对这种恨进行深入的心理分析，就能发现其中可能包含着未被满足的想要亲密的欲望。人们有时会把这种想要亲密的欲望称为"爱"，便说"恨中包含着爱"。不过，严格地说，这往往并不是真正的爱，至少不是人性层面的真爱，而只是未被满足的依恋的欲望或性的欲望而已。有些学习过心理动力学的人会有一个误区，以为所有的恨里面都藏着"爱"，这显然不符合事实。

如果我们依恋的、亲近的或是所爱的人遭到了别人的严重伤害，我们就会对那个伤害者产生强烈的恨。如果我们的亲人被杀害，我们就会对杀人犯产生强烈的恨，这是最典型的引发恨的情景。

如果我们曾受到过严重伤害（比如在儿童期被虐待），那么我们也会对虐待者产生强烈的恨，而且当时越是没有反抗的机会，心中留下的恨意就越多。此外，人即使成年后被抢劫、强奸、欺凌，也极易引起恨意。

对于正常的人来说，轻微的伤害通常不会引发恨，但心理不健康的人则可能会因别人轻微的伤害而产生恨。如果一个人的不健康程度较高，那么哪怕是别人在无意中伤害了他，他也会产生恨。

恨会带来一种持久存在的攻击欲望和倾向，就像没有爆炸的地雷或是藏在厨房的毒液，会给其他人带来持久的危险。怀恨在心的人终会在有机会时，去伤害某个特定的人或是不特定的人群。

心中怀恨会毒害人的性格，并让人的心中有一片阴霾。在心理意象中，恨会时时咬噬他的心，或是像腐蚀性液体一样腐蚀他的内心世界，会成为他心中的隐痛。这个人必须时时忍受这种痛苦并压抑自己才能维持日常的正常生活，这会令他持续地处于一种不放松、不舒适的心理状态之中。因此，这个人的性格会更加阴郁，甚至有可能会变得邪恶。

恨会带来找机会报仇雪恨的倾向，即报复自己所恨的人，攻击他、伤害他，给他带来强烈的痛苦——痛苦的程度至少要和自己所受的痛苦差不多，从而让恨消除。这种心理倾向，就是古人所说的"以血还血、以牙还牙"的心理根源。当然，报复时对对方的伤害程度其实并不能真正做到与过去对方带给自己的伤害程度差不多——心狠的人可能会过度报复，心软的人给对方的伤害则可能会小一些。

文学作品中有很多报仇雪恨的故事。在《水浒传》中，武松一开始没有足够的证据，只好压抑着内心的愤怒和伤痛；有了证据之后想走司法程序，但又没能成功；后来，他只好杀了西门庆和潘金莲，这就是报仇雪恨。对于武松的做法，读者会认为有合理性，可以接纳。《红楼梦》中的赵姨娘对贾宝玉和王熙凤怀着持久的恨，且这种恨意毒害了赵姨娘的精神世界，让她成了一个怨毒的妇人，并用诅咒的方式去伤害他们，以报仇雪恨。

报仇雪恨这种方式可能会带来很可怕的后果，比如马加爵因为恨同学便杀了他们。即使是相对小的恨、后果没有这样可怕，其自然发展的后果也是破坏性的，至少会引发很多的心理或现实的伤害。

恨和报复会给社会带来很大的破坏，因此社会道德会期望人们减少恨。比如，儒家会鼓励人们去宽恕别人，宗教也常常会鼓励人们把恨转化为原谅。这种做法有时会有用，但是如果恨意很强烈，或是当事人缺少宽恕的能力，那么试图宽恕和原谅别人就可能会导致更多的压抑，并积蓄更多恨的能量。

如果心理咨询师发现来访者心中有恨，通常不会鼓励他去报复，而是会寻找其他的方式来帮助他化解仇恨。比如，鼓励来访者意识到有些恨是不合理的，从而削弱恨。然后，通过宣泄释放仇恨的能量，而不是去做攻击性强的行为。如果咨询师发现某种恨是合理的，那么也会建议来访者用合法的方式去报复，比如通过报警来解决问题。如果发现来访者因性格障碍而郁积着恨，就会想办法转化他的人格，从而让他不再有那么多的恨意。如果心中的恨被化解或解决了，人的性格和心态就会更健康。

H

怀

《现代汉语词典》对"怀"字的解释为：①胸部或胸前。②心怀；胸怀；情怀。③思念；怀念。④腹中有（胎）。⑤心里存有。⑥姓。

也就是说，怀的本意主要是指胸部，引申为把什么东西抱在胸中，再引申为心里存有什么。把什么放在心里，就是所谓的"思念"了。怀念，就是把什么（旧人旧事）放在心里；怀乡，就是把故乡放在心里……依此类推。如果我们把一个人抱在怀里，就是一种安抚性的动作，所以怀也有"安抚"的意思，组成词就是"怀柔"（用政治手段笼络其他的民族或国家，使归附自己）。

《说文》解释"怀"字为"思念也"；《诗经·周南·卷耳》中说的"嗟我怀人"是指思念着一个人；《岳阳楼记》中说"去国怀乡"是指思念家乡；《孔雀东南飞》中的"感君区区怀"，怀的意思是"心意"。

作为表达情感的词，怀就是把一个人或一件事放在心里，抱着、守着、惦念着、关注着、思念着、珍惜着，在感情上和他联系着，并留一个位置安放他、保存他的感受。把他放在心上，是我们对所爱的人或事物的一种态度。一旦有了这种态度，就能产生怀的感受。尤其是这个人不在我们身边，或是我们并没有和那个爱的事物在一起时，我们要靠把他放在心里才能保有我们之间爱的联系，这时我们就会格外地怀或念着这个人或事物。

此外，怀还有三个要点。

- 心中对某个对象的珍惜的情感。
- 有自我献祭的意愿，即愿意把本来属于自己的心舍出一个空间来"属于"一个"他者/他物"，以此作为对一个有重要价值之事物的表达。
- 以一己之力所能达成的个人自由，去为自己的珍爱之事物获取一种永恒存在的机会，通过怀的方式，让一个本不恒常的事物在自己这里变得恒常、与自己同在。这种时间上的超越性囊括了过去、现在和未来，也就是说，通过怀，不只是让已经逝去的事物在自己的心中永恒存在，也让尚未实现的事物在自己的心中永恒存在（就像我们常说的"胸怀大志"）。因此，怀在精神层面的本质是一种具有缓解存在焦虑的超越性的人类精神情感与行动。

怀的感觉是，胸区内部较为充实、沉甸甸的，因为我们把那个人或事物放在心里了，所以有重量感。在这种沉甸甸的感觉中，不仅有感动和深情，还有一种像是把什么抱在怀里的感受——这种抱并不是很用力，但也不是很轻。这个人有时会双臂交叉，双手斜向上抱在胸前。怀的时候，头是向上抬或是微微低下的，注意力会集中在胸区，呼吸似乎不是那么容易，有时会发出长叹。

　　和怀有关的心理意象在中国古诗中非常多。可以说，当人怀着什么人或事时，很多目之所及之物（比如，月亮、飞花、云水、青草等）都可以触发怀。

　　从心理学者的角度看，怀有时是一种分离焦虑。作为分离焦虑的怀念，发生在个体能建立稳定的客体意象的年龄（两岁半）后。不过，怀并不都是分离焦虑，更多的是一种对美好的人或事物的珍惜感，是因珍惜而放在心里。当环境中有什么线索触动了我们，使我们想到这个美好的人或事物时，就会产生感怀之心。

　　之所以会珍惜，是因为人已经能懂得所有的美好都是无常的，都无法永恒地存在，故应格外珍惜。怀，是人的精神世界发展到了足够的高度，能对人生和世界产生深刻的感悟后才产生的一种情感。怀的前提是要有情，所以怀是情怀，无情则无怀。

　　有爱、懂美、深情，以及知道世界的变幻无常是产生怀的基础。然而，这些基础并不是随便哪个人都有的，而是接受的人文教育越多才越有可能有。

　　有了怀或情怀会对人产生什么影响？有所怀的人，似乎生活得不是那么轻松，不像没心没肺的人那么快乐，但前者的人生是更美的。怀给人生带来了一种更高的品质，因此，懂得怀的人才会更认可这种人生。即使这种人的人生不那么轻松愉快，他们也对自己能怀这件事无怨无悔。有所怀的人，也是更有爱的人，因此他们在总体上说是相对（并非绝对）比较善良的。

　　中国古人很懂得爱、美，以及世事无常，故他们很懂得怀。这种感受即使是千言万语也很难说清楚，但是懂得的人则能清清楚楚地懂。

H

怀疑

　　现代汉语中的"怀疑"和古汉语中的"疑"大体是一个意思。古汉语中如果出现"怀疑"两个字连用，它的意思是"怀"有"疑"，即心里带有或存有"疑"。《三国演义》中有这样一句话："却说董卓在殿上，回头不见吕布，心中怀疑，连忙辞了献帝，登车回府。"这里的"心中怀疑"，意思是心中"怀"（存有）着"疑"。大致可以说这里的"怀"是动词，"疑"是名词。不过，现代汉语中的"怀疑"这个双字词是个动词，代表一种"可能不是真的"的内心判断动作。注意，怀疑不是不相信，而是一种不确定可不可信的悬置状态。

当我们搞不懂别人和弄不清楚情势时就很容易生疑：当我们看到别人有可能被欺骗时很容易生疑，当我们害怕自己被欺骗时更容易生疑。

疑是一种不安，是对被骗的危险与可能性的警惕。疑是一种情绪，伴随疑的行为模式是先天预存的、固定不变的。一旦产生怀疑，就会很自然地带来一种指向未来的求证行为的倾向。动物有疑这种情绪，人的疑也已在人格的最低层存在。

疑在身体上的表现主要是小心翼翼，具体表现为：呼吸很轻，甚至屏息；眼睛睁大并且充满警觉，不正视而是经常会斜着去看；双肩稍微往上提；走路的脚步很轻，动作很慢、很有试探性，随时准备掉头就跑。

怀疑者和被怀疑对象对疑的意象有所不同：怀疑者的意象可以是一双带着怀疑眼神的眼睛，或是一只狐狸（据说狐狸疑心很重）；被怀疑对象的意象是各种可疑的东西（比如很明显地摆在路上的巨款）和人（比如鬼鬼祟祟走来走去的人），有时还可能是几种不同可能性的意象交叉或同时涌现。

对于动物来说，疑是一种非常重要的情绪。动物界存在着大量的欺骗行为，如果动物没有疑心，随时都可能落入别的动物的圈套，甚至会为此失去生命。如果小动物在沙漠中听到水声后毫不怀疑地跑过去找水喝，可能就会丢掉性命——因为响尾蛇会摇动尾巴弄出水声吸引别的动物过来，然后再去捕杀。狮子看起来昏昏欲睡，仿佛根本没有注意到羚羊的存在，但如果羚羊放松了警惕，狮子就可能会发起突然袭击。人类更是喜欢骗动物：在鱼钩上挂上鱼饵，骗鱼儿去吃；或是把米撒在地上，在米的上方用木棍支起一个筐，再把绳子系在木棍上，准备逮过来吃米的麻雀。如果动物不知怀疑，它们就可能随时没命。

疑的情绪让动物行动更加谨慎，把可能的风险随时记挂在心，并保持足够的警觉，从而大大降低风险。如果有块土地可疑，动物就会试探性地用爪子轻轻触碰，而不是放心地一脚踏上去。如果这个地方是陷阱，那么小心地触碰可能就不会让它们掉下去，也就保住了性命。

人在疑的时候，能量会悬在身体上方，并缓慢、小心地伸出手脚去试探（有时不是用手脚试探，而是探头去看）。从能量上看，人宛如阿米巴虫，小心翼翼地伸出

H

触角去触碰某个东西，一旦遇到危险，触角就会迅速收回。

人与人在交往中也会有很多的欺骗，欺骗和反欺骗是人生故事中最富戏剧性的情节。这些欺骗各式各样，主要是用语言完成的：父母骗孩子说"我帮你收着这些压岁钱"；恋人骗对方说"我会爱你一辈子，决不移情别恋"；婚后骗配偶说"那个人只是我的一个普通朋友"；商业伙伴骗人说"这个项目绝对可靠，我这个人从不说假话"；政客骗人说"我会一心一意为选民服务"……不过，有的欺骗则不是用语言，比如，广告会更多地使用图像和故事来骗人，让人以为那个产品真的值那个大价钱。

因此，疑是人必须有的情绪。在人怀疑另一个人或一件事情时，他通常会暂时先不轻易投入，避免被欺骗。不过，这么做可能会让人失去机会——如果这不是骗局而是一个好机会，但是因自己犹豫不决错过了，就会带来损失。因此，此时需要权衡并根据损失收益的大小和真假概率做选择。这个选择并不容易做，要想尽量正确，那么表现在行为上就是举棋不定、犹豫不决，既不轻易做出决策，也不轻易开启行动。在现实生活中，这种犹豫不决常常会让我们失去机会。

为了避免因举棋不定而错失良机，有的人会采取权宜之计，即只拿出少部分的资源去做尝试性地投入。这样万一被欺骗，损失也会控制在可以接受的范围内。如果不是骗局，那么也能有所获益，而且人们在这个过程中也能对事情有更多的了解，有助于下一步的行动。因此，在拿不准的时候，不能把所有的钱都投资给某个人或某个项目，但是可以少投一点试试，如果赚了钱再追加投资。不踏实的时候，不要轻易地向某个人付出全部的感情，但可以交往着试试，对这个人多一些了解，再决定下一步的进退。

有的人更为谨慎，就会疑心更重。有的人相对更信任别人，疑心就会少一些。其实，人的疑心轻重与其早期的经验有关。

不足一岁的婴儿没有"真假"的概念，也没有"辨别真假"的意识，他心目中的一切都是那个东西本身的样子。随着他开始学走路、学说话，接触到这个世界和他人，便会遇到不一致的情景。比如：看起来没有什么异常的碗，有时却会很烫；看起来很好吃的东西，尝了一口却很辣；妈妈说打针一点也不疼，但其实非常疼；看起来像糖丸的东西，吃起来却非常苦。此时，他就产生了"真假"的意识，知道了语言和行为都可以是欺骗性的。幼儿园老师要求睡午觉时，他可以闭上眼装睡，等老师离开后再起来玩。杯子摔碎了，可以说是猫碰的。

在这个阶段，孩子如果发现自己被别人骗了就会提高警惕，并增加他长大后疑心重的概率。此外，如果他在这个阶段学会了骗人，那么也会增加他长大后疑心重的概率——因为他自己骗人，便更知道世界上时常会有欺骗，故更害怕别人骗自己。

如果一个孩子经常被别人骗，但他并没有学会骗别人的技巧，他就会很害怕被骗、过度警惕，长大后非常容易变得犹豫不决；如果一个孩子迅速学会了骗人的技巧，那么他长大后就会善于骗人。不论骗人技巧是高还是低，经常接触骗局的人都会疑心更重。曹操就是一个疑心很重的人，也是一个很善于骗人的人。

心理健康的人既不能毫无疑心，也不能疑心太重，而应该适度。这不仅需要他有很好的辨别真假的能力和判断力，还需要他有耐受现实挫折和从伤痛中重新走出来的能力。

幻灭感

H

幻灭感是一种曾经投注了很多心理能量的幻想被现实打破时所产生的感受。人在之前对这个幻想投入得越多、把这个幻想越当真、在这个幻想中生活的时间越长，在它突然被现实打破时，幻灭感就越强。

幻灭感和破灭感相似，都是当内心所坚持的幻想突然被现实打破时所产生的感受，但二者的不同之处主要在于，在多大程度上将幻想信以为真：破灭感中被灭了的幻想更靠近希望、期望，离现实感要更近一些，心理能量的投注也更少一些，因此只是破了、不继续对它抱以期望了；幻灭感中被灭了的幻想则对于这个人来说已经几乎等于现实了。也就是说，只有已经被相信是事实的幻想被打碎时，才会产生幻灭感——幻灭感的重点在于对"幻"的感受，就是特指的"原来不是真的"的那种内心感受，是一个梦醒的人突然发现自己之前以为的现实不过只是一场梦的那种强烈的内心感受。

幻想往往都是美好的。现实生活本来就很艰难了，通常没有哪个人愿意在潜意识中再幻想出一些更坏的事情来。即使青少年愿意去幻想自己经历千难万险，但同时也会幻想自己有主角光环，永远都可以逢凶化吉、有惊无险。

幻想破灭是好事还是坏事呢？相信不同的人会有不同的答案。从美梦中醒来，有的人是不开心的；不再做梦，就能看到更多的现实真相，所以有的人会觉得是好事。因此，幻灭感有时会让人不愉悦，有时也可以让人愉悦。

赤裸裸的幻想和现实之间的差异很大，幻想者也知道自己是在幻想。这种幻想破灭起来很容易，但破灭了就破灭了，幻灭感反倒不是很强烈。比如，小学生在上学路上，男生幻想自己一路斩妖除魔，女生幻想自己的公主生活，等进了教室之后，这个幻想就破灭了，发现自己不过是一名普通的小学生。尽管此时会产生幻灭感，但极为轻微。

怕就怕有时一个人把幻想当真了，在幻想中建构了自己的生活，一旦幻灭，受到的冲击就会很大。被 PUA[①] 的年轻女孩相信了那个男人所立的"人设"，真的以为他是个"帝王"或"诗人"，并幻想着自己正与他深陷一场感天动地的浪漫爱情。突然有一天，真相暴露了，她发现自己不过是陪着对方演了一场戏而已，而且自己在戏里扮演的只是一个傻瓜。此时，那铺天盖地而来的幻灭感就具有摧毁性的力量。

幻灭感在身体上的体现为：全身有向下瘫的倾向，双臂、双手会无力地下垂；呼出一口气，仿佛皮球泄了气；表情上混合了悲、失落和惊讶，眼角下垂，嘴角下垂，但嘴可能会微微张开以表达惊讶。此外，幻灭感在身体中还包含着空的感受。

幻灭感在意象中最常见的表达是一个泡泡破碎了。幻想就是那个泡泡，而幻灭就是这个泡泡破碎了。幻灭也可以表达为一座房子崩塌了的意象。在电影《盗梦空间》中，在某个时刻，某层空间崩溃，所有的建筑都瓦解了，这也是幻灭的意象。婚姻中，两个人在不同的心理层面互动并共同建构了幻想，当这个幻想破灭时，那层空间的一切都化作空无。曲终人散，戏台上空空如也，这个意象也可以用来表达幻灭感。

H

---

① PUA，全称"Pick-up Artist"，原意是指"搭讪艺术家"，其原本是指男性接受系统化学习、实践并不断更新提升、自我完善情商的行为，后来泛指很会吸引异性、让异性着迷的人和其相关行为。

如果幻灭之后没有了幻想所添加的面纱，所看到的真相丑陋不堪，那么人在产生幻灭感后还会产生强烈的愤怒和厌恶感，从而攻击那个自己曾经对之有过幻想的对象。过去的幻想越美好，幻灭所引发的痛苦越强烈，之后的攻击行为也就越激烈。这种攻击具有这样的功能：填补幻想破灭所带来的空洞，减少自己的空虚感。如果攻击转向内部，幻灭感就会带来自我攻击，严重时甚至会导致自杀。

在心理发展的早期阶段，人都会有一种理想化的倾向。对于孩子来说，最早的理想化对象通常是父母。理想化必定会带来幻想，在孩子的幻想中，父亲可能非常强大，母亲则非常有爱心。在孩子逐渐长大的过程中，如果幻想被现实渐进性地校正，孩子就会逐步放弃那些绝对理想化，并渐渐明白自己的父母都是普通人，既有优点也有缺点。在这个过程中，孩子当然也有失望和幻灭感，但都不会过于强烈，孩子可以承受并消化这个感受，能够顺利完成从幻想到现实的转化。然而，如果某个突发事件击破了这个幻想（比如，看到父亲在别人面前跪地求饶，或是发现母亲有外遇），这个幻想突然破灭所带来的幻灭感就会格外强烈，超出了孩子的承受能力，给孩子造成很大的心理创伤，并让他产生暴怒等消极情绪，还可能导致极端的行为反应。

H

青春期是人的价值观确定的时期，人在这个时期也很容易产生对理想的理想化，也就是说，会幻想着某种理念和思想是完美的。这种幻想可以让青少年对这个理念投注很大的热情，甚至可以为之献身。如果将来发现这只是幻想，那么也会带来幻灭感。这种理想主义的幻灭往往会让人不再信任任何理想，变得越发庸俗、犬儒，甚至会攻击、嘲笑其他有理想的人。沉迷于声色犬马的人，往往有很多过去都是纯洁的理想主义者。

恋爱也可以激发人的理想化，从而让人把恋人幻想为完美之人。在长期相处中，幻想会逐渐破灭并产生幻灭感。如果这种幻灭感在可承受的范围内，双方就可能会逐步建立起与更真实的自我之间的关系；如果发生了一些较为重大且意外的事情让幻想突然破灭，所产生的幻灭感就可能会摧毁双方的关系。"我真想不到你是这样的人"就是对这种失望感和幻灭感的表达。

人生另一种理想化幻想就是对自己孩子的幻想。小宝宝刚出生时，在激素和激情的影响下，父母会对小宝宝有极高的幻想。对于有些父母来说，小宝宝不仅是美丽新生命，简直可以说是心中的一个美丽新世界。小宝宝的一颦一笑都会让父母感觉他天赋异禀，并相信他将来必定前途无量。然而，随着时间的推移，父母会渐渐发现孩子的"真相"，并对其产生幻灭感。

孩子在上了小学之后，在严酷的外界比较之下，父母的幻灭感更是难以掩饰。因为孩子在父母心目中曾是全世界最聪明的孩子，但如今哪怕是在区区几十个人的班级中也不是数一数二的。这幻灭感会让父母心生怨恨，尤其是如果他们没有心理学素养的话。为什么父母会对孩子的学习那么苛求，对孩子的态度那么严厉？原动力大多来自对孩子理想化的幻灭。

以上说的都是令人不快的幻灭感，但也有少数人心理足够成熟，能够承受幻灭，而且愿意面对真相。在幻想破灭时，如果人能看到真相所带来的充实感，就可以消弭因幻想破灭而产生的空虚感，此时，幻灭感就成了一种愉悦积极的感受。

这种幻灭感是人感受到了幻想的不真实，然后感受到了真实世界的力量，从而内心更加坚实。这种幻灭感的身体反应不是瘫软无力，而是松弛但有生命力，感觉如同蝉脱壳或是蛇蜕皮。意象中，也会产生破壳而出的形象。

还有一种幻灭感更加具有超越性，如佛家在修行到某种境界时能看透世界的本性，领悟到这个世界的一切都是虚幻，如同梦幻一样。在那个时刻，会有一种彻底的幻灭感，即所有的一切都幻灭，就连幻灭感也幻灭，显出的是空无一物而又能生万物的"佛性"。对于这种幻灭感，我们就姑妄听之吧，不用较真地非要知道是什么感觉——因为我也不知道那是什么感觉。

荒谬感

"荒"和"谬"都有"错误"和"不实"的意思，荒谬是指与事实严重不符的观点。如果是行为上很不靠谱，我们就会称之为"荒唐"；如果有人说的见闻极其不可能、不可信，我们就会称之为"荒诞"。

苏辙曾言及某人"学术荒谬……士人无不掩口窃笑"。可见，荒谬指的是程度很严重的错误。瞿秋白曾在文章中说："有些初出茅庐的办事人，无经验，会有错误，甚至于荒谬。"在这个句子中，称轻微的错误为"会有错误"，若升级为更大的错误就是"荒谬"。

如果人在听到一种观点、论点后认为其大错特错，就会产生荒谬感。由于荒谬与否要靠理性思考来判断，因此它不是低级认知系统具备的感受。

荒谬感在愉悦与否上相对比较中性。在认为别人的论点错误后会产生一丝因错误而引发的不舒服，有时甚至会有点因错得离谱而觉得可笑。不过，毕竟这是别人错了而不是自己错了，所以不舒服的程度通常并不强烈。此外，由于我们会默认自己是正确的，因此，这又说明我们胜过那个论点荒谬的人，会有隐隐的自负骄傲所产生的愉悦。如果我们直接说别人的观点荒谬，那么往往会让别人感到被羞辱了。

当然，在我们感到别人的观点荒谬时，并不能说明其观点一定是荒谬的或是有错误的，也有可能是我们的观点错了。因此，荒谬与否，实际上也只是一种主观判断带来的主观感受而已。

慌乱感

慌乱感是一种感到有迫在眉睫的威胁需要应对，但又不知道应如何立即应对时所产生的不愉悦的感受。

在慌乱的时候，人会感到受到了威胁且需要应对，但时间很紧迫。此时，人并没有想放弃努力—— 一旦放弃努力就不会慌乱了，因为不需要急着做些什么。如果人知道该做什么就不会慌乱，但如果人知道自己必须立即做些什么来应对却又无法冷静地想出该做什么时就会慌乱。

慌乱在身体上的体现主要是呼吸短促、肌肉紧张，抖动或是增加很多快速的小动作。之所以会增加很多快速的小动作，是因为身体兴奋起来后需要有所动作，但人并没有找到方向，因此身体只能用快速的小动作来释放这种动力。有时，慌乱中的人不仅会增加很多快速的小动作，还会有更大的无目标动作，比如来回走动、原地转圈等。

在意象中，慌乱感常常体现为热锅上的蚂蚁、乱哄哄的一群甲虫、到处乱撞的苍蝇、爆炸现场到处乱跑的人等。意象的特点就是混乱、无序、高频率、无方向等。

慌乱感是焦虑情绪中的主要成分，换句话说，慌乱感是焦虑感中的一部分特定的感受。

人在慌乱时会进入一个恶性循环，即越慌就越急于做点什么。这种驱动力很大但没有方向感，所以人便会做出很多无效的动作，而这种无效动作又会进一步强化人的慌乱感。因此，应对慌乱感的方法的重点在于静息。

当强烈的慌乱使人有了激烈的行动时，需要先强行让行动停下来。在《三国演义》中有这样的情节：敌军半夜突袭营地，惊慌的士兵到处乱跑，敌我难分，情形非常混乱。一位优秀的将军见此情况，马上命令自己的士兵全部停在原地，即使有敌人攻过来也只许在原地反击。于是，场面很快就稳定下来了。

进一步的静息可以从身体层次获得。其他人可以指导慌乱的人坐下，尽量停止身体运动。在适当的情形下，其他人还可以通过安抚、支持和保护性的动作来减少慌乱的人的慌乱感。比如，把慌乱的孩子抱在怀里，或是轻拍慌乱的人的手背等。此外，呼吸调节也是一种很常见的方法，即有意识地让呼吸更加缓慢、深入和平稳，从而减少慌乱感。此外，其他人还可以让慌乱的人尽量减少思考活动。由于慌乱的人常常会急于思考、试图想出一个解决问题的方法，但是这种被慌乱感驱动的思考往往是混乱且无效的，因此应先停止这种思考，让自己静息，然后再重启思考，才能让思考更加有效。

H

悔或后悔

"悔"和"后悔"是同义词。所有的悔都是后悔，不可能有什么"前悔"或"当下的悔"。悔都是在某件事过去之后，人因对自己过去的选择不满意而产生的情感。

还有一个词是"悔恨"，指的是在悔的同时还有"遗憾"。古汉语中的"恨"字常常代表"憾"，即遗憾。

悔是对自己过去的行为选择进行反思的结果。发现自己过去的选择和行为是错误的，带来的结果是令自己不满意的、不好的、不应该发生的，人就会后悔，并产生诸如"我真不应该那么做""我怎么会那么做了呢"等想法。

悔会让人心里难受甚至痛苦。为了缓解这种情绪，人常常会希望自己过去没有那样做，从而产生可以改变过去的欲求；或是希望能够回到过去重新来过，好让自己有机会改变当时的选择，因为他会在潜意识中希望能改变过去，并在潜意识中认为过去真的可以被改变。这种情况常常会伴随着对过去发生的事情的不接纳，因此常会引发自我攻击，是一种自我伤害性的悔。

然而，对有的人来说，直接的悔以及面对由此带来的痛苦感却并不是不接纳过去，反而是在当下对过去错误选择的承认和承担，从而让他在未来不再重蹈覆辙。"悔过自新"就是对这种人的描述，这是一种健康的悔。

悔的体验是闷闷的、沉重的。悔的时候，手脚很紧张，手可能会攥拳，很想捶胸顿足。后悔的人也的确很可能会做出捶的动作，但不一定是捶胸，还可能是捶自己的头、捶大腿，或是捶身边的东西，还可能会跺脚。悔的时候可能会屏住呼吸，然后狠狠地吐出一口气，发出"嘶"的声音。头会用力地低下去，还会有点歪。可能会咬牙或咬下唇。严重的悔可能会让人感到心的区域很痛，甚至会让人自己打自己。不过，如果是健康的悔，那么除了包括上述这些不舒服的感受和表现之外，还会有一种自己有力量承担的力量感，尽管也会低头，但是脊椎会更挺直。

在意象层面，不接纳过去的那种悔的核心意象是有怪物或鬼在咬噬自己的心。怪物的样子在每个人的想象中都不尽相同，但有一些共同特点：颜色以灰色为主，间或有黑色的条纹或斑块；也许会有尖爪子，会用爪子抓伤人；牙齿尖利等。后悔的人还可能会看到沼泽、缠住自己脚的藤蔓、枯树根等意象。健康的悔除了这些意象之外，还会有类似清洗类的意象，以象征洗心革面。

悔也会在意象中以多种方式进行自我伤害。比如，在意象中用刀子戳自己、用头撞墙、毁坏自己的财物等。有时后悔的人也会产生幻想的意象，幻想并没有产生那个不好的后果，或是自己曾做了另外的选择，或是幻想自己能回到过去以改变事情的结果。电影《夏洛特烦恼》就是人在幻想中试图改变过去，以让自己可以消除悔的烦恼。健康的悔在意象中则表现为走出牢狱的人等形象。

试图改变过去就是沉溺于过去。值得一提的是，对这些用沉溺于过去来悔、来

H

逃避痛苦的人来说，这种对过去的沉溺反而是这个人不愿意为过去的选择负责、缺少现实感的表现。然而，过去是无法改变的，过去的选择也是无法重新再选的。因此，沉溺在悔之中不但于事无补，还会让人难以自拔，在过去的错误中继续消耗现在和未来。事实上，沉溺就是一种潜意识的执迷不悔，它真正的功能就是让人错过现实中当下所有的改变机会。

还有一种不健康的应对策略是直接说服自己不悔，这与沉溺的表现不同。采取这种对策的人通常会找出种种理由来告诉自己，反正过去不可改变、后悔也没有用，便说服自己这件事已经过去了、翻篇了。这样一来，人就无须再去内心深处真诚地承认自己当年的选择是错误的，也无须再去面对悔带来的心理痛苦了，他还可以不去面对、不去承认当初自己的错误选择给现在乃至以后带来的持续的消极影响了。这种应对策略会给人一种虚假的果断感和力量感，让他用"都已经过去了"的说辞来自欺，让他认为当年的错误及其后果在当下乃至以后都已经不再存在了。

沉溺和不悔，都是对自己过去错误的否认，以及对现在改过机会的拒绝。沉溺性的悔会持续不断地耗损人的心理能量，让人有越来越强烈的无力感。不悔可以避免这种能量耗损，因此人在不悔的时候会产生一种力量感。当一个人说"我无怨无悔"时，他能感到力量，但这种不悔也可能掩盖了问题，使其以后重复犯错，故也是不可取的。

对于更成熟、更有现实感的人来说，健康的悔同时包括了过去、现在和未来，我们可以从以下三方面来理解。

第一方面，健康的悔是一种对过去选择错误的体认。

第二方面，健康的悔是对当下痛苦的直面和承担。这意味着人也能直面悔所带来的痛苦感受，因为当下的悔也是过去选择带来的后果之一。

第三方面，健康的悔还包含了一种意愿和决心，即从当下开始，通过重新选择和行动来减少过去的错误给未来带来的消极后果。只有承认过去的错误已经发生，承认过去不可改变，承认过去的选择还在继续给当下乃至未来带来消极的影响，人才能真正愿意从当下开始做出一些真实的、新的选择，从而尽可能地减少对未来的消极影响，这才是真正的接受现实后果、愿意对结果负责。如果一个人仅仅愿意承

H

认过去的选择，却不愿意承认过去的选择也会给未来带来影响，那么他压根不会意识到自己还需要在当下做出一些新的改变行动，而且这样的行动还需要他持续努力到未来很长一段时间，在那之后，过去选择的后果才能真正地成为过去。

与之相对的不健康的悔，是人的心理的某个部分缺乏现实感，不知道时间是单向的，过去的就过去了。不足一岁的婴儿往往会有这种不懂得时间是什么的心态，经常沉溺于不健康的悔的人，往往也有经典精神分析所说的"口欲期固着"，他们的心理成熟程度通常都比较差。

这些人在口欲期（一岁以下）时往往都遭受过心理创伤，或是在不够健康的家庭中长大，或是他们的父母长辈中可能会有个人也很容易后悔，不愿意为自己的选择负责。这些人为了避免自己以后后悔，在做选择时更容易犹豫不决。他们可能会希望自己的选择能让自己以后绝对不会后悔，从而产生完美主义的倾向，甚至会做出一些强迫性的行为。此外，由于害怕做错、害怕以后后悔，他们还可能变成极度拖延的人，或是不敢承担责任、总希望别人为自己做决定的人。所有这些倾向都对人的心理健康不利。

这些人因为后悔还会做出一些行动以试图改变过去，但这些行动不仅不能消除过去的选择带来的坏后果，还会引发一些新的不好的结果。举几个常见的例子。

- 赌徒上一次押了"小"，结果赔了很多钱，他心里很悔，心想"我要是押了'大'多好"。于是，他下一次会倾向于押'大'，结果很可能还是押错了。

- 一个男人因之前没有珍惜前任而后悔，于是当他再次见到前任时便决定要对她好。然而，前任并不需要他这么做，因为她已另有所爱。这个男人的做法也令其现任妻子感到很受伤。

- 父母在孩子小的时候对孩子关心不够，等孩子长大结婚后感到后悔了，便天天跑到孩子家去关心他，这让孩子感到被打扰。

我们说"已行之举勿悔"，并不是鼓励人做错了事不悔改，而是说不要沉溺性的悔。那种能让人改恶从善的悔、健康的悔是很有价值的。为了与沉溺性的悔区分，或许还可以称其为"忏悔"。正如我们前面所说的：健康的悔（或忏悔）和沉溺性的悔不同，它是一种"我过去做错了，以后我将不再那么做了"的态度，是一种决心、一种改变自己的意愿。忏悔的悔是对自己的过去选择先负责、承认自己的错误，然后做出关于未来的决定。也就是说，人的心力不是放在过去，而是放在未来，这种忏悔是有益的。

在心理咨询中，如果咨询师发现来访者在悔的方面有问题，那么需要将咨询要点放在帮助来访者学会对自己负责上。这样一来，悔就不会成为消耗来访者精神能量的沼泽。

混沌感

混沌感是个体刚刚从混沌状态中清醒过来，并对自己之前一直身处的混沌状态有觉知的感受，就像一个人早晨刚刚从梦中醒来又没有完全清醒时所产生的感受。换句话说，混沌感是一种在将醒未醒的状态下，正在明白之前的那团"浑浑噩噩"的微妙的心理体验。

值得一提的是，混沌感并不是混沌状态。当一个人处于混沌状态时，他反而是没有混沌感的，因为他自身就是混沌状态——这是一种个体觉知处于低水平的浑浑噩噩状态，换句话说，混沌状态的出现是个体因为缺少主体觉察而在不知不觉中认同了混沌，使那时的我感被溶解在混沌之中了。

当个体产生了主体觉察，我感得以从混沌中分离出来时，作为觉察者的"我"便看到了之前浑浑噩噩的状态，主体我会体验到混沌感。

当个体有了觉察，对混沌加以观照时，他会意识到，混沌状态就是心理世界中的一切都混为一团、什么都不能被分辨出来、没有任何形态或图形从背景中显现出来的状态。尽管没有任何形态显现，但是主体我能感受到有心理能量，能感受到那一团涌动着的心理能量是"有"而不是"空无"。他还会体验到，混沌并不是完全匀质的感受，而似乎是有各种不同的能量在其中涌动和翻滚，但是心智并没进行识别，所以也无法区分出任何事物。

随着个体的觉察逐渐清明起来，这种混沌以及主体我对混沌的感受（即混沌感）也随之消解了，宛如遮天蔽日的浓雾散去，显露出一片晴空。还可以换个例子：这就像随着镜子里的一团说不出是什么的东西最终散去，于是镜子里的影子和映着那些影子的镜子同时消失了，但镜子本身还在，镜子的功能也正常，因此还可以继续照见之后再出现的其他景色——这其实也是混沌和混沌感被主体我的觉察照破的过程。

混沌感不是外部世界的客观存在，而是主体的心理状态和对这种状态的感受。

在刚刚体验到混沌感时，人的觉知力通常不高，有时人甚至是有些昏沉的。因此，混沌感中似乎总有一些灰色调（其实并不是真的有灰色，因为人在那时对颜色也并没能分辨），且觉知程度越低，灰色越暗。混沌中的心理能量会给人带来冲击，且冲击的力量有时会很大。因为觉知不高，所以他在别人看来傻傻的。

混沌感在身体上的外在表现是，身体显得沉重、不灵活、不爱动，对外界刺激反应比较迟钝甚至没有反应。在别人看来，有混沌感的人可能会很憨厚、老实，还可能会很愚笨或麻木。

处于混沌感中的人没有分辨自己的心智，所以对自己的感受也说不出什么。在低觉知的混沌感中，人大体上也只是觉得这种混沌感类似浑浑噩噩的感受或是麻木感，抑或是一种昏昏欲睡的感受；在较高觉知的混沌感中，除了之前的那些感受以外，个体还会感觉到被某种莫名的巨大能量所占据和扰动，却又说不清道不明，也不知道能做什么，因此，个体的身心感受都很不舒服，充满张力又无从释放。

处于混沌感中时，所出现的唯一心理意象就是混沌，这个意象类似一大团灰色的汽或泥水。

在事后回顾混沌感时，可能会有更多的可表达混沌的意象。比如，像一团宇宙星云，或是混沌未开的宇宙，或是一个没有五官的、胖成一团的人，抑或是泥土抟成的一个大泥球等。

新生儿在刚出生的两个月中经常处于混沌之中，但之后就不再是这种状态，对这种状态的记忆也会很快消失，所以意识中会感觉混沌状态对他并没有多少影响。在童年、青春期及成年之后，人就很少会再出现很纯粹的混沌状态，有时即使出现混沌状态也不是完全没有任何分辨。

H

有三个原因会导致人出现混沌状态。

第一个也是最常见的原因是，人在生活中找不到什么能激发自己情绪情感的事情。也就是说，不仅没有什么事情能让他开心、兴奋、向往，也没有什么事情能让他担心、恐惧、愤怒、悲伤，其生活陷入了一种没有意义的重复之中。如果一个人的内心还追求着有意义的人生，这种生活就会让他产生无聊、烦躁等感受；如果这个人内心也没有什么追求，对于这种无意义的人生也不反抗，他就有可能进入一种比较混沌的状态，浑浑噩噩地混日子，活得如同行尸走肉。

第二个原因是，精神长期高负荷活动或过度兴奋使人精神疲劳，从而在一定程度上出现混沌状态。

第三个原因是，人在心理成长到某个早期心理阶段时产生了心理退行，又在某些机缘下感应到了某个类似于混沌状态的心理能量场，他内心的混沌状态在此时会被激活。

从心理健康的角度来看，一直处在这种状态下的人生是不可取的，但这样的人未必会寻求心理咨询，因为他们常常也并没有改变的动力和欲望。如果他们寻求心理咨询，那么咨询师可以试着做一些事情让他们脱离这种状态。如果他们因疲劳而出现混沌状态，那么他们只要休息一段时间就能逐渐从混沌中走出来；如果他们是因没有追求而出现了混沌状态，那么越休息就越习惯于混沌，且无法自发地减轻。在心理咨询中，咨询师可以给来访者一些稍强的心理或生理上的刺激。在这样的刺激影响下，人可能会"醒过来"，觉知力暂时性地加强且不再浑浑噩噩。当他暂时醒过来一下时，咨询师可以抓住机会，引导他去做一些有意义的事情，让他有所行动，这样他的生命才可能会被激活，并随之产生各种情绪。随后，再引导他体验各种情绪情感，逐渐脱离混沌，拥有丰富多彩的人生经验。

豁然开朗感

在认知过程中，人在经过一段时间的探索后，各个认知要素会突然形成一个完整的结构，人也会突然因此对所认知的东西有所识别和理解，此时的感觉被称

H

为"豁然开朗感"。在日常生活中，我们称这种感觉为"搞明白了"，也有人称之为"'啊哈'感"。如果这种感觉很强烈，所明白的程度很高，我们就可以称其为"恍然大悟感"。从格式塔心理学的角度看，这就是格式塔在我们的认知中形成了的那个时刻的感受。这种感受是很愉悦的。这是一种认知上的焦虑被瞬间消解的畅快和释然的感觉，在心理能量上有一种从阻滞、淤塞到突然通顺有序的流动感，在情绪感受上伴随着一种圆满完成感和胸有成竹的笃定感。

在没有成功地认知到这个格式塔之前，人们会有一种混乱、迷惑和不通畅的感觉。在这个格式塔形成后，这些混乱、迷惑和不通畅会一扫而空，取而代之的是畅快的豁然开朗感。这有点像这种感觉：一个人迷失在一片森林中，当他走到山顶后视野突然开阔了，他从山顶俯瞰，对山中的每条道路都看得清清楚楚。还很像这种感觉：我们看一幅线条杂乱的图好半天，突然发现了其中隐含着的动物形象或人物形象。

在豁然开朗之前，人在努力认知却没看懂的时候，躯体上的感觉为呼吸不顺畅、胸部有些闷、头部有些紧。在豁然开朗的那一刻，人会突然深吸一口气，之后呼吸突然通畅了、胸不闷了、头也松弛下来了。

虽然不同的认知系统都可能会带来这种体验，但并不是任何认知活动都能产生这种体验。产生这种体验的前提是，这个认知活动是不能用按部就班的方式来得出结论的。比如，一步步推算出一道简单的数学题就无法让人产生这种体验。那些不能用按部就班的方式得出结论的问题，需要人采取探索性的方式，运用不同的方法，从不同的方向寻求解决办法，在这个过程中会让人积累紧张感，随着最后一个解决突然出现了、一个认知突然发生了，就会带来这种体验。

在远古认知系统中，这种体验时有发生。最常见的发生方式是人在努力看了一段时间后，突然从背景中分辨出了一个事物的图形。再如，觉得某个人有点面熟，努力看了一会儿、想了一会儿，突然看出来这个人是自己儿时的一个玩伴。在突然认出对方的那一刻，就可能会激发豁然开朗的体验。

在原始认知系统①中，产生这种体验的方式是，突然想明白了一个故事中的因果。比如"我说怎么这个事情总是不顺呢，原来是他在背后捣鬼"，或者"这下我明白了，原来他是这样的人，这样关于他的疑问我就都能想通了"。

在逻辑思维中，这种感觉发生在突然弄明白某个理论，或是自己正在思考某个问题，突然得出了一个完美的解答的时候。迸发了一个灵感或是解决了一个数学难题，就是这种例子。

活力感、能量感和力量感

人在身心状态良好时，如果能很好地去感受自己，就会产生活力感、能量感或力量感。

这几种感觉都是强大的生命力强带来的感觉，所以都是令人愉悦的。它们虽然相似但稍有不同，可以放在一起来陈述。

活力感来自对自己有活力的感知。这是一种生机勃勃的感受，用日常的话来说就是感到自己"有精神"。小孩健康时的样子与成年人相比就更有活力。当人有活力时，身体上的表现为：双眼炯炯有神，看起来很亮；更愿意活动；身体轻松不累（小孩活力强，所以他们比成年人好动，好像不知疲惫）；体内有一种向上的倾向，想蹦蹦跳跳。在人有活力感的时候，意象中往往容易出现小孩子、小动物、小精灵或小溪流等形象。

能量感是感受到自己有能量。能量感与活力感的相似之处在于，二者都有一种有使不完的力气、取之不尽的资源的感受。区别在于，活力感更偏动，能量感则不会让人想活动，更稳定安静；活力感会让人感觉浑身轻松，能量感则是体内充满了能量，像是身体充了气。可以表达能量感的意象包括涌动的泉水、奔流的大河、熊

---

① 原始认知系统指原始人类主要运用的一种认知系统。皮亚杰称之为"前运算阶段认知"，布鲁纳称之为"图像性表征"。这种认知以象征性的意象为符号进行运算，以意象和故事来体现认知的结论。在日常生活中可近似地称之为"形象思维"。

熊燃烧的火等，或是骏马、矫健的野鹿、迅捷的猎豹等强健的动物。更安静、更原发的能量感还常常以光或发光体的意象来显现。

力量感是人对自己身体或心理的强大、有能力的感受，往往同时伴有自信感。它和能量感更接近，与活力感差别大一些。能量感大并不一定力量感也大，力量感大则能量感应该不会太小。力量感大时，双臂和肩会绷紧，胸部挺拔，胸部区域充实。身体上最能体现力量感的是双臂和肩的区域，因此一个人对自己力量感的体验往往聚焦于四肢。能量感则不同，能量感的体验大多要么在整个身体，要么在躯干或头部。此外，力量感更燥热、更"动"，能量感则更清凉、更静；力量感的方向是像爆炸那样由内向外、向四周发散的、更外向的，能量感的方向则是更有序的、更内敛的。力量感在意象中的表达可能是大力士形象，或是大象、野牛等有力量的动物形象。

以上三种感受都可能和某些激素的作用有关，比如能量感和力量感可能都和肾上腺素的分泌较多有关，活力感则可能和多巴胺的作用有关。

正常情况下，有这些感受说明我们的身体和精神状态都比较好，我们能得到正向的激励并能加强自我的力量，提高自信，产生很多积极的效果。

不过，有一些违禁药物也可以带来这样的感受。兴奋剂类的药物（毒品）也可能带来很强的活力感、能量感和力量感。药物所带来的这些感受，可能会在强度上大大超越自然形成的这些积极感受，这也许就是药物成瘾的重要原因之一。

酒也可以带来一定的力量感，因此醉酒的人可能会高估自己的能力，但是他们的真实力量并没有因饮酒而提高，所以这种力量感是虚幻的。

第 11 章

J

饥饿感

严格地说，饥饿感是一种通过感觉而获得的感受。

这里再次强调，本书所定义的"感受"和"感觉"与日常语境中所说的"感受""感觉"的含义是不同的。在本书中，我们定义的"感觉"特指身体的感官所接受的外在或内在的刺激；"感受"则特指我们对事物所感受到的愉悦或不悦的体验。二者的重要区别在于：感觉只是感官能知的信息，并没有引发好恶的评价；感受则是主体我对某种情景的主观好恶的体验。通常情况下，主体我对感觉进行评价后都会带来某种或某些感受。

饥饿感，首先是一种内部的生理感觉，之后主体我对这种生理感觉进行了判断，并把它归因为"食欲未被满足时的感觉"，进而产生不悦。

饥饿感的核心是意识到自己的食欲没有被满足，从而产生想吃的欲望来消解这个焦虑。越饿，想吃的欲望就越强烈。

饥饿感反映在身体上的感觉包括：胃里的空虚感、身体的无力感、头晕、出虚汗等。饥饿的时候，人对食物气味的感觉会更加敏感。

当人产生饥饿感时，会强烈地关注食物，在意象中会看到食物并想象吃的情景。饥饿感有时还会激发一些情绪反应，比如，有的人在饥饿时会更加易怒。

饥饿了一段时间后，食欲会逐渐减退。辟谷的人在忍受饥饿一段时间之后，食欲会减退，即使还是没有吃东西，饥饿感也会减弱，而且不再像之前那么难受了。

绝大多数人在主观上都能轻易识别出饥饿感，但有时会将饥饿感与其他感受混淆。比如，当人缺乏爱和关怀时，会产生匮乏感或空虚感，以及身体的无力感，有时会误认为那是饥饿感。因此，有些缺乏爱和关怀的人会吃得过多，甚至出现心因性暴食。

急迫感

急迫感是在一个人估计时间不够用、希望行动加快时所产生的感受。

有时时间并非真的不够用，但人的内在认知产生了"时间紧"的评估，此时也会产生急迫感。急迫感是焦虑的核心成分之一。

急迫感是一种偏不愉悦的主观感受，但不愉悦的程度比较低。有时，如果急迫感和兴奋感等愉悦的感受同时存在，急迫感就不会让人感到不愉悦。

急迫感在身体上的体现是一种全身的唤醒，肌肉更加紧张、心率加快、呼吸会变浅且快，有时手脚会有轻微的抖动，内心的语言是"快、快、快"。

此时，意象中会出现一些急迫的场景，比如，正在赶火车或飞机，但是自己乘坐的出租车被堵在公路上；或是上班要迟到了，但是电梯迟迟不来等。

从心理发展的阶段上看，急迫感是在一岁多之后开始出现的。由于婴儿并没有任务需要完成，因此他没有什么可急迫的，自然也没有急迫感。到了一岁多时，有多种情况都会激发急迫感，比如：忍便快忍不住的时候，会急于叫父母；自己走路速度慢，父母在前面走得快，会急于追上去；别的小朋友已经跑到外面玩了，父母却要自己先穿好衣服再出门等。

从回归疗法的视角来看，当人处于在界的时刻，急迫感在整体上会少一点，但是当人处于营界的时刻则经常会有急迫感。

父母之所以难以忍受孩子做作业太慢，往往是因为父母有较强的急迫感。有的孩子为了抵御内心中的急迫感可能会产生反向作用，反而会更加拖延。

如果人经常产生急迫感，就可能会成为一个性急的人，他们会更倾向于认为行动慢是导致他们失败最主要的原因。性急的人，在生理上容易有高血压等问题；在心理上比较容易产生焦虑，严重者甚至可能罹患焦虑障碍或焦虑症。

嫉妒（或妒忌）

"嫉妒"或"妒忌"，在《现代汉语词典》中是同一个意思[①]，二者都是指人对才能、名誉、地位或境遇比自己好的人心怀怨恨。其要点并不在于比较中产生的"不如别人"的感受，而在于指向优胜者的敌意。显然，这是一种失败者对优胜者产生的敌视情绪，是一种相当不愉快的情绪情感。

需要注意的是，失败者对优胜者并不一定都会产生敌意。嫉妒和羡慕的不同之处就在于，羡慕虽然也是因为一个人意识到并承认自己在某些方面不如别人，虽然也同样渴望得到别人有而自己没有的好东西、好品质，但只是停留在对自己的遗憾和对别人所拥有的东西的向往上，并没有指向优胜者的恨意。正因为如此，羡慕才常常能引发一个人之后的奋发图强、自我提升，让他以优胜者为榜样，从而让自己有一天能像优胜者一样好（甚至超越他）；相反，嫉妒引发的却不是努力自我提升，而是如何贬损甚至是摧毁优胜者，从而连同优胜者所拥有的那些自己可望而不可得的好东西一同毁掉。因此，羡慕于人于己都是无害的，嫉妒则是损人不利己的。

在感受的品质上，羡慕是一种贪慕，嫉妒则是一种嗔恨。羡慕就像心里有个空洞，渴望被别人所拥有的那个好东西填满；嫉妒则像心里憋着一团热毒想要投向竞争者，摧毁他以及他所拥有的失败者得不到的好东西，在极端的情况下，失败者甚至会不惜与之同归于尽。

还需要注意的是，嫉妒是主观视角下的竞争带来的——也就是说，虽然那个被嫉妒的竞争者可能并没有和他竞争，甚至那个被嫉妒的竞争者压根没有意识到嫉妒者的存在，但如果一个人有心和别人竞争，并且在竞争行动之后，自我评价为自己在竞争中失利，他就会对优胜者产生敌视和恨意。比如，在一些著名的连环杀人案

[①] 为了精炼语言，以下只就"嫉妒"一词来讲解。

中，我们发现凶手并不认识那些受害者，他之所以残酷地虐杀他们，只是因为他们得到了凶手渴望得到却无法得到的好东西。当然，这个例子比较极端，其实现实生活中也有这样的例子。比如，有些恋爱或婚姻关系不顺利的人在看到身边有一对恩爱夫妻时，会忍不住去诋毁他们或是诱惑他们中的一方——他之所以这么做，重点并不是真的想要去拥有此人并与之结为伴侣，而只是见不得他俩那么亲密无间，想通过破坏他俩的关系来释放嫉妒。因此，在他成功地拆散这对恩爱夫妻之后，他往往随即就对那个已经得手的人失去了兴趣。

嫉妒的体验常常伴随着一种自我折磨的痛苦感觉。这是因为嫉妒迫使一个人不得不承认自己已经处于劣势的位置，这会严重打击人的自恋感——自恋会让人保持一种"我好、我能、我重要、我是唯一、我是中心、我更优越"的幻想。嫉妒的出现，无疑打破了自恋的幻象。

如果对嫉妒进行细分，还可以分成以下两种。

一是两人关系中的嫉妒。这是自己与他人之间的比较——两人关系中出现的嫉妒，往往是因为发现别人的相貌比自己好，或别人比自己更聪明，或别人更善于和人交往，或别人更有钱、更有地位、更有成就或更有名气等。

二是三角关系中出现的嫉妒。这通常与情感或其他资源的分配有关——这个三角关系中有三方：一方是情感或其他资源的分配者（从这个意义上说，这个分配者本身就是被竞争的资源）；一方是想要被分配到更多资源甚至独占资源的自己；一方是自己的资源竞争者。如果本来已经占据了优势和主导位置的资源分配者把资源更多地分配给了竞争者，使得原本和自己同样处于劣势位置的、能与自己平起平坐的竞争者一下子处于优于自己的位置时，自己就在这个三角关系中变成了唯一处于劣势的失败者和被剥夺者。在这种情况下，如果自己愿赌服输、选择退出，就不会产生嫉妒，而只会产生失落感、无奈感、挫败感和悲伤等；如果自己不肯服输，还想坚持反败为胜，就会产生指向竞争者的嫉妒。

在婚姻、恋爱关系之中格外容易出现嫉妒，情敌比自己优秀是最让人嫉妒的。当然，如果情敌比自己优秀非常多，那么多数人都会服输，并从嫉妒转向悲伤等情绪。

值得一提的是，嫉妒也有"应分的嫉妒"和"不应分的嫉妒"之分。例如，因别人和自己的伴侣偷情而激起的非常强烈的嫉妒是一种应分的嫉妒，因为此时的嫉妒是一种捍卫自己的尊严和自我边界的自发的情绪情感反应；相反，如果一个人知道自己的伴侣和别人偷情后毫无嫉妒，这才是一种不健康、不自然的情绪情感反应，这可能意味着这个人的低自尊和麻木不仁。再举个例子：如果一个女人嫉妒别人的丈夫心疼他自己的妻子，那么这个嫉妒就是不应分的；相反，如果一个女人嫉妒自己的丈夫对别的女人好，那么这个嫉妒就是应分的。

从情绪的低级和高级视角来看，嫉妒还有动物层的嫉妒和人性层的嫉妒之分，二者差别的要点如下。

- 人性层的嫉妒是一种高级情绪（情感）；动物层的嫉妒则是一种基本情绪。
- 人性的嫉妒与自我意象相关，包括自恋、自尊、自我边界和爱等，它之所以被激发，是因为人的自我意象在与竞争者的比较中遭到了损害而被迫处于劣势地位；动物性的嫉妒与生存资源相关，包括食物、交配权、领地等，其核心总是围绕生存与生殖。

由于人也有动物层的心理，因此动物性嫉妒在人的内心被激发的常见情景为，一个和自己有竞争关系的人夺走了自己可能会有的资源以及已经拥有的资源。

在动物的生活中，常常会发生对资源的争夺。比如：刚出生的时候，同胞之间要争夺奶水或被喂的食物；长大之后，要争夺地盘或群体中的地位；成熟之后，雄性动物要争夺雌性，雌性动物要争夺优秀雄性的注意力……这些争斗都伴随着嫉妒情绪。

当人产生嫉妒时，身体上感觉最明显的部位是胃部。胃里面会产生一种像被酸腐蚀的感受，酸且灼痛。嫉妒还会让人产生一种想呕吐的感受，与厌恶感中的恶心极为相似。与通常的胃酸过多不同的是，嫉妒的心理感受更加"暗黑"——面部会呈现嫉妒专有的表情，如皱眉、嘴紧闭、咬牙、偏头并斜着看对方。

嫉妒情绪的心理能量，在胃部翻滚着。在意象中看，这个能量是暗绿色的，当它非常暗的时候，看起来还有点像是黑色的，而且它还像是黏稠的膏状的液体。

嫉妒者的心理意象中会对竞争者进行贬低性的扭曲。比如，如果竞争者很自信，那么在嫉妒者的意象中，竞争者就是一个夸夸其谈、自以为是的家伙；如果竞争者很富有，那么在嫉妒者的意象中，竞争者就是一头肥头大耳的蠢猪；如果竞争者相貌出色，那么在嫉妒者的意象中，竞争者就是一个淫荡肮脏的人……在嫉妒者的心理意象中，还会出现一些肮脏恶心的事物，比如癞蛤蟆、蛆虫、毒蛇、西方的恶龙，或是身上有黏液的人或怪兽。此外，青蛙也常常与嫉妒情绪有关。

经典精神分析理论最重视孩子在3~6岁的心理发展，这个阶段被弗洛伊德称为"俄狄浦斯期"。弗洛伊德看到，在这个年龄段，很多孩子会与父母中与自己同性的那位竞争。也就是说，儿子会和父亲竞争，看谁更"厉害"；女儿会和母亲竞争，看谁更"可爱"。有竞争就会有嫉妒，所以，这个年龄段的孩子常常会对父母中与自己同性的那位产生嫉妒情绪，甚至产生攻击性行为。

嫉妒是有破坏性的，会伤害竞争双方之间的关系。也许他们本来关系良好，但是嫉妒会毁掉这种良好的关系，因为嫉妒者会攻击他所嫉妒的那个人。这种攻击性可能是隐蔽的，只在潜意识中起作用。

此外，由于嫉妒者同时还是自卑的，他认为自己不如所嫉妒的竞争者，因此很少用直接攻击的方式去斗争，而是用隐蔽攻击、欺骗性攻击、心机性攻击等方式去攻击竞争者。这样一来，嫉妒者在其他人看来往往是卑鄙的人。

按照经典精神分析理论，超越俄狄浦斯冲突需要转变，即承认自己所嫉妒的人更优秀，然后决定向这个人学习。这样一来，嫉妒就可以转化为羡慕，羡慕会促使人学习，而不是斗争。尽管嫉妒和羡慕都是对胜过自己的人的情绪，但嫉妒是不友善的，羡慕则是友善的——我知道你比我好，但我爱你或喜欢你，所以我不会攻击你，我会向你学习并成为你这样的人。

健康度过了俄狄浦斯期的人，嫉妒情绪会相对比较少；相反，没能顺利度过俄狄浦斯期的人会形成俄狄浦斯固结，很容易嫉妒。

在孩子一岁左右，还可能有另一个机制引发嫉妒。如果父母生了弟弟妹妹，且他们更喜欢弟弟妹妹，对这个孩子的关注大幅度减少，甚至把这个孩子送到爷爷奶奶家寄养。这个孩子会觉得，父母为了弟弟妹妹抛弃了自己，这也许会给他带来很大的心理创伤。在这种局面下，有些孩子会形成边缘性的人格特质，他们会产生非

J

常强烈的嫉妒感。这种边缘型人格的嫉妒，比俄狄浦斯期的嫉妒要强烈很多倍，而且其中的敌意和攻击性也要强很多，可能会达到真正的"邪恶"程度。

这种嫉妒更难以改变。在心理咨询中，咨询师需要反复地陪伴来访者与其被抛弃感在一起，还要包容来访者的强烈愤怒，逐渐让来访者的被抛弃感得以修复。如果来访者的被抛弃感降到足够低的程度，那么他的嫉妒也可以减弱。如果其愤怒得以宣泄，那么也能帮他将嫉妒转化为羡慕。

焦虑

焦虑是一种混合情绪，一个由多种不同的情绪构成的"情绪包"。

焦虑是永恒存在的，只要世界、他人或自己的状况与我们希望的情况不同，需要我们努力去转变外界和自己，我们就会产生焦虑。这个过程是这样的：由于我们试图改变外界或自己，但是外界或我们自己并不一定能按照我们期待的样子去转变，因此我们并不一定成功——既然有可能失败，那么我们就会担心，从而产生焦虑。

在现实生活中，谁都无法实现"万事如意"，所以谁都无法完全不焦虑。

焦虑的体验是很不舒服的。程度可以有很大的区别，有时是轻微的不安，有时是淹没性的、令人崩溃的。

焦虑的核心是一种担心或恐惧的感受——因担心或害怕发生不如意的事情所致。身体的核心区会产生紧张急迫感，因为人为了避免不如意的事情，总会急于想办法做一些事，这种急切的态度会引发急迫感或急躁感。同时，身体的核心区还会产生忐忑不安感或惶恐不安感，因为无论人做什么，结果都是不可知的。

在做事的过程中还可能出现的其他感受和情绪，也都会汇入原有的焦虑之中，成为焦虑的一部分。比如，人在做事时不可能总是一帆风顺，在不顺利时经常会对外界或自己产生愤怒，这些愤怒也会成为焦虑的一部分。焦虑中通常都或多或少地包含着愤怒，还会包含着挫败感、慌乱感、迷茫感、无奈感等其他的感受或情绪。

J

如果人能清晰地了解自己该做什么，他的焦虑程度就会比较低。如果人急于做些什么，但又不知道该做什么或该怎么做时，他的焦虑就会格外强烈。

焦虑在身体上的表现通常包括心率加快、呼吸加快、肌肉紧张、出汗增加、口干等。如果焦虑不是很强烈，这些变化的幅度就不会很大，我们用肉眼也未必能看出来，但可以借助一些仪器测量出来。比如，我们可以借助仪器测量出心率加快，也可以发现脑电波有所改变，或是发现皮肤的电阻减小了。如果焦虑强烈，呼吸加快和肌肉紧张就会很明显，还会出大量的汗。同时，人还会感到心慌、气短，还可能伴有颤抖，或是不自觉地做一些快速的抖动或无意义的小动作（比如，快速地抖腿、坐立不安、两手扭来扭去、搓手顿足、快速地走来走去等）。焦虑还可能会让人面色潮红、身体燥热。焦虑的时候，胃附近的区域会产生一种与被酸腐蚀的烧灼感类似的感受，因此长期焦虑的人的胃也的确更容易出现溃疡类的病变。

焦虑的时候，人的注意力难以集中，还会失眠。在现实生活中，失眠往往是焦虑所致，而失眠本身又会成为焦虑源，从而出现"因焦虑而失眠，因失眠而更焦虑，因更焦虑而失眠得更严重"的恶性循环。

幼儿焦虑，有时可能会导致尿床。成年男性焦虑，可能会引发性功能障碍（这种障碍又会引发焦虑，像失眠那样形成恶性循环）。

当我们用意象来观察焦虑的身体时，我们会发现：焦虑是棕色的，类似物体被烤焦之后的颜色；焦虑是"干热"的，宛如沙漠里白天的那种热风；焦虑是一种噪音（比如，电钻的嗡嗡声）；焦虑有一种物体被烧焦的气味；焦虑的味道有点像咖啡，但没有咖啡那么香。

焦虑情绪在身体中并没有一个明确的运动方向，而是乱动的。

焦虑在心理意象中，可以表现为"热锅上的蚂蚁"。热锅的热，是焦虑中燥热感的表达；而热锅上的那些蚂蚁慌张却不知道该往哪个方向跑，是焦虑中的无措慌张感的表达。当然，在心理咨询中，那些焦虑的人所看到的意象并不都是热锅上的蚂蚁，还可能是一群乱蹦的蚂蚱、一窝被挖开了窝而惊慌逃窜的老鼠、马蜂窝掉在地上时惊飞的马蜂，甚至还可以是百货商场中突发地震、火灾或爆炸时吓得四处乱跑

J

的人们。焦虑还可以呈现为灌木或草堆在焖烧、草房子着火冒烟、房子中的东西混乱不堪地堆放，或是在某处场地上堆放杂乱的货物等意象。

人在人生的各个年龄段都存在着不同的焦虑，它会伴随人的一生。

人内心最深处的焦虑是存在焦虑，它有以下几种主要的表现形式。

- **死亡焦虑**。每个人都极为害怕死亡，死亡焦虑会衍生出一系列的具体焦虑，比如，怕得病、怕遇到坏人、怕受伤、怕失去生活资源等。
- **孤独焦虑**。孤独会引发焦虑，让人害怕和亲人分离、被团体排斥、失去恋人。
- **人生无意义焦虑**。这种焦虑就是害怕自己虚度一生，它能驱使人去努力追求某个对他有意义的目标。
- **选择与负责的焦虑**。这种焦虑是人总担心自己选择错了，从而带来不好的后果。因此，在面临高考填报志愿、选择工作单位、选择结婚对象等重大的选择时，往往会非常焦虑。

人在生活中面对各种各样的事情时会产生各种各样的焦虑。长期的、严重的焦虑可能会引发多种心理疾病（比如，焦虑症、恐惧症、强迫症、疑病症等）和生理疾病，尤其是消化道溃疡等疾病（比如，口腔溃疡、胃溃疡、慢性肠炎等）。

人的易焦虑程度不仅与其天生的气质类型有关，也与其后天的经历有关。例如，如果一个人受挫较多、对自己没有信心、更担心自己失败，那么他就更容易焦虑。人在不同领域的自信程度，也会影响其是否会感到焦虑。例如，学习不好的人，容易有考试焦虑；不善于和异性相处的人，在追求异性时容易产生焦虑。这里需要说明的是，人之所以会感到焦虑，是因为他还在努力追求，如果他放弃了努力、破罐破摔了，那么即使他很不自信，也不会很焦虑。

耶克斯－多德森定律告诉我们，焦虑水平与行动效率呈倒 U 形曲线关系（见图 11–1）。从图 11–1 中可见，中等程度的焦虑最能提高人的行动效率，而过低或过高的焦虑则不利于提高人的行动效率。

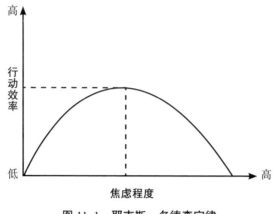

图 11-1　耶克斯 - 多德森定律

在心理咨询工作中，帮助来访者管理、应对及缓解焦虑的占比最大，咨询师常用的方法如下。

- **心理动力学**。重点分析来访者的欲望和动机，找到来访者的欲望和动机之间的冲突，并想办法化解冲突，从而减少来访者的无措感，帮助他缓解焦虑，更好地实现人生目标。
- **行为疗法**。从身体出发，通过放松训练来减少焦虑，还可以通过改变条件反射来减少焦虑。
- **认知疗法**。通过改变信念、改变人对外界的看法来减少焦虑。
- **回归疗法**。看焦虑如何引发欲望，欲望如何引发策略，策略如何引发行动，行动效果被检验后如何形成信念，以及信念又会引发什么新的焦虑。通过身体、情绪共同参与的观察过程，使人产生自发的领悟，从而缓解和转化焦虑。

界限感

界限感是一个人对实体边界或虚拟边界的意识及其感受。例如，国界就是地理上的实体边界，而自我与他人的心理边界就是虚拟的边界。

以下为激发界限感的常见情景：

- 意识到自己正在接近或穿越某个边界时内心所产生的感受；
- 意识到别人正在接近或穿越自己的身体或心理边界时所产生的感受；
- 在某些情景下（比如，在人际接触或人际冲突中）对他者的物理边界和心理边界的意识和感受。

所谓"边界"，通俗地说，就是一个区域和另一个区域的分界线。边界既可以是实在的物理边界，也可以是某个行为边界或心理边界。

物理边界分为自然边界和人为设置的边界。举几个自然边界的例子：河流把两岸隔开，它就是两岸之间的边界；悬崖可被视为山顶和山谷的边界；海滩是陆地和海洋的边界。在人为设置的边界中，有大至国界（即两个国家的边界），有小到院墙（即自己所在的机构和别的机构的边界，或自己家和别人家的边界）。从理论上说，边界是一条线，但实际上它是一条带状的地域，有一定宽度。而且，边界也不一定是固定的，最明显的例子就是海洋和陆地的边界——涨潮时这个边界会向陆地推进，退潮时则会退向海洋的方向，海浪每时每刻都在进退，所以我们只能把海滩上靠近海水的一个区域视为边界。

所谓"行为边界"，就是"绝对不可做的行为"和"肯定可以做的行为"之间有一个"说不清是否可以做"的模糊区域。所谓"心理边界"，则是指我们用内心感受来划分的某个边界——边界内的事情是我们自己的事情，界限之外的人不应当介入；边界之外的事情则是公共的事情。如果别人干涉我们的事情，我们就会感到别人"侵犯了我的心理边界"。在不同关系的人之间，边界位置也不同。家人之间的心理空间比外人近，所以我们会允许家人更多地参与我们的事情，但是到了某个程度，我们也会排斥家人，这个程度就是我们的个人心理边界。夫妻之间也会构成一个区域，夫妻之间的事情是他们俩的私事，别人往往不能参与甚至不能去了解。

边界的存在是有前提、有相对性的。比如，家庭是有边界的，外人不应当干预某个家庭内部的事情，但前提是，家里人的行为都在一定的边界之内。如果这个家庭存在着家庭暴力，外人就有权侵入这个家庭的边界内并去干预。再如，杀人对普通人来说是绝对不可以做的事情，但是对于战场上的军人来说，消灭敌军则是其行为边界之内的事情。

J

认知到边界的存在，对于人的生活来说是非常重要的。只有能感受到边界，才能知道自己有没有越界，知道哪些行为越界、哪些行为并没有越界。这样一来，人才能调整自己的行为，让自己在不同的区域有不同的行为模式，从而更好地和他人相处。

划分边界也是动物的本能行为。在同类动物之间，不同的族群划分边界是最基本、最重要的事件。每群狮子都有自己的势力范围，其他狮子不能轻易越界。狼也如此，一旦进入其他狼群的势力范围就会遭到其他狼群的猛烈攻击。草食动物或鸟类的界限没有肉食动物那么严格，但是它们将巢穴附近界定为"自己的界内"，一旦被侵入也会激起它们的强烈反应。

相信自己足够强大，从而不顾对方的感受、悍然进入对方界内的行为就是侵犯。这种行为会激发对方的被侵犯感，让对方感到愤怒甚至可能去战斗。如果对方失败，就会被迫接受被侵入，并通过收缩其领地来退让。由于考虑到自己未必一定胜利，因此动物通常也不会轻易侵犯别的动物族群，平时在接近或进入别人的边界时，还是会有不安。有些动物可能会偷偷潜入别的动物的领地，偷一点东西就回来。这种行为如果被主人发现，主人也会愤怒，但是与上文中那种明目张胆的侵犯相比，因被偷而引起的愤怒相对弱一点。如果有的动物只是误入别的动物的领地，此时领地主人的愤怒会更弱。

人类和动物一样，有划分边界和保护自己领地的本能。因此，以上所说的动物行为，人类同样具备。如果人类被侵犯，就会产生愤怒，会本能地反抗，与侵入者战斗。如果战斗失败，就会退让并建立新的边界，但是退让方会因此感到强烈的屈辱或有受辱感，这会驱使人们通过夺回故土来洗雪耻辱。国家要保护领土，家庭要保护家，个人要保护自己的身体，都是这种领地本能。在心理和行为边界方面也是一样，如果别人"多管闲事"，干预我们的行为或是插手我们的工作，就会让我们心生不满。

别人偷偷进入我们的边界，同样会令我们愤怒。外遇是最令人气愤的偷偷进入，因为外人和我们团体中的人（即伴侣）串通，让那个外人偷走了我们的性资源，并让那个外人进入我们的领地。这种情况所引发的愤怒，并不亚于上述情况所引发的愤怒。比如，有些女性在发现丈夫有婚外性行为后能无奈接受，却会要求他"绝不许再带外面的女人进家"，要是再看到家里有别的异性的痕迹，就会怒不可遏。此外，当亲戚来家里做客时，如果父母不经孩子允许就擅自进入其房间，并让亲戚家的孩子玩孩子的玩具，也会令孩子感到很生气。

人类比动物更复杂，所以人有时会以帮助的名义去冲破边界、侵入他人的领地。由于这种行为有双关性，因此有时很难说清楚。比如，母亲或婆婆以照顾女儿或儿媳坐月子为由进入其家庭，就很难说清是不是侵入。如果母亲或婆婆在各个细小的行为上都很在意小两口的感受，尊重他们的主导权，这就是纯粹的帮助；如果母亲或婆婆对小两口的生活干预过多，这就是一种侵入。有些母亲或婆婆因界限感弱，没有意识到自己侵入了小两口的边界（比如，不敲门就进入小两口的卧室），就会在婆媳之间或是丈母娘和女婿之间引发冲突。此外，长辈私自替代成年子女甚至是已婚子女收取礼物，并且不告知他们就私自分配或使用了，也是一种侵入边界的行为。

由于相互依恋、相爱或亲近的人会在一定程度上共享领地，因此他们之间的界限感可能比较弱。有时，人们会用"进入某个人的领地"（老百姓的说法是"他们穿同一条裤子"）来表达"我们之间很亲密"。如果双方就这件事达成了共识，那么在常规看来的"突破界限"反而是亲密性的一种表达。比如，直呼领导的名字通常是一种冒犯，但如果这个人和领导关系好，那么这么做反而意味着两人的关系亲近。

在人与人、群体与群体之间，当物理或心理的距离比较远时，界限感弱一点也没关系；相反，当距离比较近甚至让人感到拥挤时，界限感弱就会非常危险。因为如果人感觉不到界限的存在，或是不能更清晰地知道界限在哪儿，就会引发行为上的越界，从而让别人感到被侵入并引发别人的攻击，导致双方互相伤害。

界限感在行为上体现为行动更加谨慎和自我约束，"站在悬崖边"就是人对"界限"的一种最直接的感受。由于人很害怕突破边界而带来的危险，因此人会变得很警觉，动作也会变慢、幅度减小。比如：走路时更注意脚下的落点；双臂摆动的幅度减小，以免碰到什么不该碰的东西；腿、手臂及其他部位的肌肉都更加紧张；身体做出的动作都会相对内收一些。在日常生活中，当我们要求别人更注意界限时常会说"你规矩一点"。所谓"规矩一点"的身体姿势和身体状态，就是更有界限感的。

J

对人类来说，身体边界（物理边界）与其自我边界（心理边界）息息相关，我们可以通过一个简单的例子看到动物和人的不同。在交配季节，雄性动物会强行与雌性动物交配，这不会给动物界的"社会团体"带来混乱和困扰。然而，如果男人强行与女人发生性行为，这对人类社会来说就是严重的犯罪，因为受害者不仅仅身体边界被侵犯，更因自我边界被侵犯而造成严重的心理创伤。因此，一个人如何捍卫自己的身体边界，常常可以体现这个人的自尊水平；反之，一个人如何尊重别人的身体边界，也常常可以体现出这个人对别人的自我的尊重。

当一个人知道有界限存在但不确定其精确的界限时，他会采用类似轻微突破的方式去试探对方的界限。身体上的做法就是小心翼翼地站到可能是对方界限内的位置。语言上，可能是说一些会让对方感到轻微冒犯的话。如果遭到对方的反击，他就会立刻退回原来的地方；如果对方没有反击，他就会继续往前走一点。追求异性，实际上也是要突破对方的边界：成功了，双方关系就更亲密；相反，如果对方不愿意接受，追求者就在一定程度上属于一个冒犯者。因此，有些人在追求异性时会采用暧昧的方式，即若是成功了就进一步进入对方的心理领地，若是被拒绝了就假装自己并没有这个意思。需要保护自己领地的一方，在别人试探着要进入自己的边界时，如果不愿意让对方进入，就要表达出一定的攻击性，否则就会让对方误以为你已经放弃了对这个领域的保护，从而得寸进尺。

当一个人心里记着"要注意边界"时，被称为"有边界意识"或"有界限感"。当他通过认知活动，在某个代表边界的信号出现时，能够及时认知到这里就是边界附近，他就会产生界限感。比如，当他在做某件事时让别人勃然大怒，就可能是触犯了对方的边界。又如，当他走到某个地方，突然有一条狗对他狂吠，就可能说明他进入了别人家的区域——至少是狗认为的属于它主人家的区域。

人类社会为了减少冲突，常常会让边界变得更加清晰，从而避免有人误判。比如：建立围墙作为一个院子的边界，或是用篱笆来标示院子的边界；国境线上会有界碑，各国在自己的一侧还会设有国旗等标志物；在大学的图书馆中，学生会把自己的书放在座位上占座；已婚者戴戒指，告诉潜在追求者自己是属于某个人的，而不是"无主"的（有的人甚至会让配偶身上带有自己独特的标志，或是把配偶的标志"永远地属于"自己，便在配偶身上文上自己的名字，或是在自己身上文上配偶的名字）；同桌的两个小学生，会在双方共用的课桌上划出一条线作为双方的边界。在我们的梦中或是想象中，各种边界标志物的意象都代表着某个边界，它所表达的主要是行为和心理的边界。

边界意识或界限感，在肛欲期（一两岁）产生。那个年龄的幼儿就知道，有些地方不能随便进，有些东西不能随便动，有些行为不能随便做，别人的事情不能随便管。如果一个小孩子从小就被家人溺爱，家人一直纵容他侵入别人的边界，他可能就会成为一个没有界限感的人，并在将来的人际关系中被别人厌烦。

矜

《现代汉语词典》对"矜"字的解释为：① 怜悯；怜惜。② 自尊自大；自夸。③ 慎重；拘谨。

对"矜"的组词为矜持、矜夸。显然，矜持是第三个意思，矜夸是第二个意思。对于第一个意思，现代已经不怎么用了。

矜表示的是一种情感，以及相应的行为方式，但相对来说更多的是一种观察别人外显行为方式后的感受，这种感受常伴随着对别人的主观认知评价。矜持是可以被外界观察到的行为样态，而不是主观感受。一个人不会说"我感到矜持"，但外显行为矜持的人，内部还是有一种对应的感受，这种感受或可被称为"拘谨感"或"慎重感"（注意，并不是说所有的拘谨和慎重感都是矜持时的感受），因此我们也可以称矜持者的内部感受为矜持感。

在矜的躯体感受中，最基本的感觉是"端着"，即耸肩且略微向左右两边扩张，双臂似乎也向上抬，头微微上扬或是轻微地向一侧偏，眼神中带有一点点轻视。

《现代汉语词典》之所以用"自尊自大；自夸"来注解，恰恰是因为它既不完全是自尊自大，也不完全是自夸，而又与这些相近。

从心理来源上说，矜暗含着一种"对自己的高度评价"，但从感受来说，它又与自大、自夸不同：自大时，人会产生一种自我的扩张感，感觉"我很强大或伟大"；自夸时，人会产生一种自我的优越感，感觉"我比你们都高"。然而，矜并不是这种扩张和优越的感觉，而是一种"我比你们都自重、纯净或比你们都规矩"的感觉。自大是自恋型的人的感受和行为，矜则是完美主义者常见的行为并伴有相应的感受。正是因为他们对自己的评价高、要求高，所以才需要更谨慎，以让自己的举止配得上他们对自己的要求，使他们在没有把握时表现得拘谨——因此，《现代汉语词典》中"矜"的第三个意思，是第二个意思所带来的结果。当然，由于他们对自己的评价高，相对而言对别人的评价就低了，且他们又要求自己在道德上要好，对别人不能有轻蔑，便对别人产生了怜悯——因此，《现代汉语词典》中"矜"的第一个意思，也是第二个意思所带来的结果。

惊

惊指的是由出乎意料的、突然发生的事件所激发的即时反应性情绪。突然的巨大声响、突然出现的人或事物，都是会引起惊的最常见的触发物。在交流中，对方奇怪的行为也会引起惊。

惊是人在发现发生了预料之外的事情时的反应，整体上说偏消极。这是因为，人希望世界的运行在自己的预料之中，希望自己能够控制世界，但世界是无常的，是人无法预料和控制的。

惊是一种被突发事件迅速激发的不安，在体验上和其他的不安相似，只是时间更短。

惊是一种短暂的情绪，在人对突然出现的事物进行评估后会迅速产生新的情绪。比如，如果在评估后发现对自己有利则会转为喜，如果发现对自己有威胁则会转为恐惧。因此，"惊"这个词常常与其他情绪词连用，比如，惊喜、惊恐、惊吓、惊慌、惊悚、惊奇、惊恼、惊讶等，其中"惊讶"与"惊"的含义最接近。

惊的躯体反应为，身体突然收紧一下，还会突然有一个四肢的反射性动作。如果被惊吓得比较厉害，人就会突然跳起来（即所谓的"吓一跳"）。动物也有这种"吓一跳"的反射，比如，羚羊在受到惊吓时就会跳起来。此外，惊的时候，感觉上有突然的战栗，心会感到突然的一悸，眼睛睁大、嘴巴张大。

在惊的状态下，意象如同电光一闪。从意象来看，能量流不明显，颜色似乎偏于蓝白色，但也不明显，没有明显的气味或味觉感受。

如果人受到了严重的惊吓，可能就会产生"失魂"反应，包括难以集中注意力、智力活动能力变差，甚至整个人变呆。如果长期多次受惊，人就更容易变呆，还会感觉过钝。如果人受惊太严重，或是多次受惊吓，还可能会引发很多身体疾病（比如，消化系统问题、失眠问题等）。此外，他们的身体发育也会受到影响——往往会比较瘦弱。

儿童比成年人更容易受惊，也许是因为对他们来说，出乎意料的事情更多。如果儿童受惊，会出现发高烧等反应。如果儿童在受惊之后没有得到安抚，就可能会形成一种容易受惊的性格。这样一来，儿童就会变得胆小、敏感和脆弱，既不敢冒险也不敢创新。

消除环境中的危险因素可以减少受惊的危险，但毕竟不可能完全避免受惊，所以，我们可以在一个人受惊后及时安抚他，对儿童更应如此。在安抚受惊的人（尤其是儿童）时，应由他熟悉、亲近的人去做，可以用手轻抚其头部，也可以用手按照从头到脚的顺序轻轻地捏。同时，安抚者需要用轻柔的声音安慰他，柔声呼唤他的名字（可强化其自我认知），并提醒他信赖的人在他身边，这些都有助于缓解其受惊。

敬畏感

J

敬畏感是人类意识到有高于人类的、伟大的超越性存在时，自然而然产生的一种感受。敬畏感最常见于宗教，人对于神或具备神性的存在是敬畏的。非宗教信仰者也可以有敬畏之心，他们会把这种敬畏之心投向大自然、仁爱、大义等超越性的对象。

"敬畏"一词中的"畏"字容易让人联想到恐惧，但是其感受与恐惧并不是很相似。不懂得真敬畏的人，有时容易把"对权威的崇拜和畏惧"混同为敬畏感。这种假敬畏感中含有很多的恐惧成分，其感觉是"你比我伟大，我怕你，我会服从你"。

然而，在真正的敬畏感体验中存在着这样一种对比，比如，有一个极度高大的外部存在，我们与之相比是如此渺小；有一个极度美丽的外部存在，我们与之相比是如此暗淡；有一个极度神奇的外部存在，我们与之相比是如此平庸……总之，我们与那个外部存在之间的差距大到无法形容、不可估量。"哇，他是如此不可思议"就是人在表达敬畏时最常见的想法。尽管人在恐惧时会感到自己稍有缩小，但在真正心生敬畏时，人会显得很渺小但不会心生恐惧，因为人相信那个更伟大的存在对自己是慈悲爱护的。

当人心生敬畏时，身体可能会后倾并仰起头，嘴会微微张开如惊讶状。在意象中，敬畏的对象是高大的神像或神的形象，身高至少是人的十几倍，甚至是成百上千倍。敬畏感有时会让人产生轻微的热，因为人在看到了那个伟岸的对象时会感到兴奋和激动。意象中还可以是高山、天空或星空。敬畏的对象，很可能是晶莹透明或光彩夺目的。

没有经历过超越性体验的人不会懂得什么是敬畏，因为他们的精神世界非常狭小，在精神境界中没有看过真正伟大的事物。他们就像井底之蛙，井底之蛙是不懂敬畏的，因为它的眼界狭小，便觉得没有什么了不起的东西值得自己敬畏。井底之蛙从来没有看到过万里长空，所以它以为所谓的天不过是井口大小。庸庸碌碌生活的人也没有见识过什么境界，以为人生不过就是挣钱吃饭、生养孩子然后老去而已，看不到什么可敬畏的事物。即使是挣了大钱或是当了高官，如果精神境界没有提升，那他所谓的"见过世面"，也不过是车子更贵一点、房子更大更豪华一点、吃得更好一点、有更多的人可以指使之类的，这些并没有什么值得敬畏的。

然而，如果一个人心理成长得很好，而且也有很好的机缘，他可能就会经历到超越体验——心超越了一般人的境界，看到更高的精神存在，或是看到真正的天地自然、大道。它们无与伦比的宏大和美好，能令所有看到它们的人感到自己很渺小。

庄子《秋水》篇所描述的感受可以让我们理解这一点：

秋水时至，百川灌河。泾流之大，两涘渚崖之间，不辩牛马。于是焉，河伯欣然自喜，以天下之美为尽在己。顺流而东行，至于北海。东面而视，不见水端。于是焉，河伯始旋其面目，望洋向若而叹曰："野语有之曰，'闻道百，以为莫己若'者，我之谓也。且夫我尝闻少仲尼之闻，而轻伯夷之义者，始吾弗信，今我睹子之难穷也，吾非至于子之门，则殆矣，吾长见笑于大方之家。"

简要地用白话文翻译过来就是，丰水季节，河变得很宽，河神便觉得自己很厉害。后来河流到了大海，河神看到浩瀚的大海一望无际，不禁感叹道："我以前真没见过世面，现在看真是贻笑大方了。"井底之蛙要是能跳出水井去仰望万里长空，或是每天过着庸俗生活的人如果在某一天突然领悟了大道，那么他也会产生这样的感受，这种感受中就包含着敬畏。

敬畏感让人有真正的谦虚，这并不是虚伪的自我贬抑，而是知晓了自己的渺小。知晓自己的渺小并不意味着自卑和自轻，因为人在敬畏更伟大的事物时，真正自我的绝对值并没有变小；相反，真正自我的心理境界会变得更大。

敬畏感的存在，对人很有价值。敬畏中的"畏"，代表的是因为意识到自己的渺小和无知而产生的慎重的态度。现在的人借助科学的力量，大量开采矿产、转变动植物的基因。这都是因为他们自以为自己什么都知道了，或是都能知道。他们对自然缺少敬畏，不知道自然的奥秘是无穷无尽的。如果懂得敬畏，就会懂得在更高的存在前放下自己的傲慢：心存敬畏，可以减少和避免人的"妄动"；人若能对天地自然心存敬畏，就不会大肆改造自然、破坏自然。

敬畏能让人超越自我的局限，从更高存在那里获得新的精神滋养，从而提升境界，让人远远超过他曾经的自我。

敬畏感几乎总是能有益于人，因此，人们会希望自己能多一些敬畏感。宗教通过将神像、庙宇等建得更高大来增强人们的敬畏感；儒家、道家等则是借助文字来描述圣贤或真人的精神境界，让人们感到高山仰止。

纠结

当有不同的选择摆在面前，但因信息量过载让人理不清头绪而不知如何选择时，内心的感受就是纠结感。

能令人感到纠结的，不会是小事上的选择。比如，今天中午到底是吃米饭还是吃馒头，可能会让我们有点犹豫不决，但不会让我们内心纠结。感情关系上的事情，则往往比较容易让人纠结。例如，当一个人预感到某个异性可能要对自己表白时就会这样想："要是答应对方，对方似乎算不上最理想的对象；要是不答应对方，我又担心自己以后找不到更好的。"

纠结和困惑是不同的，困惑往往是因为不知道该怎么做，纠结则往往是有一种倾向性的做法但又有所顾忌和担心。换句话说，困惑是眼前一头雾水什么也看不明白，纠结则是因看见了种种利弊缠绕而难以取舍。

纠结时，胸部会感觉有些紧，里面有一点闷闷的，同时还有纠缠和撕扯。头部也会有一些胀，严重时甚至会有一点痛。在意象之中，往往会出现两个及以上方向的力量共存又彼此缠绕、边界不清的情景（比如，拆不开的两团乱麻、地底下盘根错节的树根等）。偶尔有一点点纠结倒也无妨，但如果长时间纠结于某件事，人就会很难受。

纠结，说到底是因没有勇气去做决定，也不敢为自己的选择负责任而引发的患得患失所致。因为没有勇气，所以纠结的人常希望能找别人倾诉，让别人帮自己做决定，甚至让别人替自己做决定好的事情。然而，即使是别人明确地表达了意见，纠结者往往也还是不敢接受别人的建议。纠结的时间越长，做决定反而会越困难。

如何不再那么纠结？可以先放松身体、凝神正念，让脑中的杂念平息一些。然后，回头看一看面前的局面，根据现有的信息和自己的需要做出选择。做选择的时候，要明白信息永远都是不够的，就算做了选择也不可能保证绝对正确，最核心的应该是自己的心真正想要什么，以及自己能否承担由此可能会带来的不良后果。从心理上来说，减少纠结最重要的一点是"舍"，即不放纵自己的贪心。说到底，纠结的原因是因为人总想占尽所有好处，又不肯为损失付出相应的代价。

做了选择之后，就要有决心，以及轻则"快刀斩乱麻"、重则"破釜沉舟"的行动。行动可以让选择切实执行下去，减少自己的退路才能让自己不轻易后悔。这样做了之后，就会发现内心的纠结减少甚至消失了。

J

疚与内疚

　　"疚"字为"病"字旁，代表痛苦；内部的"久"代表持久。"疚"的本义是"久病"，如《韩非子》中"无饥馑疾疚祸罪之殃"中的"疚"字，意思就是久病。尽管"久病"的字面意义现在已经基本不用了，但它的衍生意义依然存在。

　　《现代汉语词典》对"疚"字的解释是"对于自己的错误感到内心痛苦"。可见，这个词如今只用来表示因自己的错误、过失而在内心放不下，产生持久的痛苦。从这里可以看出，中国人对自己要求高，在自己犯错误后可能会有持久的痛苦，且这痛苦就是"持久的心病"。

　　"内疚"和"疚"字的本义是一样的。所有的疚都是内疚，没有什么"外疚"，因为痛苦是自己内心的感觉。尽管也有人在忍受不了自己内疚时会"归咎于人"，但只不过是试图"归罪于人"或"归过于人"，即只是试图把责任推卸给别人，从而减少自己的内疚而已。被归咎的那个人并不一定接受这个归罪，不接受归罪就不会因此而痛苦。如果被归咎的人并不痛苦，他就没有什么"疚"。此外，"疚"和"负疚"也可被视为同义词。

　　"疚"字可以和其他意义相近的词结合，构成愧疚、歉疚等词。愧疚，是因为有愧而内疚；歉疚，是因为抱歉而内疚。这里的"愧""歉"都说明了这个人感觉负疚的原因。

　　之所以会心生内疚，是因为自己犯了错而给别人带来了损失或伤害，即所谓的"对不起别人"。这里所说的"错误"，既可能是过失性的（比如，因开车时不小心而撞伤了人），又可能是蓄意的（比如，在升职竞争中，因一时没管住自己而散布谣言、打击对手）。需要注意的是，产生内疚感的关键来自自我内心的评价——并非事实上是否对不起人，而是自认为是否对不起人。有的人在事实上对别人造成了严重伤害，很可能会认为"我没有过错，都是他活该"；相反，有的人并没有真正伤害到别人，却可能会因为他自认为伤害了别人而觉得"对不起别人"。

　　内疚的程度高低，取决于人认为自己给别人带来的损失或伤害大小，以及是不是蓄意的。同样是不小心，如果是不小心踩了别人的脚，那么只是稍稍有点内疚；

如果是不小心把别人撞下悬崖，就会有深深的内疚。同样是耽误了别人的青春，如果只是两个人缘分不够，那也不必过分内疚；如果是蓄意欺骗别人的感情，那就很值得内疚。

内疚的体验包含两个部分。第一个部分是对受害者的共情，即在一定程度上感受到了受害者受伤害时的痛苦。在电影《大话西游》中，至尊宝看到紫霞仙子留下的一滴眼泪时，说"我完全可以感受到当时她是多么地伤心"，这就是共情。第二个部分则是对自己的谴责，"我让别人这样痛苦，真不应该"。

内疚时在身体上的反应主要集中于胸区，是一种心口附近缩起来、心抽紧了的感觉。这种感觉可能会让人把双手抱在胸前，好像手臂也被连带着抽紧了似的。在抽得格外紧的时候，胸口也会感到痛，并感到一种向背部方向的压力，好像会把胸压得瘪下去。胸口这样紧缩，呼吸就不顺畅，所以人在内疚时会感到胸口发闷、喘不过气来。还有一种反应是头会低下去，肩也会向前弯一些，形成类似鞠躬的动作。手脚还可能会变得无力或"不敢用力"（即手不敢用力动或脚不敢用力踩在地上），就像怕手脚再一次做出坏事一样。

如果内疚感更加严重，人可能就会因严厉的自责而捶打自己的胸区或头部——这是在以自我伤害的方式来"偿还"对别人的伤害。如果内疚感极为严重，就会变成所谓的"罪疚感"——此时人的膝盖还会不由自主地跪下，就好像本能地要表达谢罪之情一样；还可能会用狠狠地扇自己耳光、重重地在硬地上或硬墙上连续磕头、自割、自残等更严重伤害自己身体的方式来宣泄和表达罪疚感。

内疚时，意象中最容易出现的是自己所伤害之人的痛苦的象征性意象，有时还会出现作为加害者的自己冷漠无情或卑鄙的样子——人在意象中往往会夸大自己的坏。例如，如果因自己在现实中拒绝了他人的求助而心生内疚，那么在意象中，对方也许会变形为一个可怜的小孩子，在冰天雪地中求搭车，自己则是一个冷漠的成年人，不理不睬地开车离开，让那个小孩子颤抖着在冰雪中等死。内疚的意象还常常以谢罪者的姿态出现，比如，一个人跪在冰天雪地里自我责罚，或是跪在受害者面前的地上把头磕出血等。

内疚的感觉很不好受，因此人会急于消除它。消除内疚感有以下五种常见的

J

方式。

第一种方式是最有效、最健康的——向受害者忏悔，并给予受害者补偿。一旦看到对方因此得到了获益并且不再痛苦了，自己的内疚之苦就可以随之减弱了；如果受害者是个善良的人，愿意原谅自己，那么自己的内疚感甚至可以消退。

第二种方式是归咎于人，也就是否认自己伤害了对方，告诉自己也告诉别人，说那个所谓"受害者"的痛苦完全不怪自己，而是他自己的错，或是别人的错。如果这个人的确有错，那么这种方法只能起到暂时缓解的作用，无法真正解决问题。而且归咎于人的这种行为，反而会带来新的伤害。有的使用这种策略的人甚至还会诋毁、陷害受害者，把受害者在公众面前妖魔化，更加激烈地加害对方，从而试图让自己和别人都相信，自己才是那个有权去"复仇"的"受害者"。

第三种方式是自我惩罚。采用这种方式的人没有勇气去面对被自己伤害的人，所以无法在现实中给予受害者真正的补偿，只能暗地里责罚自己作为替代性的补偿。这样就能对自己的良心有一个"杀人偿命"的交代，就好像说："是的，我以前伤害了你，但是现在我已经连本带利地伤害了自己，我替你报仇了。现在我已经刑满出狱了，我可以重获自由，不再歉疚了。"

第四种方式是自我麻醉，即让自己变得没心没肺，从而对自己伤害别人的事没什么感觉，甚至彻底让自己忘记自己对不起别人的事。这种方式只能在意识层起到一定的缓解内疚的作用，一旦午夜梦回，被暂时从意识域屏蔽出去的那些记忆和感受就会卷土重来，以更加强烈的方式反扑，给自己带来更严重、更持久的心理折磨。

第五种方式是索性自暴自弃，向加害者表示认同，即对自己说："对呀，我就是要伤害别人！因为我就是恶人！我偏偏就是喜欢这样、享受这样，怎么着？！"这种方式是最危险的，不但会给受害者带来更多的伤害，还会危害社会，更会对其自身的心理健康带来毁灭性的打击，因为这种处理方式等同于杀死了自己心中尚有良知的人性自我。

多数孩子在三岁之前很少能产生内疚感，因为在此之前，孩子的自我（ego）还没有很好地建立起来，缺乏区分自己和他人的能力，也就难以知道别人的痛苦是什么样子的。不知道别人的痛苦，就不会懂得内疚。内疚能力其实是人理解他人的能力，以及通过约束自己的行为以避免让别人痛苦的能力，是一种对社会生活很有用的能力。儒家所说的君子"内省不疚"，就是指君子能够不伤害其他人，从而在内省中不会产生内疚感。

在俄狄浦斯期，父母的行为方式会影响孩子内疚感的形成。有的父母心理不够健康，会无意识地强化孩子的内疚感，以作为控制孩子的一种心理策略——让孩子感到内疚，孩子就会听话，自愿在情感上付出。这种控制孩子的心理策略被称为"内疚控制"。在儿时被内疚控制的孩子，日后会过度自我牺牲、过度顺从别人，在情感上被别人剥削，成为受害者。有些被内疚控制的人，还会形成对别人内疚控制的习惯。他们会夸大自己的受害或是表演被害，甚至会对亲近的人进行被动攻击，用种种言行向别人暗示自己被亲近的人伤害了。这样一来，他们就强化了身边亲近的人的内疚感，从而控制他们。在我们的生活中，这种人大有人在。

有良心的人在做错事的时候都会内疚，他们会在内疚感的驱动下做一些补救或是有补偿性的事情，以减少自己造成的损失。这种正常的内疚不仅是无害的，还是有益的。然而，如果是被内疚控制而产生的内疚感则是不合理的、病态的，需要改变。在心理咨询中，如果来访者有这种病态的内疚，咨询师就要帮助他进行自我观察。来访者在深入、认真地自我观察之后会发现，在那些令其内疚的事情中，他也许并没有做错什么，或是虽然有过失，但是过失并不大，并不应该那么内疚。来访者随后还可能会看到，是谁在对自己进行内疚控制。在看清了这一点后，他就可以去做耐受自己习惯性产生的内疚感的训练，但是不要做出自我牺牲的事情（即不要用牺牲自己的利益来强化别人的内疚控制）。经过长期训练之后，来访者就可以慢慢地脱离被别人内疚控制的魔咒了。

还有一种人很习惯过度内疚。比如，他会因为自己某一次对某人说了一句有情绪的话，在后续每次见到对方时都会很隆重地向对方道歉，而对方可能早已忘记了这件事。再如，有一位邻居跳楼了，他会因自己没能做点什么去阻止这场悲剧的发生而内疚，他会痛苦地想："上个月我就发现她有些不对劲了，为什么那时我没去及时和她聊聊呢？如果我能说服她去精神科看看，也许她就能发现自己得了抑郁症并得到及时治疗。唉！她的死有我的一份责任啊！"如果我们为他做心理分析，就很可能会发现，在他过度体现的良心背后隐藏着强烈的自恋——他的潜意识仿佛一直在沾沾自喜地看着自己赞叹说"我是一个完美无缺的人""我是全世界最善良的人""我有能力改变别人的命运""如果我愿意，我甚至能决定别人的生死"之类的。

顺便说一句，英语中的"guilt"常被翻译成"内疚"，但这个词在西方文化中的意义与中国文化中的"内疚"是有区别的。"guilt"的意思，与其说是"内疚"，不如说是"负罪感"，是指感到自己"有罪"。然而，基督教文化中讲的"有罪"与中国文化中"有过失"并不是一回事。中国文化认为"有过失"不是必然的，我们可能犯错，也可能不犯；基督教文化则认为，人天生有罪（即原罪），所以不可能不"有罪"。因此，"guilt"并不包含这种"我怎么能做这样的错事或坏事呢"的感觉，因为他们认为人天生就有罪，不可能不做坏事，是一种"我知道我是罪人，没有办法"的感觉。"guilt"并不导向补偿受害者，因为即使补偿了受害者也没有什么用处，补偿了受害者也改变不了自己是"罪人"。"guilt"的应对方法，只能是向上帝认罪，承认自己是天生有罪的，求上帝宽恕自己。

以上我所说的关于内疚的内容，都是指中国文化中的"内疚"，而不是关于"guilt"的。

沮丧感

沮丧是当一个人发现自己的意愿无法实现时产生的一种感受。不过，人在发现意愿无法实现时的心理反应也是不同的：少数人即使意愿无法实现，也还能让自己的心理状态不会过于消沉，此时这种感受只被称为"失望"，而算不上沮丧；绝大多数人在失望的同时，心理状态也会消沉，会产生烦恼，心理力量衰退，此时的感受就被称为"沮丧"。失望和沮丧，二者最关键的不同点在于：失望时关注的是事情本身，即人的注意力并不涉及自我评价，而是就事论事地对事实结果与期待的结果之间的落差所做出的心理反应；沮丧时的关注点则从事情上转向了自我，产生了某种"我怎么连这个都无法搞定"的消极自我评价。

我们在回归疗法的循环圈的部分讲过，人们为了满足自己的欲望，会选择一些策略并制订计划，并付诸行动来实现这些计划。如果没能完成计划，就是失败，失败会引发挫败感和失败感。尽管挫败感和失败感常与沮丧感同时存在，但是它们还是存在着细微的差别：之所以有挫败感和失败感，是因为行动没有完成计划；之所以有沮丧感，则是因为在意识到欲望不能得到满足后又产生了消极的自我评价。因此，"沮丧＋失败感"更令人烦恼，并会消耗一个人的心理能量，打击其自信心。

当人产生沮丧感时，身体最基本的表现是垂头丧气，即头会无力地垂下去，并吐出一口气，同时胸区也像是泄了气一般瘫软下去。尽管身体的其他部分相对来说表现得没有这么明显，但也都软了下去，变得全身都没有力气。同时，表情也会有明显变化：眉头垂下去，嘴角垂下去，苦着脸。

沮丧是精神消沉、不再努力、放弃的状态，与"气馁""灰心丧气"的意思相近。其中，灰心是指不再相信某个欲望或愿望可能实现，从而放弃了这个欲望或愿望；丧气、气馁均指这之后出现的一种没有精神的心理状态。

沮丧在意象中可以表现为蔫了的植物，或是无精打采的动物和人的形象。如果人在生活中沮丧感过多，就会变得越来越没有精神。人会难以产生新的欲求，即使有所欲求也无法付出足够的心理能量去追求，从而导致人越来越颓废——心理健康水平降低，生命力衰退，对实现愿望失去了信心。

如何帮助一个人在失败时能够不气馁、不沮丧，是心理咨询或心理训练中可以关注的一个主题。面对失败，运用以下几种方法都能减少气馁、沮丧感：

- 承认失败是生活中的一部分，是可以接受的；
- 把注意力放在如何总结教训、改进策略和方法上，争取在下一次取得成功；
- 自我鼓励，即告诉自己只要继续努力，将来就有可能成功。

J

第 12 章

K

开阔感

身处宽敞空间中的人所产生的感觉就是开阔感。

如果人所住的房子很宽敞，房子里也没有堆积太多的东西，留出了很多空间可以活动，就会让人感到开阔；来到室外，如果看到院子空间够大，近处没有高楼围绕，也会让人感到开阔。在草原上放眼望去，绿草绵延无边无际，蓝天白云空旷辽远；在大沙漠上，漫漫黄沙无边无垠；在大海上，看烟波浩渺、水天一色……都会让人产生强烈的开阔感。

开阔感是一种让人愉悦的感受，平时苦于逼仄感的人更是格外喜欢开阔感。生活在城市中的现代人为了获得这种感受，宁愿花钱去能给自己带来这种感受的地方旅行。只有内在的恐惧太强的人才无法承受开阔感，因为他们会把开阔感和不安感混合，形成一种无着落的感受。

开阔感在身体上的体现包括：全身舒展；人会因头没有低垂而显得更高，但他的头并不是刻意抬高的；胸部的扩展感是最为明显的，双肩显得更加宽阔；行动方式上更倾向于大起大合，与有逼仄感时的那种小心翼翼形成鲜明对比，带给人一种豪爽的感觉；因为胸部扩展，所以呼吸畅通、呼吸更深、呼吸的速度更舒缓，使得氧气供应充足，让人自我感觉畅快且有力量，感觉开心且自信。

除了物理环境的开阔之外，精神空间大也会给人带来开阔感。然而，精神空间大，并不是外在条件具备了就能有的。限制一个人的思想，可能会给其带来逼仄感和憋闷感；但若是对其思想没有任何外在限制，那么这个人也不一定就能感受到开阔，因为人也会对自己的思想情感设限，从而使得自己的精神空间狭窄，要想突破这种内在的、无形的限制并不容易。

如果人能拓宽自己的精神空间，他就会感受到精神开阔感，这种感受会让他感到非常愉悦，"海阔凭鱼跃，天高任鸟飞"就是对精神开阔感的表达。如果人能保持这种精神空间很大的状态，就会形成心胸宽广的人格。如果人能不在意小的利害，就不会太过计较，精神空间就会更大一些，从而产生更多的开阔感。如果人能减少对事物的执着，不再固执于某些过去的观念，能转换角度看问题，那么也可以扩大其精神空间，从而获得开阔感。在道家及佛教思想中强调，通过长期的修行，可以让人的精神开阔感达到极高的水准。

庄子在《秋水》一文中所描述的百川归海的景象，就是开阔感的极高境界。此文以大海这个形象的物理上的广阔，来表达成道的人心胸的广阔。佛教偈子中提到的"万里无片云"的意象也能给人们带来极大的开阔感，它所表达的就是佛教破除执着后，人心无挂碍。无挂碍，便有了极致的开阔感。

空虚感

空虚感是一种心里空落落的感受。这种空落落的感受与失落感不同。从空间角度来说，失落感是伴随着丧失感的空落落，就好像一个原本完整的东西被挖掉了一部分而留下的一个空洞；空虚感的空则是虚无的，是心中整体弥漫着的一种空，仿佛心里没有任何实在的东西存在而形成的空。从时间角度来说，失落感是暂时性的，空虚感则是一个持续存在的状态。从原因来说，失落感是发现某个具体的期望落空时所带来的感受，空虚感则没有具体的期望，而是一种与缺乏总体的自我存在感有关的感受。

空虚感是因精神层面的长期缺乏而带来的结果。它是人独有的情感，而不是远古动物层次的产物。空虚感一旦形成，就会持续地存在，成为这个人心理世界的背景之一。这一点和情绪不同，情绪是暂时存在的，在某种情景下会唤醒某种情绪，时过境迁后情绪就不再存在；相反，空虚感则会持续存在于这个人的心中（也可以说，它会带来一种空虚的心境）。

K

最常导致空虚感的，有下列几种情况。

导致空虚感的第一种情况是重要客体的丧失。如果在一个人的生命中有一个对他很重要的人，那么这个重要的人的心理意象就会成为他精神世界中的一个组成部分。比如，对于婴幼儿来说，母亲就是其精神世界中的一个重要组成部分。如果这个重要的人离开了他，他的精神世界就会不再完整。婴幼儿的自我都是借助母亲的意象建构的，如果母亲突然去世，或是母亲突然离开了孩子（比如，离婚、出走），那么婴幼儿的自我中就会有一大部分（也就是他和母亲意象联系密切的那个部分）随之崩溃。因此，在他的自我和精神世界中，就会出现一大块空下来的、需要被填补的部分——此时既会带来失落感，又会带来空虚感。其中，失落感是因重要客体和客体之爱不会丧失的期望落空而产生的，空虚感则是随着重要客体的丧失导致自我存在感缺失而产生的。

边缘型人格的形成，往往就是出于这个原因。早期离开母亲，让儿童正处于建构中的自我突然失去了母亲意象的支持、引导和依傍，他的自我便产生了一个空白区，一直无法完成自我建构。这就导致他缺少稳定的自我感、情绪不稳定，以及有持续存在的空虚感，形成边缘型人格。这种人格的人在生活中常会做出很多越轨的行为（比如，吸毒、性乱等），就是因为空虚感让他们难以忍受，便用这种刺激的行为来麻醉自己。

成年之后，某些投入恋爱的人在失恋时也会体验重要客体丧失。恋爱对象的离去会摧毁这个恋爱者和恋爱对象共生的那部分的自我，摧毁他对未来的想象和计划，摧毁他在恋爱中形成的生活方式，像是他的心上狠狠地被撕掉一块。被撕掉一块的地方就会形成一个自我存在感的空洞，人对这个自我存在空洞的感受就是空虚感。

还有一种重要的客体丧失是丧失子女。把自己和人生与子女绑定得越紧密，失去子女所产生的空虚感就越可怕，仿佛自己的一部分已经不复存在了，生命也变得没有意义。

丧失重要客体所带来的巨大空洞和空虚感，其痛苦的程度可能是人所感受到的所有痛苦中最大的，甚至会带来毁灭性的打击。这种空虚感持续的时间也非常持久，甚至有可能是终生无法消除的，可能会让人一辈子都努力去填补这个空虚却往往难

K

以成功。

导致空虚感的第二种情况是重要客体的爱的丧失。这是指那个重要的人并没有去世，也并没有完全离开自己的生活，但是他对自己的爱和依恋等感情消失了。由于爱的丧失通常是一个渐进的过程，因此人有一定的时间去应对这个丧失。在丧失发生的过程中，受损者随时可以寻找填补缺失的方法。因此，这种丧失比起上面所说的重要客体的丧失来说，打击的程度相对小一些，丧失所带来的空虚感也相对要轻一点。比如，人所感受到的并不是内心有一个空洞，而只是感受到有一些空落落的而已。这种比较弱的空虚感不会让人崩溃，只会让人整体生活状态不好，甚至会激发抑郁的情绪。

导致空虚感的第三种情况是意义的丧失。也许是因为某件事的失败，也许是因为发现了某个不愉快的真相，总之，如果一个人意识到自己过去所追求的某个事物是无意义的，就会产生空虚感——因为精神世界中出现了某个空洞。意义的丧失，就是因为在精神世界中失去了目标，失去了做某事的意义，过去的人生观、世界观毁坏了，又没有新的人生观、世界观来取代，便在观念领域形成了一个空洞，人对这个空洞所产生的心理感受就是空虚感。

这种空虚感比较容易让人走向颓废，或是过上放浪形骸的生活。既然找不到意义，空虚又让人很难受，那就随便做一点什么好了。

越是曾经很理想主义、越是曾经很认真地生活并且遵守自己的人生观和世界观的人，在丧失了意义后，就越会表现得很颓废。因为他们之前越认真，丧失意义时他们的损失越大，前后差距所产生的空洞也越大，因此空虚感也越强。空虚感越强，填补空虚的需要就越强。

导致空虚感的第四种情况是自我感的丧失。之所以会引发自我感丧失，通常是因为人没能维护好自我，被迫或被情势所影响，做了一些不符合自我认同的事情，或是做了不符合自我认同的选择。比如，在重大选择中，人违心地做了不该做的事情。在这种情况下，人在事后会感到内在的不和谐（比如，产生"我怎么能这样做，这不是我一向的做法"的想法）。

如果涉及的事情不大重要，或是这种事情只是偶尔发生，人就可以找一些理由

K

来解释，他的自我受到的影响可能就不会很大，自我感丧失感也就不明显；相反，如果事情重大，让人难以用过去的自我认知来解释，就会有自我感丧失。这就会让人产生"我无法理解我自己"的想法，即人对自我的理解出现空白，从而产生空虚感。从痛苦程度上说，这种空虚感可能没有重要客体的丧失所带来的空虚感那么强，但二者的持久性可能差不多，且前者还会成为一种"隐痛"。

导致空虚感的最后一种情况，似乎是以上几种的混合，却更加原发——前几种丧失（重要客体的丧失、爱的丧失、意义的丧失、自我感的丧失）都是先建立起来了一个东西，然后又失去而产生的；这种原发的空虚感则源于一个人从一开始就没有真正地找到过重要客体、爱、意义和自我感。因此，他的空虚感是一种"从没有过……"的空虚感，而不是"有过了又失去"的空虚感。这种原发的空虚感作为这个人的人格的底色及人格本身存在着，而这个人虽然活着，也能吃喝拉撒、寻欢作乐、生老病死，但他只是作为一个动物体本能地生存着，他作为人的精神生命却从来没有真正出生，他就是这么浑浑噩噩地生存着，却从未存在过。

空虚感在身体上的体现，主要集中于胸口正中或靠近心脏的位置，会有巨大的、弥漫的、空洞的感觉——空洞的边界并不清晰，就连空洞感本身也是弥散的。空虚感和饥饿感会有少许的相似性，但饥饿感的空很清晰、很具体、很实在。因此，有空虚感的人有时可能会吃更多的食物。

空虚感在意象中还会出现黑洞类的形象，或是类似于黑洞的深井、山洞等意象。在意象对话心理学中，这类意象常常象征着死神或魔鬼。

由于空虚感很难忍受，因此为抵御空虚感，人会自发地去找各种方法来填补空虚。在缺少心理资源的情况下，人自发找到的最常见的方法就是满足低等欲望（即所谓的"声色犬马"），甚至会有人用破坏性的行动来填充其生活以减少空虚感，这会引发更多的心理问题。

只有借助心理咨询或其他专业性的长期工作帮助空虚者获得心理成长，让他们的自我和心理结构得以完善，才能真正地解决空虚感所带来的问题。

K

恐惧

　　恐惧（或称"恐"），是人在面对危险时所产生的情绪。它是一种基本情绪，也是动物在进化中最早进化出的几种情绪之一。

　　当动物遇到天敌或是与自己敌对的同类时，会自发地评估自己和对方的力量对比。如果有很大的概率能在战斗中取胜，就可能会发怒；如果自己与对方相比力量很弱，难以在战斗中取胜，就可能会感到恐惧。

　　恐的情绪在身体上的反应很明显。相信所有人对恐会带来的体验都不会陌生，并了解这种感觉让人很难受。从整体上说，恐会引发全身收缩、紧张，同时伴有诸如汗毛竖立等寒冷反应。如果恐比较强烈，身体甚至可能会紧张到僵硬，冷到全身发抖、上下牙磕碰。恐会让人双臂交叉向中间抱紧或是抱着自己的双肩，让人不由地暂停呼吸或是倒抽一口冷气。恐还会让人的消化系统暂停活动，包括：唾液分泌量减少，造成口干；胃液和肠液的分泌量也会减少，造成消化活动减少甚至停止。因此，如果人长时间处于恐惧中，就会造成消化不良。

　　恐的反应分为三大类，分别是：准备逃跑、准备装死，以及准备假装成其他事物。如果人产生准备逃跑的恐，眼睛就会睁得非常大，死死地盯着那可怕的事物，同时嘴也会张大，连鼻翼都会张开，这样就能便于随时逃跑并知道往哪里跑；如果人产生准备装死的恐，眼睛就会避开可怕的事物甚至是闭眼，同时嘴也会闭得紧紧的，这样有助于装死时不出声，而且一动不动。

　　如果人产生准备逃跑的恐，严重时会被吓到大小便失禁。这对动物来说是一种有用的反应，因为排便可以减轻一点点体重，逃跑时也就能稍微快一点点，从而提高一点点逃脱的可能性。相较而言，人在产生准备装死的恐时就不会失禁，因为失禁所产生的气味反而会暴露自己。如果人产生强烈的准备装死的恐，全身就会软掉（尤其是腿会完全变软），身体想动也动不了——其益处是，不至于在天敌搜索时因忍不住动弹了而被发现。此外，当人产生准备逃跑的恐时，心会跳得极快，呼吸也会变得极为急促；相反，当人产生准备装死的恐时，心会跳得很慢，让人感觉就像是要停止了，呼吸也会变得很慢、很轻微，甚至会产生屏息。

K

如果人准备假装成其他事物，就需要看自身所处的环境、遭遇的对手，以及准备伪装成其他的什么东西等情况——如果是伪装成地理环境（例如，一只昆虫伪装成一片枯叶），那么只要颜色与周围的枯叶一致并且一动不动就可以了；如果是伪装成很可怕的对手（例如，一条鱼鼓足气让自己膨胀起来，从而装成一个庞然大物），就需要让自己体型变得更大、动作更猛烈，以显得更有力量、颜色更鲜明、好像长了好多大眼睛，甚至是好像有毒等。

恐的能量在内省中是这样的：颜色是偏蓝色的；温度是很冷的；有血腥味、尸体腐败的臭味，或是食肉猛兽可能有的气味；味觉是咸苦味。

恐的能量在身体上是向内收缩的，所以并没有明显的向上或向下。在内省感觉上，能量好像是冻住了、不动的，如果还有动，那么那种动就像是一块玻璃裂开，破裂的缝向四方延展。恐的能量往往能在脊柱被很明显地感受到，即人们常说的"后背发凉"。

恐在意象中的表现是会激发一些看起来很可怕的意象，可怕的意象分为三种。

第一种可怕的意象是一种恐怖环境或氛围，比如肮脏混乱阴暗的房子，里面没有人但似乎有一种危险的氛围。在恐怖电影中，环境总是带有偏混浊的蓝灰色调，也能增加恐惧感。

第二种可怕的意象是某种鬼的意象（比如骷髅等各种各样的鬼怪），这些由人创造出来的象征死亡的意象更可怕。各种不同的鬼代表着各种不同的死亡，无不令人异常恐惧。与死亡相关的常见恐惧意象还可以是屠夫、杀人狂、巫婆、畸形人等，或是某个特定的亡者的脸——可能是面无表情、两眼空洞，可能是惨白的脸上双眼流着血，还可能是面目狰狞等。有时可能并不是死去的人，而是自己生活中遭遇过的某个曾经的迫害者的样子，或是某个正给自己带来威胁的人的样子等。

第三种可怕的意象是看不到任何可怕的东西但就是感觉可怕。这种恐惧更强烈，因为我们完全不知道危险在哪里。

恐惧的声音意象，通常是一种诡异的气声、来路不明的窸窸窣窣（人类的祖先生活在丛林里，那些偷偷接近自己的捕食猛兽就会发出这种声音）、凄厉的尖叫、幽幽的呜咽、分不清是猫哀嚎还是婴儿的哭声、寂静中传来的缓慢逼近的脚步声、时

K

有时无的轻微声响（仿佛有一个人或动物在暗地里试图接近并捕杀自己）等。

人恐惧时会在心里产生一些可怕的意象，但人有时无法区分想象与真实，这样人就会误把想象中的可怕意象当作真实存在，从而无法让恐惧消失——可怕的东西不消失，恐惧就无法消失；恐惧无法消失，这可怕的意象也就不会消失，从而形成了一个难以解开的结。有些心理疾病患者因自己心生恐惧，便把消极的意象投射给身边的人，指责身边的人太凶恶，于是要求其改变。他不知道，身边的人是不可能改变的，因为那个凶恶是被自己投射上去的，所以他内心的恐惧也就不会消除。精神病患者还会想象出更加恐惧的意象并把那些当作真实，于是就出现了幻觉，这种幻觉会让他产生强烈的恐惧。

恐惧能压抑其他情绪（比如愤怒、喜悦，甚至是悲哀），让人不敢怒、不敢喜、不敢哭，但是恐惧本身不容易被压抑。因为压抑其他情绪的方式都靠紧缩，而恐惧本身就是紧缩，所以无法用紧缩的方式来压抑。

我们并不是完全做不到不害怕，我们也能做一点（比如走夜路时用唱歌给自己壮胆），只是并非那么容易就能做到。

儿童在生活中常会被很多事物吓到，并因此感到恐惧。由于母亲或其他养育者的保护是儿童能活下来的关键，因此儿童在早期最大的恐惧就是离开母亲和其他养育者，甚至是被母亲抛弃。如果儿童在早期经常感到恐惧，且恐惧后也没有得到抚慰，儿童的性格就可能会变得胆怯，长大后会出现多种问题，儿童也可能会用敌意来抵御恐惧，并在长大后成为很有攻击性的人。因此，当儿童感到害怕时，父母应把他抱进怀里，拍他的后背或是抚摸他的头，减少其恐惧。

恐惧症、强迫症等很多心理疾病中的核心情绪就是恐惧。

恐惧一旦出现，就需要一段时间才能慢慢平复，即使平复了，也会产生恐惧的余波。

别人（比如心理咨询师）可以用支持、抚慰、安抚等方式来减少恐惧者的恐惧。可以告诉恐惧者"我在你身边，我在陪伴你"来减少他的恐惧。因为当人感到身边有助力时，现实中的危险就会减小。即使一个成年人不敢走夜路，但如果身边有一个孩子陪伴他，他的恐惧也能减少很多。此外，承诺保护也可以减少恐惧，比如

"不用怕，我保护你"就是一句能有效减少恐惧的话语。不过，这只是一时之策，如果没有及时跟进后续的工作以面对和转化恐惧意象的原因，反而可能会让恐惧者对别人产生心理依赖。

如果来访者在心理咨询中出现恐惧，身体就会收缩。咨询师需在此时带领来访者觉察其身体的恐惧反应，并进行放松训练以减少恐惧。恐惧时，人的呼吸还会加快或减慢，因此通过调整呼吸让呼吸的频率适当也可以减少恐惧。恐惧还会使人的身体寒冷，因此可以用一些能帮助他的身体感到温暖的方法。人在恐惧时身体会僵化，因此让身体动起来也可以减少恐惧。恐惧的时候，眼睛可能会停止运动，因此运用让眼睛动起来的方法（即眼动脱敏再处理疗法）可以消除过去创伤中的恐惧。还可以让来访者大声地用一句很精准的话把自己的恐惧表达出来，将恐惧能量进行有觉知的宣泄。同时，引导来访者去看其内心中与之相关联的恐怖想象，并在意象中进行对话，使得恐怖意象发生自发地转化。这样一来，来访者就不再需要依赖外在的咨询师作为保护者，而是通过对自身的面对、接纳和领悟与自己心中的恐惧和解。

控制感

控制感是一种对人或事情有影响力的感受。

在一个人做了一个行动后，如果看到别人或某个事物随之发生了符合自己期待和预设的变化，就会产生控制感。在一个人做了一个行动后，如果自己的另一个部分随之发生了符合自己期待和预设的变化，就会产生自我控制感。

在一个人做了一个行动后，如果看到别人或某个事物随之发生的变化不仅符合自己期待的和预设的，还总是一致地有一个固定的回应，这个人的控制感就会更强烈；如果回应不是完全固定的，在性质、大小、时间延迟上存在一些不同，控制感就不会那么强。如果人预期自己施加了某种影响后会引发某种回应，但回应却不符合自己的期待和预设，就会产生失控感。

最简单的控制感，就是我们去动一个无生命的、拿得动的普通物体时所产生的

K

感受。比如，我们想去拿起棍子，棍子就被拿起来了；我们想去推门，门就被推开了；我们想去搅动盆子里的水，水就被搅动了……

最简单的自我控制感，就是我们想抬手，手就抬起来了；我们想转身，身体就转动了；我们想说话，话就说出来了……

控制复杂的机器或是控制有生命的动物和人，相对来说就困难一些。比如，如果我们并没有掌握足够的电脑操作知识，那么我们可能尝试了很多操作但仍然不知道电脑会做出什么反应，或是它的反应出乎我们的预料，此时控制感就会比较差。又如，如果我们命令狗做某个动作，但狗不听我们的话，那么也会让我们的控制感降低。如果我们想让其他人按照我们的指令去做，但是其他人不服从，那么这也会削弱我们的控制感。

如果我们在无意中做了一个动作，但发现旁边的人或事物随之发生了变化，那么这也会让我们产生一定程度的控制感。不过，更多的时候（或者说是大多数时候），是当我们产生了一个意志或意愿并用一个行动来执行这个意志时，如果有人或事物随之发生了符合我们期待和预设的变化，我们的控制感就会最为强烈。

如果我们有意志但是没有做出行动，旁边的人或事物却随之发生了变化，那么这种感觉就类似"心想事成"。此时，我们会有一定程度的控制感，但也会在同时产生失控感——因为我们并没有执行行动，旁边的人或事物却发生了变化，这说明我们对旁边的人或事物的控制力降低了。因此，最正常的控制感的核心有二：一是我们有意志；二是观察到了我们的行动和其他的人或事物行动之间的可预测的因果。

控制感是一种能够让人感到很愉悦的感受，也是权力感的基本组成部分之一。人之所以喜欢有控制感，原因有二：一是有控制感会让人更有安全感；二是人在有了控制感后，自己的意志能更好地实现。

K

如果能对其他人有控制感，就更能让人感到愉悦。比如，军队指挥官希望自己对手下的士兵能够如臂使指，即像胳膊指挥手指那样容易，比喻指挥、调动得心应手。

控制感是权力感的基本组成部分之一。控制感在身体上的表现主要是在手上。"一切尽在掌握"是对控制感最准确的描述；"你逃不出我的手掌心"是人对别人有控制感时的表达。在人有控制感时，手会保持适度的紧张，做出类似攥拳的动作，人会感受到手上有力量，这种力量感可以延伸到整个手臂。

控制感在意象上的表现，最常用的意象也是手掌。如来佛的五指山压住了孙悟空，象征的就是孙悟空完全在如来佛的控制之下。当我们形容一个人控制得太多时，就会说他"手伸得太长了"。由于多数人是右利手，因此代表控制感的意象中所出现的也多为右手。象征着手臂延伸的器物也可以用来表达控制感，比如，杖、棍子、剑等，以及方向盘、船舵等。

不足一岁的婴儿会通过哭声来控制父母，从而让父母满足自己的需求。在这种控制中，婴儿自己是有意志的，其意志也的确影响到了父母，所以存在着控制感。然而，婴儿的行动和父母的行动之间没有具体对应的因果关系，也就是说，婴儿的行动只有哭一种，父母的行动却可以有多种，这使得婴儿无法明确地感到这两个行动的因果。因此，婴儿对父母的这种控制是一种尚未完善的控制。如果成年人的控制感固结在这个阶段，其手臂力量感就会很弱，行动力很差，从而可能会导致多种心理问题。

幼儿到了一岁多之后，行动力开始发展，其控制感可以体现为身体的感觉，从而形成相对更健康、完整的控制感。如果父母或其他养育者在此时没有给孩子足够的玩耍和自由行动的机会，对其管束太多，孩子就会控制感不足，将来会缺乏自信，遇事比较容易退缩，成功的概率也会因此而减小。

注意，控制感不足和失控感是有区别的：控制感不足是缺少能控制的感觉；失控感则是本来可以控制，但是在某一次却意外地没能控制。

控制可分为对自己内部心理活动的控制和对外界的控制。其中，后者又可分为对无生命体的控制，以及对有生命体（主要是人）的控制。在这些不同的控制中，人会获得不同程度的控制感。

人对无生命体的控制是更容易的，因为它们严格遵守物理、化学等自然法则，既没有自己的意志，也不会有"心血来潮"。幼儿从一岁多起就开始学习控制外界，首先学会的就是控制物品。学习骑小车、玩玩具、在游乐场滑滑梯，以及摆弄各种小玩意等，都能让幼儿获得对物品的控制感。

K

对别人或动物进行控制是更难的，因为别人或动物都不一定会听自己的话，不可控程度比较高。一两岁的幼儿可能控制得住自己养的小狗，但通常没有能力去控制其他人。

人对自己的内心活动进行控制，比控制别人稍微容易一点，因此即使是一两岁的幼儿也能尝试这种自我控制。经典精神分析中所谓的"肛欲期"，就是指幼儿学习控制自己排便行为的时期。在控制排便时，必须要控制自己的内在冲动。有能力控制自己的冲动、在这方面有足够的控制感，能让幼儿在自我管理方面获得自信，长大后这会转化为自律的能力，有利于其心理健康的成长。如果幼儿没能获得这种控制感，就有可能引发心理问题。比如，有的人形成了强迫型人格，他们会过度地掌控物质世界，以缓解因无法自控而产生的烦恼。

到了经典精神分析中所说的俄狄浦斯期，幼儿便进入了复杂的人际关系世界，也开始控制别人的心理活动。有表演型人格的人往往会过度追求对他人的控制，沉迷于控制别人的感觉。

所有这些与控制有关的经历都会对人产生影响。在成年人的人际交往中，也存在着很多的人际心理控制。获得对别人的控制感，是很多人安全感的核心。过度追求控制感，是心理不健康的表现；适度追求控制感，则是心理健康的基础。在心理咨询中，与控制感有关的心理调节是非常重要的一部分。

匮乏感

匮乏感是一种因资源不足而产生的感受。

在远古人格层次[①]，导致匮乏感的最基本原因就是基本生活资料（包括食物、副食、燃料、衣物、家具用品等）不足。穷，缺少钱，就没有办法解决所有这些生活资料的不足，从而产生了匮乏感。

---

① 远古人格层次，指人格进化中最早形成的层次。这个层次的生理基础是脑干、基底神经节等与皮质相比更低级的神经中枢，在心理学科普中通常将其称为"爬行动物脑"。

由于人对生活水准的要求不同，因此人对于"不足"的理解存在着差异。很多人都会和别人比较，希望自己的生活水准不低于甚至能高于别人。即使他的生活资料是够用的，但如果和别人比较之后显得更少，那么他也会感觉资源不足，从而产生匮乏感。有些人对生活水准的要求不是很高，在同样的情况下不会感到匮乏。因此，有的女性虽然有满满一衣柜的衣服，但总是感觉自己缺少一件衣服；相反，安贫乐道的颜回喝着白开水和稀粥却并没有感觉到匮乏。

匮乏感是丰饶感的反面，即当我们看到有很多的食物时最容易产生丰饶感，当我们看到食物短缺时最容易产生匮乏感。此外，以下情景也很容易激发匮乏感：

- 我们看到自己需要的东西数量少，心里评估"不够"；
- 为了节省，便继续使用破旧的东西；
- 住在破损的房子里，墙壁上有脱落、有污损，没能得到修补；
- 使用破旧、质量差、有破损的东西。

匮乏感在身体上的体现为，身体有一种轻微的收缩的感觉，肢体的动作都更倾向于内收（比如，双手不会张开，而是向内合拢），头会低下来，眼睛会盯着有用的东西。

匮乏感在意象中的体现为乞丐、穷汉等的形象，或是衣衫褴褛的人的形象。

除了物质资源不足之外，精神资源的不足也会带来匮乏感。比如，对于一个想读书的人来说，没有可以阅读的书、没有网络上可阅读的材料，同样会让他产生匮乏感。大城市的人到了偏远的地区，发现那里没有商场、电影院、音乐厅等休闲娱乐场所，同样会产生匮乏感。

如果一个人在童年时一直生活在物质贫乏的环境中，经常体会到匮乏感，那么这种匮乏感就会深深地影响到他的行为模式。即使他日后的生活不再匮乏，他内心深处的匮乏感也难以消退。有些人会进入"暴发户模式"，即通过奢侈浪费来抵御自己内心的匮乏感——匮乏感越强，他们就越奢侈，但是不管多么奢侈，他们内心深处依旧会感到匮乏。有些人会进入"习惯性过穷日子模式"，他们即使有了很多钱也还是舍不得花钱，无意义地继续着过度节俭的生活。就像有些老年人，虽然家里不缺钱，但还是要吃那些快腐坏了的剩饭，积攒空瓶子和纸箱子等东西。心理学中的

K

术语"稀缺心态"（scarcity mindset），指的就是匮乏感。稀缺心态让人将注意力聚焦于稀缺资源，忽视了长期收益和未来偿还所需要付出的代价，表现为短视现象。

要想消除童年形成的匮乏感，就得有意识地看到现在的实际状况，逐渐意识到自己不再匮乏，慢慢地过了一段时间后才能消除它。不过，通常来说，即使未能很好地消除匮乏感，只要不用极端的方式（比如，抢劫、偷窃、诈骗等）去应对，就不会对人的心理健康带来什么严重的危害。

饥饿感是因食物匮乏等而产生的一种特定的匮乏感。

饥饿感在身体上主要表现为胃部空的感受，严重时会让人感到胃痛。此外，还会产生全身无力、出虚汗、心悸等感受。饥饿时，人会在意象中想到食物。饥饿的人会梦见食物，会把看不清的东西视为食物，会回想起以前吃过的食物。不过，意象中的自己对食物却是看得到、吃不到。

没吃饱是产生饥饿感最主要的原因，但有时其他匮乏感也会强化饥饿的感受。如果在精神生活中缺少被爱的体验，那么人也会更容易产生饥饿感。因此，如果人被爱得不够，就有可能会吃得过多，从而出现过度肥胖等问题。

干渴感是因饮水匮乏等而产生的一种特定匮乏感。

干渴感主要体现在喉咙上——喉咙感到干涩，严重时会感觉火烧火燎的。唾液减少，因此口腔和嘴唇也会格外感到干涩。

在意象中，会出现沙漠之类的场景，或是看到水却喝不到的场景。在多种宗教中，都有这种"看到水，但是喝的时候水就干涸了"的描述，便是干渴感的意象。

造成干渴感最主要的原因自然是没有喝水，但另一个原因则是欲望（例如，性的欲望）得不到满足。我们在生活中所说的"渴望得到"，表达的就是欲望得不到满足的干渴感。宗教中描述的那种看到水喝不到的场景，也可用于象征因欲望得不到满足而产生的痛苦。

在心理咨询中，如果能让来访者看到自己所得到的爱或是化解不合理的欲望，就可以减弱其饥饿感和干渴感，从而减少这两种匮乏所带来的痛苦。

K

第 13 章

L

理所当然感

理所当然感又被称为"天经地义感",是一种类似"肯定就得这样啊,不然还能怎么样呢"的感受。

在第一次经历某件事时,因为没有对比,所以人也没有任何先入之见。这件事的样子会让这个人形成刻板印象,让人接受"这件事就是这样的"。如果有人在这种情况下询问"为什么是这样",这个人就会产生"这件事就是这样的,它理所当然或天经地义就是这样的"感受。

被视为理所当然或天经地义的事情的样子,就是他心理世界中不需要证明的公理。这些事情的样子,会成为他以后观察、思考和判断其他事情的基础。人对这些理所当然的东西,通常不会去反思。

儿童知道一年有四季,且不会对其有什么评判,也不会想为什么一年要有四个季节,只认为这一切都是天经地义、理所当然的,即它就是这个样子,不用问为什么,也没有为什么。

有些事在成年人看来并非理所当然,但在儿童最初接触时,他会觉得它就是那个样子,并认为理所当然。比如,一个孩子从小就被父母要求"让着弟弟",他就会觉得这么做是理所当然的。在兄弟俩发生争执时,父母总会责备是他不懂事,说他不让着弟弟;在兄弟俩都喜欢一件东西时,父母也总会要求他让给弟弟。因此,如果长大后兄弟俩都喜欢上了一个女孩,那么他很可能会主动退出,因为他会认为不需要什么解释和理由,自己本来就要"让着弟弟"。

对婴幼儿来说，有些东西是理所当然的，有这种感受才能在这些"公理"的基础上形成一些基本信念，从而构建他对整个世界的观点。因此，这种理所当然感是有必要的。

如果没有被质疑或是被询问，他可能就很少会去反思自己对这些事情的看法和信念，并认为这是理所当然的。然而，由于别人可能有不同的经验，因此别人会认为这不是理所当然的，事情还可以是别的样子，还可能要求他解释"你为什么会这么认为"，此时这个人就可能会认为"这有什么可质疑的，难道不是天经地义的吗？这个质疑我的人可真奇怪"。

当产生这种理所当然感时，人的身体不会出现多少特别的反应，最多是眼睛睁开一点，表示对别人问题的惊异。意象中也没有什么特别的，因为这本来就是理所当然的。

在一个人接触了不同家庭或是不同文化、不同国家的人后，可能会发现有一些自己认为理所当然的事情在别人看来并非理所当然的，或是情况相反，这就会动摇人内心的基本标准，从而给他带来心理冲击，这被称为"文化休克"（culture shock）。此时，有的人会坚持自己认为的理所当然，拒绝去理解别人的理所当然。

在婚姻中，夫妻之间可能会在一些小事上发生冲突，往往就是因为一方从小感觉理所当然的事情，在另一方的家庭中从来都不是理所当然的。比如，一方觉得"做饭就是女人的事情"，另一方觉得"难道不是谁先下班谁做饭吗"。在这种情况下，也许双方会试图交流，以最终达成现实的妥协。然而，如果双方心里都觉得自己的观点理所当然是正确的，他们就会觉得自己并不需要说什么理由，也让他们无法说服对方，并让他们觉得对方太荒谬了，简直不可理喻。

在不同国家、民族和宗教之间，这种感受带来的文化冲突会更加难以解决。不管大家表面上说什么理由，在心里的感觉都是"当然是我说得对，这是天经地义的"。

L

不过，有些人接触了其他人或其他文化、理解了别人的观点和立场之后，有可能会反思自己原来认为理所当然的事情，并承认这些也许不是理所当然的。一旦发现了存在着不同于过去认为理所当然的事物，人就有可能超越理所当然。这可能会引发人的反思，反思又有可能使人更有开放性，从而重新思考和选择，并让自己有所改变。如果人能不被理所当然感限制，就可以更好地反思，从而有能力创造新的生活。

连续感

所谓"连续感"，就是在变化中看到规律，从而看到恒常存在的核心或本质，然后产生的一种感觉。

连续感的基础是识别活动，即在不同的时刻看到样子不完全相同但也有些类似的事物后，识别出这本来是同一个事物，只是随着时间不同而变化成不完全相同的样子。我们还能看到，变化的过程是有方向性、有规律的，因此我们知道了按照时间的方向，我们看到的那些向某个方向逐步变化的形象，其实是同一个事物的连续变化，此时的感受就是连续感。

比如，今天我在土地上看到了一株刚出土的小苗；过两天去看，发现小苗上长出了四片小叶子；又过了两天，叶子变成了六片——之前的四片叶子长大了些，还有两片刚刚长出来的小叶子；隔了一段时间，植物枝繁叶茂；没多久，花开了；几个月后，结果了。我在这个过程中感受到了连续感。

我之所以能感受到连续感，一是因为我所看到的事物是有变化的——植物越长越大，开花结果；二是因为我所看到的变化是有规律的，每次去看它，它都是在长大，而不是一次大、一次小，也不是混乱、无规律的；三是因为我认出来这是同一株植物，虽然它的样子天天在变，但它仍是同一株植物。因此，连续感的前提是恒常，此处的"恒常"是同一株植物，所以我才看到它长大了。如果不是同一株，何以能看到它是否长大了？

在这株植物的一生中，我没有一直看它，只是隔一段时间去看看它（类似取一次图像）。因此，尽管我看到的并非连续的，而是间隔的，但这些图像在我心中构成了一个连续变化的过程，由此我感受到了连续感。这和电影的原理是一样的，我们每秒会看到 24 帧静止的图片相继出现，但我们看到的是一个连续的动作，并会产生连续感。

那么，这里有个问题：如果我毫不间歇地一直看着一个事物变化，那么这种感觉是不是连续感呢？我对这个问题的回答是，严格地说，没有人看事物变化能没有间歇，因为我们的眼睛总是在眨，所以我们看的事物变化都是有间歇的，但尽管有间歇，只要还能识别出是同一个事物，且能看出变化有规律，就会产生连续感。反过来说，连续感的存在能让人把这些看起来稍有不同的形象认同为同一个事物。虽然样子有变化，但只要有连续感，人就会认为这还是同一个事物。

儿童的样子总是在变化，但老师每周能看到他们五天，产生了很强的连续感，便知道这是同一个孩子。即使间隔了一个假期没见，等再见到的时候，尽管他们的样子会发生一些变化，但当老师认出来这还是那个学生时，他就会产生连续感。也可以说，只要老师对这个学生有连续感，就会坚信这还是那个学生。如果间隔的时间太久，比如10年没有见，就未必能认出来是同一个学生。不过，如果这个学生能叫出老师的名字，并能说出一些上学时的事情，表现出和小时候一样的习惯，老师就能相信这是那个学生，从而产生连续感。有了连续感，老师就更能肯定，虽然学生的样子发生了变化，但他还是那个人。

在战乱中分别很久后终于团圆的夫妻，虽然相认但彼此的模样改变很大，他们仍有连续感但是比较弱了。此时，如果一方重新去做过去两个人习惯的事情，说过去习惯说的某些特别的话，就能强化连续感，也会让彼此感到更加确认。

人除了对事物和人有连续感，还会对事件的发展有连续感。如果故事中的情节脉络足够清晰，前因后果有条理，这个故事就会给人带来连续感。如果故事的叙述混乱，让人弄不清楚发生了什么，也弄不清楚情节的前后关系，人的连续感就会比较差。如果故事的连续感较差，就不容易吸引人。

连续感对身体没有明显的影响，因为连续感不需要身体有什么反应，也不需要身体做出什么特定的行动。与连续感伴随而来的，是一种"认出来了是他/它"的熟悉感，这种熟悉感会引起一些身体反应。如果对方是一个自己熟悉的朋友，身体就会放松；如果对方是一个自己熟悉的敌人，身体就会紧张。不过，这些都应被视为熟悉感的身体体现而不是连续感的身体体现。

L

在意象中，连续感也没有什么明显的体现。

在所有心理感受中，连续感可以说是最重要的几个之一，因为有了连续感，我们才可能形成稳定的心理意象；有了连续感，我们才有稳定的自我认同，也才有所谓的"自我感"。因此，自我就是对于主体的一个建构或是一个故事。这个故事是连续的，才有所谓的"自我"存在。如果连续感差，就无法看到一个稳定存在的自我。边缘型人格障碍患者之所以不能建构起稳定的自我，就是因为他的情绪太不稳定，行为方式也太不稳定，翻手云覆手雨，太没有规律，所以不能带来很好的连续感。没有连续感就没有自我感，没有自我感就会让人感到空虚，从而带来一系列问题。为什么有些人会形成边缘型人格呢？这往往也与连续感破坏有关，比如，他的母亲就是边缘型人格，翻脸比翻书还快；他不足一岁时父母离异，母亲离开了，打碎了他生活的连续感。精神分裂症等重性精神疾病的患者，人生的连续感更差，因此他们自我感的内核也完全破碎了。

我们对于生活中的某些重要人物的连续感也至关重要。正如有些客体关系学派心理学家所说，建立起对母亲的客体恒常性，对于孩子的心理健康是至关紧要的。在两岁半至三岁，幼儿通常可以完成这个任务。因此，在两岁半之后，即使幼儿需要在短时间内离开母亲，他也可以承受。即使白天去幼儿园、晚上回家才能看到母亲，幼儿还是能感到母亲的存在是连续的，从而产生连续感。

对事情有连续感，也是人自我发展的核心任务之一。人若对事情有连续感，做事时就会有连续性。年幼的孩子做事时往往都是即时性、冲动性的，想起什么就做什么，缺乏长远的目标和规划，但是一个更成熟的人在建立了自我之后就不会再这样了。他会设定一个人生目标，并持续去做有利于实现这个目标的事情。在做这些事情时，他能保持连续感，从而保持事情的连续性。

这是人类超出动物之处。心理学家曾发现，黑猩猩完成某些任务的能力并不比人类儿童弱，但它们取得的成就之所以不如人类儿童，是因为它们不具备持续做一件事情的能力——它们的连续感远不如人类。

L

连续感对于自我实现非常重要，但当人试图进一步超越自我时，连续感就会成为障碍。因为连续感会阻碍人看到最真实的状况——电影中的人的真实的样子并不是运动的，而是静止的每秒 24 帧的图片。因此，在佛家的修行中，这种连续感反而需要被超越，从而也让我们超越自我的存在，才能达到超越自我的更细微的真实。

怜悯或悯

"怜悯"这个词由"怜"和"悯"两个字组成。

在古汉语中，这两个字也可以连用，比如，"如来怜愍众生，为设方便"（《书〈金刚经〉后》）、"朕嘉孝弟力田，哀夫老眊孤寡鳏独，或匮於衣食，甚怜愍焉"（《汉书·武帝纪》）。

在现代汉语中，"怜悯"这个词的意思与古汉语中"悯"更接近，代表看到了别人的痛苦。"祖母刘愍臣孤弱，躬亲抚养"（《陈情表》）中的"愍"和"悯"是同一个字，意思等于现代的"怜悯"一词。

"怜"这个字，在古汉语中的意思与现代汉语中的"爱、珍惜"类似。

"悯"字之前加一个"怜"字，意思是因为"悯"而去"怜"，即因为看到了别人的痛苦而想要去爱抚和关怀他。不过，在古汉语中，这个"怜"字可有可无，单独的一个"悯"字也同样含有"想要关心他"的意思。怜悯，有时还可以被称为"同情"。"同情"一词除了代表怜悯外，还有"我和另一个人有同样的感情"的意思。我们常说的"同病相怜"就是这样的一种情感。

什么会引起怜悯呢？很简单，就是看见别人在受苦，而且前提是这个看见别人在受苦的人是一个心中有爱的人。因为有爱，所以不希望别人受苦，从而想关怀这个受苦的人，能让他减轻一些痛苦。这与同病相怜不同——同病相怜所产生的怜悯，本质上还是自怜的延伸，因为这个怜悯需要"同病"作为条件。也就是说，如果我看见了别人痛苦，那么哪怕我没有痛苦，或者尽管我也有我的痛苦，但是别人的痛苦以及痛苦的原因和境遇与我不同，但只要看见他痛苦，我就为他难过，不希望他受苦，这才是真正意义上的怜悯（请注意，怜悯的原意并没有居高临下的意思）。佛教传入中国后，把想要消除别人痛苦的心称为"悲"心，这和"悯"几乎是完全一样的（稍有区别是，有悲心的人往往指的是佛教修行者），因此佛教传入中国后，汉语中就有了"悲悯"一词。

当然，在现代汉语语境中，当我们说到"怜悯"时，通常是指强者对弱者、上位者对下位者、长辈对晚辈、优越者对低下者、富贵者对贫贱者。当然，这不是绝对的，如果长辈的情况很苦，晚辈更强、更富有，晚辈也会怜悯长辈。如果一定要说怜悯有高下优劣，那么本质上也是幸福者对不幸者的一种为他难过、希望他好的心情。

悯的感受是"哎呀，他真苦啊 / 他真弱啊 / 他好孤独啊 / 他太穷了 / 他现在这样好艰难啊，我真想帮助他一下"。悯之中所包含的爱，是人性中对他人的一种普遍性的关爱。不管对方是什么人，不管对方和自己有没有关系，我们都对他有一种基本的爱。因为有爱，所以不忍心看对方受苦，想去帮助他。

由于怜悯包含着对别人痛苦的同情，因此那个受苦的人有什么样的痛苦，怜悯者就会有同样的痛苦——尽管程度上会轻很多。

在怜悯别人的时候，我们的心区会有一些类似堵着、闷、被压迫、沉重、被撕扯、被刺伤的感觉，会让人感觉不舒服。在我们看来，别人的痛苦越强烈，我们的不舒服感也越强烈。如果看到别人特别可怜，我们心中甚至会感觉到很明显的心痛。在心区不舒服的同时，我们的整个胸区也会收缩，甚至会有喘不过气的感觉。双手相握，眉头紧锁，眼睛向下看并露出不忍的神色。

怜悯的意象通常是让人怜悯的人或动物，比如，脸上脏脏的、可怜巴巴的小孩，受伤的小猫、小狗，在地上扑腾的鱼，或是因翅膀受伤飞不起来的鸟等。有时，意象中还会显现出有怜悯心的救护者形象，比如护士、天使等。还有时，怜悯是以非生命的形象来象征的，比如在庄稼枯萎时下的一场及时雨。

怜悯是一种超越性的情感。人的动物性层面是以自我为中心的，因此并不懂得怜悯。在人性层面，虽然有了精神的自我，但依旧是以自我为中心的，这也和怜悯不同。怜悯不是公情，不是因为对方和我属于一个群体，我就得怜悯他。怜悯超越了自我中心，从他人的视角去体会他人的心情才能知道他人有痛苦，因此才产生了怜悯。超越性情感都是美好的。怜悯虽然是因他人有痛苦而生，但是怜悯是人对同类爱的体现，是超越自我中心的体现，因此它是一种美好的情感。

L

由于超越自我并非每个人在一生发展中都能达到的精神境界，因此并没有哪个阶段会更容易产生这种感受，有些心理发展差的人可能一生都很少产生怜悯之心。只有那些心理健康发展、在生活中有过好榜样的人，才有可能在某些情景下超越自我的利害去关注别人，从而对别人产生怜悯之心。因此，怜悯是一种高贵的情感。

怜悯之心让人类偶尔不再是以自我为中心的相互竞争的丛林世界的动物，而成为美好且有人性光辉的存在。

L

第 14 章

M

麻木感

如果一个人对别人会有感受甚至是有较强感受的刺激没有什么感觉，就是麻木。如果一个人发现自己感受很弱，那么此时他对"自己感受很弱"这件事的感受被称为"麻木感"。也就是说，当一个人麻木的时候，他对自己麻木这件事是没有感觉的，因此也不会有麻木感；相反，当他开始对自己有了感觉，并对自己之前的麻木状态有所觉察时，他就会产生麻木感。换句话说，麻木感其实就是一个人对自己的麻木有意识时刻的感受。

之所以会麻木，通常是因为人长期压抑自己的情绪情感和感受，日久天长，人的感受力整体下降，从而对本来应该有感受的事情也没有感受了。还有一些比较特殊也更严重的情况：一个人在儿时经常遭遇虐待，或是遭受了其他给他带来强烈的身心痛苦的境遇，他就会本能地启动一种心理防御策略——解离，这样他就感受不到自己的痛苦了。比较极端的时候，他甚至会木僵，即让自己完全没有任何感受，就好像一个活生生的人一下子变成了一具僵尸。长此以往，这个人就麻木了，对痛苦就没有感觉了。

麻木的人平时也不大会产生麻木感。只是当发生了一件应该有感受的事情，别人或自己认为应该有某种感受，这个人却发现自己没有这种感受，此时他会试图去找到感受，便会体验到一种木木的、钝钝的感受，即麻木感。

身体上的麻木感，类似于手臂被压麻了的感觉，或是身体被麻醉后的感觉。如果你仔细体验就会发现，这种麻木感好像皮肤下面有许许多多的小气泡冒出来，甚至是有密密麻麻的小针尖在扎，这些都是过去被压抑的痛苦开始从"地下"涌现出来的身体感受。心理上的麻木感则相对较为轻微。

表达麻木感的意象通常是：面色木然、毫无表情的人脸；行动迟缓或一动不动的人；尸体、木乃伊等形象；皮肤下面好像有许许多多的小气泡冒出来，甚至是有密密麻麻的小针尖在扎；皮肤下有小蚂蚁在咬。

心理非常健康的人在任何时候都不会麻木，尽管他们可能会体验到强烈的痛苦，就好像一个从来不用麻醉剂的人，在他受伤时会感受到强烈的疼痛却不会变得麻木。然而，习惯于压抑自己情绪的人则可能会让自己变得麻木，因为麻木有一个显而易见的好处——不让自己去面对和体验到痛苦。临床上所谓的"述情障碍"，就是指人缺乏理解、处理和表达情绪的能力。

在心理咨询中，如果咨询师能鼓励和帮助来访者表达和宣泄情绪，就可以减少其麻木感。

满足感

在欲望得到满足后，人之前的焦虑一下子获得缓解，随后所产生的舒服、畅快、爽的感受就是满足感。

满足感是一种很愉悦的感受，心里会觉得"真好，满足了"。

由于欲望的种类很多，不同欲望得到满足后所产生的满足感也不完全相同，因此精确地说，满足感是一类感觉，而不是单纯的一种感觉。不过，不同的满足感之间存在着一些明显的共同之处。

满足感是一种松下来的感受。因为欲望得到了满足，所以一直提起来的那种追求的心态得以放下，内心之前充斥着的焦虑得到缓解，整个人都能变得松弛。

满足中包含的最基本的成分是一种完成感（或称"了结感"）。这种感受是最深的，是人在对事情评估后认为自己该做的都做完了。满足感中还包含着一种充实感。当欲望得不到满足时，人就会产生一些匮乏、空虚感；在欲望得到满足后，这种匮乏、空虚感就没有了，取而代之的是充实感。人在产生完成感和充实感后，很可能

M

会本能地处于一种暂时的无欲无求的懒洋洋的状态。

满足感反映在身体上的感受，主要是腹部的充实感，类似人吃饱了饭之后的身体感受。如果一个人刚刚所满足的是食欲，那么他所感受的充实感当然就是吃饱了饭的饱腹感。如果他刚刚满足的是其他欲望，那么他也会或多或少地有类似感觉。因为吃饱是最基本的满足感，所以人的其他欲望获得满足时，也会自然地和吃饱后的饱腹感相联系。

满足感反映在身体上的另一种感受就是全身松下来，如果外界条件允许，人会倾向于躺下来、四肢舒展，还可能会睡上一觉（此时睡觉会睡得很舒服）。

在一个人感到满足时，意象中出现的场景通常有三个部分：一是很满足的主体，二是提示在哪方面获得满足的事物，三是很美的环境。

例如，苏东坡在《赤壁赋》的结尾描述了他和朋友讲清楚人生哲理后，双方都很有满足感。带着这种满足感，他们在长江中的小船上饮宴，之后"肴核既尽，杯盘狼藉。相与枕藉乎舟中，不知东方之既白"。这里的"相与枕藉乎舟中"，就是睡得很舒服的主体；"杯盘狼藉"，表面上是指吃的欲望得到了满足，但更深的象征则是他们对人生很满足；"东方之既白"则是非常美丽的环境。注意，这段话看似写实，但实际可以说是意象——因为当时的苏东坡正睡着还没有醒，所以他其实并没有看到自己和朋友睡觉的样子，也没有看到杯盘狼藉，更没有看到东方的太阳即将升起，这一切他都"不知"。但为什么他能写出这个场景呢？因为这就是他表达满足感的一个意象。

满足感对人的心理发展具有积极的影响。早期生活中经历过的满足感越多，人对自己以及外在世界的态度就越积极。特别是在一岁前，如果婴儿获得了足够的满足感，他就会认为自己和世界都是好的。在成年之后的生活中，如果人能体验到越多的满足感，对生活的整体评价就越好，且不会易怒，也不易产生失眠等问题。

如果人获得了较多的满足感，其进取心可能就会较弱。你可能会说，如果一个人真正得到了很高的满足，他就并不需要进取了。事实上，人即使有足够的满足感，在以下两种情况下还是需要进取的。

- 未来可能会有可预期的问题，如果不防患于未然就会带来麻烦，因此人需要适

M

度降低满足感，不要让满足感阻碍了自己的进取心。

- 有时人会通过低等级的满足获得满足感，却因此对更高层次的欲望失去了追求和进取的心。因此，人需要避免因吃喝玩乐得太舒服而消磨了雄心大志。

迷茫感和迷失感

迷，就是在多个路径或线索中找不到哪个是对的。最原初的迷茫感，就是在物理的世界之中迷失了方向、找不到路径时所产生的那种迷失的感受。

找到方向和路径，是动物生活中最基本的需要。就连鱼类都需要洄游，陆地动物也都有自己的巢穴、自己的领地和自己觅食的道路。确保能找到道路、弄清楚方向，对于动物而言是生死攸关的。人类生活也是一样，如果找不到自己的家，就会感到危险在逼近。如果找不到要走的路，就会耽误该做的事情，生活也会因此而变糟。因此，迷失感是一种令人感到不愉悦的感受。

在刚产生迷失感的时候，人只不过是发现自己迷路了，还不一定会很紧张、担心。迷失感会促使人去努力辨明方向，并去寻找正路。如果努力之后还是找不到路，迷失感就会转化为焦虑、恐惧和惊慌。

"迷茫感"这个术语是在迷失感的基础上加上一些茫然。"茫"这个字有两个意思：一是"形容水或其他事物没有边际、看不清楚"；二是"无所知"。这两个意思都与"看不清"有关。茫然就是迷失了方向后，那种脑中一片空白、什么都不知道的感受。《精骑集序》中的"每阅一事，必寻绎数终，掩卷茫然，辄复不醒"，说的就是人在面对难以理解的文献时，内心所产生的迷惑和不知所措的感受，即茫然或迷茫感。

迷失感和迷茫感还有一个重要差别：迷失感是曾有一个清晰的目标，但后来在发现这个清晰的目标失去时所产生的感受；迷茫感则是更加弥散的、整体的，一个人可以是从来都没有过清晰的目标，因此一直处于人生的迷茫中。换句话说，迷失感是找不到某个曾经清晰确认的目标时所产生的感受；迷茫感则是因什么都不确认、根本没有任何方向和目标而产生的整体看不清的感受。迷失感伴随着失落感、丧失

M

感；迷茫感则没有失落感或丧失感，因为没有任何东西曾被获得，所以也没有任何东西可以被失落，迷茫感只是一切都未成形时的混沌感受。

当在精神世界中迷失方向、找不到路时，人也会产生迷失感和迷茫感。比如，在需要做出选择却不知道选择什么更好的时候（例如，报考大学时选择什么专业；是选择考研还是找工作；面对两名追求者，该选择谁）；在价值观的选择上，不确定什么是对的、什么是错的；自己曾以为是知道、确定的事情，经现实检验后却证明自己之前所知道、确定的事情是不对的。

迷茫感和迷失感在身体上的体现很相似，都有不聚焦的眼神，以及没有明确表情的脸（脸上之所以没有明确表情，是因为人不知道面前的情景对自己意味着什么，或是自己要做什么，因此没有唤醒明确的情绪）。

迷茫感在意象中最常见的体现是雾，雾的那种模模糊糊的感觉与迷茫感最为相似。迷失感的常见意象则是在茫茫大海中失去了方向的小船，或是在一望无际的沙漠中走着走着就找不到方向的人，抑或是找不到北斗星了等。

在现实生活中，当人过去的某个计划挫败，或是过去的某个做法被证明无效但还没有找到新的计划和做法时，就会产生迷茫感。如果这个人能够容忍并承受这种迷茫感，并去寻找方向、寻找自己的道路，就会在一段时间后逐渐找到方向和道路，那时迷茫感自然就会消失；相反，如果人不能容忍迷茫感，希望马上让这种感受消除，那么他很可能反而不容易看清方向，也无法让迷茫感消失。

秘密感

如果人保有一个秘密并意识到自己正在保密时，就会产生秘密感。秘密的感受，是把什么东西密封起来私藏的感受，是一种收敛封闭的感受，虽然不可避免地会伴随着焦虑，但总体上来说还是偏向于积极愉悦的。

当一个人知道别人所不知道的事情，并发现别人不知道这件事情时，人会本能地想告诉别人这件事。这并不仅仅是为了帮助别人，更多的是为了炫耀自己知道的事情多。这种透露消息的本能也许是很久很久以前人类还在原始部落中时遗留下来

M

的。那时，一个人在部落中的声望并不取决于他是否有钱（因为那时还没有"钱"的概念），而是取决于谁知道的事情更多。

随着人们离开了原始部落，人与人之间就不再那么知无不言了。信息就是力量，信息就是权力。如果我知道很多的事情而别人不知道，我就能在竞争中占有优势。如果别人知道了我的隐私，就可能会利用这一点做出对我不利的事情，因此人必须学会克制自己想要袒露的欲望，即保密。保密，产生了秘密感。

在产生秘密感时，身体上最主要的表现是闭上嘴、不要吐气，且秘密越重要，嘴闭得越紧。此时，保密者会感觉秘密仿佛随时想变成一股气从嘴里逃出去，但是闭紧的嘴把这股气严密地封闭在了里面，让人感到了这股气的压力。为了让秘密不要逃出嘴巴，人有时会用双手捂住嘴，或是至少做出类似捂嘴的动作。此时，呼吸不敢太有力，甚至会暂时地屏息。如果仔细体会，就会发现整个胸区的肌肉都有些紧张。

人不仅要避免说出秘密，还要避免身体动作泄密，因此在有秘密的时候，人的整个身体都会有点僵化，各种动作的幅度和频率都会有所减少。

如果是两个人共享一个秘密（即有一件事在这两个人之间不是秘密，但要对其他人保密），那么这两个人就会用眼神来交流，当与这个秘密相关的事情被别人提及时，这两个人会互相看一眼，或是用不引人注意的手势来交流。

与秘密感有关的意象，特征也都和封闭、掩盖、遮挡等有关，常见的有紧锁的箱子、锁起来的房间、面罩、蒙面，或是很难进入的山洞、被掩盖着的地下室等。

婴儿并不懂得保密，也没有秘密感。一岁之后，幼儿开始走入世界，他会被父母管教、限制，他会逐渐意识到，有些事情父母不愿意让自己做，自己却很想做。此时，他可以用不说实话来满足自己（比如，幼儿偷吃糖果后跟父母说自己没有吃），这就是最早的秘密，也让他有了最初的秘密感。等到了三岁多，幼儿懂得了人际关系，知道了别人之间有时也要隐瞒一些事情，此时他就会有更多的秘密和秘密感。三岁多的幼儿具备了和某个人一起保有一个秘密并向其他人保密的能力。秘密感中会包含着"我们关系亲近"的感受，两个人共享一个秘密，也成了彼此亲近的一种方式。如果他们能共享更多、更大的秘密，他们就能格外亲近。

M

成年人的秘密相对更多，秘密感也更强烈。秘密感是成年人心理边界的一部分，可以称之为"信息的边界"。如果成年人很少有秘密或是很少有秘密感，就是不够成熟的表现。然而，如果秘密太多、秘密感太强，这个人和别人之间就会产生过强的心理隔离，会让人更为孤独，阻碍其和别人之间的亲近，让别人觉得这个人太"不透明"，不利于建立良好的人际关系。

如果秘密感强，但是对某个特别的人很少有秘密甚至没有秘密，也就是说他的秘密可以和某个人分享，这两个人就会格外亲近。因此，向一个人吐露秘密是一种与其拉进关系的常见且有效的办法。即使是被迫和某个人分享秘密，也能增进双方的亲密感。然而，被迫分享秘密的一方会产生被侵入自我边界的感受，而可以强迫别人分享秘密的一方则会产生权力感、控制感和优越感。

秘密感中有时还会包含一些对危险的恐惧，但这种带着恐惧的秘密感也会让人感到刺激和隐秘的兴奋，从而加强人的存在感。因此，有的人会乐于保有一个害怕暴露的秘密。

保守秘密的能力是人管理自我约束能力的一个组成部分，因此秘密感也伴随着自尊感和自我优越感，但同时也必然伴随着秘密可能被窥探的焦虑。

陌生感

陌生感是一种对某个本该有熟悉感的事物却并没有熟悉感的体验。

不熟悉的环境或人常常会给我们带来陌生感，但并不是只要环境或人不熟悉，我们就会产生陌生感，我们在不熟悉的环境下可能还会产生新奇感。当我们走在街上时，来来往往的都是陌生人，但我们通常并不会产生陌生感，而可能只是无感——因为我们并不期待自己应该熟悉这些人。

陌生感来自与心理期待对比后的落差——只有当我们预期自己应该对某个事物有熟识感却发现自己并不熟识那个事物时，才会产生陌生感。也就是说，如果一开始就确定自己不认识某个人，通常就不会产生陌生感。只有试图去认出来，却发现自己并不认识时，才会产生陌生感。如果我们想唤醒别人的陌生感，就可以问他

M

"你看看这个人是谁"，这样对方会默认自己应该见过这个人便去试图识别，但尝试之后发现无法识别出来，从而产生了陌生感。

试图找自己要去的地方，并试图寻找熟悉的标志却找不到时，我们会更容易产生陌生感。到了一个全新的地方，我们更容易产生新奇感。然而，如果我们没有去过某个地方，但那里有某些我们熟悉的要素，我们的陌生感就会比较少。比如，新开了一家西北菜的饭馆，我第一次去那儿吃饭。一进门，我看到了墙上挂着一串串的红辣椒和玉米，柜台后的大锅里煮着热气腾腾的羊肉汤，铁炭槽里的木炭上烤着羊肉串……我并不会产生陌生感。如果我去了某个和我国差别很大的国家，走在街上的都是肤色和发色与我们不同的外国人，说着我听不懂的语言，建筑的风格也与我国的差别很大，这个环境就会让我产生陌生感。

陌生感与生疏感的区别在于：生疏感是我虽然认识这个人，但我和他在情感上很疏远；陌生感则是我本该认识这个人，我却觉得不认识这个人。

陌生感在身体上的反应是一种轻微的警惕状态：肌肉会有轻微的紧张，眼睛会更警觉，胸区有点收紧，身体上部稍微向后倾斜。似乎没有哪个意象对应着陌生感，但我们看到某些意象时会伴随着陌生感。

六个月左右的婴儿能比较清楚地识别出人与人的相貌差异，会产生最早的熟悉感和陌生感——母亲和其他家里人会带来熟悉感，其他不认识的人则会带来陌生感。陌生感会唤醒恐惧和害羞，从而使得这个年龄的婴儿回避陌生人。这种对陌生人的识别可以算是广义的陌生感，能激活本能的回避反应倾向。

从进化的角度说，这种对陌生人本能的恐惧和回避反应倾向可以带来好处。因为和父母家人相比，陌生人总归比较危险，他们可能会拐卖儿童，或是以其他方式伤害儿童。随着年龄增长，儿童对陌生人的恐惧会逐渐降低，但仍会多多少少存在着这种本能的对陌生人的回避倾向。比如，如果成年女性走夜路时发现有陌生男性靠近她，她就会本能地回避，这能起到保护自己的作用。

陌生的环境同样会令人产生恐惧，因为如果人在陌生的环境遇到危险就会更加难以逃跑。如果人在人生地不熟的地方遇到困难，就更难找到可以帮助自己的人。勇敢一些的人在陌生的环境中或是与陌生人相处时会更多地进行探索，从而让环境

M

和人显得不再那么陌生；胆子相对比较小的人则会在陌生的环境中以及和陌生人相处时更退缩，从而更久地保持陌生状态。

由于探索本身是有危险的，因此勇敢未必总是好事；但探索又会减少陌生感，能让以后的生活更加安全，从这个角度来看又是好事。可见，这个世界上并没有什么是绝对的好或绝对的坏。同样，害怕陌生环境和陌生人也是既有利又有弊的。

目标感

在设定了比较明确的目标后，人会把注意力专注地投注于这个目标上，此时产生的感受就是目标感。目标感的核心是一种"这就是我的目标"的体验，这是一种指向未来的安定，人不再需要探寻或犹疑"我将要往哪里去"，这会带来一种趋向力，让人向这个方向趋近。

目标感把一个人的多方面行为组织成一个整体，共同指向同一个方向。由于目标感中还包含着对未来的美好想象，因此，虽然它会多少带有一些关于未完成的焦虑，但总体还是偏愉悦的。

在身体上的表现为，有了目标感之后，首先是目光稳定了，眼睛不会东张西望，而是看着一个方向，原来可能弥散的视线也聚焦了。如果目标是现实中可见的，比如渴望追求的一个异性，这个人就会看向这个异性；如果目标是抽象的，比如建立理想的社会，这个人就会稍稍抬头，眼神不聚焦，仿佛在思考。此外，有了目标感之后，人的心也会定下来，觉得心向下放，像被安置在一个台子上，这是目标感中的确定性所带来的感受。强烈的目标感会让人感觉心变得非常稳，也就是"铁了心"的感受。人的整个胸区会放松，呼吸更加舒畅也更加有力。双腿也会更加有力，仿佛为走向远方做好准备。整个身体会产生一种底盘更稳的感觉。

与目标感有关的心理意象，往往是在想象中看到目标的意象或是象征性意象。比如，远处山顶上的一面旗子或是作为我们目的地的一座房子；在海中行驶的船上看到远处的陆地；在沙漠中看到远处隐隐的绿洲；黑夜回家的路上，远远地看到家里的灯光等。此外，意象还可能是走向目标的自己的象征性形象，比如，背着背包

M

坚定行走的人、船上的水手、洄游中的鱼、迁徙中的大雁等。

不足一岁的婴儿通常谈不上什么目标感。婴儿在学走路时会萌生最早的目标感——母亲在前面几步或十几步的地方张开双手等着孩子，孩子则踉踉跄跄地跑向母亲，此时就是目标感在推动着孩子。

人在参加不同的活动时，会根据活动的目标而产生不同的目标感。这种目标感针对的是小的、具体的、暂时的目标。

如果一个人找到了自己人生的整体目标，知道了自己这一生想要做什么，他就会形成整体的、长远的目标感。目标感能让人的人生有了方向，人格获得整合，关于什么有意义、什么没有意义都有了评判标尺，行动也会产生更高的效能。有人生目标感的人与没有人生目标感的人，将会有云泥之别。目标越清晰、越高远、越健康，目标感所带来的提升就越大。

获得整体的人生目标感，就是古人所说的"立志"的一部分。刘邦看到出游的秦始皇后说"大丈夫当如是"，这就是目标感；在《三国演义》一书中，太史慈说"大丈夫生于乱世，当带三尺剑立不世之功"也是目标感；少年周恩来所说的"为中华崛起而读书"同样是目标感。

虽然设了大目标的人未必都能成功，但是没有目标感的人则一定不会成就大业。

M

第 15 章

N

怒

怒是一种非常重要的基本情绪。

从进化的角度看，爬行动物就有了怒。当眼镜蛇和其他动物搏斗时，上半身会立起来并吐着信子，此时蛇就有类似于被我们称为"怒"的内在感受。龟在死死咬住人手的时候，也会产生类似怒的内在感受。这些爬行动物的"怒"，虽然在强度上可以非常强，但是和我们所感受到的怒相比，意识上是更加混沌的，因此属于本书中所说的"准情绪"。在英语中，它是所谓的"passion"而不是"emotion"。在进一步进化后，哺乳动物所感受到的怒就是一种真正的情绪了。在人类的生活中，更是经常会产生怒（或被称为"愤怒"）的情绪。由于人的情绪越来越细致地分化，因此从怒中会分化出很多不同性质的怒（比如，嗔、恨、恼等）。而在团体性情绪层面，怒则转化成了公愤。

当人的欲求受到阻碍、挫折，并且人决心要冲破这个阻碍时，就会发怒。比如，我想进入一家宾馆，但是别人不让我进去，这就是一个阻碍。如果我觉得阻止我进去的人没有充分的理由——这又不是什么禁区，那么我觉得我只要斗败这个人，我就可以进去。因此，我就可能会勃然大怒。如果人认为自己受到了别人的伤害，并认为自己有能力和这个人斗争，那么也会发怒。小贩缺斤短两，或是把劣质货物说成了正常货物，我们也可能会愤怒。当然，如果我们发现自己彻底惹不起对方，怒可能就会被转变为恐惧等其他情绪了。

如果对方是在无意中伤害了我们或是阻碍了我们，那么我们未必会发怒，而且就算发怒，程度也会比较轻。比如，别人不小心踩了我的脚，我可能不会发怒或者只是稍稍有点生气。不过，如果对方是故意的，我就更有可能被激怒。

怒会激发人的攻击、战斗和破坏行为。人在产生怒后最想做的事情就是拳打对手、脚踢对手，扇对方的脸，甚至是撕咬对手，或是用棍子打他、用刀子戳他、用砖头砸他。如果怒的程度比较低，也会想推搡他、骂他，或者至少也要讽刺他、瞪他或是沉着脸不理睬他。如果消除阻碍或是对方带来的伤害似乎都不是最重要的，那么最重要的事情就变成了自己要伤害对方。

怒在躯体上的表现非常明显：表情是横眉立目、咬牙切齿；脸色会变红，愤怒程度越高越红，甚至会变成紫红色（如果怒被压抑，脸色可能会变为苍白或发黑）；静脉凸显，即所谓的"青筋直爆"；整个上半身的肤色都会发生变化；全身肌肉紧张，双臂尤为明显，双手通常会做出握拳的动作，甚至会寻找武器来伤人。

此外，怒的时候人还会发生这样的变化：血压升高、心率加快、呼吸急促（可能会发出很大的声音）；怒者能感受到心的剧烈跳动，如果平时心脏功能不好，可能就会导致心脏疼痛，严重时还可能会诱发心脏病；消化活动减退，血小板增加；感觉体内在着火。

如果怒的程度比较低，这些反应就不会那么明显，但只要仔细地去感受，就会发现所有这些反应都是存在的。从生物学功能上讲，所有这些躯体变化都是为了"备战"：横眉立目是为了能看清敌手，咬牙切齿则是想要咬伤敌人；心率加快、呼吸急促是为了增加肌肉的能量供应；肌肉紧张是让肌肉做好战斗准备；消化功能减少是为了把能量转移至肌肉；血小板增加是为了应对战斗中可能受伤出血。

怒对于动物来说是非常有用的。一怒之下，战斗力暴增，因此打斗的成功率也会大大增加。不过，现代人非常需要合作、不鼓励战斗，与别人战斗往往会被惩罚，因此发怒的后果往往不大好。发怒之后，如果顺应情绪、自由发泄愤怒，就会引发人际攻击，从而破坏人际关系。现代社会也不赞同人际攻击，所以这会有损这个人的社会适应。因此，现代人往往不得不压抑自己的怒，而一旦压抑怒，怒的能量就很容易发生内转并转向怒者自己，不利于怒者的身心健康。

在怒的时候，如果内省中去感受其心理能量的运动，就会发现怒的能量是向上运动的，而且通常是很有力的，在向上的同时还会向四周扩散——这种运动形态像

N

一股向上窜起来的火焰或是原子弹爆炸后升起的蘑菇云。

在内省中，如果把怒的感受和颜色联系起来，那么最基本的颜色就是像火一样的大红色。如果怒在一定程度受到了压抑，颜色可能就会变成紫色或黑色。在温度感方面，怒会带来强烈的热的感受。在听觉方面，怒会体现为如同雷鸣、鼓声或咆哮般的低沉而强烈的声音。如果转化到气味上，我们在怒时就会闻到类似焦味或爆竹炸了之后的那种硫黄燃烧的味道——怪不得在传说中，地狱之火的燃料是硫黄，地狱象征的可能就是人愤怒之后的心态。在味道上，怒则是辛辣的味道。怒很有张力，在古汉语中，"怒"还有一个意义就是"生命力勃发的样子"，比如我们常说"鲜花怒放"，它与怒的共同点就是有张力。

在梦中、在意象对话过程中，或是在其他想象中，用来表达怒的最常见的意象是火。火的各方面品质与怒都是完美契合的，红色、热、上升、硫黄味等，这些都既是火的品质，也是怒的品质。被压抑的怒与燃烧不充分的火，也很像随后可能会发紫或是变成黑色的烟。火山、燃烧的森林、烧着的房子都可以象征怒。

某些动物意象适合用来象征怒，大吼的狮子的声音与怒的声音给人的感受非常接近，狮子本身也非常有攻击性，所以狮子经常可以代表怒。立起上身、张开嘴、露出毒牙的眼镜蛇也可以象征怒。凶狠的鳄鱼、狂吠的狗也可以作为怒的象征。现实中没有的动物，比如恶龙、怪兽等，也可以用来表达怒。

表达或象征怒的意象还可以是青面獠牙、凶相毕露的恶鬼。雷电往往象征天的怒或公愤。飓风、洪水、火山也可以象征怒。最适合表现怒的冷兵器包括斧子、锤子、狼牙棒等；适合表现怒的热兵器则主要是那些精度未必高但是能量大的武器，包括大口径的枪、炸药或是炸弹。恐怖分子之所以喜欢用炸药，从现实层面来说当然是为了方便，而从心理层面来说则是因为炸药更适合表达愤怒情绪。

怒会带来攻击，攻击往往会遭到反击，在现代社会，怒的后果往往都不好。因此，人们时常会因恐惧情绪引发的能量而压抑怒，比如"打架会受到惩罚，所以别生气"。人偶尔也会用诸如怜悯等其他情绪来压抑怒，比如"他虽然很气人，但是他也很惨、很可怜，我不要和他计较了"。

压抑不利于人的身心健康，会让人身体不适，甚至可能会引发身体疾病。不过，

N

如果不压抑，后果往往会比压抑所导致的后果更坏，所以经两害相权后，我们还是不得不压抑。压抑有时是一种"治标"的方法，从短期来看有好处，但从长期来看会带来坏处。压抑大多是人在无意识中完成的，有时也会有意识地压抑怒。

根据躯体疗法的研究和我的经验总结发现，既然怒的能量是从下向上运动的，那么在压抑怒时，人往往会无意识地用一些身体的动作来阻止怒的能量向上运动。如果怒刚刚从腹部生起，人在自发压抑时就会自发收腹、间或屏息。在这种情况下，怒会很容易被压抑下去，让这个人几乎完全感觉不到自己的怒。不过，如果经常习惯于用这种方式来压抑愤怒，人的下腹器官就容易得病，比如男性可能会患性功能障碍，女性可能会患妇科病，或是直肠、膀胱出问题。

如果人经常在胸廓区域压抑怒，他就会习惯于胸内收，呼吸比较浅，还可能时而做出吞咽动作。这种压抑会把怒的能量压到胸区之下、腹区的上部，时间久了，其上腹部的器官就会发生病变。比如，可能会患胃病或是肝脏的疾病，中医所说的"怒伤肝"主要指的就是这种情况。

如果怒的能量没有及时被压抑，升到了更高的位置，那么还可以在肩颈区压抑。这种压抑会引发肩部紧张、呼吸加快、心率增加、双臂紧张，如果紧张的程度较高，还会出现双臂伸直、抖动并且感到冷，人还会不自觉地攥拳。在这种情况下，人会感受到自己在发怒，也知道自己正在压抑怒。由于怒的能量得不到释放，且怒的能量是向上的，因此这时怒的能量就会充斥胸腔。习惯于在这个区域压抑愤怒的人，比较容易出现心血管系统的疾病，比如高血压、心脏病。

还有一些人在产生怒之后还会产生压抑，且压抑的位置在头部。这些人可能会压制不住自己的怒，并做出攻击性行为。

怒是一种破坏性的驱力，对外发泄会伤人，压抑了会伤己。因此，在心理咨询中，咨询师会尽量帮助来访者学会管理怒，从而降低怒的破坏性。

如果怒已经升起，我们就需要学会让怒尽量以缓释的方式来宣泄，这类似将一次大地震变成几次小地震。也就是说，觉察自己正在发怒，并用破坏性比较小的方式去宣泄怒，就不会太伤人或伤己。在必须压抑时，可以先压抑，但是在条件具备时则可以宣泄出来，比如向枕头砸几拳，或是大声吼叫出来。可以告诉别人自己在发怒，但尽量不要攻击别人。这样一来，怒便能得到宣泄，并减少别人反击的风险。

如果一个人比较易怒，那么在心理咨询中咨询师应该帮助他找到他易怒的原因。比如在他的童年经验中，有什么经历让他更容易怒，或是在他的信念体系中，有什么信念会让他更容易怒。这能降低他发怒的频率，从而减少发怒对其人际关系或身体的损害。有些人之所以易怒，是因为他们之前受到了过多的创伤，这需要用心理学的方法去抚平其创伤；有些人之所以易怒，是因为他们较为偏执，习惯于把别人的行为视为有敌意的，这就需要人格的重塑；有些人之所以易怒，是因为他们较为自我中心，若别人不顺自己的意就发火，这也是人格有问题，需要对人格进行调整。

对于现代人来说，怒通常都是有害的，因为怒这种动物性的攻击方式并不适合当今人类的生活。尽管现代人也有需要攻击的时候，比如警察对付罪犯，或者军人对付敌军，但即使是警察或军人，如果过于愤怒，也可能会导致行动方式不专业、不恰当。因此，对于现代人来说，怒的管理任务主要是学习如何减少怒或是减少怒带来的影响。不过，这当然也不是绝对的，当我们遇到别人的攻击时，有时可能也需要借助怒的力量去推动战斗并获得胜利。此时，我们也不妨顺应自己的本能，让怒成为一种有用的助力。比如，在生活中，如果有人很不讲理地侵犯自己的利益或是侵犯自己的心理边界，用怒的表情和语调来适度表达怒就会具有一定的威慑作用，有助于保护自己的利益和自我边界。只要控制好程度，不让冲突和怒的情绪升级，就不会太有害。在个别情况下允许自己发怒，也是怒的情绪管理中的一个必要组成部分。

N

第 16 章

P

疲劳、疲倦、疲乏和疲惫感

疲劳、疲倦、疲乏、疲惫感，这些词的核心都是"疲"。

疲，是因为人做多了而对自己所做的事情失去了兴趣。倦，是人对自己所做的事情产生了厌的感觉。从这个角度来说，疲和倦都是心理上的感受，但是倦比疲的程度要更强烈一些。乏和惫，更多的是生理上的感受：乏，主要强调肌肉的无力感；惫则是整个身体的无力感。劳，是产生以上这些生理和心理感受的因。所有这些"疲"，都是因力量耗失所致。

身体的过劳会导致身体疲劳、疲惫。由于所做的运动不同，身体感到劳倦的位置也不同。身体的感受包括：肌肉酸痛，气喘吁吁，心跳加快且可能感到心悸，身体沉重，腰酸腿痛。身体不再能挺拔站立而是弯腰驼背，走路时脚抬不高而是拖着脚走。

不过，让人感到疲倦的，更多的是心理上的原因。如果人并不喜欢做某件事却又不得不做，就会很容易疲倦，再坚持做就会感到身心疲惫不堪；相反，如果人是去做自己喜欢的事情，那么即使做很多、很久也不会轻易感到疲倦。有一部文学作品中写道，工作了一天、感到疲惫不堪的年轻工人们，下班后跑去跳交际舞，立刻会像变了一个人，精神焕发，好像一点也不知道疲惫。工作之所以会令这些年轻的人们疲惫，是因为他们没有兴趣做；跳舞之所以不累，因为他们觉得这很有意思。因此，当人很投入地去做一件自己非常喜欢的事时，哪怕身体做了很多、很久，还是会孜孜不倦、乐此不疲。

人之所以在做不想做的事情时容易感到疲倦，也许是因为其内部不同的欲望和驱动力相互冲突，消耗了过多的心理能量。

除了做不想做的事情，如果屡屡不成功也会让人感到疲倦。成功能让人兴奋，还能冲刷掉在努力过程中积累的疲劳。如果人屡屡不成功，就总没有机会去冲刷掉这些疲劳，久而久之自然就会感到身体上的疲惫和心理上的厌倦。

漂泊感

漂泊感，是不稳定感或不安定感的一种。

之所以称其为漂泊感，是因为它类似人在一艘小船上的那种动荡不安的感受。如果不稳定性更强一些，就是漂流的感受；如果暂时能稍稳定些，但还是不足够稳定，就是停泊的感受。当这两个字连用时，以"漂"的感觉为主。

漂泊感通常是指心理上的不稳定和不安定，这往往是因生活中持续存在着不稳定所致。动荡感也是一种不稳定，因频频发生意外的事情而打破了生活常规所致。二者的区别在于：漂泊感中的不稳定强调的是不稳定在时间线上的绵延不断，未必是生活中有多大、多明显的坎坷，却给人带来一种没有根、流离失所的感觉；动荡感中的不稳定则强调的是人在生活中遭遇了许许多多的坎坷，且这些坎坷足以给他的心理带来震荡和冲击。换句话说，漂泊感好像一个人的心始终悬着无处安放下来，动荡感则好像是一个人的心不断遭遇意外打击。

从心理本质上说，漂泊感是缺乏依恋或乡恋的感受。比如，没有固定的工作、长期固定的住所，就会引发漂泊感。在北京打拼但没有获得固定住所和工作的人会自称"北漂"，就表明了他们心中有漂泊不定的感受。不过，外界的情况并不是唯一影响因素，比如，如果在北京没有买房但是工作较为稳定，那么人是否仍会有漂泊感呢？其实，这主要取决于人的性格，即希望生活稳定的人在这种情况下会产生强烈的漂泊感，并不在意生活不稳定的人这种情况下则没有漂泊感。换句话说，同样是生活在无常中，如果一个人期待能长期待在一个地方安营扎寨、繁衍生息，那他就容易产生漂泊感；如果一个人期待最好能长期过一种按部就班的稳当日子，那他

P

就容易产生动荡感；如果一个人期待最好能周游世界体验丰富的人生滋味，那么他不但不会觉得漂泊或动荡，反而会觉得这样的生活新奇有趣、自由自在。

对那些很重视亲密关系的人来说，身边若没有亲人或伴侣，那么也会产生漂泊感。例如，如果全家都在北京，周末可以在一起吃饭，人的漂泊感就会比较弱；如果在北京有个稳定交往、以结婚为目的的恋人，那么也能大大减少其漂泊感。

漂泊感在身体上的感受，主要就是那种脚下不稳、无法在一个地方扎根的感觉。我估计"北漂"们在上下班乘车时，会更容易感受到自己漂泊在北京，因为那种"下盘不稳"的感觉会唤醒内心的漂泊感。如果再仔细体会，就能感觉到心也稍微被提了起来，没有踏实地放着。

漂泊在意象中的体现，除了船外，还包括浮萍、柳絮、水面上的落叶、流云等。总之，几乎总是与流水有关。

漂泊感对人的影响，是让人行为策略更偏于短期而非长远，因为漂泊感会让人无法预期明天会怎么样。

象征着稳定和安定的事物，可以缓解或消除人的漂泊感。房子、稳定工作和长期关系是最能象征稳定的事物，正如《孟子》中所说的"有恒产则有恒心"。同样，结婚这个行动也可以带来恒心。"钻石恒久远"这种把钻石作为婚姻稳定象征的广告语还是很有道理的，因为钻石坚固且不容易和其他物质起化学反应，所以它的意象的确可以在一定程度上对抗漂泊不定感。

P

第 17 章

Q

亲密感

亲密感更精确的说法是"亲",因此亲密感还可以被称为"亲情",其本意就是"相互之间有感情,彼此关系密切"。如果更细致地分辨,那么尽管"亲"和"密"都是"近"的意思,但二者还是有一些不同:"亲"更强调血缘上的近,"密"则更强调心理距离的近;"亲"更强调二人天然立场上的一致,所以叫"亲信","密"则更强调二人可以共享一些隐私,所以叫"闺密"。

亲密感主要存在于有血缘关系或是因联姻建立了关系并且一起生活过的人之间,因此这些人被称为"亲人"。有血缘或因联姻建立了关系但没有一起生活过的人,则仅仅被称为"亲戚"。亲戚之间也有亲密感,但是比亲人之间要少一些。

关系越近,亲密感通常也越强烈。比如,我们最亲的亲人通常是父母,或是爷爷奶奶、姥姥姥爷,以及自己的子女、兄弟姐妹。其他亲人相对来说就稍微远一点,亲密感也稍微弱一点。当然,我说的是"通常"如此。如果有人说"我最亲的人就是我的二舅,我跟他比跟我父母还要亲",我当然也会相信这很可能是真的,而且我也绝不会以心理学的名义强迫他和他的二舅疏远。

联姻建立的关系,最近的当然是在夫妻之间。在当今这个时代,尽管婚姻稳定性变得有点差,但还是有一些夫妻能相亲相爱一辈子,他们之间的亲密感远超其他人。我们和岳父岳母、公公婆婆、大舅子小舅子、大姨子小姨子等人因联姻而建立关系,也可以有一定的亲密感,但是亲密程度通常就会差了不少。

没有血缘或联姻的人与人之间,如果心理距离接近,那么也可能会逐渐产生亲密，我们称有这种关系的人为"朋友"。如果两人的关系近到了可以分享私人空间（例如，分享秘密或私人物品）的程度，彼此就成了"密友"。

从心理学家的角度看，所谓"亲密感"，就是人的依恋需要被满足时所产生的感受。对于人类来说，依恋是最强有力的情感，是联结人际关系最坚固的纽带。

依恋是一种本能需要，主要见于哺乳动物。鱼类和爬行动物几乎没有什么依恋，因为它们的"父母"可能根本没有见过子女，或者即使见到也不抚养，所以它们之间也没有什么感情的联结。哺乳动物则不同，幼崽出生之后，并不是像小鱼、小乌龟一样自己生活，而是要继续靠母亲（之所以称其为"母亲"，是因为这个母兽很"亲"）的养育。因此，哺乳动物在进化中产生了强有力的依恋本能，有了这个本能，动物就能感受到亲密感。亲密感是一种非常愉悦的感受，能让母亲不辞辛苦、全心全意地养育孩子，必要时甚至能为孩子出生入死。这种愉悦的感受也让孩子紧紧追随着母亲。母亲和孩子这样紧密联结，养育过程才可以更好地完成，才能让孩子即使是在危险的丛林中，也能在母亲的帮助下健康成长。

心理学家哈里·哈洛（Harry Harlow）曾用恒河猴做过一个实验。他把刚出生的小猴子和它们的母亲分开，然后在关小猴子的笼子里放入两只假的母猴——一只是用铁丝做的假母猴，身上挂着奶瓶；另一只是用绒布做的假母猴，看起来和它们的母亲更相似但是身上没有奶瓶。哈洛希望通过这个实验，看小猴子更喜欢哪只假母猴。结果发现，小猴子并不是"有奶就是娘"，它们更喜欢那只绒布的假母猴。由此，哈洛得出这样的结论：依恋的需要对小猴子来说是非常重要的，在它们看来，依恋对象（即那只绒布的假母猴）即使没有奶也让它们感觉更亲。

我并不是完全认可这个实验的设计，但我同意这个实验结论。在很大程度上，依恋的确比食物重要。对于孩子来说，爱母亲并不仅仅是因为母亲给自己奶吃、照顾自己的生活，还因为母亲是自己最亲的人。就算母亲没有奶、只能用米汤喂自己，而陌生人有奶，依恋的力量也会让孩子继续追随母亲。有些孩子在危机时，甚至甘愿付出自己的生命也要保护母亲。依恋母亲的孩子，爱的是这个人而非母亲的奶（广义来说，是母亲对他的照顾），因此并不是"有奶就是娘"。不仅孩子如此，依恋也会让成年之后的人对父母、同胞、配偶、朋友怀有忠诚，我们称依恋本能强的人为"重感情的人"；相反，依恋感弱的人则比较容易当叛徒，我们会称其为"天性凉薄"。

精神分析的客体关系学派所关注的最重要的人类需要，就是对于亲密感的需要。人终生都需要亲密，追求亲密感的过程中所发生的事情是塑造一个人性格最主要的因素。

感受亲密，也是很多人生命中最重要、最有意义的事情。

与亲密相对应的姿势中，最基本的就是依偎（所以叫作"依"恋）。依偎时，两个人中相对年长或强壮的那个人，通常会用一只手臂将对方搂在怀里；相对弱小一点的那个人，通常是把自己的头歪过去，靠在对方的肩膀上或胸前。这是一幅很美好的画面。

靠在另一个人身上睡觉也很有亲密感。如果双方是坐着的，就可以相互依偎着睡，也可以一个人醒着、另一个人睡。睡的那个人头可以靠在对方肩上或胸前，或是躺在对方的肚子上、腿上或手臂上睡，醒着的人还可以抚摸睡着的人的头发。睡的姿势花样繁多，最重要的是会睡得更香甜。对于动物来说，睡觉是一种高风险行为，因为一旦睡着了，保护自己的能力就降低了。由于人类也遗传了这种基因，因此人类只有在亲人那里才可以放松大胆地睡，而这样的睡觉，能极大地满足双方的亲密感。

温柔地抚摸是表达亲密感的最基本的动作。成年人表达对孩子的亲密，主要是抚摸他的头部。在不同的关系中，抚摸的身体部位各有不同。

亲吻也能表达亲密感，之所以被称为"亲吻"，就是因为吻是为了表达"亲"。当然，情侣之间的亲吻也是一种性的表达，但是即使是情侣之间的亲吻也不单纯是性，还包含了亲密感。

Q

拥抱也能表达亲密感，但不仅仅只能表达亲密感，有时还能表达其他感受。一个人把另一个人抱在怀里，这个动作是拥抱，也是依偎的一个变式，只不过拥抱比依偎更多了一些归属感的意味。如果一方力气大，或者另一方是一个小孩子，那么一方也可以把另一方抱起来。背靠着一个人，也是一种亲密的表达，但相较抱着而言，两人背靠着的时候情感的浓度相对淡一点。因为以动物本能来说，把脆弱的腹部敞开亮给对方这个动作本身就体现了一种深厚的信赖。

还有一种表达亲密感的动作，有点像小动物跟母兽常见的动作，就是"往它怀里拱"。手牵手、挽着胳膊，或是轻拍对方的肩膀或后背，这些动作也都能体现亲密感。为对方梳理头发也能表达亲密感。如果从起源来看，猴子就已经有了为彼此理毛的行为，也能借此来表达亲密。

打打闹闹、咬人、掐人等这些本来是攻击的行为，如果程度不是很重，也可以被用作表达亲密，其潜在的意思似乎是"看我们关系多亲密，就算我攻击他，他也不会生气"。

此外，其他各种不带敌意和对抗的身体接触，也都可以表达亲密感。

在心理体验上，亲密感中带有温暖。当两个人的身体依偎或是抱在一起时，体温能温暖彼此。因此，当一个人感受到亲密时，即使没有依偎，人也能感受到温暖。亲密感中还有一个成分是皮肤受到抚摸的那种舒适。同样的道理，当一个人感到亲密时，即使当时并没有受到抚摸，皮肤也会感到很舒适。在与自己亲密的人在一起时，人的心里还会感到放松、安全。

能反映亲密感的意象包括人与人亲密相处的景象，两个人依偎、拥抱、牵手等，以及动物之间亲密的景象，或是宠物和主人之间亲密的景象。此外，能让人感到温暖、柔软的事物也可以表达亲密，比如松软干净的被子、柔软的毛毯、抱起来很舒服的布偶和毛绒玩具等。毛茸茸的小动物（比如小猫、小狗、刚出生的小鸡等）也是亲密感的象征物。

亲密感带来的愉悦，还可以用阳光明媚的天空、干净柔软的草地、鲜花、蝴蝶，以及毛茸茸的毛衣等意象来表达。粉红色的物体比其他颜色的物体更能唤醒亲密感。

一个人感受亲密感的能力强弱往往取决于其早期生活。如果他在儿时，他的家庭中人们彼此很亲密，他就会很容易感受到亲密感，他长大之后也会更有能力表达并给予别人亲密感；相反，如果他在儿时家庭中缺乏亲密感，他的父母、兄弟姐妹和他都不亲密，他在长大后就会很不适应亲密，不懂得如何与别人亲密，也不会给别人亲密感。对于后者来说，如果别人依偎他、拥抱他或是抚摸他，他就会感到不舒服、不知所措，或是很别扭，有损其生活质量。

引导一个人更细致地体会亲密感有助于帮他恢复感受亲密的能力，也能让他活得更轻松、更有善意，让他更信任这个世界，从而让他的生活更有意义。

清晰感

清晰感是认知中的一种感受，能令人感到愉悦。清晰感最重要的特征是，被观察对象的不同部分边界清晰、分辨度高，且不同的部分各就各位、彼此层次分明。清晰感是一种通过观察获得的对事物了了分明的认知感受。

在感知觉层面，如果我们对事物的感觉或知觉是清晰的、分辨率高的，在知觉中能将图形和背景很好地分开，且图形的边界明确，就会产生清晰感。

在视觉层面，如果我们的视力良好，也没有任何眼睛疾病，在看一个事物时能准确地聚焦，我们所看到的影像就是清晰的，从而会产生清晰感。如果照片聚焦好且不虚、边界分明、像素高，图像就是清晰的，能让人产生清晰感。

在听觉层面，如果声音中没有混杂、没有噪音，我们就会对所听到的声音有清晰感。嗅觉、味觉和触觉，在适当的条件下也会带来清晰感。

在原始认知（想象）、远古认知（身体）和逻辑认知（思维）的活动中，清晰感源于更准确的认知。

- 如果各种情绪、情感等原始素材凝结成了可以最准确地表达的意象及心理叙事，人在原始认知层面就会产生清晰感。
- 如果人的身体的各个感官足够健康、足够敏感，以至于在接触事物时可以形成确定的视觉、听觉、味觉、触觉、嗅觉，或者人能对自己的身体形成足够有识别度的内在的体觉（比如痛、痒、麻、胀、酸、困等），人在远古认知层面就会产生清晰感。
- 如果人能对某件事做到推理准确无误、逻辑上没有任何混乱，且能用最简明的方式完成推理，并能在最终归纳出一个条理明确、层次分明的结论，就能明确地理解这件事，这就是逻辑认知层面的清晰感。逻辑认知层面的清晰感是人类最愉悦的感受之一。

人在弄懂需要弄懂的人和事情后会产生清晰感，且懂得越透彻，清晰感就越强。比如，你身边有个人很有城府，你在一开始看不懂这个人是个什么样的人，也搞不清楚他的所说所为，在你恍然大悟后就会产生清晰感。又如，你不确定人生的路该

Q

怎么走，未来应该向什么领域发展，内心就会感到迷茫，一旦在某一天终于想明白了，就会产生清晰感。再如，你学习一个乐器，一直靠反复练习和背记老师讲的要点来体会音乐，突然在某一天，你一下子"有了乐感"，这种"突然睁开了眼睛、看见了一个新世界"的感受也是清晰感。

之前越糊涂、迷茫，在清晰的那个瞬间，所感受到的清晰感就越强。也就是说，清晰感是人走出糊涂的那一刻，是与之前的糊涂对比而自发出现的产物。

注意，有一种非常重要的例外——有一种清晰感能超越通常的认知，即我们在禅定、静坐或是心理学中所说的正念练习中，觉察一切但并不思考的时候，也会产生一种清晰感。如果正念练习做得好，一直处于觉察中，且对所觉察到的一切都没有进行思考分析和辨别，就会形成一种特别的、非常清晰的感受——就好像平时我们看到的某个日常景象，现在精细到了一帧一帧地在我们眼前播放，但时间依然还是那么一刹那，这种感受被称为"了了分明"。

由于清晰能强化"慧"，因此在任何程度上的清晰感都可以说是更有智慧的感受。

确定感和不确定感

确定，是人去试着了解外界的一个行动的步骤。想要了解外界，是人类的一种本能。在带着好奇心收集了一定的信息之后，我们会对外界是什么样子有所判断。在判断时，可能的答案肯定不止一个：如果我们能确定那个答案是真的，此时产生的感受就是确定感；如果不能确定，此时产生的感受就是不确定感。当然，这个自认为的"确定"在客观上也未必一定正确，但是只要我们相信它是正确的，就会产生确定感。

如果有一些线索表明事情有可能不是表面的样子，也有可能不是自己之前以为的样子，但并没有足够的证据证明这一点，人就会产生不确定感。换句话说，如果存在两种或多种可能性并都存在支持的证据，但无论哪种可能性都不足以让人踏踏实实地确信，人就会产生不确定感。

如果证据足够充分，能说明某种可能性是真的，并能排除其他可能性，人就会产生确定感。或者，如果有知情人以不容置疑的坚定态度告诉这个人某种情况是真的，这个人又很信任知情人，那么他也可能会因此产生确定感。

不确定感会让人感觉不安、不踏实，心中总是会产生疑惑，还会浮现种种念头，这种感受会令人很不舒服；相反，确定感则是一种踏实下来的感受，含有一种安定，与不确定感相较而言是一种更好的感受。

心里感觉是确定还是不确定，最关键的因素在于，是否能相信只有一种可能性存在。因此，获得确定感的要点在于，在心理上排除其他任何可能性。

不确定感在身体层面上的最核心感受是，一切都提起来、一切都悬着——最明显的是感到心悬着，即心好像是被提起来了，高了大约 3~6 厘米，甚至好像被提到了嗓子眼的位置（此时可能会导致心悸）。肩部和胸部好像也被提起来了，因此会变得耸肩。呼吸也像是被提起来了，因此会变得更浅。双手也会有一种被向上提起的感觉，仿佛随时都要准备着用这双手去做点什么。

确定感则与此相反，在身体层面的最核心感受是，一切都"落地了"——最明显的是，感到悬着的心被放下了，落到了它本来的位置。此外，耸起来的双肩也松弛地放下，提起来的呼吸也恢复正常，双手好像也放下了。这让我们之前全身的绷紧和上提在整体上获得了松解，之前心里一直持续存在的焦虑也得到了释放，认知层面也获得了清晰感，仿佛从身体到心里全都踏实了、完成了，这对人来说真是一种很好的感受。因此，人在临终时如果还有不确定的事情，就很希望能够得到确定，一旦能得到确定就可以安然"闭眼"了，这就是所谓的"善终"。

不确定感最常见的意象是被悬吊的东西，例如，提起来的心、达摩克利斯之剑 ①、头顶上的一盆吊兰、迷茫的眼睛、迷雾、被面纱或面具遮盖着脸的人、危房，以及一扇关着的、不知里面有什么的门等。

Q

---

① 达摩克利斯是公元前 4 世纪意大利叙拉古的僭主狄奥尼修斯二世的朝臣，他非常喜欢奉承狄奥尼修斯。他奉承道："作为一个拥有权力和威信的伟人，狄奥尼修斯实在很幸运。"于是，狄奥尼修斯提议与他交换一天的身份，这样他就可以体会首领的命运了。在晚上举行的宴会上，达摩克利斯非常享受成为国王的感觉。当晚餐快结束时，他抬头才注意到王位上方仅用一根马鬃悬挂着一把利剑。他立即对美食和美女失去了兴趣，并请求僭主放过他，并说他再也不想得到这样的"幸运"。达摩克利斯之剑通常被用于象征这则传说，代表拥有强大的力量非常不安全、很容易被夺走，或者简单来说，就是感到末日的降临。

确定感在意象中最常见的就是各种象征了揭晓的意象，以及把悬吊的东西放下地的意象。

不确定感会让人产生很强烈的焦虑。因为不确定感存在，意味着人对外界和他人的情况有所不知，还意味着人有未完成的认知任务。[1] 未知会令人不安、放不下。

正因为不确定感会让人感到很不舒服，所以人在生活中常常会用各种方法来寻求确定，以求消除不确定感。直到最终获得了确定，这个过程才算结束。

如果有迹象表明一个人可能是被领养的，其父母并非亲生父母，就会让他产生不确定感。即使父母对他很好、和亲生的毫无差别，他也总希望能确定自己到底是不是亲生的。一旦知道了，就有确定感了，这个事情也就可以放下了。

一对男女曾经互有好感，但是并没有走到一起。时过境迁，当时双方到底是什么态度，对于现在来说其实并没有什么意义了，但是不确定感还是会驱使其中的一方或者双方试图找到答案——当时你到底是不是对我有意。或是两个人曾建立过恋爱关系，但是一方不确定对方是否真的爱过自己，也会寻求确认。

询问这件事情中的另一方当事人是获得确认最简单的方式，但人往往因为害怕得到不好的答案而不敢去问，因此长时间得不到确定。在心理咨询中，咨询师会想办法减少来访者询问时可能会产生的顾虑，以促进来访者的询问和确认。在生活中，如果被询问者是个不诚实的人，这个方法就不太管用，必须借助其他方法获得确认。

许多未完成事件会给人的内心带来巨大的煎熬，因此，在心理咨询中，帮助来访者获得心理上的确认感是非常有帮助的。如果来访者的亲人失踪，且很可能遇害了，那么确认自己的亲人已死会令其感到很痛苦。然而，即便如此，人们还是经常会寻求确认，并宁愿忍受这份巨大的痛苦。这说明，获得确认感对人来说非常有意义。因为在有了确认感后，这件事就可以被放下了，人才能继续开始自己的生活。只有在实在无法确认的情况下，人才会放弃确认，并考虑如何在不确定感中生活。

现实生活中，每个人都无法真正确认他人和世界是怎样的。我们在内心深处会

---

[1] 如果是人在做了某个行动后不确定将来会产生什么后果，那么此时就会产生忐忑感，可以翻到本书的相关部分去了解。

认为，他人和世界可能都只是我们愿意相信的那个样子。因此，他人和世界在我们看来，从本质上来说就是不确定的，这种不确定的焦虑是具有存在性的。

然而，我们还是会努力地去应对这个存在性的焦虑，去试图通过一系列的认知行动来让自己从不确定中创造出一些确定感来。当有线索表明存在着多种可能性时，我们就会产生不确定感。然后，我们会有针对性地收集信息，并依据信息进行推理。在没能得到确信的结论之前，这种不确定感会一直伴着我们。如果这些可能性的概率都差不多，我们的不确定感就会更为强烈。最后，当我们能够得出一个我们自己能接受的判断时，就会在心中产生一个"我决定相信这种可能性"的心理动作。这样一来，原来一直持续的不确定会通过一个内心的选择（就像抛硬币来取舍一样）而被确定下来。在确定了之后，我们就可以把我们的判断当作结论和事实，将来就可以把这个事实当作可靠的信息资料来用。

Q

第 18 章

R

荣、荣耀感和荣誉感

荣耀和荣誉，核心都是"荣"的感受，区别在于：荣耀是因"荣"而"耀"，即感到自己有光彩；荣誉则是因"荣"而被"誉"，即被赞美。

根据《说文》和《尔雅》，"荣"这个字本来是指梧桐，后来转义用来表示"草的花"，如"木谓之华，草谓之荣"（《尔雅》）；再转义则代表植物生长的"繁茂"，如"木欣欣以向荣"（《归去来兮辞》）；再进一步则代表其他事物（比如一座城市、一个家族）的繁盛。

社会地位高、有权有势、有钱有名、人生得意，这些都是"荣"的外在条件。所谓"荣华富贵"，就是说富了贵了，人就会感受到荣华。被别人赞赏和羡慕，也是荣的条件和基础。

荣既能让人感到兴奋和快乐，也能让人感觉自己繁盛、欣欣向荣，从而充分体验到自身的生命力向外部世界伸展。最重要的是，荣能让人的自我披上光环，感觉现在的自我比原本的自我更大、更耀眼。因此，荣常常会让人感到洋洋得意，并常常伴随着骄傲。

在身体上，荣耀或荣誉感会让人倾向于抬头（头抬起来的程度并没有狂妄的人的头抬得那么高），胸部也会挺起来并向两侧打开，好像是在向别人展示自己的脸（即俗话说的"露脸"或"长脸"）和上身给别人看。身体似乎轻了很多，仿佛是在向上飘。

在意象中，荣最常见的就是这个字本身的意象——阳光下的繁花盛开。荣耀感在意象中是有很多的花簇拥着开放，并且是争着向上冒的样子。这些花的颜色都很鲜艳，而且很可能是黄色的——因为黄色是最亮的颜色，就像太阳一样成为我们内心世界的中心和主宰。

除了荣耀之外，荣誉感还伴随着一些自豪感。荣耀和荣誉感，都好像有很强的光亮，故不难理解"光荣"一词的由来。

与荣耀有关的意象的核心是光彩夺目的感觉，可以是聚光灯下的主角，可以是珠光宝气，可以是各种奢侈品（如豪车、名牌包、珠宝饰物等），还可以是自己走出豪车后走在红地毯上，与名流在一起，或是自己在万众瞩目中接受鲜花和掌声等。

与荣誉有关的意象，可以是人类专门用于表彰别人的物品，比如，花环、绶带、花束、奖章，以及被授予荣誉的场景——被授予奖杯后，站在领奖台上，或是位于人群的中心，或是骑上了高头大马等，享受别人赞美的眼光、别人对自己的欢呼、被很多人众星捧月般地围在中心、被很多人抬起来走，受万众瞩目……

从小生于富贵之中的人会对荣华或尊荣习以为常，他们对荣耀并不会产生很强烈的感觉；相反，之前并没有享受过尊荣的人，如果有机会享受了荣华，其荣耀感就会格外强烈。很少受到赞许的人，如果因做了一件值得褒奖的事情而获得了荣誉，也会产生极为强烈的荣誉感。为了获得荣耀或是为了不失去荣誉，人甚至可能会愿意付出自己的生命。

不足三岁的婴幼儿，对社会地位、名誉等都不大有意识，因此也不大有荣的感觉。自三岁起，人就会一直受到荣耀感或荣誉感的吸引。荣耀，是自己有各种资源；荣誉，是自己的行为受到了赞许。荣，是绝大多数人的毕生追求。《三国演义》中，刘备道："苍天如圆盖，陆地似棋局；世人黑白分，往来争荣辱。"然而，只有很少数人能超越这个追求。如果说孩子最需要的是母亲带着爱的关注，那么成年人需要自己所在的团体和社会带着欣赏和仰慕的关注也是顺理成章的。也许从心理意义上说，人们对荣的追寻正是婴儿对母亲目光的追寻的延伸。

中国文化中的最高境界，是能够超越对荣的追求，专注于心灵的真实的升华。因此，有些人会克制自己对荣华的追求，让自己显得"不慕虚荣"。然而，那个最高境界并不是靠强求就能达到的。强行克制自己对荣华的追求，只会让这种追求变成无意识的或是虚伪扭曲的。

嘉奖、赞许那些做出善行的人以及对社会有重大贡献的人并给他们足够的荣誉，以激励他们更多地做有利于社会的事情，有助于在社会中形成良好的风气。荣誉是精神层面的巨大强化，能给人带来极大的动力。

尽管荣常常与人的自恋相关，但人对荣的追求本身并没什么问题，甚至对一个凡人的自我来说也是正常的、健康的。然而，如果社会鼓励虚荣，就不利于人的心理成长。仅仅是富有或是有权力，但是没有令人尊敬的品德，人得到的荣华就是虚荣。虚荣中的自恋是一种过度的、夸张的、浅薄的自恋，而且虚荣总是需要依赖外界来不断地提供积极的反馈才能证明，因此反而会有损当事人的自信和自尊。还有一种更不健康的荣被称为"耀武扬威"，是通过欺辱别人来反衬自己的权力以获得自卑的补偿，因为一旦无法用贬低和践踏别人的自尊来反衬自己，他的内心就会深陷强烈的自我卑贱感中。

一个人以什么为荣，在很大程度上会受到后天教育的影响。普通人常以富贵为荣，优秀的人则往往以高贵的品德为荣。然而无论怎样，毋庸置疑的是，人以什么为荣，就能将他的自我引导向什么样的方向，因为其荣辱标准就是其自尊的标准。

R

融合感

融合感是人意识到自己和其他人或其他事物之间的边界消融，在双方合为一体时所产生的心理感受。

融合感和界限感是相反的，融合感就是界限融解，是在之前被某种界限或边界截然分开的人或事物，如今不再有边界时所带来的感受。

从性质上分，可将融合感分为身体上的融合感和精神上的融合：身体上的融合感，最常见的是在发生性关系时能被体验到，即所谓"你中有我、我中有你"的感受。精神上的融合感，最常见的是在真心相爱的恋人之间的那种心心相印的感受，这种心心相印不会被物理距离所分隔；或是当我们在读一本书时，发现自己的内心与作者产生了深刻的共鸣，便会产生一种"相逢何必曾相识"的"彼此懂得"的感受；或是当我们发现某些人在相同的境遇下会做出与我们相同的抉择时，所产生的那种惺惺相惜的感受。我们会发现：身体上的融合感总是与物理距离和物理边界相关；而精神上的融合感总是与心的相似度相关——至于我们与对方的身体是否在一起，是否认识对方的脸、是否知道对方的名字等，都是无关紧要的。

从程度上来分，可将融合感分为局部的融合感和全部的融合感：局部的融合感是两个原本各自独立的个体，现在有一部分融合了——就好像连体婴儿那样，虽然有一部分身体器官是共享的，但两个人最核心的部分依然保持着各自的独立；全部的融合感是两个原本各自独立的个体，现在融合成了一个新的有机整体，不仅无法再区分彼此，而且双方原本的自己都在这一刻消融了，并重新成为一个新的事物——就好像两块冰在融化成一滩水之后重新冻成了一块冰。

由于每个人在骨子里都有一种存在性孤独[1]，因此融合感通常会让人感到愉悦——因为融合感的存在本身就意味着我们彼此都不是截然孤立的存在，这会或多或少化解我们的存在性孤独。

也许身体上最好的融合，存在于孕妇和胎儿之间。胎儿的身体一开始与母亲完全是一体的，因此胎儿最初完全不会感受到边界和界限，这种融合中没有孤独，就像鱼融在水中。如果母体是健康的，胎儿就会产生愉悦的感受；如果母体不健康，胎儿就会产生"无处可逃避，也不可避免"的坏感受——这种情况下的融合感就不是愉悦的了，而是淹没性的。

胎动使母亲意识到了胎儿的存在，也意识到胎儿的异己性，但在相当大的程度上，母亲还是会感觉自己与胎儿是融合的，这种融合通常会给母亲带来强烈的幸福感。不过，也有例外（或许这个女人还没准备好当母亲，她只是想被男人当成一个小公主去宠爱；或许她只是出于某种情况被迫怀了孕），那么胎动所带来的融合感对她来说则是恐怖的、焦虑的，甚至是厌恶的——有些听起来相当夸张的"不合常理"的孕吐（比如，有的母亲甚至会在自怀孕起就开始有孕吐，直到生下孩子后才能停止），就是在潜意识中抗拒这种令人不安的融合感。

---

[1]　存在性孤独不是指实际的寂寞性孤独或个人内心的孤独，而是一种根本性的孤独，它根植于人类生命的本质——作为独立于世的个体，没人能完全理解和体验另一个人的想法和感受。

孩子出生之后，当一个足够健康的母亲抱着孩子时，她和孩子还可以获得一定程度上的融合感。虽然此时往往不如胎儿时融合得那么好，但也会让双方感到很满足。

朋友之间，由于身体的融合不那么直接，因此只有通过精神上的一致、行动上的协调，以及相互的高度接纳和认可等，才能获得融合感。如果双方高度相互认同，都将对方视为自己、能感受对方的感受，彼此之间就没有了边界，也能比较容易感到融合。这种融合感消弭了孤独感，会给双方带来极大的欢喜。例如，两个人在某件事情上获得了很好的共情体验，即一方感到另一方在某件事情上"懂我"，此时就会产生融合感。

需要分辨的是，伯牙和子期之间存在着一种极致的融合感，即精神上的完全融合感。这种融合感不但可遇而不可求，还是世间罕有的。尽管人们常常认为二者之间的融合感是基于共情而产生的，但其实并非如此。

基于共情而产生的融合感是一种精神上的不完全融合——正因为是两个独立个体在某个局部的融合，所以你和我之间还需要借助一个可以共情的媒介，这个媒介就成了这两个独立个体之间可以共享的那个融合接口。换句话说，两个人基于共情这个中介物，在某一时刻体验到"他在这一点上和我一样"或是"他简直就是另一个我"。这是一种精神上的"物理变化"。

伯牙和子期之间精神上的完全融合感，则是一种全然的精神融合感。在第一曲之前，伯牙和子期还是两个精神存在的人。在第一曲结束后，这弹琴和听琴的两个人就发生了化合，合二为一，并且成了一个新的"一体"。就好像是氢元素和氧元素本是二，但当它们化合成了 H_2O，它们原来的存在方式就不复存在了，而是共同生成了一种新的存在——水。这种完全的精神融合的本质是一种对原来自身的超越和转化，双方都会发生质变，并成为一种新的存在。这是一种精神上的化合反应。

当然，上述例子都是很高程度的融合感，这种高度融合感会令人满足，但是不总能获得；相反，程度比较低的融合感则比较容易得到。例如，一个孩子到了一所新学校，他被其他同学接纳并进入了他们的圈子，此时他就会产生融合感。又如，两个本是客气而生分的人因为某件事而变得亲密了（如果亲密到了一个可以跃迁的程度，双方的自我边界就会产生突破口），也会产生局部的融合感——越是不分彼此，融合感越强。

除了和他人之间的融合感，我们还可以和外物或是外在世界产生融合感。比如：我们在骑马时，如果这个过程非常协调，我们就会和马产生融合感；我们带着狗跑步时，如果步调一致，我们就会和狗产生融合感；我们在使用某个器具时，如果使用得异常熟练，器具和我们的身体达到了高度的协调，我们就会感到器具和我们的身体融为一体（古龙笔下的"剑中之神"西门吹雪就做到了"人剑合一"）；我们玩滑板、驾驶汽车时都可能产生融合感，并能让我们感到快乐和享受；如果被植入的假牙或是新安的假肢在用了一段时间后磨合好了，也会让人产生融合感。

当我们感到融入某个整体环境（比如，去酒吧玩时在音乐中感到很兴奋，或是在体育场中观看足球比赛时看得很入迷），就可能会感到自己与那个场景融合在一起了。心理学中有一个术语是"去个性化"，是指在某些特定的情况下，一个人感受不到自己与别人之间的不同。在一个人去个性化时，会产生与群体或环境的融合感。

人和环境的融合感的极致就是"天人合一感"，这是一种人和整个天地都融合为一体的感受，没有任何边界和界限，一切都是"一"。人能感知到天地之间的一切，仿佛是在感受自己的身体。这种天人合一感带来的也是乐的极致。美国心理学家、哲学家、超个人心理学作家肯·威尔伯（Ken Wilber）把这种体验称为"无界限"。由于一切都被融合进来了，因此在这种天人合一感之中还包含着完整感和具足感。

融合感在身体上的反应包括：皮肤不再有明显的触感；有时在身体的外围会有一种暖洋洋或是像水漾开的感受；对与自己融合的人或事物，人会有更加敏锐的感觉，仿佛是在感觉自己的身体或心；可能会感觉自己融化了，如同冰融化在春水中或是融化在春风里；身体内部不再有紧张感，全身都松弛下来，身体感觉上更轻；呼吸会更加舒缓，心情也会更加宁静平和；有时会让人有一丝睡意，且这种睡意会让人感觉很舒服。

当我们与一个兴奋或愤怒的群体融合时，就会产生兴奋或愤怒的身体反应。

当我们的内心中对融合有抗拒或恐惧时，在产生融合感的同时还会激发对抗的反应。对于这些抗拒者来说，融合感会类似融解的感觉，减弱人的存在感。在这种情况下，如果人意识到自己正在与别人融合，就会产生被别人吞噬的感受，因为是别人的存在消解了自己的存在感。所产生的睡意则与死亡过程中的意识丧失过程类似，会带来最大的恐惧，且融合感的其他特质也都被赋予了消极的意义。因此，这些人一感受到融合感就会立刻努力做抵御，他们会迅速绷紧身体（尤其是让皮肤紧张起来），他们会让自己保持清醒，并与别人保持距离；他们会故意和别人意见不同，以让自己产生独立感并借此抵消融合感；他们甚至还会故意和别人发生冲突，以回避融合的舒适。青少年之所以会反叛父母，往往就是为了抗拒融合感——他们只有抗拒习惯中的与父母的融合感，才能够建立独立的自我，从而成功地从父母那里分化出来。

　　融合感是爱的主要成分，是亲密关系中幸福的源头，或者说，是亲密感的升级版或跃迁。如果缺乏足够的融合感，人就会感觉世界很荒凉、孤寂和冷漠，并感觉自己很孤独、寂寞，还可能会出现各种问题（包括心情不好、抑郁症，以及其他心理疾病）。然而，由于人往往又会害怕融合感，害怕被吞噬或是被侵入，因此可能会抗拒融合感，这种抗拒可能会使他得不到需要的融合感。即使有机会与别人融合，他也不能利用这个机会甚至会逃避这个机会。因此，在心理咨询中，咨询师的一个任务就是帮助来访者分辨哪些融合是对他们有益的、是无明显危险的，或者至少是危险可控的。咨询师还可以帮助来访者逐渐削弱恐惧，允许自己逐渐与别人融合，从而渐渐获得融合感，让人生变得更加幸福。

R

辱

　　古汉语中的"辱"既可以作为动词，也可以作为名词。作为动词的"辱"，就是凭借自己更有力量，去伤害、贬损别人精神层面的自我，侵犯别人的自我边界，把肮脏的、坏的东西强加给别人；作为名词的"辱"，则是一种遭受了别人强加的贬损、自我尊严被伤害之后的感受。

　　受辱指的是自己身为受害者，被迫承受了来自他人和外力强加的辱。一个人辱另一个人，就等于用行动告诉对方"对我来说，你的尊严不重要，你的权力不重要，我有能力伤害你"。

欺辱、凌辱、侮辱、屈辱都是辱，但内涵各有不同：欺辱强调的是以强力施加；凌辱强调的是严重的虐待；侮辱强调的是对人格的贬损和玷污；屈辱强调的是受辱者因自己的懦弱而放低了尊严从而忍受了别人的辱，它常常与耻感伴生，因为屈辱感反映的事实是"我被别人欺负、侮辱却不敢反抗"，这个为了保全自己身体安全而舍弃了精神尊严的选择会引发耻。

无论是哪一种辱，其核心都是对一个人的自我边界的侵犯，以及对自尊的伤害。辱在发生时还会涉及权力的滥用。

辱所针对的是一个人的自我，也就是说，辱真正要伤害的是一个人的精神存在。伤害别人的肉体不是行为目标，最多只能算是用伤害肉体作为伤害精神的手段，或者说伤害肉体只是附加的伤害而已。受辱感也是精神自我的受伤，肉体是否受伤则相对不重要。受辱感是一种令人极为不愉悦的感受，甚至会给人带来极大的痛苦，以至于有的人会通过自杀或杀人来缓解这种痛苦。

在生活中有许多和辱有关的人生境遇，侵犯、掠夺别人通常都会使被侵犯者感到受辱。比如，逼迫别人为自己擦鞋会让人感到受侮辱，尽管擦鞋本身并没有什么伤害性，但是被逼迫擦鞋则是一种侮辱。鞋位于最低的位置，给别人擦鞋，就是让自己低于对方，并且要为对方服役，且鞋的主人此时的态度往往是不友善的，这时如果不得不做就会感到受辱。

向别人身上吐口水甚至吐痰，或是往别人身上撒尿，也是表达侮辱的手段。在电影《功夫》中，欺负人的小痞子把男主角打倒在地，然后几个人往他头上撒尿，这是极大的也是极为典型的侮辱。

把一个人打倒在地，然后踢他的身体，这固然也是身体的伤害，但更重要的是对其精神上的侮辱。也就是说，身体伤害并不是核心目标。因此，我们常常可以在电影中看到，占了上风的恶棍对倒在地上的人踢了一会儿后便扬长而去。他最在意的并非那个人被踢成了什么样、身体受伤成什么程度，重点在于踢，在于可以把那个人踩在脚下并肆意践踏。

骂人是侮辱别人的省力方法，这种方法不用伤害对方的身体，但是可以伤害对方的尊严。骂人的基本思路就是贬低。骂人的话虽然千变万化，但是基本的句式就

R

是"你是一个很低贱的／肮脏的／愚蠢的／邪恶的……人"，也就是说，把对方定义为无价值的人。

受辱感在身体上的体现，最主要的是胸区有暗暗灼烧的感觉，但意象中的颜色则不是火的红色而是黑色。这或许是因为受辱会在人的低层激起愤怒，但因为力量不敌，所以愤怒又被压制住了。面部表情为皱眉闭眼、牙关紧闭，是一种忍受的表情。姿势可能是蜷缩的姿势，或是头埋在胸口，肩膀上仿佛扛着无形的压力。跪下是忍受屈辱感最典型的象征。在意象中，屈辱可能表达为负重行走的奴隶、下跪的人等形象。蠕虫类（比如蛆）的意象，以及无脊椎动物或软体动物的意象，也常是屈辱感的象征。

人在被辱并感到受辱的痛苦后，可以用什么方式来缓解或消除它呢？通常有两种方式。

第一种方式是，放弃自尊甚至放弃自我，即放弃精神层面的自我追求，只过动物层面的生活，这样就不会再有受辱感。在被人辱时，会没有受辱感吗？这也是有可能的。因为受辱感是一种与自我有关的痛苦感受。婴幼儿在自我还没有形成之前就不会有受辱感。即使被别人打骂，他们也只会用愤怒或恐惧来反应。在一个人心中形成了自我形象后，才会因别人的侮辱和欺负而激发屈辱感。心理发展很差的人，由于其心理能量固结在一两岁前的时期，因此就算他们过着浑浑噩噩的生活、甘愿当"奴才"，也不大会产生受屈辱的痛苦。

第二种方式是，用反抗、坚守自己等去应对，以消除自己的受辱感。在影视作品中，常有这样的街头小混混：他们平时过着动物性的浑浑噩噩的生活，但在被欺负甚至仅仅是一言不合时就会用愤怒和打斗来应对。

人在发展出了精神性的自我后，如果感到受辱就会倾向于用这种方式来消除自己的受辱感。例如，由于先秦时期的人已发展出了较强的精神性自我，性情比较强烈，且还没有被摧残出奴性，因此先秦士人极为不愿意忍受屈辱。在"二桃杀三士"[①]的故事中，三位士人宁死也不愿意忍受耻和辱。类似的事情在先秦典籍中不是

---

① 相关典故最早记载于《晏子春秋·内篇谏下》。春秋时，公孙接、田开疆、古冶子三人是齐景公的臣子，勇武骄横。齐相晏婴想要除去这三人，便请景公将两个桃子赐予他们，让其论功取桃，结果三人都弃桃自杀。后用"二桃杀三士"比喻用计谋杀人。

孤例而是常态，这被称为"士可杀不可辱"。一个人即使力量不足，在别人欺辱自己时，只要坚持不屈服的心态和身姿，就可以没有屈辱感。比如，在别人逼迫自己下跪时宁死也不跪下，尽力把腿站直，把腰挺直，把头昂起来，这样就没有屈辱感。即使脊梁被打断或是腿被打到跪下，也不会产生屈辱感。在无法反抗的情景中，当自己被别人把痰吐到脸上时，如果能怒视对方，不低头、不回避，那么也不会产生屈辱感。

这种不屈会令想要辱人的那一方得不到满足，因此会给不屈者的身体和生命安全带来很大的威胁。人在这种情景下会面临着一个选择——是忍受侮辱以保安全，还是宁死也不忍受侮辱（如果选择"士可杀不可辱"，他就有可能真的被杀）。选择安全的人，是可以理解的凡人；选择不受辱的人，是值得尊敬的英雄人物。

在团体层面也有辱与受辱的事情。如果一个团体被另一个团体侮辱，那么被辱的团体中的成员就会承受对自己团体的辱感。同理，辱其他团体的团体成员也会分享可以辱人的优越感。

例如，在美国，种族歧视很常见。如果一个非裔美国人认为他被白人欺负了，就会产生受辱感，其他非裔美国人在看见自己的同胞被白人欺负时也会产生受辱感，而持有这种种族歧视见解的白人则会在非裔美国人面前感受到自我优越性和民族优越性。又如，中国人曾被辱为"东亚病夫"，某些地方甚至有"华人与狗不得入内"的标语，中国人会视其为对自己民族的侮辱，并由此产生民族屈辱感。因此，中国人会强调自己的不屈，并在新中国成立时宣称"中国人民从此站起来了"。"站起来了"就意味着不再跪着、不再弯腰了，而是脊梁骨挺直了。

总结来说，辱是独属于人类的一种情感，这种情感虽然令人痛苦，但它的存在意味着一个人有了一个精神性的自我存在——这个自我存在不但有边界，而且是好的，在关系中是被值得尊重的。如果这个自我存在的边界被侵入、被损害，并被强行污蔑成坏的，在关系中是不值得被尊重的，人就会产生辱感。

R

第 19 章

S

神秘感

当我们对某个人、某个事物或环境不完全了解，且我们关心着那些未知情况，或多或少地认为这些未知对我们有影响，并且想了解这些未知时，我们就会对那个人、那个事物或是那个环境产生神秘感。

例如：有个人每天都出门，风雨无阻，但是谁都不知道他去了哪里；有个人家里有一个盒子，总是锁着不打开，只有他独处时才会打开，且稍后一定会锁好；有的人对自己过去的生活总有一部分不说出来，但是从种种迹象上看，他过去的生活曾发生过不平常的事情……这些都会让人产生神秘感。

虽然存在一些未知，但是对于这些未知背后的真相，只有当我们猜测它不会很坏甚至可能很好时才会产生神秘感。如果我们怀疑某个人的未知背后可能隐藏着极度危险的事情（比如，这个人可能是个连环杀手），我们的感觉就不是神秘感了，而是恐怖感，此时那个对象就会驱动我们本能地想要回避和远离它。

神秘感的体验中总会包含着我们对特定对象的关注、好奇，以及某种"它一定有某种特异或非凡之处"的模糊想象——如果这个想象是清晰的，那么也不会带来神秘感。神秘感的这些特质会让我们体验到那个对象对我们自身所产生的巨大的诱惑力，同时又伴随着未知所带来的一定程度的害怕和焦虑——由于这个害怕和焦虑的程度与吸引力相比显得足够轻微，因此害怕和焦虑会被体验为一种兴奋或刺激，从而增强了那个对象对我们的吸引力。这样一来，神秘感就会激发我们的探索欲。

由于给我们带来神秘感的人总会让我们对他投入更多的关注，因此，如果一个人能成功地激起别人对自己的神秘感，就可以避免别人对他失去兴趣，觉得他平淡无奇、索然无味。恋爱中的男女，经常会用能激发对方神秘感的方式去诱使对方持续地关注自己，也会因此增加其个人魅力。

激发别人神秘感最基本的方法，就是掩盖自己的部分行动，但同时又给出一些线索让别人注意到自己有特别的行动。让一个环境有神秘感的方法也与之类似，要打开一点门或窗，让别人能看到有个通往某处的通道，或是看到房子里好像有什么，但又不能让人看清。

神秘感在生理上的表现，主要是好奇的反应、迷惑和兴奋的反应。眼睛会睁大，可能会眨眼；身体可能会前倾，头可能会往某个方向探；可能会有暂时性的屏息，也可能会呼吸加快；可能会微微张开嘴；四肢的肌肉可能会有一些跃跃欲试的准备状态；还有一些人的注意力会更多地转向听觉，在身体上显露出侧耳静听的姿态。

用来体现神秘感的意象，光亮程度偏暗，但又不是完全黑暗的，而是那种让人隐隐约约能看到东西但又看不清的亮度。最常见的色调是紫色，也可以是比较暗的蓝色，或者有的部分带有黑色。意象可能是被遮盖的窗户，或是封着的箱子，抑或是其他未知的东西。神秘感有时还会被投注到某个人物、动物上，例如，在暗夜无声无息地行走且眼中发出幽光的黑猫、蒙面人、长发女子的背影、山洞里一动不动地盘坐的人等。还有另一类常见意象是变幻的、难以清晰捕捉的，甚至是玄幻的、超现实的——这类意象表达了潜意识中神秘莫测的感受。

通过探索，我们可以把未知转化为已知，在已知感足够多了之后，神秘感就不再存在了。当我们从未知转化为已知时，可能会产生领悟感或是豁然开朗感。然而，对于有些事物（比如"道"），我们永远无法彻彻底底地了解清楚，总会存在一些未知。如果我们依然关注这些事物并对它们保持好奇，这些事物在我们看来就会永远具有神秘感。

神圣感

神圣感是一种超越性的认知感受，是人面对比自身更伟大、更美好、更圣洁、更高贵的精神存在时所产生的一种与审美有关的感受。由于让我们感到神圣的事物比我们的境界更高，因此神圣感中包含着崇高感；由于让我们感到神圣的事物比我们更加圣洁，因此神圣感还包含着庄严感。神圣感会在我们心中很自然地激发起强烈的仰慕之情与恭敬之心，还包含着一种只可仰观而不容亵渎的心理感受，因此我们总会无条件地去捍卫自己觉得神圣的事物，甚至会为此不惜牺牲自己的利益。

这个比我们更伟大、更美好、更圣洁、更高贵的存在，可以是宗教信徒心中的神和信仰、爱国者心中的祖国，还可以是军人心中的使命、艺术家心中的美、医生救死扶伤的信念。

不过，这些事物并不是一定会带来神圣感。如果信徒对所属宗教并不是真心信仰、自私的人并不是在意自己的国家，或者军人对自己的军队感情不深、艺术家和医生分别只是把创作和医疗当作自己谋生的手段，人就不会产生神圣感。

神圣感不是一种外在影响的产物，而是一种自我认知与意志的创造。人能超越事物的表象，看到那些事物外"观者不可直接看见"的精神上的伟大、美好和至善，并能看到相形之下自我的渺小和微不足道，愿意让自己臣服于这个神圣的精神存在，此时才会产生神圣感。

神圣事物并不能让人获得功利的满足，有时甚至还需要人为它牺牲，但能感受到神圣感的人会愿意为之做出牺牲，因为他已经可以超越自己个体的立场，而让自己或多或少看见并融入那个更大的存在，这会让他因此获得巨大的心理满足。

神圣感在身体层面的感受包含着一种充实感和力量感，身体的皮肤边界仿佛也打开了，就好像自己的身体融入了那个更有超越性的存在，成为那个存在中的一小部分。为了唤醒信徒的神圣感，有的宗教要建立高大的、墙壁厚重的教堂，就是为了让信徒置身其中时能被唤醒身体上的充实感、力量感和融入感，从而被唤醒神圣感。高大的神像也具有类似的功能。

从高处投下来的光象征着更高、更光明的精神事物，因此也易于唤醒人的神圣感，宗教场所也常会通过建筑设计创造这样的光线。被这样神圣的光沐浴时，人的身体感受是，胸区开放、舒展，且胸腔中有被气体和光充盈的感觉。

有些音乐也很容易唤醒人的神圣感，因此宗教常用音乐来唤醒信徒的神圣感。

国歌也很容易唤醒人们爱国的神圣感情。仪式也能唤醒人们的神圣感，且在完成仪式的过程中，行为越郑重，就越容易唤醒人的神圣感。

由于神圣是超越性的，这意味着神圣的事物不能同于普通世俗，因此神像的表情不能与俗人太相似。神像的表情通常是偏于严肃的，即使要表达慈悲或慈爱，表情也较为收敛。当人看着这样的神像时，人的身体也会较为收敛，不能乱说乱动。

在意象中，神圣感会表现为各种神或神圣人物的形象，抑或是高大、光辉和美的人物形象。如果表现为人的形象，那么这个人的形象身上也会有淡淡的光环或光晕感。相较而言，从事更有奉献性职业的人（比如教师、医生等）更容易被神圣化，从事世俗化的职业的人（比如商人）则不容易被转化为神圣形象。在表现神圣的伟大时，所显现的形象多为男性；在表现神圣的爱和美时，所显现的形象多为女性。

神圣感也会表现在某些神圣物品上。这些物品本身也许并不特殊，但是因与神圣有过接触就变成了神圣物品。比如，"圣杯"原本只是一个普通的杯子，但因盛放过耶稣的血而变成了圣物且带有神圣的光辉；一块泥巴因为被塑造成了菩萨的样子就变成了菩萨的化身，接受信徒的膜拜。当然，有些神圣物品本身就很不一般，比如，和氏璧本身就是美玉，在加工成传国玉玺之后就成了神圣国家权力的象征物。尽管九鼎本身也是难得的青铜器，但它还因是九州的象征而更为神圣。一件物品之所以能被神圣化，是因为人们给了它一个神圣的赋义，从而让它在人们心中成为神圣精神的延伸和代表。在意象中，这些神圣物品都是会发光的。

神圣感可以强有力地激发一个人对那个神圣事物的认可、投注和奉献。神圣感对人的自我来说是一种强大的驱动力，在神圣感的驱动下，人可能会愿意做出对自己不利但是对他所尊崇的神圣对象有价值的事情，甚至情愿做重大的牺牲。

生死攸关感

生死攸关感是对极致的重要感与危机感的混合感受。这种感受中隐含了这样一个极其高压力的人生情景：个体必须在这个时机点上做出一个极其重大的选择，而一旦选择错误就会带来无法承受的巨大损失，因此这个决定是绝对不允许出错的。

事情如何发展、行动是否成功，有些是无关紧要的，有些是更加重要的，人会对哪些重要、哪些不重要做评估。如果评估为重要的，人就会对其更加重视。

由于结果未知，因此总会引发不同程度的焦虑。人们往往很难让自己完全停留在未知的状态去容忍完全不知道的焦虑，因此在潜意识中，人们通常会自动化地对事件结果进行想象性的预估，这种预估能让人们产生一点虚幻的"知道感"，但并不能平息人们对未知的焦虑——哪怕人们觉得事件的结果很可能是积极的，同样也会带来焦虑，只不过此时的焦虑以期待和急迫感为主。

反之，当人们预估结果可能是凶多吉少时，焦虑就会变成不同程度的恐慌感：如果评估为并不是很重要的事，通常就会激发人的忐忑不安感；如果评估为更重要的事，就会激发惶惶不安感；如果评估为重要性高过了某个程度后，就会引起感受上的质变，激发生死攸关感。

也就是说，生死攸关感是个体心理预估的产物，它包括两个核心要素，缺一不可：（1）预估事件结果有可能是凶多吉少（"前方的威胁明显存在"）；（2）自己做出的抉择是至关重要的，一旦出错就会产生让自己无法承受的致命损失（"如果我不能力挽狂澜就死定了"）。如果仅仅是这个抉择至关重要但预估结果是好的，人的心中激发出来的就不会是生死攸关感，而是时不可待感或千载难逢感。虽然重大的抉择会引发巨大的焦虑，但预估积极时的焦虑是趋利的焦虑，而预估不利时则是避害的焦虑。相比之下，对天生就有损失厌恶[①]的人类来说，在同等条件下，避害带来的心理压力会显著大于趋利带来的心理压力。而且，趋利焦虑和避害焦虑并非只是量上的差异，二者在质上也有不同：趋利时，潜意识中活跃着的意象故事是好梦；避害时，潜意识中活跃着的意象故事是噩梦。趋利想象中的最坏结局是零，是毫无盈利的空手而归，而自己原本已经拥有了的并不会受到什么真正的损失；避害想象中的最坏结局则是死掉，以及原来自己所拥有的一切都将被夺走。在避害想象中，哪怕是最好的结局也不过只是逃过了一劫、平安无恙地活下来了，是归零而已。

生死攸关感会带来高度的紧张压力，很像保险丝突然熔断，人的理性认知和原

---

① 损失厌恶是指人们在面对同样数量的收益和损失时，认为损失更加令他们难以忍受。

始认知都会在很大程度上崩溃，几乎只有最低等的认知还在运行。从感觉上说，就是感觉脑子一下子懵了。人不仅会退行到远古心理层次，且这个层级上的心理也进入"报警"的状态。人会本能地感受到生死攸关，能量被激起到最高的程度。

让一个人产生生死攸关感的事件在现实中未必真的是生死攸关，甚至在旁观者看来可能只是一件没什么大不了的事情，但当事人却慌得不成样子了。因为在当事人的心中，当前的事件激活了他心中的某个"这样我会死掉"的意象。

生死攸关感会引发身体的强烈紧张，当事人的肌肉会变得很紧张，心率血压都会提高，出现呼吸急促或暂时屏息。在主观感受上，当事人对自己的身体感受虽强烈但并不是很清晰，因为他已经顾不上去反观自己的身体了，他的全部注意力都放在当前的事情和行动之上了。他能感到的就是强烈的紧张感，这种感受的位置位于身体上部。尽管这种感受很难描述，但是感受过的人都能识别得出来。

在人还没有丧失对事情和行动的控制感时，生死攸关感会体现为一种高度紧张；在人丧失了控制感后，生死攸关感就会体现为一种强烈的恐慌，甚至是大难临头的感受。在心理咨询中，如果来访者的这种感受发作，咨询师就很难引导他去看自己的意象，因为他也顾不上去反观自己的意象了。自发涌现出来的意象，往往是在失败后可能出现的最坏的情景。

需要注意的是，控制感只是一种对"我有多大程度把握事态"的主观评估的心理感受，并不是现实中这个人在多大程度上能够把握事态。一个自我效能感不好的人，由于他总会预期自己会失去对事态的掌控，因此很容易放大事实的危机程度，从而把一些别人觉得不严重的情景体验为生死攸关的情景；相反，自我效能感好的人则可能会将生死攸关感变成危险临近感或不祥的预感。

婴幼儿的原始认知和理性思维的发展程度较低，也不会细致地评估事情和行动结果的危险程度，因此任何坏的结果都可以让他们感觉是极端可怕的，容易产生生死攸关感。如果一个人在婴幼儿时期多次因某种情景激发生死攸关感，且没有得到父母等成年人的及时安抚，就可能会形成对这种情景的条件反射。他在成年后再遇到这种情景时，可能会理性崩溃并产生生死攸关感。然而，在旁观者看来，他所面临的事情并没有什么大不了的。

如果一个人的生死攸关感被激发且丧失了控制感，他在行动上通常就会有两种表现：（1）慌乱；（2）僵住。慌乱的人会没有任何思考地胡乱行动，如果行动失败，他往往就会继续重复去行动，甚至可能无法做出简单的改变。例如，在火灾中逃跑的人如果打不开出逃经过的门，就会拼命地继续撞门，而不会退一步看看附近有没有可以逃生的窗户等其他通道。僵住的人则往往不能做出本来很简单的行动，结果会导致完全失败。

如果一个人的心理素质卓越，身体健康、强壮有力，他在生死攸关感之下还能确保"保险丝"不断，保持原始认知和理性认知不崩溃，那么生死攸关感反而会激活其觉察力——这让他不仅不慌乱、不木僵，还会在生死攸关时意识状态更加清明，产生积极的心理体验。比如，极限运动本身就是一种生死攸关的情景，会激发生死攸关感，如果参与者的心理状态超越常人，他就会被这项运动激发出更强、更清晰的觉察力，这种高觉察力的体验会成为他人生中的巅峰体验。更出色的人可以在更生死攸关的情景中保持镇静，比如，优秀的军事领袖在战局很危急的时候还能保持冷静，这能更有力地激发其觉察力，并促进其大脑高速运转，急中生智思考出有创造性的解决办法，并感受非常积极的巅峰体验。

胜任感

胜任感是自信感的一个组成部分。自信是人对自己的总体能力进行的积极评估和由此产生的愉悦体验；胜任感则是自信在任务导向领域的体现。换句话说，自信感一旦获得就可以独立存在，胜任感则无法单独存在——它是一种只有在"我"和"任务"同时存在且匹配时才能获得的"我能感"。如果任务过于容易，完成任务的人就不会获得胜任感，他更可能会产生无聊感、无意义感。只有任务足够困难，困难到让人感觉有所挑战，让人能足够看重它，人在完成它时才会产生胜任感。因此，胜任感的本质，是一种对自己能够克服困难、完成任务的认知，以及由此产生的愉悦体验。

胜任感在身体上的体现，主要是在胸区和肩臂区域的力量感，同时还有一种心区的充实感，会让人呼吸平稳、均匀、深沉而自然。胜任感往往体现在脊柱、骨盆区和双腿上，就好像"这个位置我能坐得／站得稳稳当当的"那种感觉。胜任感的能量在身体上被体验到的温度是暖融融的。

胜任感在意象中的体现，最常见的是各种完成困难任务的场景，比如，攀登珠穆朗玛峰的勇士、谈判桌上态度从容冷静且言辞掷地有声的外交官、繁忙的写字间里有条不紊地处理事务的职场白领、在海浪上腾跃冲浪的训练有素的运动员、在陡峭的悬崖峭壁上攀跳自如的山羊、在空中翱翔继而突然俯冲向下抓起猎物腾空而起的苍鹰等。

如果有一项让我感到很具有挑战的任务，我很看重它并尽力而为，但结果却不尽如人意甚至是失败了，我就会产生不胜任感。如果这项任务对其他人也意义重大，那么在不胜任感的同时还会伴随着悲壮感和愧疚感。不过，此时并不会有遗憾，也不会有拖泥带水的未完成感。无论是胜任感还是不胜任感，都是人在尽力完成任务后才产生的，二者的区别只在于对任务完成结果的成败评价。

不胜任感在身体上的感受，主要是在肩膀上感受到压力，以及胸区内部空虚无力或是气短的感觉，腿也可能会有一点软的感觉。

不胜任感在意象中的体现与胜任感相反，最常见的是即使付出了努力也没能完成困难任务的场景。例如，在赛车途中滑出跑道或是在举重比赛中出了事故的参赛者、即将把战旗插上某个高地的战士突然阵亡且浑身是血等。

如果一个人在他的人生过往经历中获得了足够多的胜任感，那么他在执行任务的过程中遇到挫折时往往比其他人更能坚持不懈——他会把注意力更多地放在任务上，而不是聚焦如何避免失败感。同时，他还会更加仔细地观察和学习，并自发地参考过往的经验教训，小心地试探着去克服困难，因此他在最后也更有可能克服困难、获得成功。

反之，如果一个人在人生中经历过太多的不胜任感，他就会表现出相反的特点——遇到挫折很容易灰心丧气、放弃努力，为了避免让自己体验到更多的不胜任感，他更习惯于逃避困难的任务，这使他与本来可能成功的机会失之交臂，因此最终也的确经历了不少失败。

由于胜任感是任务导向的，因此胜任感是有领域区别的——有的人在某个领域

S

可能有很高的胜任感，但在另一个领域的胜任感则很低。例如，钱钟书在文学领域的胜任感可能非常高，但是在高等数学上就会比较低，因为他在数学上的确是不胜任的。不过，无论胜任感的获得来自哪个领域，最终都会增强一个人整体的自信感。

失控感

失控感是人发现原本能控制的事物，现在不再能控制时所体验到的感受。换句话说，失控感就是一个人意识到自己失去了控制感。

在可以控制的时候，人在做了任何操控行动之后都会检验外界的变化。如果这个变化符合预期，就说明自己的操控是有效的。例如，当我们扭转方向盘时，预期汽车会随之转向，结果汽车果然转向了，这就说明操控有效。

在做了操控行动后，人会判断是否没有产生效果甚至失控，且这个判断并非总是很简单的。判断汽车是否失控很容易——在我们转动了方向盘后，如果汽车没有按照我们转动的方向移动，那它一定是失控了。然而，有些操控并不一定能立刻见到效果，但只要能在一定时间内能看到效果就说明操控有效。例如，我们给作物施肥，并不会立刻就能看到植物开花结果，而是需要持续一段时间后才能看出效果。要判断这种操控是否失控，可能还需要更长一点的时间才可以。比如，我们在给作物施肥后需要等几天，将作物在施肥后的状态与施肥前的状态做对比。也许需要再过一两天才能看出效果，也许尽管叶子比施肥前大了一点但大得并不是很明显……这样一来，我们在判断时就较难了。

如果只是某一次控制失败，那么我们往往只会体验到失误感。比如，我平时想往杯子里倒水就能把水倒进去，但我在这一次倒水时，手一抖，将水倒到了杯子外面，这时的失手不会让我认为是"我已经失控"了，而只是认为"这是我的一次失误"。在我再倒水时，我就会很自然地做出修正。只有多次出现这样的失误，我才会在某一刻做出一个含有归因的判断，就是"这已经不是偶然的失误了，而是意味着我已经无力掌控这件事的局面了"——此时，失控感才会被激活。

失控感反映在身体上多是一种手臂和肩背处"空"了的感觉，具体一点说，是本来应该有受力但现在没有受力的感觉。手本来推或拉一个东西，但是那个东西不在了，因此手臂没有了预期的拮抗力，便产生抓空了的感觉。失控感有时还会在下肢被感觉到，那是一种类似踩空了、站不稳或跌跌撞撞的感觉。

因此，失控感在意象中的反映大多是各种抓不住什么东西、脚下失去基点或是身体无处依托的情景。例如，想抓住一个东西却抓不到，一脚踩空、从高处掉下来，然后伸手抓树枝却一把抓空，或是溺水时身体在水中扑腾挣扎却无法浮出水面，刹车失灵或翻车，被大浪抛过来甩过去，以及雪崩等。

在人际关系中，控制感和失控感都与人的自我意志和权力有关。如果我们意识到自己与别人不同，每个人都有自己的自我意志，且我们的自我意志优越于别人的，我们就会通过某种行动对别人施加影响，以此迫使别人放弃他原来的自我意志，从而彰显我们的自我意志的优越性。然而，别人是否能受我们的影响并服从我们的意志呢？这就需要他用符合我们意志的行为来向我们证明，情况如下。

- 如果他的行为证明他改变了他的意志并向我们的意志臣服了，我们就会从彼此的关系中获得人际控制感。
- 如果他的行为并不符合我们意志所期待的结果，就说明他并没有服从我们的意志——如果只是偶尔如此，我们就会产生挫败感；如果总是如此，我们就会从彼此的关系中体验到失控感。
- 如果对方做出的行为模棱两可，以至于无法证明以上两种情况，我们就会产生不确定感，这会驱动我们继续向他施加影响，促使他做出更加清晰、明确的行动，并寻求进一步的证明。
- 如果对方对我们的影响没有反应，我们通常就会在一段自己可以耐受的时间内，倾向于把对方的"没有反应"评估为"出于某种原因尚未做出反应"，从而一边继续向对方施加影响甚至是压力，一边焦急地"以待后效"。不过，如果我们把对方尚未做出反应归因为"他正在为了执行我的指令而做准备"，我们就会获得一定程度的控制感。如果对方依然持续地没反应，那么在到了某个心理临界点之后，我们就会把它评估为"对方的行动就是对我的意志置之不理"，从而让我们的内心产生失控感。我们从中可见，面对同样的情形，我们是会产生控制感、失控感还是不确定感，取决于我们对这个情形的评估和归因。

在人际互动中，除了对方没有按照我们的意志和期待去行动会带来失控感，我们被迫接受对方的意志也会让我们产生失控感。如果我们想要占有对方但他死了，就会产生最大限度的失控。如果我们对一个人做任何事情他都没有反应，那么这往往也会给我们带来很强烈的失控感，因为我们的所作所为不仅不会对他产生任何影响力，而且我们对他完全无计可施。

失控感极易激发恐惧情绪。失控感越强烈，所引发的恐惧情绪就越强烈。这种恐惧可能会强烈到淹没性的程度，会让人产生恐慌感甚至是崩溃感。

在失控感及其激发的这些情绪的影响下，人会做出很多试图重新得到控制感的事情。最本能的行为反应就是迅速地重复做原来的那个操控动作，并急迫地期待这一次的行动能够见效。讽刺的是，由于紧张焦虑，反而会令人失去了平常的观察、思考、判断的能力，人会倾向于不改变动作，而只是反复去试。如果反复试都不成功，人就会急忙去尝试其他做法。然而，人往往会因紧张焦虑而未能给自己时间去真正地重新观察思考，这就导致只能胡乱地去尝试其他做法，就像一只在窗户上乱撞的苍蝇，哪怕旁边就是窗户缝，它也没时间去发现。毫无疑问，在这种情形之下，成功的可能性通常会很小。与此同时，人的失控感和恐惧焦虑都会继续增加，从而进入一个恶性循环。

只有那些心理素质很强的人才有可能在此时强行让自己安静下来，去寻找新的策略并尝试更新的行动，从而更有可能获得成功。

生活中经常有带有失控感的人，他们会努力在某个能获得控制感的地方寻求心理上的代偿，从而尽可能地获得更多的控制感。因为他们从其他地方获得的控制感只是代偿性的，所以他们心中那些真正让他们感到失控的地方并没有因此而得到改变，这样他们就会本能地觉得自己需要更多控制感，便更加竭力地向那些能够给他提供控制感的地方去攫取。这样一来，他们在这些代偿之地所获得的控制感会远远超过现实生活中应有的程度。

例如，强迫型人格的人会在一些很小的事情上努力做到尽善尽美、绝对正确。他们会把房间整理到极端整齐，把衣服洗到绝对干净，写字一丝不苟、要做到绝对的横平竖直……这说明他们在生活的其他领域产生了强烈的失控感，因此他们才会在这些地方努力追求控制感，以获得补偿。

在人际关系中，有些人会过分地控制那些能控制的人，以补偿其无法控制其他人的失控感。比如，女人控制不了丈夫就会过度控制孩子，以求获得补偿性的控制感。这种控制通常会给孩子造成心理问题，如果孩子的心理问题得到解决，就会试图对抗这个过度的不正常的心理控制，而这又会再次导致女人的失控，很可能会令她感到崩溃。

在心理咨询中，对有强烈失控感的来访者，咨询师需要先帮助他们获得少许控制感，以此来稳定住他们的自我功能，然后借助各种心理咨询技术进行心理调节；也可以从结果上干预，加强他们的焦虑容纳力，帮助他们能忍受一定程度的失控感，从而达到普通人的耐受水平；或是帮助他们直面那些真正的失控之处，修复隐藏许久的心理创伤，获得对自身以及生命、人性的领悟，从而在原因上获得转化与超越。

失落感

失落感是"失"导致了"落"，也就是因失去了重要的东西而心情低落。

失落感常与悲的情绪混杂在一起。因为悲也是丧失、心情低落，且悲中还多了一种本能的行为模式——行动力被抑制。此外，失落感还常常伴随着抑郁、忧伤、苦恼、沮丧、烦躁等其他消极情绪。

当一个人失去了原有的地位、身份、归属的对象等，就可能会感到失落。原来很有地位的人，如果发现现在别人不再像以前那么尊重自己了，就会感到很失落（退休的高官就比较容易产生这种失落感）。一个原来与我们很亲近的人，如果与我们疏远了（比如，童年时的亲密玩伴，如果对方在长大后另有所爱），我们就会感到很失落。

失落感还有特别之处：我们有时会产生失落感，但并不清楚自己失去的是什么。也就是说，我们有时会莫名地感到失落却不知道原因。我们有时甚至都不能明确地知道我们的感受就是失落，而只是感到若有所失，即好像是失落感，但又不确定。

失落感的核心是心情低落，是一种没有心情去做事的心态，且失落感中还包含着好像丢了什么东西一样的茫然感，或是心里没着没落、空落落的感受。有人说，失落感好像心沉入谷底的感觉。也有人说，失落感有些像失重的感觉（类似飞机降落或电梯下降时所产生的那种感觉）。身体的感受就是没有地方着力，所以有力气也没有办法使出来，而且通常身体也很无力。心里面感觉空空的。

在意象中的特征，最主要的就是各种"落"。有人比喻说，"犹如落一地的花瓣"。还有的时候，意象中是"飘落的雪"或者是"细雨洒落"。在梦里，失落感有时会表现为丢失了什么东西（比如，钱包、身份证或车子），有时还会表现为和某个人失散了等。在梦中，失落感也可以表现为自己离开了亲友，孤独地走在某个荒凉的地方，周围的色调都是灰暗的。

在现实生活中，失落感与人的心理发展阶段关系不大，而与人的人生境遇关系密切。人在现实中遇到丧失时会很容易产生失落感。如果是在某件小事上的丧失或不如意，那么失落感可能并不会很强且容易转瞬即逝；如果是在某件重要的事上的丧失或不如意，失落感则可能会久久不能平复。失落感并不是一种很激烈的情感，它甚至可能是若有若无、隐隐约约存在的，它还是一种很耐久的情感，可以持续多年萦绕在心。

在心理咨询中，如果来访者有莫名的失落感，那么建议咨询师与来访者一起去仔细探索其内心，最终往往都能找到原因——只不过，来访者可能不愿意承认这个原因。举个简单的例子：一个男人对他的一个女性朋友有一点好感，但他并没有意识到这一点，而是一直把对方当普通朋友，他也从未想过和对方推进关系。后来，这个女性朋友结婚了，这个男人产生了一些失落，但在他的意识中并不能说清自己为什么会感到失落。他在参加这个女性朋友的婚宴时，很可能会高高兴兴地喝酒，但在离开后可能会去小河边抽烟，心中莫名地产生失落感。

还有一种莫名的失落感则与人生的大局有关。如果一个人的生活并没有按照其内心中最深处的心愿去生活，那么尽管他的生活在表面上看来还不错，但他的内心有个地方知道，这不是他真正想要的生活。他会在夜深人静时、独处时、远离喧嚣时、闲来无事时突然产生一种失落感。这种失落感是存在性的，更是不容易被抚平的。

从总体上说，失落感对人的作用是消极的。它会慢慢地侵蚀人的内心，让人的内心越来越空洞，从而让人的生命越来越灰暗，并且越来越无力改变。

通过某些事来提高兴致、填充内心的空洞，可以让人暂时削弱失落感，刺激性比较强的事情在这方面的效果更加明显。因此，有些人会用泡吧、滥交、玩重金属等方式来削弱失落感。对此，心理咨询师建议来访者的方式则会更加健康一些，比如：把自己的期望降低一点，失落感就会小一点；多交几个朋友，心情就会好一些；给自己放个假，让美丽的风景疗愈自己；做做运动，听听自己喜欢的音乐，或是做正念练习，都可以削弱失落感。更好的方法是，发展一种需要长久投入的爱好。例如，一个人在小时候一直喜欢画画，但是没有条件，如果现在有条件了，就可以报一个绘画班并投入大量的时间和精力，看着自己慢慢地越画越好，内心的充实感和成就感就会填充失落感留下的空落落。

对于比较强烈的失落感，上述方法可能起不到什么作用。如果我们没有过上自己真心想过的生活，就无法用上述方法削弱失落感。也许，当我们感到强烈的或持久的失落感时，不应该去想如何消除它，而应该去思考它在告诉我们什么、生活需要什么样的改变。这样一来，失落感就会成为一个信使，它能告诉我们对自己很重要的信息，并能促进我们改变，让我们过上更美好的生活。

S

失望感

如果一件事最终的结果或外在的人和事物的情况，与人对他／它预期的情况相比是更不好的，那么人在这种情况下所产生的感受就是失望感。简单地说，失望感就是低于预期时人所产生的感受。比如：本以为可以挣到比较多的钱，但最后只挣到了很少的钱；本以为某个人会支持和帮助我们，但他并没有这么做；本以为种的树会果实累累，最终这棵树却没有结果子。

人失望的程度，与其事先对某个人或某个事物的预期有关：如果预期高得不合理，人就很容易失望；如果预期很低，人就不容易产生失望，但会引发其他问题。

失望的时候，人会做出类似泄了气的躯体动作：不自觉地呼出一口气，肩膀向下垂落，头也无力地倾斜并下垂，眼睛下垂且可能会闭上，手也会下垂。这一系列的动作都有"放弃"的含义。

既然失望的产生是因与预期有出入，那么它在产生时还会伴有惊讶的成分，因此也可能会随之产生一些惊讶的躯体动作，且惊讶动作会先于失望动作出现。

如果一个人对另一个人预期较高，并对这个人投入很多，那么对方若让他失望了，就往往会激起他的愤怒甚至是攻击。如果只是对他人有较高的预期但并没有投入过多，那么失望往往不会引发愤怒，只是会让人与对方疏远。

失败常常会让人对自己失望。因为失败的现实结果会让自己看到，原来自己并没有自己预期的那么有能力。

失望之后，人会因此在以后调低对这个人或这件事的期望。失望有时还会在潜移默化中积累起来，并迁移到对同一类人和同一类事的未来期望上。比如，第一次谈恋爱的时候，人们往往对恋人、自己以及爱情的预期都非常高，但是经过不断的失恋、再恋爱，等到结婚一段时间之后，不仅会对配偶、自己和婚姻调低了预期，还会对全天下人的恋爱、婚姻都调低了预期。

时间感

时间感是指我们对时间的知觉，是我们因意识到时间在流逝而产生的感受。

大多数情况下，我们一直都多多少少地对时间有所知觉和感受。正是靠着对时间的知觉，我们才能估计大概的时间，并能同时感受到时间的流逝。

我们会对照时间的测量标志来调整自己对时间的估计和判断，并在调整时产生特别的感受。如果我们对时间估计得不够快，而实际上的时间比我们估计得快多了，我们就会觉得"时间过得真快"；反之，如果我们对时间估计得太快了，就会觉得"时间怎么过得这么慢"。这两种都属于时间流逝感。

在不同的时代，人们对时间的测量方法也是不同的。在古代农业社会中，人们对时间的测量方法，长一点的是看四季的变化，短一点的是看日出日落。更短一点的时间，普通人就没有很精确的测量了，通常只是一炷香的工夫、一顿饭的工夫、一转眼的工夫等这种不精确的测量。如今，我们有能精确计时的钟表。测量时间方法的不同，使得不同时代的人对时间的流逝感也有所区别。从整体上说，现代人所感到的时间流逝速度会远远超过以前的人。也就是说，"从前慢"这种说法不是一个比喻，而是一个心理上的现实。

时间感还与我们正在从事的事情有关。如果我们感到对于所做的事情来说时间好像不够用，我们就会希望时间慢一点。然而，当我们看表时会发现时间并没有按照我们期望的那样慢下来，便会感到时间过得真快。这种时间感会成为急迫感中的核心成分，这种急迫感又会成为焦虑情绪中的核心成分。因此，焦虑中有一种表现就是总担心赶不上火车、上班迟到等时间不足的情况。

对于现代人来说，这种情况非常普遍。因此，有些电影中会表现出一个现代人常有的幻想——自己可以让时间暂停下来。也就是说，别人静止了下来，但自己仍然可以行动，且不花费时间，这能让自己受益良多。这种幻想的根源，就来自时间流逝得太快的那种感觉。还有一种幻想就是自己的行动速度加快，快到可以避开子弹，这种幻想也同样来自时间流逝得太快的感觉。

如果我们因无事可做而感到非常无聊，或是因等待一件事发生而期待它尽快发生，我们就会希望时间流逝得更快一些。看过钟表后，如果我们发现实际的时间比我们希望的过得慢，我们就会感到"时间怎么过得这么慢啊"。人在因无事可做而感到百无聊赖时，往往会找一些事情去消磨时间，通过将时间消耗掉来让自己感觉好一点。比如，打牌、打麻将、追剧、玩游戏等都有消耗时间的功能，对很多人都有用（当然，它们还有其他功能，所以做这些事情的人并不都是为了消磨时间）。如果人在把时间都消磨掉、打发掉了之后却没有做任何有意义的事情，内心深处就会产生一种急迫感，感觉到"怎么就这样把生命浪费掉了呢"。

如果人在等待一件好事发生的过程中无心关注其他事情，就会感到时间过得太慢。比如，人在等恋人赴约时会感觉时间过得太慢了。此外，人在忍受折磨的过程中会一直期待折磨停止，并会感觉时间过得太慢了。如果人感觉时间过得太慢就会产生焦躁感，这也会成为焦虑的一部分。

使命感

使命感是这样的一种感受："这是一个大的、有意义的目标，我就是为了使它达成而活的。"

使命感包括两个部分：（1）一个宏大的、具有高价值和重要意义的目标；（2）自己决定毕生投入这个目标以促使它实现。使命感让个人的自我和某个宏大的意义关联在一起，且自我是为了彰显这个宏大意义而服务的。有使命感的人在内心会觉得"这就是我要做的事情""我必须要做这件事"。这是一种很坚定的投入和担当，也是对目标强有力的确认。使命感是一种很正向的感受，但是用"愉悦"这个词来形容并不是很合适，因为使命感超越了愉悦所在的层面。

有了使命感，就意味着一个人把大量的能量（甚至常常是近乎全部的能量）都投入这个被其视为使命的事业上。这个人之所以愿意为这项事业如此付出，是有一种信仰的力量让他相信他应该为这项事业奋斗，他也极为适合从事这项事业。他认为自己的人生就是为了这个目标而存在，即这件事可以赋予他全部的人生意义，甚至能实现他人生的最高价值。

S

平凡而庸俗的小目标是不足以担当起这种感受的，因此没有人会将使命感赋予吃喝玩乐。让人能有使命感的目标，几乎总需要有神圣性，或是尽管平凡却已经被升华为神圣性的。

孔子说的"天生德于予"与李白说的"天生我材"之间存在着质的差别。孔子知道自己的使命是什么，那就是推广"仁"于天下，"克己复礼"以传承周公的精神。李白相信"天生我材必有用"，但他并没有找到"天"打算在哪里去"用"他的"材"。因此，李白没有清晰的使命感，而只是有一种"怀才不遇"的焦躁，孔子则有明确的使命感。孟子说"舍我其谁也"时也是充满了使命感，知道为世界推广仁的精神是自己的使命。当代大儒梁漱溟，也是一个有使命感的人。

尽管有些人的目标远远没有这些圣贤那么宏大，但如果他们把自己做的事视为神圣时，所产生的感受也同样可以算作使命感。比如，电影《百鸟朝凤》中的老乐师和男主人公，都是把"把唢呐这门手艺传下去"视为一个很神圣的目标，所以他们的感觉也是使命感。

什么叫作"神圣化"？就是这个目标不再是一个手段，而是这个目标本身就具有不可替代的价值。对于《百鸟朝凤》中的老乐师和男主人公，吹唢呐不再是一个营生，也不是为了挣钱，而是无论如何都要做的事情，这就是神圣化了，因此在做这件事情时就有使命感了。由于使命感中的担当有一种无条件性，会让人放下平常人的功利心而不计自己的得失，因此尤其是人在实现使命的过程中需要做出重大牺牲时，这种不惜个人代价也要完成使命的过程在别人看来常常会带有一份悲壮感。

好在宁愿自我牺牲也要完成使命的人的心里是无憾的、无怨无悔的，甚至是欣慰的，在临终时他会感觉"我最终是不辱使命的"而含笑九泉。使命感中包含着人对自己价值的认可——这件事是我的使命，是老天（或是神、祖宗、历代祖师）让我做的。这种感受与骄傲有些类似，但不是通常的骄傲感，而是更加超越自我评价的感觉，不是"我有多么厉害"，而是"我是被选中的，为了一个伟大的事业而生、而活、而死"的感受。

使命感中包含着责任感，人会觉得"我不是仅仅去做就可以了，我还有责任把这件事做好。由于我是被选中的，因此这是我的骄傲，更是我义不容辞的责任"。

使命感中包含着一种激动的感觉，但是这种激动不是兴奋的，而是沉静的；不是临时起意的心潮汹涌，而是被管理好的。仿佛激动的浪头在胸中持久不衰地涌动，但不会溢出来的感觉。这种体验会给胸腔带来一种温热、有力量且稳定持久的感觉，仿佛胸中有一条充满了活水的暖洋——这就是使命感给人带来的生命力。

除了胸部的感觉，使命感在身体上的体现还包括：整个身体中都充满了源源不断的能量感；肩膀有力量感，仿佛扛着一个重物，且自己也有力量去承担；身体是挺拔的，呼吸很深而且有力；头坚定地往前方看，不会东摇西晃，这是内心中有明确的方向感的显现；眼神坚定自信，但眉头有可能会轻蹙；双臂和手适度紧张——如果人雄心勃勃地想追求一个现实目标或是对自己完成一件事很有信心，那么也会有上述这些表现。不过，使命感和它们的区别在于，人在有使命感时，脚下是极其笃定的。如果你仔细观察就会发现，有使命感的人走路时会与没有使命感的人不同，他们的步伐稳健、节律均匀、走一步是一步，整个脚底都会自然地落地、抬起。他

S

们的"底盘"有一种稳如泰山的感觉，无论是惊涛骇浪还是荣耀，都不至于让他们动摇或是飘起来变得浮躁轻狂，或是打乱自己行进的节奏，就好像他们的"油门"总是源源不断地匀速地供着油，而不会像那些激情开车的司机一样忽快忽慢。这就是选择把自己扎根于"使命"所带给他们的持久、笃定、深沉和安稳。

在意象中，使命感常常表现为一个"被神选中"或是"被天选中"之类的意象故事，故事中总有一个特别的东西作为使命的表征物以作"信物"。比如，张良遇到黄石公的故事，在我看来未必是现实世界中发生的故事，而更像一个意象。黄石公把兵书给张良，就是赋予他辅佐天子平定天下的使命。《水浒传》中宋江遇见九天玄女并得到九天玄女所赐的天书，也是这个类别的意象。在这两个故事中，特别的表征物就是"兵书"或"天书"。六祖惠能得到"衣钵"，也是这类故事，只不过是发生在现实中。某种技艺的传人会通过从师父那里得到某个有象征意义的工具来获得这种使命感。

值得一提的是，为什么一个心怀使命感的人没有因为自己"被神选中"或是"被天选中"而变成不可一世的狂人呢？这是因为，使命感中含有一份谦卑——让人认为自己的使命是传承而来的，自己不过是源源不断的接力棒中的一棒，就算自己真的圆满地完成了使命又怎样？自己也不过是一个奉了命去执行的差使而已。这种骨子里的自知与谦卑在中国文化认同中格外明显和平常，从中国流传的"天选"故事中就足见一斑。

使命感的存在对一个人具有巨大的心理激励作用，因此有使命感的人通常会取得很高的成就。然而，人要想获得真正的使命感也是很难的，只是对自己要做的事高度投入还远远不够（财迷能对获得金钱高度投入，瘾君子也能对自己的成瘾行为高度投入，但这并不会让他们产生使命感），内心还要对那些超越性的精神存在产生深刻的洞见与领悟，因而从最单纯的心底升起一个愿意无条件为之奋斗终生的心愿。因此，只有对某个超越性存在的意义高度明晰，才能在做这件事的过程中遇到重大考验时依然怀有坚定的信仰和虔诚，以及百折不回的勇气和力量。

因此，在现实中，能够在一生中获得使命感的人微乎其微。那些有所领悟并获得使命感的人，往往也是在某个未可知的机缘下突然获得的。因为真正的使命感无法被人为地计划出来，而是"天启"的。

释然感

　　释然有时也被称为"释怀"，与日常所说的"想通了""放下了"相近。《现代汉语词典》中对它的解释是"形容疑虑、嫌隙等消释而心中平静"。疑虑被解释清楚，和别人冰释前嫌，或是有个担心的危险终于不在了，或是过去发生的一些事情终于想明白了，使得一直萦绕在心头的纠结云开雾散，这些时刻的感受都是释然。

　　释然的前提是，本来对某件事放不下、想不开、耿耿于怀。心总是放在这个让自己不安心或是不开心的事情上，长时间无法解脱。这种长时间的耿耿于怀让很多心理能量都固结在一个心念上，让人感到困扰难受。积累的消极能量越多，内心越会感到困扰。如果有一天突然有所领悟，心结随之解开，那些积郁涣然冰释，消极心理能量一扫而光，那此时人的感受是非常舒服的，这就是释然感。过去的消极能量越多，之后产生的释然感就越强。

　　释然感在身体上的体现可能是如释重负，如同肩膀上原本有个很重的负担，现在那个负担没有了，从而产生瞬间放松下来的感受。胸会感觉原来一直堵着的什么东西突然疏通了，好像一下子舒展开了，呼吸也变得更加顺畅。双臂可能会自然地向两侧打开，或是向上伸展。全身各处的肌肉都舒展和放松下来。从精神分析的视角看，之前耿耿于怀时的感觉与人忍便时的感觉类似。因为要忍，所以肌肉是缩紧的。释然的感受则类似痛快地排便之后的放松，同时还伴随着一种能量通畅的感受。在意象中，释然感为冻结的东西化了、放下担子等，以及松绑、鱼脱钩等。

　　中国佛家、道家的传统都致力于让人超越欲望，获得心灵的解脱和自由。当一个人通过佛或道家的修行，在一定程度上得以超越因欲望不满足而产生的心理固结与束缚，就会产生强烈的释然感。

受害感、受伤感、受伤害感

　　受害感是人认为自己被伤害时的感受，会令人很不愉悦。

　　在一个人认为自己被伤害时，他到底有没有被伤害呢？不一定。他可能是真的被伤害了，也可能是并没有人真的伤害他，他却认为有人在伤害他并且真的伤害了他；相反，如果一个人真的被伤害了，但他并不认为自己受到了伤害，那也不会产生受伤感，取而代之的也许只不过是痛苦感。

受害感有时是一种被威胁的感受，网络流行语"总有刁民要害朕"就体现了这种受害感。此时，受害者会产生一种自己已经被害的感受，会认为"都是被他们害的，我才这么悲惨"。

做梦的时候，有受害感的人经常会出现的意象或故事情节包括：被人暗算了，被人从背后捅了刀子；危险的敌人（比如日本鬼子）用刺刀刺自己；自己遭受酷刑；自己被分尸；自己被人毒害等。身体上也会产生相应的感受，仿佛这些意象是真实发生的事情。比如，意象中被人捅了刀子的人，身体的相应位置肌肉会紧张，甚至真的会感到疼痛。想象自己被下毒的人，胃里会真的感到疼痛。

受害感会激发愤怒，愤怒又会驱使他反抗并与害自己的人斗争。如果力量不足，受害感就会激发人对害自己的人的恐惧。

在人的内心会产生一种很奇妙的现象：当人认为别人在伤害自己时，他会产生受害感，并产生伤害性的意象。这种伤害性的意象会伤害他，并强化他的受害感，为他带来被害的心理效果。他认为伤害自己的那个人之后只要出现，他就会产生受害感并造成心理上的被害。也就是说，当一个人认为有人在伤害自己时，他就会真的受到伤害，这会让他更坚信那个人真的在伤害自己。他会这样想："我显然是被伤害的，如果不是他害我，我怎么会受伤害呢？既然我受到了伤害，他就是在伤害我。"受害感会被人当成自己受害的证据，从而认为必定有人害自己，并把某个人投射为害人者。

如果这种现象走向极致，人就会出现被害妄想的症状。这症状会发生在精神病患者身上，他们会坚信有人在害自己，但他们给出的"证据"又完全不符合现实。比如，有人说害自己的人会侵入自己的脑子，监听自己脑中的想法；或是说害自己的人会把某个想法塞进自己的大脑。常人会认为这些精神病患者的这种信念极端怪异、不可理解，但是实际上并非如此。精神病患者只不过是受害感格外强烈而已。由于受害感格外强烈，因此他们会坚信有人在害自己，但又找不到合乎常理的解释，于是只能给出一些超现实的解释。

即使没有那么极端，生活中所谓的"正常人"中也不乏有人认为自己是被害者。他们会认为父母、配偶、同事等人会做出很多伤害自己的事情，从而让自己因受害而产生痛苦。他们会找一些现实中真实存在的事情，以证明别人会伤害自己，而且这些证据往往也的确有一定道理。他们的家人可能的确做过一些对他们有伤害的事情，这更让他们有理由产生受害感。不过，如果我们仔细地了解他们的生活，那么通常就能发现，他们实际受到的伤害与他们的受害感往往是不对等的，甚至是很不成比例的。他们受到的伤害可能并不大，但他们的受害感却可能极为夸张。这种受害感会严重破坏他们的生活品质，因此他们很可能需要做心理咨询，以化解心中根深蒂固的受害感。

如果一个人在婴幼儿时期（婴幼儿的认知的分化程度较低）受到过伤害，他就会产生一种弥散性的受害感，他在以后就比较容易认为自己是被害者。如果他总觉得别人在伤害他，那么别人在与他相处时也会感到很困难。因此，这样的人的社会适应往往都不太好。

受伤感与受害感的区别在于，前者是别人"伤"了自己，未必会有恶意或是故意而为之；后者则是别人"害"自己，那一定是故意的。因此，如果不确定别人是不是故意的，或是确信别人不是故意的，那么即使别人伤了自己，人也只会引起受伤感而不是受害感。尽管受伤感也是一种不愉悦的感受，但比受害感稍微好一点点。

受伤感在意象中的象征是受伤的人或动物的形象。有受伤感的人可能会在梦中受伤，但是受伤的方式通常不是刀伤，而是其他的（比如，被车撞了、被倒塌的房子砸了等）。受伤感反映在身体上也会有局部的疼痛，具体部位取决于象征中自己是哪个方面被伤害。比如，一个人受到情伤，那么意象中往往会是伤到了心脏，而且身体层面可能真的会产生心区疼痛的症状。如果人的这种情伤被视为对方故意伤害自己，意象中就会看到心被刀捅，或是心被打击、心会破碎（尤其是那些脆弱的"玻璃心"的人），这时他的心区会更痛，而且除了受伤感还会有受害感，这可以被称为"受伤害感"。

因为人在受伤时，对方未必是故意的，所以受伤感不一定会激发愤怒，而往往只会让人抱怨另一个人不小心或是不管不顾等。性格比较脆弱的人（也就是通常所说的"玻璃心"的人）会更容易产生受伤害感。

疏离感

疏离感就是尽管别人、环境事实存在，但是自己与别人、环境甚至整个世界没有什么关系的感受。这种感受在体验中是接近于中性的，尽管会让人感到不愉悦，但也没有明显的不愉悦，只有深入地体会才能意识到。

疏离感和孤独感的共同点是，二者都能意识到自己和别人、环境、世界没有什么关系。二者的区别在于，孤独的人是希望有关系的，但没能有关系；有疏离感的人则并没有想要建立关系的意愿。

当然，人是不可能与周围的一切都没有关系的，否则根本无法存活。有的人尽管在行为上不得不与周围的人和事有关系，但在心里却对周围的人和事漠不关心，常以冷漠的态度去回应它们，从而产生了疏离感。也就是说，他们可能也会工作、学习，也能与别人合作或一起休闲，但他们并不关心别人发生了什么事，他们可能会认为"别人可能会很发达、生活很幸福，但这与我无关；别人也可能活得很苦、遭遇不幸，但这也与我无关"。

正常发展的人通常不会产生明显的疏离感，因为人在正常发展中通常都能对一些人产生依恋，或是有爱，或是对一些人产生愤怒或怨恨。之所以会产生疏离感，通常是因为人在试图建立依恋和爱的关系时遇到挫败——一两次挫败并不大可能会引发疏离感，但如果反复挫败就比较容易引发疏离感了。如果人在挫败后还继续努力，那么也不大会导致疏离感；如果人在挫败后不想继续努力，或是对这方面的成功不抱希望了，或是伤得太严重了，就会在行为上选择回避关系。如果人在行为上回避与别人和事情建立关系，就会产生疏离感。

为了避免因试图建立关系而引发的沮丧、失望等痛苦感受，而选择不再对别人、事业或生活投注心理能量，就会引发疏离感。

当一个人不再向这些方面投注心理能量，他的心理能量就很少被激发，他的生命活力也会逐渐沉寂，之后他的精神世界就会慢慢变得贫瘠。在这种情况下，继疏离感后可能还会出现不真实感——毕竟当人与世界疏离时，这个世界对这个人来说也就显得越来越不像是真实存在的了。

有些疏离感强的人可能会不在意外表、服饰、妆容等，也不关心升职、赚钱、结婚等人们日常关心的事情。有些疏离感强的人会显得淡漠，但有些人未必会表现出来，因为他们不希望自己被别人特别关注，便对自己的外在表现稍加修饰，以免被别人一下子看出来。因此，他们可能并没有这些表现，而是和别人差不多。因为虽然他们对大家关心的事情不在意，但也不在意稍微随大流地做大家在做的事。只不过，在别人并不注意时，他们可能偶尔会有恍惚的表情，仿佛他们并不活在这个世界上。他们有时还会做与别人一样的事，但是周围比较敏锐的人会发觉他们好像有点心不在焉，有点像个机器人。

在意象中，疏离感可能会表现为流浪者、孤儿、旅人或外星人等形象。

有疏离感的人，有时会将其合理化为出离感。出离感其实是佛教修行所带来的一种感受，常被人与疏离感混淆。佛教认为，自我和世界在绝大多数人的心中都是实在的，但其实质是虚幻的，"如梦幻泡影，如露亦如电"（《金刚经》）。人在懂得了自我和世界的虚幻后，就不会执着地投入其中。有疏离感的人在听到了佛教的这个说法后会感觉有同感。因为疏离感会伴随着不真实感，所以这些人会认可这个世界"如梦幻泡影"的说法。而且，有疏离感的人对生活也不投入，所以他们会认为自己的感受就是出离感。

然而，疏离感和出离感其实是截然不同的。尽管疏离的人不投入人际关系和生活，却依旧能投入能量维持自我感。在有疏离感的人的心中，有一个"与你们以及你们的世界没有关系"的自我。有疏离感的人所谓的"如梦幻泡影"，意思是你们的世界对于我来说，如梦幻泡影一样是不真实存在的。之所以把自己的感受称为"出离感"，是为了证明这个"自我"比别人优越，因为"我已经完成了佛教所推许的'出离'这个高目标"。这种情况并不是出离。真正的出离，是不把心理能量投入通常的人际关系和世俗生活，也不投入于维持"自我"，因此可将心理能量转化为自由流动的能量，不再附着于某个固定的对象。如果没有人际关系以及和世界的关系，自我就会僵化且空虚，因此有疏离感的人的精神是枯槁的。然而，出离于对别人和对世界上任何事物的执着，出离于对自我感的保守，精神就会变得活泼、自由且流动。出离感和疏离感之间，可以说存在着天壤之别。出离感更像道家所说的那种因为内心的不执着而带来的近乎逍遥的感受。

化解、消除疏离感的途径，主要是找到引起疏离感的那些心理创伤。借助宣泄、再解释等方式，可缓解或消除伴随着创伤所产生的消极情绪和感受。在创伤得到充分的化解之后，生命力能得以恢复，人也敢于和别人建立关系，并愿意投入生活之中，疏离感就会逐渐减弱甚至消失，人就能"回到了这个世界"。

熟悉感

熟悉感分为两种。第一种是似乎认识但并没有真正认出来，即看到某个人、某个建筑、某个场景，觉得"我好像是在哪里见过"，这个感受常被称为"似曾相识感"；第二种是认出来了，即"你不就是××吗，我认识你"。熟悉感，就是对认识或可能认识的人和事物识别过程中所产生的"我过去就知道是这样的"的感觉。

对那些熟悉的人或事物，我们既可能喜欢，也可能不喜欢。不过，单纯从"熟悉"所带来的影响看，熟悉偏于愉悦的感受。即使是敌人，熟悉的敌人也好过不熟悉的，因为至少我们更知道如何对付熟悉的敌人，所以相对来说总好过那些陌生的敌人。熟悉感会带来已知感，已知感又会带来一定程度的安全感和掌控感。

人与人之间只要不是敌对的关系，熟悉就能增加彼此之间的亲切感和依恋。社会心理学研究者早就发现，熟悉能带来喜欢和相互吸引。而依恋的建立，其基础就是更多的接触和彼此熟悉。在与某人分别一段时间后再见，我们可能会忘记他的一些具体细节，但还会有熟悉感并能带来一点亲切。比如，两个小学同学在上学时可能经常打架，但是如果在成年后再见，认出对方是过去常与自己打架的那个同学，那么当时因打架而引发的愤怒情绪早已不再，却能油然而生熟悉感和亲切感。当然，凡事无绝对，如果两人在小学时的仇恨过于严重，熟悉就不会带来愉悦了。

我们对所居住过的地方也是如此。即使我们所住的地方贫穷荒凉，我们当时迫不及待地离开了那里，但在过了一段时间之后看到与此相似的环境后产生了熟悉感时，我们也会对所居住的地方产生亲切和喜爱。刘邦在成为皇帝之后，他给父亲建造了非常高档的住所，但他的父亲还是希望回到熟悉的丰地。于是，刘邦只好建了一处很像丰地的居住环境并把它命名为"新丰"，才让老父亲心满意足。

熟悉的物品也会给人带来愉悦的感受。因此，有些人会特意收藏或保留自己过去使用过的物品或专门的纪念品。

在似曾相识感中，那些并没有真的认出来但依然让我们产生熟悉感的人、地点或物品，现实中可能的确并不是我们过去认识的人、地点或物品，只不过是与之相似而已。不过，只要唤醒了少许的熟悉感，我们就还能对他有好感。贾宝玉在第一次看到林黛玉时说"这个妹妹我见过的"，他在现实中是没有见过的，但他对林黛玉有熟悉感。这也许只是因为她和贾宝玉见过的某个形象相似，但足以让贾宝玉因此而更亲近黛玉。就像歌曲《甜蜜蜜》中所唱的那样："在哪里 / 在哪里见过你 / 你的笑容这样熟悉。"对这个有熟悉笑容的陌生人，人也会有一份莫名的亲近，即使她可能只不过是"在梦里"梦见过与之类似的笑容。

相似但不相同的人或物品所带来的熟悉感，会带来心理学中所谓的"移情效应"。也就是说，对"原件"的情感会迁移到与之相似的"类似品"上面。这种亲切感或亲近感被熟悉感引发的心理基础是，熟悉感的背后有一种潜意识中的认知和信念，即这是我过去经常接触过的。因此，当前唤醒熟悉感的事物仿佛也在熟悉感被唤醒的那个当下，在当事人的心理现实中成为一个过去经常与自己接触并且作为过去的自己的一部分而存在的事物。这种"与我同在""它也是我的一部分"的积极感受，本质上其实是自恋的延伸。

生活中有一种很特别的似曾相识现象，那就是理智告诉我们，我们并没有见过或经历过，但是我们在感受层面却觉得就是见过、经历过。比如，某个人去一个之前从未去过的地方，却感觉自己曾去过那里；或是突然觉得此时经历的情形，以前也曾发生过。对于这个现象，心理学家弗洛伊德认为，这是因为出现了之前曾出现的某种欲望或情感，从而激发了似曾相识的感受，而人并不是真的来过这个地方或是重复发生了某个情景。根据我的经验，弗洛伊德所说的这种情况是存在的，但有时我们似乎也的确能在一定程度上预见未来，而在被预见的未来事件发生时，就会浮现这种似曾相识感。

S

熟悉感在身体上没有很明显的特征，只是人的身体能感受到放松，眉头也会舒展，并能松了一口气。在意象中，尚未发现专门表达熟悉感的意象。只不过，我们在梦中会对其中的有些人物意象或物品有或多或少的熟悉感。

顺心感和不顺心感

顺心感是当事情的发展符合自己的意愿时，人所产生的那种感受。

顺心感和满足感是不同的，区别在于：满足感是欲望得到满足时所产生的感受；顺心感是符合自己意志时所产生的感受——哪怕欲望尚未满足，只要事态正在遵循符合自己心意的方向发展，就会产生顺心感。这种感受能令人愉悦。

顺心感是一个标志，表明外界的发展符合我们希望它发展的情况。然而，外界的情况之所以成为这样，并不是因为我们从意愿出发，通过意志的力量把它变成这样的，而是外界自己成为这个样子的。例如，我们希望风调雨顺，结果今年真的是风调雨顺，这不是我们做了人工降雨，而是天刚好就是这样了。又如，我们希望子女孝顺，结果子女真的很孝顺，但是我们并不认为这是我们努力教育所致，而是这几个子女他们自己决定要孝顺的。

因此，顺心感是一种更轻松的愉悦感。

顺心感是一个评价，是指我们的意愿与外界是符合的，现在的情况是好的，我们可以安然地去享受这个状况。

因此，顺心感所对应的身体感受是放松的——不仅身体会感到轻松和轻盈，更明显的是呼吸顺畅，即"气顺"。在顺心的时候，不会有任何呼吸方面的不舒适，皮肤的感觉也很舒坦。因为愉悦，所以我们在顺心时还会觉得看到的东西似乎更亮了，听到的声音似乎更悦耳了，嗅到的气味更好闻了，尝到的味道也更加可口了。

顺心感对应的身体感受，与满足感也是不同的。

满足感和匮乏感是一对相反的感受。满足感产生之前，人的欲望是不满足的，那时人会产生一种匮乏感或缺失感，其身体感受是一种不舒服的空或是空了一块。

我们的欲望在被满足后，身体感受会转化为一种腹中充实的、好像吃饱了或空的一块被填满了的感觉。

顺心感则没有那种充实感或饱腹感，顺心感的身体感受不在腹部而在胸部，是胸部的通畅。顺心感和不顺心感或违拗感是一对相反的感受。当产生不顺心感或违拗感时，当事人的胸部是一种拧巴且阻塞的感受，或是一种一口气憋住了（即气不顺）的感觉。身体（尤其是手脚）会产生一种突然僵了的感觉。身体会不放松，且有一种好像没有活动开的那种不舒服的感觉。在意象中，人通常会想象出一个和自己作对的人，从而产生愤怒的情绪。

当顺心感提升到原始认知层时就会产生快乐感。当我们意识到自己顺心时，它还可能转化为幸福感。不过，快乐和幸福是更高层次人格中的，顺心感则是它们的基础。人们在祝福中常说的"心想事成"就是顺心感的来源之一。

顺心的时候，人在意象中的自己是一个中心人物，可能会是一位皇帝或公主，或是一个天之骄子，身边会有一些人等待着自己的指令，并随时去实现自己的愿望。周围的环境天清气朗，阳光灿烂，鸟语花香，美景如画。

不顺心感或违拗感在日常用语中被称为"不痛快"，与顺心刚好相反，是事情的发展违背了自己的意愿，简称"事与愿违"。出现事与愿违，也与外界有关——这同样可以归因于天气等自然原因，或是别人的意愿与自己的意愿发生了冲突。例如：好久之前就计划着假期出去游山玩水，但是好不容易等到了假期，却因下大雨而不能出门；在我想下班就回家时，老板突然命令我加班；我想和这个女孩约会，她却决绝地拒绝了我；父母反对我和恋人结婚，并要求我和她分手……

不顺心感是一种很不愉悦的感受，它标志着外界存在着一个与我们的意愿相冲突的意愿。当然，自然界并不是故意违背我们的意愿的，天气不顺我们的心也不是故意要和我们作对。如果我们能懂得这一点，就会在天气不顺我们的心时感觉好一点。然而，如果一个人的心理比较幼稚，或是其远古层的自恋较强，他就会默认自己是世界中心，默认世界应该围着自己的心意转，这样天气不合自己的希望就会被视为"老天故意和我作对"，从而感觉不顺心。

如果违拗自己的心愿，导致事情的发展或是别人所做的事情不合自己的心，人们就更容易将其视为别人与自己故意作对，甚至是一种冒犯或敌意侵犯。

如果一个人经常感觉不顺心，那么愤怒和不满的情绪就会不断积累，导致其变得易激惹、易怒。

是否顺心，决定了一个人生活的幸福感，也决定了其自我满足感，绝大多数人都希望自己拥有更多的顺心感。

宋代时，皇帝的权力会受到严格的制约。有一次边疆战败，宋神宗赵顼认为某个人有责任，想杀了他。宰相蔡确反对，说本朝一向不杀士人。宋神宗建议那就流放他，门下侍郎章淳反对说，士可杀不可辱。宋神宗听后大怒，说："快意事更做不得一件！"章惇立刻反驳："如此快意事，不做得也好。"这里所说的"快意事"约等于顺心事。宋神宗连续被反对，当时的那种心情就是典型的不顺心。

总结起来说，顺心如意，或是不顺心、不遂意都是与人的自我意志有关的感受。庄子说，每个愚人都有自己的立场、感受和见解，也都自以为是——如果别人、世界与自己的心意见解契合，那就是正确的、好的、公正的、应该被认可的；如果别人、世界与自己的心意见解违背，那就是错误的、坏的、不公正的、不应该被认可的。然而，有智慧的圣者则能明白不同的人自以为是、自行其道的道理，因此不强求万事万物应该让自己顺心随意，由此得以自在逍遥。

宿命感

如果人认为事情的结果已经前定，不管自己怎么做，最终都会走向这个前定的结果，此时人所产生的感受就是宿命感。

在用语言表达宿命感时，人们常会说"这都是命""干什么都没有用""逃不过的""怎么都得这样"等。如果宿命的结局是好的，人就会产生积极的感受，比如"我命中注定要有好的结果""我命定成功"；如果宿命的结局是坏的，人的宿命感就会成为一种无助感，比如"怎么也没用，注定没有好结果"。

由于宿命的结局好坏不同，因此宿命感也会产生愉悦或不愉悦的感受。

　　如果人在产生坏的宿命感之前曾努力过，试图改变结局，但要是这种努力没有起作用，就可能会转变为宿命感。

　　宿命感在身体上的体现是无力和松懈。因为在产生宿命感前，人往往会努力改变命运，所以之前身体会有肌肉紧张，但这种紧张会在产生宿命感时放松下来。这种放松会让人感到很舒服，有如挑着重担的人放下了担子，或是疲惫不堪的旅人终于不继续跋涉了。

　　表达宿命感的意象包括：（1）死神，因为死亡是所有人的宿命，且死神也象征着不可改变；（2）象征轮回的轮子，轮子代表不管怎么运动都会转回去；（3）代表命运的巨掌意象，象征着命运的不可逃脱。

　　宿命感是人的命运脚本形成之后所带来的感受。幼儿在一岁左右会形成基本信念；三岁左右会形成基本的应对模式，至此命运脚本也初步形成。在这之后，幼儿会惯性地使用既有的应对模式，所带来的后果也基本固定。一次次经历同类的事件，一次次都走向同样的方向，并带来相同的结果，这会让幼儿产生宿命感。通常到了六七岁之后，儿童就会确信这些都是自己的宿命。

　　宿命感是对自由意志的否认。宿命的意思就是，出于自由意志所做的事情是没有用的。自我意志比较强的人会拒绝接受宿命，试图强化自由意志，战胜宿命。动画片《哪吒之魔童降世》中的那句"我命由我不由天"，就是在自由意志的驱动下发出的反抗宿命的怒吼。然而，如果一个人不能认识到自己潜意识中的那些影响因素，那么他不管多么努力，都不可能冲破所谓的"宿命"——是潜意识中的力量在无形中的影响使人无法摆脱所谓的"宿命"。挣扎着想战胜命运，却发现还是在命运的掌握中，这个过程会强化一个人的宿命感。

　　对待宿命感的另一种态度是认命，即臣服于命运，这是指在看到自己命运的倾向后便承认这就是自己的宿命，不去努力与它作对，而是接纳这样的现实。认命的好处是不会再去做无谓的努力，不会将能量浪费在无用的事情上，从而大大减少内心的冲突，心灵也会更加平静。然而，问题在于，这样一来就完全不可能改变自以为的那种"命运"了——从这个意义上来说，我们其实是用自己的行为实实在在地实现了我们想象中的那种"命"。事实上，即便大方向已经被所谓的"命"给定了，人还是可以做一些小的选择，甚至个人还可以在命运给出的一些关键岔路上做出对以后人生产生转向作用的大的选择。命运就好像是地面上已经预先修好的路径，虽然哪条路通往哪里都是注定不变的，但是每一条路的前方总会有几条岔路可以再选择，且这些在岔路上的再选择的不同也会给我们之后的人生之路带来明显的不同。

因此，成熟的人是不会非黑即白地看待宿命这件事的。他们会懂得：对待人生中看似命中注定的事情，应该学会区分哪些是自己可以改变的，哪些是难以改变或不必要改变的。对于难以改变的事情，如果他们有志于改变，就可以想办法去改变。改变的要点是提升自己的觉知力，让潜意识中的内容能够被意识到，并且能用行动去改变自己的旧有信念。在这个过程中，宿命感会成为阻碍，因为宿命感会破坏改变的信心。这样一来，他们就需要不再认同宿命感。对于不必要改变的事情，他们会接纳这种宿命感并臣服于宿命感，从而让自己更平静地接受现实。

S

第 20 章

T

塌陷感

塌陷感是指感到内在好像有什么东西塌了。这种感受是人所独有的感受，属于情感层面的描述。塌陷感是一种非常消极的感受。与塌陷感相似的还有崩塌感或坍塌感，二者均是指有一定高度的东西塌下来的心理感受，而塌陷感则既包含高的东西塌下来，还包括"陷"，即脚下的承载塌下去。

从外在看，引起这种感受的往往是生活中比较大的、不好的事情的冲击。比如，自己信任的人背叛了自己、自己所做的事业彻底失败了、自己所在的公司倒闭了、自己犯了比较大的错误等。从内在看，引起这种感受的原因是，内心的某个基础的观念、信念或理念垮了，或是过去的自我认识被否定了等。这些内在的垮和否定，都是关乎比较核心的、重要的价值评判。无关紧要的小否定、小失败并不会带来塌陷感。

在塌陷感发生的那个时刻，人会感到自己的内心好像真的有一个什么东西塌了，而且脚下原来立足的基础也随之陷落了、不复存在了。对主体而言，他能够感觉到塌的过程，这个过程通常很短甚至只是一瞬间。此时，原来的稳定感突然消失，会蓦然产生一种不安，还可能伴有伤心、悲哀和其他说不清的复杂情绪，整体上会让人感到很难过。

在身体上，塌陷感主要发生在骨架上。好像拼接在一起的骨架因某个支撑的骨肉断裂或消失而一下子倒塌了——既可能是倒塌了部分，也可能是全部倒塌。这之后，整个身体似乎没有了骨头的支撑，变得松懈无力。塌陷感还常常伴随着明显的腿脚无力、无法再支撑身体重心的感受。人也许会随之瘫倒在椅子上或床上，无力站起来。呼吸会变得有气无力。在此之后，有些人会愤怒，从而产生一系列愤怒的身体反应；也有些人会悲哀，从而进一步衰弱无力下去。

在梦、想象等意象活动中会出现崩塌或塌陷的意象。比如，雪山上雪崩了并落入海洋、楼房倒塌了、灯塔倒塌了，或是地面被砸开后露出残破的框架。在不同的人的意象中，倒塌的建筑也会不同，比如，纽约世贸双子大厦、巴黎圣母院、长城等，这些不同的建筑有不同的象征意义。意象还可能是脚下的地面塌陷下去，并能看到下面的深坑、山谷或是沼泽中的泥浆。脚下地面的塌陷会给人带来更强烈的不安感。有时，塌陷感会以山崩、泥石流、火山爆发、海啸或地震等灾难的意象来表达。

塌陷感是源于自己的基本信念、价值观、自我观念等的垮塌。当精神世界中没有多少变化时，或是没有遇到大的冲击时，就不大会有塌陷感。在遇到较大的冲击时，产生塌陷感的概率也会较大。

在对别人、对自己、对某个团体的理想化被打破时，最容易产生塌陷感。对某个人理想化，就是在幻想中给这个人构建了一个完美的形象。幻想中的这个人与现实世界中的他，往往会存在很大的差异。如果我们偶尔看到这个人的一些小缺点，就常会在心里为其辩解、掩饰和找借口，从而维护其美好形象；相反，如果我们发现对方的问题彰明昭著，无法为其辩解，甚至发现他不仅不符合我们心中的形象，反而品格恶劣，他在我们心中的形象就会轰然倒下，让我们产生强烈的塌陷感。

如果人对自己的理想化被打破，塌陷感就会更强且更令人恐惧。如果人发现自己并不像自己一直以为的样子，且有以前未发现的重大缺陷，这种塌陷感就会让人极度不安。这会有损人生活的基础，让人一下子无所适从。由于人几乎无法承受这种自我崩塌或塌陷（因为人可能会害怕自己疯掉），因此人会尽量用心理防御来避开这种危险。例如，找借口合理化让自己认为自己不是这样的、把自己实在无法接受的阴暗面投射给他人，或是变得麻木不仁，抑或是索性自暴自弃、自甘堕落等。

从理论上说，塌陷并不一定会对人不利——过去的信念垮了，也许可以借机用更新、更正确的信念替代它。如果人能善用这个机会，那么反而能帮助他成长和进步。然而，在实际操作中，很少有人能承受塌陷所带来的不安和焦虑感，因此人在

此时很难平静地思考和观察，也很难找到正确的信念并接受它，经常会盲目地"抓
一根救命稻草"不放，甚至会攻击身边的人等，从而无法让自己成长和进步。因此，
在心理咨询中，让来访者先塌陷再帮助他重建并不是一个安全的方法。更好的方法
是，尽量让每个必不可少的塌陷分解成多次，仿佛把一次大地震变成很多次小地震，
从而较温和地完成转变。

如果塌陷感长期存在，就说明人的某个信念的丧失并没有得到及时的补充和更
新。这样一来，人就会长时间处于不稳定和不安的状态，不利于其性格发展。如果
人在婴幼儿期长期存在塌陷感，他就很有可能丧失构建稳定人格的能力，长大后就
会有形成边缘型人格的倾向——这样的人情绪会不稳定，也无法与他人建立良好的
人际关系。

在心理咨询中，如果来访者有塌陷感，咨询师就要有意识地成为来访者的承载
者，帮他承载他无力承载的情绪压力。在此基础上，咨询师还应帮助来访者内化这
种承载的能力，从而帮他重建信念并建构稳定的人格。如果一个人的人格足够稳定，
就不会频繁出现塌陷感了。

忐忑感

忐忑感是不安感的一种特定形式。忐忑感是不知道结果是好是坏，是在等待结
果揭晓时内心悬起来又上下波动的感受。

忐忑感产生的前提，是不知道会有什么样的结果。之所以不知道会有什么样的
结果，可能是因为事情比较复杂，我们自己想不清楚会有什么样的结果，故只能等
着看结果是什么；还可能是因为，事情最终的结果不仅仅取决于自己的行动，还会
受到别人的行为或选择的影响，但这是不受自己控制的。总之，只要结果尚未清楚，
人就会感到忐忑。

如果我们不知道会有什么结果，且并不是很在意这个结果，忐忑感就会较弱；
如果我们很在意这个结果，忐忑感就会较强烈。比如，扔一枚硬币，如果猜错了正
反面只赔一块钱，就不会让人感到忐忑；如果猜错了就会丢掉性命，人就会感到强

烈的忐忑。

由于我们不知道结果如何，因此我们不知道自己应该做好的准备还是做坏的准备，若好的希望和坏的危险并存，就会影响我们的心情——想到好的可能性，我们就会开心；想到坏的可能性，我们就会害怕。这样一来，我们的心情就会很不稳定，一会儿上一会儿下。我们从"忐忑"一词的字形上就能感受到心的忽上忽下和不安。在赌博中下了注，不知道开出来会是什么结果，此时的感受就是忐忑；给暗恋的异性写信告白，也不知道结果会如何，等待时的心情也是忐忑的。

忐忑感倾向于不愉悦，但并非一种明确的不愉悦。

忐忑感在身体上的感觉，主要是心悬着的感觉。因为心是悬着的不稳定状态，所以可能会忽上忽下。呼吸可能会暂时停止，或是紧张得快速呼吸。双手会抬起来放在胸前，仿佛用双手悬空来模拟心悬着的感觉。人不大会注意到其他地方的感觉，偶尔会感到腿有一点软。

忐忑感是焦虑感中的主要成分之一。

在意象中，所有悬着的意象都可以在一定程度上用来象征忐忑的感受，在悬着的同时还上下波动的意象则更为精准。比如，看到一个人在走钢丝，且钢丝正在晃晃悠悠；或是一个人站在高楼边沿且风很大，他的身体有些摇晃。

现实中，我们任何行动的结果都或多或少地在一定程度上存在着不可知。因此，忐忑感是人在行动执行前以及行动执行后结果未出现前，都或多或少会有的一种心理感受。越是结果不能确知的事情，或者说人越是外归因，就越容易有忐忑感。如果人对某件事胸有成竹，忐忑感就会小很多。

忐忑感会让人产生祈求神助的倾向。因为人既然无法决定结果，且结果取决于外界，便会希望外界有个回应自己祈求的神能让自己的心不再那么忐忑不安。

不能耐受忐忑不安的人会努力避免那些结果很难预期的事情，因此他们的生活会尽量保持不变，这也是强迫型人格的特征之一。当忐忑感消失时，人就会有一种心终于被放下来了、不再悬着的感受，能让人感到愉悦。有些人为了获得忐忑感消失那一刻的愉悦，可能会故意先让自己感受到忐忑感，并把这个过程体验为冲浪般的主动游戏的刺激。这种人可能会喜欢赌博或是冒险活动。

通畅感

通畅是生理层面的一种愉悦的基本感受。如果运动进行得很顺利，没有受到阻碍或是轻易就能避开阻碍，人就会产生一种通畅感。

不过，人并不是在所有运动顺利时都会产生通畅感。如果一位老人拄着拐杖吃力地行走，就算没有任何阻碍，他也不会产生通畅感。如果运动的形态类似流动，且运动的速度相对比较快，人就容易产生通畅感。比如，青少年在街上踩着滑板，自如地从人群中滑过，并没有撞上任何人，他在此时就会产生通畅感。又如，驱车行驶在周末的道路上，回想起这条路在工作日时是多么堵塞，对比后就会感到现在很通畅。

通畅感是一种身体的运动顺畅的内部感觉，也是一种因运动顺畅而产生的畅快心情。如果一件事情进行得很顺利，尽管身体没有运动，但我们会把事情发展的过程视为一个运动，那么也会产生通畅感。比如，将军的队伍去进攻敌国，结果自己的队伍所到之处，敌人的守军都望风而降。虽然将军一直坐在指挥部的椅子上，身体没有运动，但他也会产生通畅感。如果原本有些不通畅，但后来突然通畅了，那么不通畅时淤塞住的心理能量就会在瞬间流走，此时人的感受就是畅快。顺利排便时，人就会产生这个意义上的通畅感。

通畅在身体上的表现是身体适度的放松。没有紧张纠结，虽然放松却并不是松弛或松懈，而是一种适合运动的有弹性的状态，同时还常常伴有一定的韵律感。身体内部也没有任何的阻塞感，如同一台润滑很好的且正在运转的机器。

在意象层面，通畅感会表达为畅通无阻的道路、自然流淌的溪水等，或是游玩者从游乐园的水滑梯上滑下来。

通畅或不通畅，是人生命中的一个主要主题。孩子出生的过程就有通畅和不通畅之分——通畅被称为顺产，不通畅则被称为难产。出生过程会对人产生深刻的印刻，因此顺产的孩子在内心深处会有一种基本的通畅感。他在长大后会更习惯于通畅感，因此在其潜意识中会习惯于创造让自己顺畅的情景，他的一生也可能会相对更顺一些。难产的孩子内心会有深深的不通畅感，他们在长大之后也时常会在生活中引来不顺畅的情景——当然，这种不顺畅最后也可能会变成顺畅。在《左传》郑伯克段于鄢的故事中，郑庄公就是难产的，因此后来在母亲偏爱弟弟且弟弟的行为很过分时，郑庄公会在很长时间内允许这种很不顺的情形存在。最后，他名正言顺地讨伐弟弟时会变得很顺畅，并因此获得了强烈的通畅感和快感，令他畅快无比。

到了被弗洛伊德称为"肛欲期"的那个阶段（即一岁之后），大小便控制成为人在生活中的一个重要任务。控制排便的过程，需要先放弃顺畅感，人为地不允许随时排便，这样就造成了一定程度的不顺畅。在不顺畅达到一定程度时，再通过自主地排便就能获得顺畅感和快感。人在控制排便的练习中，人为地创造出了畅快感，从而强化了自我控制行为，也建立了对自我控制的信心。这个阶段创造出的顺畅感越强，人的信心就越强，长大之后的工作能力也越强。然而，如果阻止排便的那个阶段用力过猛，就可能会出现便秘，即在自己想要排泄时不能顺畅地排泄出来，最后就算好不容易排出来了，也无法享受通畅感，这种人在长大后就比较容易形成强迫型人格（这是一种通畅感缺失人格）。当然，除了强迫型人格外，还有很多其他类型的人也会比较缺少通畅感。

人的通畅感少，身体就比较容易紧张，也容易形成堵塞。身体堵塞了，就会在身体层面不通畅，从而进一步减少通畅感。天长日久，甚至会引发一些堵塞性的身体疾病。在中医理论中，这就是淤塞痰湿，可能会导致血栓、风湿、水肿等病症。

减少阻塞能帮助人的身体和心理更加通畅，要点都是打通疏导。心理学中的宣泄对此也有一定的帮助。找到内在的矛盾和心理压抑可化解矛盾、减轻压抑，还可以帮助心理能量更加畅通。在心理咨询过程中，如果来访者感受到了清晰的通畅感，就说明心理咨询有了一定的效果。

第 21 章

W

危险解除感

当看到某个担心的危险不存在或是曾经有的危险已经消除时，人的危险临近感、恐惧感、不安感等感受就会消退，取而代之的是一种"好了，没事了，这下子不用担心了"的感受，这种感受就是危险解除感。

如果之前的不安是心悬着的不安，那么危险解除后的感受就是"一块石头落了地"。例如，一个人的身体出现了一些症状后，在网上搜索了一些资料后怀疑自己得了胃癌，但去医院检查后发现只是胃炎。不过，他的心里还是不确定，便去另一家更权威的医院检查，结果还是胃炎。这时，如果他相信了这两家医院的诊断结果，他的心里就会产生危险解除感。

危险解除感属于安全感的一种（安全感包括很多种，危险解除感只是其中之一），它还是一种释然感，因为危险解除时人会感到释然。不过，释然感却不仅仅是在危险解除时才有——两个人的误会解开、大仇得报等时人也会产生释然感，但那时的释然感并不属于危险解除感。

危险解除感是一种愉悦的感受。预期中的危险越大，危险解除的过程越快，危险解除所带来的愉悦往往越强。因此，有些人会故意去冒险，以享受危险消除之后的愉悦感受。

危险解除感在身体上的体现是全身一下子放松下来、呼出一口长气、感觉提着的心突然放了下来。之后的呼吸会变得深长而舒畅，站着的人可能会一下子坐了下来。

危险解除感所带来的愉悦可能会很强有力，以至于在大的危险过去时，人们会情不自禁地狂欢。比如，在电影《和平饭店》中，和平饭店被土匪威胁，大家都非常害怕，当这个威胁消除时，饭店中的人都高兴地跳起舞来。还有一张被誉为"胜利之吻"的照片也很有名：第二次世界大战结束时，人们涌上街头庆祝，一名激动的水兵在美国时代广场情不自禁地亲吻了一名他完全不认识的护士。

危险解除感在意象中的反映就是意象中的危险对象消失了，或是在意象中到达了某个安全的环境，眼前的所有形象都变得更光明、更美丽了。

不同的人在危险解除后，产生危险解除感的速度是有区别的，且这种区别往往是先天的。危险解除感产生得慢且弱，被称为"高神经质"的人；反之，危险解除感可以迅速产生且强有力，被称为"低神经质"的人。前者因为危险解除感产生得慢、弱而且不明显，所以在危险不再后还会有很长时间的心有余悸，因此这样的人很难享受危险解除感所带来的快乐，他们也不喜欢冒险；相反，没有危险的生活在后者看来可能会显得不够刺激、无聊、单调乏味。

因为危险解除感能让人放松警惕，所以在现实世界中，感到危险解除感时并不一定安全，有时反而可能会更加危险。举个简单的例子：一个人听到屋里有动静，在他警惕地四处查看时，如果发现有一只猫从门口跑过去，他就可能会认为这个动静是猫造成的，便产生了危险解除感并一下子放松下来；如果发现有个小偷溜进了他家，就会因意识到危险而高度警惕。也就是说，人在意识到一个危险度过后会产生危险解除感，但如果此时又来了一个危险，就会给人带来更大的危险。

人们常常会认为，有一个强有力的保护者随时在身边就能带来危险解除感。不过，这是个误解。在影视作品中，警方常会承诺对证人提供保护，以此试图让证人产生危险解除感，虽然这能在一定程度上提升其被保护感，但并不能真的让他产生危险解除感，因为危险依然还在，保护者却不可能24小时与危险同在。也正是因为被保护感无法带来危险解除感，所以当被保护感和危险临近感同时存在时，只会让人更加依赖保护者所提供的帮助，从而对保护者产生强烈的心理依赖。

在心理咨询领域，如果我们能从意象对话的子人格关系视角来看，就不难理解这个原理了。当存在危险临近感时，来访者心中会形成一个"迫害者－受害者"的子人格对子，其中迫害者被投向外部世界，并自我认同为受害者。由于这个子人格对子带来的心理预期令来访者坚信自己就是潜在的受害者（即尽管危险并没有发生在自己身上，但那只是因为尚未发生而已），因此只要来访者心中这个子人格对子毫无转化，即那个迫害者还在，并且还指向身为受害者的自己，来访者就无法产生危险解除感。

不过，一个有着危险临近感的来访者往往无法忍受这样的焦虑，从而会自发地寻求外在的保护。通常外在也真的会有一些人自愿扮演来访者所需要的保护者，并向来访者承诺并提供保护。此时，来访者的心中就会形成一个三人关系单元——迫害者（他者）、受害者（自己）、保护者（他者）。在这个新的三人关系单元中出现了三对关系：第一对是原来的迫害者威胁自己的关系；第二对是现在的保护者保护自己的关系；第三对是保护者攻击迫害者的关系。换句话说，要想让来访者相信某个人真的会保护自己免受迫害者的威胁，保护者就要先证明自己是符合保护者人设的——他需要为了来访者而去攻击"迫害者"，这样才能让来访者相信他对自己做出的保护承诺。正因为如此，交互沟通分析理论[①]这种心理咨询技术详尽地阐释了这样的模式，如果你感兴趣可以去深入地了解。

在临床工作中，意象对话流派解除来访者的危险感的方式是，在现实感的基础上，对内心子人格及其关系进行觉察、看清、转化。具体细节，你可以参考我写的《意象对话心理治疗》等书籍。

委屈

委屈是怨的一种。如果说怨的体验像是压抑的怒，那么委屈的体验就更像是压抑的悲哀（委屈中也有少许像压抑的怒，但主要成分还是压抑的悲哀）。

---

① 交互沟通分析理论，又被称为 TA 沟通分析理论（transactional analysis），由美国心理学家艾瑞克·伯恩（Eric Berne）提出。这是一种以精神分析为基础的心理治疗的理论和方法。其三个基本假设为：（1）每个新生儿都有与生俱来的能力，相信自己和他人都是"好的"；（2）每个人在童年的早期便决定了自己将如何生活；（3）人们需要得到他人的注意才能生存。

在日常生活中总是感到委屈的人常常会认为自己付出了很多，期待别人能看到并承认自己的付出，从而给自己相应的回报。如果他认为别人并没有看到自己的付出，也没有给自己奖励性的回报，反而还误解了自己，并对自己有不好的看法，就会感到非常委屈。

人在委屈时，身体会有憋闷感，且憋闷感主要集中在胸区；喉咙区域有一种往下吞咽的感受，好像是把什么东西咽下去（即所谓的"忍气吞声"）；头会有下垂的动作；脸上的表情有些要哭又没有哭的样子。

在意象中，委屈的形象可能是被欺负的小姑娘，或是被主人冤枉并且挨打的狗等。委屈会大大地消弱一个人的幸福感。

委屈是一个很中国化的情感——英语中甚至并没有一个与"委屈"的意思完全一致的词。中国人更崇尚心领神会，不习惯将对别人的喜爱或不满直接说出来，而是习惯于通过暗示的方式去表达，并期待别人能明白。如果一个人对别人有善意但没有直接表达出来，并希望对方能懂得自己的心，可是别人不仅没懂，反而还给出了消极的反应，这个人就会感到格外委屈。

在给中国人做心理咨询时，如果咨询师能理解什么是委屈，并能识别出其委屈，就能对心理咨询非常有利。以二人关系为例。

第一，委屈的情绪中包含着这样的心理现实作为基础：我满心对你好，你不但不领情，反而还对我不好，把我当成不好的人。

第二，委屈的情绪界定了我好你坏、我弱你强的关系：我是好的、无辜的、柔弱的；而过错全是因为你不能看到我的好，是你辜负了我，是你对不起我。虽然事很小，但你还是让我无辜受伤害了，你是强者，你本可以做得更好，不让这一切发生，但是你还是欺负我了。

第三，委屈的情绪还暗藏了一份理所应当的期待：你在感情上欠了我的，所以如果你要是一个有良心的人，你就应该向我认错，说我好，并且以后要改正。如果你无法做到这些，你就应该感到内疚。如果你连内疚都没有，就说明你真的是一个坏人、一个没有良心的人。

因此，人很害怕总是向自己诉委屈的人。委屈是一种比直接的怨更加隐秘的软刀子，绵里藏针。面对一个攻击性外露的抱怨者，你可以自我辩护，或是拒绝他的要求；相反，面对一个委屈的人，你通常会心软，哪怕心里觉得自己有理也会很容易放弃自我辩护，并去安抚对方。因此，自诩为"好人"的人都很容易受到委屈的心理控制。

在三人以上的关系中，委屈也很好用——委屈能让表现出这种情绪的人瞬间变得更加有理、人畜无害、惹人同情。如果第三方看到两个人发生了矛盾，而其中一个人显得很委屈，那么第三方即便是在毫无信息支持的情况下，也会很自然地认为那个显得很委屈的人被欺负了、受伤害了，便想去支持和保护他。

在家庭中也通常如此。如果孩子认为父母中的某一方受了委屈，孩子就会去保护那一方，甚至不惜与另一方"战斗"。反过来也是一样，如果一家有两个或两个以上的孩子，父母就会本能地去保护那个看起来受了委屈的孩子，尽管这种看似合理的保护在外人看来往往是偏爱。

委屈也有积极的意义——它是社会交往的润滑剂，能让人际冲突以及谴责和攻击性都变得柔和甚至美好。因此，对于不喜欢直接发生冲突的国人来说，这种情绪会格外普遍——以至于不少咨询师都说，几乎找不到一个不觉得委屈的来访者。因此，咨询师要多加体验委屈这种具有民族特色的情绪，并学会分辨在哪些时候我们自己和他人的委屈是恰如其分的、没有心理控制的；哪些时候是有意识或无意识地使用的心理控制策略。

温暖感

温暖感有两个层次的意义：（1）在感觉的层次，温暖感与寒凉感一样，都是一种对温度的感觉，温暖感则通常是身体对高于自身体温的温度的感知觉；（2）在感受的层次，温暖感指的是温暖的心理感受。

在感觉层次，除了因人体感受到外界比自身的体温更高而感觉到温暖感，当外界的温度比人的心理预期的温度高时，人也会产生温暖感。例如，尽管早春依然很寒冷，但是与人对冬季气温的感觉对比，已经是"吹面不寒杨柳风"了。此外，如果外界温度虽然不够温暖，但是人的身体内部有带来温暖的因素（比如，喝了热水、姜汤、热粥、白酒等），也会带来温暖感。

在感受层次，温暖感是一种愉悦的、带有暖暖的温度的心理感受。在得到他人的爱、关心或关怀时，人们往往会产生这种心理上的温暖感。更精确一点说，依恋类感情、友谊类感情性质的爱与关心最容易带来温暖感。即使是恋人之间的温暖感，也是由相互之间的照顾或亲密行为等引起的。

心理上的温暖感，在身体上的体现与温暖的感觉类似。因此，当一个人给另一个人带来身体的温暖感觉时，后者很容易把这种感觉当作心理的温暖感。电影中，常常会有一个人为另一个人披上衣服以表达自己对对方的关心的情节（相反的场景就比较少见了，即一个人因担心另一个人热而把对方的外衣脱掉。偶尔还有一个人为另一个人扇扇子的情节，但这并不是体现关心的最典型的情景）。此外，在寒冷的季节，将热乎乎的汤端给对方喝，或是将对方拥入怀中（这能让对方感受自己的体温，这本就是心理上温暖感的来源），也是表达关心的经典场景。由于依恋的基本身体表达就是接触，因此感受到对方的体温便意味着彼此依恋。

即使在现实中，环境并不暖和、没有喝热汤，身体也没有真正地被温暖，但如果我们感到了被关心，也会产生相应的身体温暖感。比如，别人用温和的语调与我们说话，我们的需要获得了满足，或是遇到困难时得到了及时的帮助，都可以让我们感到温暖。此时，身体的温暖感可能是心的区域暖暖的，或是感觉有一股暖流流向了胸口，抑或是全身暖洋洋的。如果一个人经常做一些关心别人的事情，我们就会感觉这个人很暖。

温暖感所唤起的意象可以是各种能温暖我们的事物，比如，屋间里的壁炉、热气腾腾的温泉、和煦的阳光、春暖花开等，以及人与人、动物与动物之间相互依偎的意象。

在人的心理发展中，婴儿期是很需要温暖感的时期。人在婴儿期被抱的时间足够多，体会过足够多的被抱着的温暖感，还可以贴着母亲柔软的胸脯听着熟悉的心跳声，都会让人获得足够的心理资源，从而对整个世界有更多的亲近感和安全感，将来也比较容易形成健康的人格。如果人在婴儿期被抱的时间比较少，但因被包裹得比较好而保温较好，那么相对来说也有比较多的心理资源。如果人在婴儿期被抱的时间比较少还经常挨冻，那么他将来的人格和心理状态就比较容易出问题。因此，温暖感常常会与贴心的体验伴随出现。

心理上的温暖感也会对身体产生积极的效应。它往往能让血液循环得更好，身体更加健康。如果缺乏心理的温暖感，身体就可能会容易患病。

稳定感

稳定感是个体对稳定的感受，是一种偏愉悦的感受。

人能感受到稳定感的条件是，某个事物是近乎不变的，即使有力量去推动它，它也能保持不变动或是变动得非常轻微。

最给我们带来能稳定感受的是大地，因为不论多么大的力量去冲击大地，大地都会岿然不动。只有在地震、火山爆发、山崩或核武器爆炸等情况下，大地才会有震动，但是这些情况相对来说很罕见。除了大地之外，山也能带来近乎大地那种程度的稳定感。

我们在用力去摇撼某个事物却发现它没有动时，最容易让我们产生稳定感。可见，稳定感需要通过验证才能产生。如果一个事物不动且我们也没有去摇撼它，那么此时就不一定会产生稳定感。因摇撼而不动，从而让我们产生稳定感的事物，无须像大地或山那么极端稳定，在我们摇撼建筑物中的柱子、粗壮的大树、巨石时，只要它一动不动，就能让我们产生稳定感。

如果一个人的情绪不容易被扰动，行为方式一致性高，被冲击时也能抵御冲击而不变化，那么他也会让我们产生稳定感。"撼山易，撼岳家军难"表达了岳家军会给人带来稳定感。岳家军之所以能给人带来这种稳定感，是因为金兵在战斗中尝试冲击岳家军时发现很难冲乱岳家军的阵形。

稳定感在身体上的感受，也是人感觉到自己的身体可以不动。稳定不动时，身体的感觉会偏于重，但并不是紧张，而是类似于一种在最深处扎了根、有底的感受。如果是在行走中，身体稳定感就体现为行走的动作稳定、没有摇晃；如果是在做其他动作，身体稳定感就会体现为没有颤抖倾斜。

前庭感受器是与稳定感关系最密切的身体器官，当不稳定时，前庭感受器的反应就会带来晕眩类的感受；稳定时，则不会有晕眩感。

稳定感在心理上的体验主要取决于人在冲击下能否保持情绪稳定。如果内心很容易被扰乱，情绪在被冲击后就很容易失去平衡，表明稳定感较差；反之，如果内心的抗干扰能力强，情绪在被冲击后就不容易失去平衡，表明稳定感较强。如果心中的杂念太多，也说明稳定感差；反之，如果心中没什么念头，或是有念头但是很有条理，则说明稳定感好。

稳定感是安全感中的一个基础的、核心的成分，对心理健康非常重要。边缘型人格最核心的病理表现就是缺少稳定感。

人在婴儿期能否建立稳定感，主要取决于母亲的情绪和性格。如果母亲的情绪和性格较为稳定，就有助于构建婴儿的稳定感。民间把母亲比作大地，也正是因为人的稳定感在最初通常来自母亲。如果母亲情绪不稳定，行为变化大，婴儿的稳定感就不容易建立，这甚至可能会引发其未来的心理问题，严重时还可能会形成边缘型人格障碍甚至是精神分裂等极度不稳定的心理状态。当然，如果父亲的情绪和性格较为稳定，也可以对孩子产生积极的影响。

如果周围的环境基本不变，生活的常规基本不变，那么这也能强化人的稳定感。对于孩子来说，这种稳定感是很有必要的。因此，每天什么时候吃饭、放学回家后做什么等事情，如果形成了一种不变的常规，就有利于形成稳定感；相反，如果搬家次数过多，就会损害孩子的稳定感。如果儿童不得不搬家，那么父母最好强化生活常规的不变，以弥补儿童受损的稳定感。

稳定感是建立自我的基础，如果人的内心缺乏稳定感，就可能会有两种反应：一种是极端追求稳定，一种是自己不能稳定——这是潜意识的一种测量，通过让自己变得也像外界一样不稳定，从而让自己不会再感受到相对的不稳定感。极端追求稳定的人可能会变得偏执，也就是顽固地在任何情况下都不改变以求稳定，甚至会偏好僵死的事物。自己不能稳定的人则会让自己在不稳定中生活，他们无法适应固定的工作、长久的人际关系，喜欢冒险，而且情绪的波动较大。在极端情况下，心理不健康的人会在潜意识中追求死亡，因为死亡是最稳定的、情绪波动为零的，所以对于那些在生活中没有办法获得稳定感且因此感到很痛苦的人来说，死亡是非常有吸引力的。

在一些传统的修行中都有修"定"的练习，比如，佛教中的禅定，以及道家和儒家的静坐。这些练习的作用都是为了增加人的稳定感，从而提升心理健康水平。在心理咨询中，咨询师通过自己行为的一致性，以及在来访者情绪冲击下保持自己的情绪稳定，能给来访者带来稳定性，这会成为来访者心理健康的资源。在未来的心理咨询中，咨询师也应有更多的可强化来访者稳定感的练习，以优化心理咨询的效果。

值得一提的是，稳定感和安全感一样，也是相对于不稳定感或不安全感而被体验到的。如果一个人的一生中都从没体验过不稳定感，那么稳定感对他来说也无法被体验到和意识化。换言之，稳定感是在体验到不稳定之后又恢复了足够稳定的状态时所体验到的。

W

我感

我感，就是感受到"有我""我一直在"或"这样就是我"的感受。广义的我感，是所有感受到"我"是主体的感受；狭义的我感，则是人对"自我"这个心理结构的感受。

印度婆罗门教义中的"我"，指的是恒常存在的、独特的、能够去主宰的那个主体，这个"我"类似于"永恒存在的灵魂"。佛教认为，并不存在这样的"我"。不过，当人们感受"我"的时候，主要体验到的也与此类似，就是感受到"我有恒常性、独特性、主体性和掌控性"。因此，我感可以说是自我的连续感、整体感、独特感、主体感和控制感[①]的总和，解释如下：

- 从记事开始到今天，尽管一个人发生了很多改变但"我还是我"，这是我感中

---

① 也有心理学家提出能动感，但我认为能动感是主体感和控制感两者的结合。

的连续感；

- 整体感与连续感相关但又不完全一样，它是指所有这些心理感受和心理活动都是"我"；

- "我就是我，和别人都不一样"，这是我感中的独特感；

- "这是我在看、在听、在体验"，这是我感中的主体感；

- "我行动了，就能看到对外界的影响力，所以我就感到了我的存在"，这是我感中的控制感。

我感有不同的层次，哪怕是最低等的动物，也有一种很基本的原发的我感。正因为如此，蝼蚁才能为自己活着而努力——这在佛教中被称为"俱生我执"。人在刚出生时就有这种原发的我感，但它是没有清晰意识的。随着人逐渐长大，在形成了心理世界后，便会形成一个关于"我是个什么样的人"的意识，建构一个心中的"我"或"自我"。对这个"自我"的感受就是继发的"我感"，佛教中称之为"分别我执"。狭义的我感，就是指这种后天建构出来的我感。

对于普通人来说，我感和存在感是一体两面的。对于绝大多数人来说，所谓感受到存在就是感受到自我存在，有存在感就证明有我，所以在多数人心中，所谓的"存在感"就是"我感"（即自我存在感）。低水平的存在感对应的是原发的我感，高水平的存在感则对应的是继发的我感。

身体的任何感受都会加强我感（既包括原发的，又包括继发的）。体现我感的最基本意象，就是镜子中或照片中的"我的肖像"。在梦中，那个能看到一切事情的视角被感受为"我的视角"。在意象对话中，那个此时正在起作用的子人格也会被感受为"我"。

有研究者指出，2~3个月、9~12个月的婴儿，以及15~18个月的幼儿之所以会发生明显的巨大改变，可能是因为其我感的发展而引发的。不过，这种我感应该是建立在先天本能基础上而在后天逐渐展现出来的，与在心理世界建构的"我"或称后天继发的"我"不同。儿童后天继发的"我"通常在三岁前后形成，这就是所谓的"自我"（ego），因此，继发的我感也是在三岁前后出现。自体心理学家丹尼尔·斯特恩（Daniel Stern）把这几个阶段的我感分别命名为显现自我感、核心自我感、主观自我感和言语自我感。之后，我感会持续一生。关于我感的更多细节，可参见本书"存在感"那一节。

如果我感受到了损害，就会对人的心理功能产生极大的破坏性。丹尼尔·斯特恩指出，如果人的能动感受损，人就可能会出现瘫痪、对自己的行为产生非拥有性的感受、体验到对外界的失控等。躯体的统一感是整体感的一部分，如果这个部分受损，就可能会产生身体破碎感、去人格化、游离在身体外的感受，以及现实感丧失等。如果连续感受损，就会出现暂时性的解离、神游、失忆等体验，以及唐纳德·温尼科特（Donald Winnicott）所说的"不沟通状态"。他还认为，我感中包含着情绪感受，如果情绪感受损就会引发快感缺乏和解离状态。我感中还有能与别人形成主体间性的主观自我感，如果缺乏就会产生弥漫性的孤独或另一个极端——精神透明。他认为，传递意义的感受（意义感）也是自我感的一个组成部分，如果缺乏就会出现文化排斥、社会化严重不足，以及不验证个人认知等状态。

W

从意象对话和回归疗法的视角来看，我感（无论是原发的我感还是继发的我感）在本质上是一种人类普遍存在的公共幻觉（心理现实），但因为人人都有这样的幻觉（心理现实），所以它被人们集体认同并被当作了"现实"。

我认为，我感在被逐步构建的过程中是有一些具有转折意义的心理发生点的。

人与生俱来就有一种模糊的、没有反观意识也没有具体内容填充的我感。这样的我感就像一个空空的口袋，没有装进具体的内容，但已经有了一个边界，以区分"我"和"非我"。也就是说，最初的我感具有一种区分"我"和"非我"的功能，连低等动物也有这种基本的我感。例如，如果你爱抚一只小动物，那么它身边的其他动物并不会因此而觉得自己也被你爱抚了。又如，动物在发情期要为争夺交配权来战斗，如果雄性动物无法区分"我"和"非我"，那么最终是谁与雌性动物交配就没有区别了。雄性动物之所以宁可忍受肉体的伤害甚至生命的威胁也要努力去拼杀，是因为它们要为自己争得交配权，让自己的基因延续下去。这种基本的我感是所有动物的一种本能。

婴儿在八个月左右时会逐渐知道，镜子里的那个影像就是自己，我感有了可以反观的意识，即"我看见我在"的意识，这是人的第一个重要的心理我感转折点。有一些聪明的高级哺乳动物（比如猫、狗、黑猩猩）也会发展到这个心理我感的阶段，它们中的一些也会照镜子，并逐渐意识到那只是自己的影子。此刻，第二个重要的心理我感转折点也发生了——我感开始有了"观察者的我"（主体我）和"被观察到的我"（客体我）的分化。于是，这个镜子里关于"我"的影像被装入早先的那个空空的口袋，成为最早的关于"我是什么样"的心理内容（即自我意象的早期萌芽）。这体现了人的心理认同过程，即人把一个本来是"非我"的东西（镜子里的影像）认同成了"我"。从此以后，那些本来并不是"我"的东西，只要被"我"（口袋）认同了，就会被当成心理上的"我"。

经过了第二个重要心理我感转折点，再往后，人几乎终其一生都在通过心理认同功能，不断地往那个"口袋"里装入新的内容（各种心理符号），且这些内容将越来越丰富地界定"我是谁"。这些具体内容在意象对话流派中被称为"子人格及其相互关系"。在这些子人格中，有不少是在生活中经过心理认同而内化成的。例如，如果一个人小时候在严厉的母亲身边长大，他心中就会渐渐地形成一对母子关系的意象，其中的母亲子人格是严厉的，自己则是恐惧的，且自己和母亲的关系是"被评判（者）–评判（者）"甚至是"被惩罚（者）–惩罚（者）"。这样的子人格及其相互关系也会被装进"我是谁"的"口袋"里，成为其自我和人格的一部分。

当然，除了上述重要心理我感转折点，还会发生其他方面的自我认同。例如，一个人对身体我感的认同，常常是在婴儿期开始有能力控制自己的身体去实现目的的过程中完成的。刚出生的婴儿还无法有意识、有目的地控制自己的身体去行动，此时的一切身体行动都是基于反射的。随着其运动能力的发展，婴儿能够控制自己的身体去实现目的的功能越来越强大，他也会越来越体验到自己的意志对身体的控制感，因此其能被控制的身体也会被越来越认同为"我"，并作为我感的一部分存在。在这个对身体认同的过程中，和以上所说的意象认同的过程在本质上是一样的。婴儿也是需要先区分身体上的"我"和"非我"——例如，我一想要移动就能移动的部分就是"我"，而我无论怎么想要移动都无法指挥得了的东西（比如墙、灯等）就不是"我"。按照这个标准，母亲是一个很不确定是不是我的东西——有时我想要移动她就成功了，有时候就不成功。因此，对这个阶段的婴儿来说，区分母亲是不是"我"就变成了此阶段的一个和我感有关的心理发展的任务。

在完成了区分身体我和身体非我之后，儿童对身体我的认同就继续加入了其他的内容，例如，我很能爬高上低、我能唱歌、我喜欢画画等。

到了晚年，随着身体逐渐丧失被自我意志所操控的功能，人之前所建立完备的身体我感会遭受到重大的威胁，此时，身体功能的丧失将会威胁到这个人的整体自我存在感，这些都是与身体紧密相连的我感。

由于我感只是本书中众多感受中的一个，因此，本书对我感的意涵只能简述至此。如果感兴趣，请参看我写的两本书——《人格：一生一剧本》和《人是什么》。

无力感

无力感是因感到自己缺少精神力量而无法对事情施加影响的感觉。

无力感和无奈感、无助感之间，共通之处是都感到自己无法对某件事施加影响。不过，无奈感只是对事情的发展和结果无可奈何，但未必会将对结果的归因归到自己身上，还可能会归因于对方或情境。可能是因为对方过于固执，坚决不听自己的正确建议，所以才导致了一个不好的结果。尽管这会让人很无奈，但这并不会让人觉得自己有不足。比如，子女不听父母意见，和一个"渣男"或"渣女"恋爱，结果受到了挫折。尽管父母会有无奈感，但他们并不会因此觉得自己有什么不足或弱点。还可能是因为暴雨冲断了道路，自己无法去上班，这也会让人产生无奈感，但是这并不会让人觉得自己有什么错误。

无助感，也是无法对某件事施加影响。从归因上说，是归因于外界的，虽然也是"这个事情没办法了"，但重点是"因为没有人可以帮助我"。

无力感则是把无法解决问题的原因，更多地归因于自己的无能为力。也就是说，是因为自己无力才导致了事情无法解决。假如换一个有力的人，这件事也许就不是无法做成的了。因此，无力感与对自我有较低的评价有关。

无力感标志性的语言是"我做不了什么""我做什么都没有用""这事我也无能为力"等。

无力感在身体上的感觉，就是感觉到自己的肌肉没有力量，感觉到自己的身体松懈瘫软，感觉到有气无力，气好像被泄掉了似的。头会垂下去，双手也倾向于下垂。如果一个人用了很大的力气还是举不动一个重物，那么那种感觉并不是无力感，因为那不是自己无力，而是这个重物太沉。无力感是一个人感觉自己处于无力的状态。在身体姿势上，很颓废地倚在床或沙发上是无力感的表达。

意象中，无力感体现为各种瘫软的形象，比如，无骨骼的软体动物、因全身瘫软而从椅子上滑落的人，或是泄了气的气球或充气人等东西。

精神分析理论中所说的口欲期固结（即一岁之后）的幼儿，尚未在行动上建立起自信，比较容易在遇到困难时产生无力感，因此他们也比较容易放弃努力。不过，如果我们让他们获得一些行动成功的经验，或是通过鼓励、支持的方式，让他们克服一些过去未曾克服的困难，就能帮助他们减少无力感，还有利于提升自信、培养进取精神。

无聊感

无聊感是一种精神上很空虚、没有兴奋点的感受。无聊感还与对时间的知觉有关，当人意识到自己没有把时间用在有意义或是有趣味的事情上时，抑或是发现时间很多但没什么有趣的活动时，就会感到无聊。

《现代汉语词典》是这样解释"无聊"一词的：（1）由于清闲而烦闷；（2）（言谈、行动等）没有意义而使人讨厌。我认为，解释（1）中的"清闲"一词所表达的意思似乎并不很准确，应该改为"无事可做"。不过，并不是做任何事都能消除无聊。严格地说，无聊感的产生，是因为没有什么事能激发人的兴趣，生活才会很无味。

无聊感和探索本能的满足也是相反的。探索欲也是人的基本欲望之一，如果这个欲望得不到满足，人就会产生无聊感。闲且又没有什么可探索的，就会让人感到无聊。有事情可做但那些事情缺少意义，太简单、低级，也会让人感到无聊。

无聊在表情上主要是眼睛无神、身体肌肉松懈，有时还会打哈欠。无聊带来的那种感觉与困倦有些相似，因此常常会让人睡着。

无聊的感觉还有点类似沉闷感，像是处于一个空气不流通的房间中的感觉——光线昏暗、呼吸不畅。长时间无聊后，人会产生烦躁的感觉。这是因为他试图摆脱无聊，但是并没有找到摆脱无聊的方法。

无聊会让人不舒服和缺乏活力，因此人会试图用一些能刺激自己的活动来摆脱无聊、恢复活力。因此，有些无聊的人会从事危险的活动（比如飙车），有些无聊的人会进行破坏性的活动（比如打架）。当然，这些活动都不能真正消除无聊。要想真正消除无聊，就需要找到新异的、有趣的、有意义的活动。因此，最好的消除无聊感的活动是创造。

无助感

当一个人在现实中遇到困难期待有人来帮助自己解决，并努力求助但在最终却发现并没有人来回应自己的求助也没有人来帮助自己时，就会产生无助感。这种无助感与现实情境是匹配的，也是恰如其分的，属于一种原发的无助感。

还有一种继发的无助感，则与现实情境并不匹配。也就是说，客观上并不是没有人可以帮助他，而是因为他心理上已经预先相信了"没有人会帮助我"便放弃了求助，因此最终也的确验证了"没有人来帮助我，我是无助的"。

在意象对话的视角来看，继发的无助感是一个人在其童年经验中，内化了一个自己遇到困难却得不到他人帮助的心理情境。在这个情境中，一方是遇到困难的自己（例如，陷入泥潭或掉进水中的人），另一方是出于各种原因而没有提供帮助的他人（例如，没看见、看见了却不愿意帮助、潜在的可以提供帮助的帮助者选择了帮助另一个人而忽略了自己，或是潜在帮助者根本不在场等）。当这个曾经得不到帮助的经验变成一种心理创伤被固结时，当事人心中就会产生深深的信念——"我遭遇困境时，是绝对不会有人来帮助我的""我是一个不可能得到别人帮助的人"。这种继发的无助感比较容易激发抑郁情绪，其因果关系为：当一个人相信自己已经无能为力且不会有任何人可能帮助自己时，自己就"没救了"；既然没救了，那么又何必徒劳地挣扎呢？任何努力都只不过是白费力气罢了。抑郁会让人什么都不想去做，以免耗费不必要的精力。当现实中并不是真的没有人愿意去帮助他，而只是因为他自己内心中对"我是无助的"坚信不疑，且真的自我放弃进而抑郁，就会使他失去自我改变和获得他人帮助的机会。

在心理咨询中，有继发的无助感的来访者非常常见。意象对话流派的咨询师通常会带着来访者与过去的创伤情境重新接触，通过让来访者有觉察地宣泄和表达无助感，并与"没有实施帮助的帮助者"进行深入对话，以释放固结在过往创伤中的心理能量，引发过去的"无助者－拒绝帮助者"的创伤子人格关系，以及与之匹配的深层信念发生自发的转化。

如果来访者有原发的无助感，那么咨询师在原则上是不需要做出干预的——因为那是任何健康的人在那种情境下都会出现的心理感受和体验。虽然无助感是不舒服的，但只要是恰如其分的，那么任何正常的消极体验都是生而为人的一部分心理体验。意象对话取向的咨询师不以消除不舒服的情绪、追求快乐体验为导向；相反，如果来访者在掉进水中呼救却无人施救、袖手旁观的境遇下并未感到无助，而是感到欣慰或快乐，咨询师才需要对其进行心理干预。

无助感在身体上的体现是全身的肌肉无力，有一种想要躺倒的倾向。无助感通常并不伴随着泄气的感觉，因为在无助感的影响下，身体并没有产生兴奋和充气的过程。既然没有充气，那么也不会泄气。由于身体动作很少，因此人会显得很麻木。

无助感在意象中的体现，有一个标志性的动作是手无力地下垂，同时伴随着眼神的空洞、麻木、绝望。手下垂代表着做不了什么事情（双臂双手下垂的意象还包含着无助感）。眼神的空洞、麻木、绝望，则代表着放弃了对救助以及他人的期待。

例如，一个孩子经常遭遇家暴，他曾眼巴巴地望着家里的其他人能出来帮助自己，阻止施暴者对自己的暴行，但他们都默默地纵容家暴在他身上反复发生。他也曾尝试过向外界求助，但最终他还是被送回到家中，且为他招来了更严重的家暴。几次以后，这个孩子会由原发的无助感转变为继发的无助感，也就是说，到了某一刻，孩子的内心中已经开始认定"即便我被打死也绝不可能有人帮助我"。于是，从那时起，他就不再寻求任何帮助了，哪怕后来有很多可以让他获得帮助的机会，他也成了"沉默的羔羊"。

这样的来访者在心理咨询中可能并不会轻易暴露自己的无助感。只有当咨访关系到了一定程度，来访者对咨询师有了足够的信任后，他内在的无助感才会借助一个梦或意象流露出来。例如，在夜晚的垃圾堆旁边，一个衣衫褴褛、浑身是血的流浪儿正在被一群人暴打和侮辱，而不远处，一个穿着体面的成年人则熟视无睹地从他们身边走过……

在心理咨询中，一来就说自己的无助感或是在咨询过程中反复强调自己的无助感的来访者，则往往需要咨询师与以上这种家暴经历者进行鉴别和区分。真正被禁锢在无助感中的人通常并不会试图唤起咨询师对他无助的注意，因为过往经历让他知道，求助的结果不但于事无补、自己什么都得不到，还往往会让自己遭到更加糟糕的对待，甚至会让自己落入更加无助的境遇中；相反，有些在过往经历中学会了通过展示无助感来获得人际关注和帮助的人，则很喜欢暴露自己的无助感。如果咨询师不能进行分辨，就会在无意识中与来访者落入一唱一和的心理游戏中——咨询师满足了自己成为帮助者的自恋全能感，来访者则从咨询师身上满足了心理依赖和心理控制的需求，这样其实并不能带来真正有意义的心理成长。

心理学术语"习得性无助"是指个体因多次在某件事上失败而对成功完全没有信心时所产生的感觉。这与我们在前文所说的无助感不同，因为这种习得性无助和是否期待别人帮助并没有关系。所谓习得性无助的感受，如果更严格地按中国人的语词意义来翻译，也许应翻译为"习得性的无能为力感"。

习得性无助感通常形成于一岁多之后，因为那时幼儿开始尝试各种行动。如果他在这个阶段的行动中失败，或是遇到不能克服的阻碍，就可能会形成习得性无助感。如果在早期形成了比较强的习得性无助感，就可能会泛化到其他事情上，从而影响这个人的进取心和自信心。

这种习得性无助感的标志性语言是"我做不了什么""我做什么都没有用""我对这件事无能为力""我是个没用的人"等。

如果孩子在经历了困难之后获得了成功，那么他耐受这些习得性无助感的能力就可能会比较高。即使他多次遭遇失败，也有可能不会被无助感压倒，也不会进一步激发出抑郁情绪，还可能会获得转机，并因此获得成功和自信。

W

第 22 章

X

X

希望

希望，用我们日常的话来说就是"有盼头"的感受。"希望"的核心是"望"字，"望"的意思就是"向远处看"，也就是"看向某一个目标"。"希"的意思是"希求"，或是"想要得到"。因此，"希望"的意思就是"想要实现某个目标"。

如果这个目标是有可能实现的，就被称为"有希望"；相反，如果这个目标是不可能实现的，就被称为"没有希望"或"无望"。

在希望的感受中，既有对当下情况的失望与不满，也有对未来美好可能性的向往——既包含了想象美好未来所产生的喜悦感，又含有不知道目标能否实现所带来的忐忑感，还含有向往目标的期待感。虽然希望感的背景是当下的黯然无望，但毕竟未来还有盼头，因此从整体上说，希望的体验是积极的、美好的。

希望在身体上的表现，主要是抬头。眼神有两种：（1）不聚焦的眼神，因为正专注于在内心想象，所以眼神就不聚焦了；（2）眼睛仿佛看向很远的地方，这也是因为专注于在内心想象，但把想象的场景投射到了遥远的天幕上。呼吸变得更轻甚至屏息，仿佛是怕呼吸太重而打破内心的美丽泡泡，这种呼吸方式会让胸区有一点提起来的感受。人会将双手合在一起并放在胸前，这是胸区提起来感觉的外化。顺应着这种趋势，人可以把双手的这个姿势变成祈祷的姿势，用以应对希望中的忐忑感，祈祷自己所希望的未来能够变为现实。

在意象中，代表希望的人往往是小女孩的形象——因为相较而言，小女孩有更多的幻想，且小女孩的心更加单纯，所希望的也会更加美好。当然，有时也可以是小男孩的形象，或是某种拯救者的形象［例如，有信仰的人所信仰的对象（比如战神、菩萨）］，或是会带来好消息的白鸽、喜鹊，还可能是希望女神形象等。希望的意象还可以不以人格化、动物化的形象出现，例如，黑夜中的第一缕曙光、深埋在地下的种子皮上的第一线裂纹、突然被强光破开的牢狱、雾凇上融化并滴落的水滴、孕妇逐渐隆起的肚皮、黑夜中突然睁开的眼睛、新生儿划破夜晚寂静的一声响亮的啼哭等。

希望本身的意象，基本特点是小的亮光。天上的星星小而明亮，明亮而遥远，遥远而持续存在，持续存在而有一定的方向，是表达希望的最佳象征。在星星之中，启明星又是最适合表达希望的星。因为启明星是在太阳出现之前便出现在天空中的，并且和太阳即将升起的方向相同，看到启明星，就意味着将看到太阳。既然太阳可以代表未来的目标，那么启明星就代表了现在的希望——希望将来会实现的目标是美好的，太阳象征的就是未来的美好，启明星则象征着现在的希望。亮，象征着好。不过，星星的亮度极弱，故不具有实用的价值，因此，星星所象征的只是希望，而不是实际有用的事物。

点点的火星也可以象征希望。由于火星可以象征火种，火种又可以引发熊熊烈火，因此"星星之火，可以燎原"就是恰当地运用了意象来激发人的希望。相对而言，蜡烛稍微大了一些，稳定性也相对差了一些，因此作为希望的象征，蜡烛并不是那么适合。不过，蜡烛还是可以用的象征。因此，黑夜中在烛光前祈祷的小女孩也可以代表希望。萤火虫的光也是小且亮的，故有时意象中的萤火虫也可以代表希望。

心里无望，人就会放弃追求；心里有希望，人就可以坚持追求。因此，人如果在追求目标的过程中遇到了很大困难，那么决定是否坚持、有没有希望就是影响其选择最重要的因素。

很多经历过苦难但在最后成功的人会赞美希望，因为他们在最艰难的时候，正是有希望，才让他们能够继续坚持。希望的星星在夜空中为他们指引着方向，希望的火种让他们燃起了火把。如果没有了希望，他们就不会有最后的成功。是希望让梦想变成了现实——所有歌颂希望的溢美之词，都源于希望的这个作用。

不过，客观地说，有希望未必就能在最终获得成功。有的事情，即使我们满怀希望最后也未能成功，只能变成绝望或无望。在这些事情上，早一点放弃希望反而可以少一些无谓的努力和付出。总是抱有希望，反而会把人绑定在原来的路径上，让他白白受更多的苦。此时，希望反而是有害的。举例来说，恋人分手后，如果一方不肯接受现实，总是抱着复合的希望，坚决不肯放手，那么这个希望一天不放下，他们之间的纠葛就一天不能停止，这可能会给双方带来很多的痛苦和烦恼。如果早一点放弃希望，就可能会减少很多痛苦。

在希腊神话中，潘多拉的盒子里装了各种各样的灾难。为了避免更多的灾难，潘多拉后来关上了盒子，这使得盒子中的"希望"被关住，没有放出去。这个神话令很多人叹息，他们觉得"希望"没能出去很可惜。不过，也许"希望"没有出去并不是坏事，它能让人们少受一些痛苦。没有了希望，人们就会减少很多无谓的坚持，也就避免了很多痛苦。因此，从某种意义来说，"希望"和潘多拉盒子中的其他灾祸一样，都是对人有害的东西。

从一个人的年龄上看，年轻人有更多的希望，年迈者的希望则比较少。这也许是因为年迈者经历的事情多了，所以更容易接受现实。

希望还与一个人的自信程度有关——自信者通常更不容易放弃希望，自卑者则往往更容易放弃希望。

在人们缺少希望时，有能力唤醒希望的人最适合做团体的领导者。唤醒希望的方式，可以是描述美好前景、引导细小的成功等方法。

在心理咨询中，来访者是否对心理咨询抱有希望，是否对自己心理健康的未来抱有希望，是影响其咨询效果的重要因素。因此，咨询师会尽量唤醒来访者的希望，以保证心理咨询能持续进行。让来访者看到希望的方法有很多，比如：让来访者看到咨询师在其他来访者那里很成功，让来访者注意到自己身上发生的小的改进，在来访者有绝望感时为其提供支持等。

喜和快、乐

喜（或称"快乐"）是基本情绪之一，它是人或动物得到了自己想要的东西或是接触到了自己喜欢的东西时所产生的情绪。

"喜"这个字，是古汉语中固有的。"快乐"这个由两个字组成的词则是现代汉语词，而且它还是个外来词，即英文"happy"的中文翻译。

喜（快乐）是多种愉悦情绪的统称，是生物体的自我奖励机制，如果人或动物在某种情况下感到快乐，就会强化其再次追求以达到这种情况。

快乐时，身体上的体验为，有一股能量从下向上涌，这股能量是温暖的或是热的，且在向上涌的同时还会向四处弥散开，所到之处都会变得温暖，最终全身都会变得暖洋洋的。这股能量的涌动方式很像喷泉，或是礼花在空中四散。快乐时，全身都会感觉变轻，甚至好像都能飘起来。快乐的能量所到之处，会使身体显现出一种向上的趋势，而且也放松了。胸会挺拔一些，但并不是很用力地挺起来，而是自然地向上挺。头会倾向于向上抬。嘴角会向上翘，笑眼弯弯。双臂和双手都会有向上挥舞的趋势。腰会更直一些，双脚也会感觉更轻盈、更有弹性，甚至会蹦蹦跳跳地走路。人会感觉自己变轻了，做什么动作都不费力了。

在体验到快乐时，人会有这样的感受：视觉上，快乐情绪能量的颜色是红色、黄色、橙色、粉色或白色，颜色更加饱和，而且很明亮；听觉上，与快乐相关的声音是清脆的铃声、潺潺的流水声、女孩子的笑声、鸟叫声等声音，频率高、音质纯净；嗅觉上，会显现为香味；味觉上，会显现为甜味；触觉上，温度是暖的、流动的——舒缓的快乐是春风拂面的那种温柔感受，相对更激烈的快乐在温度上则会更热一些，流动速度也更快一些。快乐常常会给人的整个身心带来一种舒服的节律感，这种节律感会让人感到生命力的勃勃生机。

具备上述感觉特点的事物，也往往比较容易让人感到快乐。由于身体中一旦产生快乐能量就会在向上涌的同时弥散开，因此有这种动态的意象或是现实中有这种动态的事物都会给人带来快乐。比如，公园中的喷泉，水会从下向上涌，还会弥散开，这个动态和快乐情绪能量在人身体中的运动方式很像，所以人在看到喷泉时就会感到快乐。烟花也是向上升起然后向四周散开的，所以人在看到烟花时也会快乐。庆典开场时常会放飞一群鸽子，它们向上飞且同时四面散开，也会让人感到快乐。

无论是在意象中还是在现实中，花都会让人感到快乐，红色、黄色、橙色的花更能让人快乐。人在看到色彩鲜艳的小鸟后也会感到快乐。如果这只小鸟的叫声清脆而婉转，就又符合快乐的听觉特征了，能让快乐加倍。溪水声、轻灵而不刺耳的铃声、有节奏的快慢适中的音律，或是孩子的笑声，也常会让人很快乐。香味就更不用说了，人之所以焚香或喷香水，都是为了快乐。甜味的食物（比如糖果、蛋糕、冰激凌等）也能激发人的快乐。

人追求快乐，所以经常会故意制造出一些具备这些特质的东西。气球就是一种专门用于快乐的用品。气球轻盈，向上漂，而且常被染上了明亮的颜色。

由于飞翔也是轻盈的、向上的，因此在梦中或是在想象中，飞翔的意象也象征着快乐。歌曲《春天来了》中就有这样的一句歌词："快乐得想要飞。"年轻男女相爱时很快乐，那种感觉在意象中就是"比翼双飞"。人们想象中的天堂是快乐的，因此天堂会设置在天上，外国的天使和中国的神仙都是用飞行的方式运动的。

此外，在温暖的活水中随波逐流也会让人快乐，梦中的游泳、泡温泉乃至在明媚的海边踏浪都会让人感到快乐。

快乐的感觉很好，人通常不会压抑快乐，但在有些情况下是需要压抑快乐的，比如：在看到别人倒霉时就需要压抑快乐，否则就会激怒别人；如果因自己太快乐而激起别人的嫉妒，也需要压抑快乐；有些快乐的事情需要隐藏，比如，买彩票中了大奖又不想让别人知道。

压抑快乐，首先要做的就是抑制住笑的表情。忍着不笑，脸上就会呈现出一种无表情的样子。不过，忍笑是很吃力的，所以往往坚持不了多久。在忍不住笑出来时，嘴里会喷发出一口气并且发出笑声。如果需要压抑强烈的快乐，那么仅仅忍笑是不够的，人还会做出一个夸张的弯腰动作，这是用弯腰把快乐能量压到下腹。

快乐和人生阶段无关，和境遇有关。如果能得到有价值的东西，人就会快乐。在不同的人生阶段，人所认为的有价值的东西也是不同的，所以快乐的来源也会有所不同——儿童会在获得糖果后得到很大的快乐，成年人只有在恋爱中才会得到同样的快乐。

性格是否乐观，会影响人得到的快乐多少——乐观的人会得到更多的快乐。也可以反过来说，快乐的生活会给人带来更多的幸福感，提升人的生命活力。

心理健康的一个侧面就是要有快乐的能力。苏轼就是一个在这方面能力格外出色的人，这让他可以在坎坷的人生中找到很多快乐的事情，把生活过得有声有色。

正如前文所说，喜就是快乐。其实，"快"和"乐"都是从"喜"之中分化出来的。在中国古代的文字中，"快"是一种情绪，"乐"也是一种情绪。不过，在现代日常语境中，人们不再把二者加以细致的区分，而是习惯于把这两个词合成为一个统称的词——"快乐"，以表示各种各样的开心。

X

然而，"快"和"乐"依然是两种不同的情绪。接下来，我将简要阐述二者的区别。

先来说"快"。"快"通常是人在投入自己喜欢的活动中，毫无阻碍且在充分享受了整个过程之后的开心。"快"是一种瞬间来到的喜。当一个障碍突然被冲破或是突然消失时，堵着的心理能量会突然通畅，此时的喜就被称作"快"。所有的快都存在着突发性。如果"快"而且"爽"，就叫作"爽快"。如果"快"而且"痛"，就叫作"痛快"，依此类推。

和"快"相比，"乐"则是一种更持续的喜。虽然乐也可以是人从事自己喜欢的活动，或是看到、听到了好笑的事情时而自发的开心，但乐往往是一种保持喜悦的状态。人之所以能够保持喜悦的状态而不衰，往往是因为他找到了自己喜欢的、适合自己的活法。

《后赤壁赋》中，梦中道士问苏东坡"赤壁之游乐乎"，是问他在赤壁之游的整个过程中是否处于乐的状态。刘禅回答司马昭"此间乐，不思蜀"，是说在这里的整个生活都比蜀国更快乐（这当然是谎言）。坐在小船上，小船轻轻摇晃，人在船上，那是真的乐。孩子坐在木马上，木马转啊转，耳边是好听的歌曲，这也是真的乐。

相近的词，还有怡、悦、欢、爽等，这里就不一一解说了。

现实感

外界的人和事都有其性质和变化规律，是不随着我们的意志而转移的。一旦我们真正知道这一点，并能看到与我们的心理投射所不同的世界的样子时，所产生的那种感受就是现实感。

从某个角度来说，现实感就是真的感受到了"世界不是围着我转的"，或"世界是它自己的样子，世界有它自己的法则"。

婴儿是没有现实感的。大致来说，在六个月之前，婴儿和母亲是心理共生的。在婴儿看来，母亲不是另外的一个人。母亲开心，自己就开心；反之亦然。因此，他和母亲是同一个生命体，或者说，母亲是他的一部分。婴儿也相信，自己开心，母亲也会开心；自己饿了哭，母亲就会给他喝奶，所以母亲是随着他的意志而行动的。至于母亲之外的其他世界，对于他来说是不存在的（如果不是母亲带的孩子，就会有一个人算代理母亲）。

随着婴儿逐渐长大，六个月后开始接触外在世界。不过，要到一岁左右开始学走路时，他才算是逐渐地真正和外在世界打交道。然后，他才会逐渐发现，很多事情并不是随着自己的意愿而改变的。比如：杯子里的水有时会很烫，即使自己在一旁哭，水也不会立刻变凉——变得像母亲给自己的奶一样总是不烫也不凉的；街上的汽车说走就走，并不会因为自己想多看两眼而停下来让自己看；邻居家小姐姐正在吃的东西很香，但她并不会给自己吃。

孩子对外界的这些不如意，起初总会感到不满。他会觉得世界不应该是这样，怎么能这样？"我想吃，你有，却不给我。""商场里明明有好多玩具摆在架子上，但是没人拿给我玩，我的爸爸妈妈也不给我拿，反而要拉着我离开这里。"

慢慢地，孩子就理解了这样的事实："世界不是围着自己转的""这些事是没有办法的""别人有别人的愿望，别人的愿望常常与我的不一样，我对此只能接受"。在理解了这些事实之后，他只好逐渐接受这一点，此时所产生的感受就是现实感。或者说，这个阶段就是人初步建立现实感的开始（因为现实感并不是在哪一刻突然被完好地建立起来的，而是随着一个人的心理成熟过程不断建立起来的，变得越来越接近现实本来的样子）。

因此，从根本上说，现实感是一种不大愉悦的感受，类似一种不得不接受这些事的无奈感受。不过，当我们知道现实就是这样子，并且在心态上能够接纳现实之后，现实感就会有另一面——那是一种踏实的感受，即知道现实是什么、不再幻想的踏实落地的感受。知道现实，不再幻想也没有妄求，就可以学习如何应对现实，做真正有用的事情。当我们在现实感的基础上开始做真正有用的事情之后，反而会逐渐提升自信。

随着不断地成长，我们往往能逐渐学会不让自己的爱憎偏好干扰客观的认知，从而越来越了解外界的客观状态，即越来越知道外界的人是什么样子、外界的社会是什么样子、外界的物理世界是什么样子，从而知道这就是"现实"。我们不会幻想他们不是这个样子，如果希望改变，我们就需要知道改变的规律是什么，我们如何才能按照客观规律的要求去干预，从而带来真正的改变——这就是现实感越来越好了。

X

虽然有些人已经长大，但其心理的成长比较缓慢，心理能量固结在早期，因此他还是像个婴儿似的，带有自我中心的倾向，内心深处总希望外界能围着自己转，不接受外界的现实状态，我们就会说这样的人"现实感差"。这有两层含义：（1）这个人在应该有现实感的时候常常没有产生现实感；（2）这个人总是无法看清楚现实是什么。

有自恋型人格障碍的人现实感通常都会比较差，因此，他们对自己所见到内容的自信和确定，在别人看来只不过是他们一厢情愿的自以为是。

如果一个人对自己看到的心理现实信以为真，那么哪怕他身边有许多其他人反馈的现实情况与他的心理现实不符，他也会坚信别人都是出于某些原因而看错了——他甚至会比自恋型人格障碍的人更严重，从而走向偏执、走向精神病性。

对于同一件事，由于每个当事人都有各自的心理现实，因此即便他们都是诚实的，也会对同一件事讲述出不同版本的故事。虽然从严格意义上来说，只要一个人还有自己的心理投射，他就不可能完全看到现实的本来面目，因为他依然是戴着自己的有色眼镜在看世界。但是在生活中，现实感存在着一个大致的标准，即多数人所看到并能够达成一致的关于世界是怎样的看法。因此，现实感对于一个人是否偏执具有校偏的参照价值。无论如何，一个有足够现实感的人在生活中对事物的看法通常都能得到多数人的基本确认。对于一个心理成熟度很高的人来说，哪怕他自己的心理现实与大多数人不一样也不会固执己见，而是会把自己看到的和别人看到的都视为对一个事物的参考视角，从而拓宽自己看到事物更多面的可能性。

心流

"心流"并不是一个中国词汇，而是一个舶来语、翻译词。不过，由于近年来在心理咨询届被广泛使用，因此也有必要在此书中提及。

这个词是美国心理学家米哈里·契克森米哈赖（Mihaly Csikszentmihalyi）提出的，英文原词为"flow"。这个词的基本意思是"流"，所以本来也可以翻译成"流畅"，但我国心理学家已经将其翻译为"心流"了，故我们这里就沿袭这个翻译——心流。

所谓"心流"，就是做事进入了一种特别顺畅的状态，在得心应手时所产生的那种畅快的感受。

按照本书朴素的命名方式，可以称之为"顺畅感"或"一种很顺的感受"。在做某件事时，我们有时会进入一种很顺的状态，会感觉对这件事非常有感觉、自己特别在状态，怎么做怎么好，内心感觉也特别好，这就是一种心流状态。比如，打篮球进入心流状态时，动作会非常协调自如，说过人就过人，一伸手就得分，所有投出去的球都会稳稳地被投进篮筐。在进入心流状态时，做事情的过程中会感到有乐趣、无忧无虑的，甚至会忘记时间，完全注意不到时间的流逝。

心理学家指出，要想更容易地进入心流状态，那么通常需要满足以下条件。

- 自己很爱做这件事。
- 做这件事时很投入和专注。
- 目标清晰、反馈及时。
- 自己很有主控感，而不是被别人管着。
- 心态放松。
- 做的事情难度要适当——如果太容易、没有挑战性，人就会感觉无聊；如果太难、做起来不能得心应手，人就会觉得困难重重甚至想放弃；只有难度适中，人在做时才容易有感觉。

需要强调的是，即使这些条件都具备，人也不一定会进入心流状态，因为这是可遇不可求的。

心流经常在身体运动时出现，此时身体的感觉是特别和谐、流畅、自如，动作会非常协调，身体各部分配合默契。身体内力的转换和能量的流动毫无窒碍。舞蹈跳得非常自如的时候，太极拳打得行云流水的时候，都属于心流状态。

请注意，我用到了"行云流水"一词。其实，心流状态在意象中的表现最常见的就是大自然中很美的运动。行云、流水，都是表达心流的适当意象。云卷云舒，在山的迎风面涌起，在另一面流下来。云的形态没有任何拘谨束缚，充分体现了自然之美——这就是心流的象征。小溪、江河中的流水，其婉转悠扬之态也正是心流的状貌。某些动物优美的动作也能体现出心流，比如，猎豹奔跑、飞鸟翱翔、蝴蝶蹁跹等。

有些人不爱运动，是不是就很难获得心流体验了呢？不是的。一位爱音乐的琴师在演奏他有感觉的乐曲时，一位写作者在纸上把他的内心世界一气呵成地书写出来时，一位沉浸在书籍里的读者，一个在沙丘上建造城堡的孩子，甚至是一位在灵感中徜徉的哲学家等，都会获得心流体验。庄子曾描述过不少心流状态的例子，其中最被大家熟知的就是庖丁解牛的故事。

心流能否出现，与年龄关系不大，而与一个人做事的方式关系更密切。如果一个人做任何事都不投入，就几乎很难获得心流体验。如果做事时认真、投入、专注，付出了足够的努力，敢于应对困难，在没有进入心流状态时依然坚持去做，那么在机缘成熟时，在终于找到了做事情的"道"时，就会获得心流体验了。

心流带来的体验会对人产生很大的激励作用。有过这种体验的人，会懂得活动中、工作中的美好，也能从中获得人生的意义感。

心流的出现，意味着一个人的小自我已经汇入了心灵的大"道"中，因此他在那一刻已经与他正在从事的事物完整合一。在那一刻，他就是流动的思想、音符，以及生命与创造本身。

新奇感

遇到新异的事物，人的探索本能（或称探索欲）会被激活，从而产生新奇感。新奇感也可以被粗略地称为"新鲜感"。

新奇感是一种愉悦的感受，它能让人更有热情和兴趣地去关注和观察引发新奇感的对象。

当然，新异的事物并不是总会激活探索欲。如果你在早晨出门后看到迎面走来一具僵尸，那么这确实很新异但并不会激活你的探索欲，只会激活你的恐惧和求生欲。因为和求生欲相比，探索欲并不是那么重要。要是你迎着僵尸过去，探索一下这个东西的特点，弄不好你也会变成僵尸，因此最好还是掉头就跑。就连动物也知道孰轻孰重，如果一只猫遇到突然出现的不明生物，也是先逃跑再说。等跑到了比较安全的位置后，才会有回头看看、探索一下的欲望。在拥有了一定的安全感后，才会产生一定的探索欲，并有一定程度的新奇感。"好奇害死猫"这个俗语，说的就是新奇感引发的探索欲过强可能会给探索者带来的危害。

就算足够安全，新异的事物也未必总会激活探索欲。有些事物虽然新异，但是可能太简单或是没有趣味，故无法激起人们探索它的兴趣。还有些事物虽然新异却会给人带来厌恶感（比如一些畸形的植物或动物），如果人对它们的厌恶感压倒了想要靠近一探究竟的欲望，这类事物就不会带来多少的新奇感。

伴随着新奇感，我们会把注意力集中到那个新异的事物上。与一只看到稀奇事物的猫一样，我们好像一下子醒了或警觉了，头转向到那个事物的方向，眼睛睁大并且变得炯炯有神。嘴巴有时会微微张开，以表达出我们的惊讶。身体肌肉会有稍许紧张，呼吸变得很轻，有时甚至会不自觉地屏住呼吸；有时也可能是呼吸更快了，这是一个人更加激动的表现。生活中如果缺乏新奇感或新鲜感，人的身体就会趋向于松懈，精神也会趋向于怠惰，人很容易变得无精打采。如果有新奇感或新鲜感，就会把这些松懈怠惰一扫而光，变得活力丰沛、心理健康。

在意象中，新奇感的象征性形象是打开了一扇大门，并进入了一个全新的世界。在《一千零一夜》一书中，少年打开了一扇门，里面是一个长满了奇花异草的世界，这就是新奇感的极致表现。新奇感会让我们看到的意象更加明亮，色彩也更加鲜明，甚至是五光十色的。如果长时间缺乏新奇感，我们眼前的事物就会显得更加黯淡无光，就好像彩色照片放久了会褪色一样。

儿童见过的东西少，所以生活对他们来说充满了新异的事物。在一岁左右，当孩子把目光从母亲身上离开并看向外面的世界时，他们就开始感受到了强烈的新奇感。因此，他们眼中的世界是炫彩的、明亮的、美丽的。也正是因为如此，我们在看孩子的眼睛时，才会觉得他们的眼睛明亮且有光彩。即使是动物也是如此，小猫、小狗眼中的世界是新奇有趣的，而年迈的猫、狗眼中的世界则相对乏味得多。

成年人的新奇感通常越来越少，但并不是一定如此。有些人即使成年了，还是乐于探索世界，他们会找到很多值得探索的事物并深入地研究这些事物，更仔细地观察这些事物，他们在这个过程中能获得源源不断的新奇感。这些人适合做探险家、科学家或艺术家，他们探索活动的主要目的并不是功名利禄，而是享受新奇感带来的愉悦。

信任感

信任感是一种感到周围的某人、某事、某物安全、可靠、值得信赖的体验，也就是"这个人 / 事 / 物是信得过的，我可以放心"的感受。

让一个人产生信任感的前提是周围的某人、某事或某物具有一贯性、可预期性和可靠性，而且对这个人来说通常是有益的或至少是无害的。根据我们的判断，如果把自己的某些东西托付给对方不会有什么危险，我们就会产生信任感。

我们会信任那些几乎从来不伤害我们的人、在我们需要的时候总能帮助我们的人，以及那些做事靠谱的人。我们知道他们是什么样的人，并且知道他们在什么情况下会怎么做，我们对他们怎么做事也很有把握。比如，我们会说"他肯定不会做骗人的事""他肯定不会背叛我"，这就说明我们对这个人有信任感。

我们通常不信任那些情绪不稳定、做事冲动、不靠谱的人，因为说不定哪天他哪根筋搭得不对劲，就会闯出什么祸。我们也不会信任能力不足、年纪不够的人去做超出其能力、年龄的事情。我们不信任那些心地不善或是对我们不好的人，因为他们会对我们有危险——如果坏人或敌人诡计多端，让我们完全无法预测他们会做什么，我们对他们就是极端不信任的；如果我们能预料到他们会做什么事情，那么我们在与他们相处时尽管也不会有信任感，但会感觉相对安全一些，而且不会把任何东西托付给他们。

对待周围的事或物也是如此。如果飞机每次都能平安起飞、降落，我们就会对飞机有信任感。因为我们在每次乘坐飞机时都会把生命托付给它，而且它每次都没有辜负我们的信赖。

如果一个人、事或物偶尔出现了异常，做出了一个不符合预期的行动，就会有损我们对他/它的信任感。这个不合预期的行动越有害，我们的信任感受到的损伤就越大。大楼中负责看监控的保安，如果违反规定在工作时间吃饭，就会有损老板对他的信任；如果他在工作时间溜出去逛街，老板对他的信任就会大打折扣。我们原来的信任感越强，遇到异常时信任感受损就会越严重。比如，发现普通同事偷自己的钱与发现最好的朋友偷自己的钱相比，自然是后者对我们的信任感的伤害更大。

信任感是一种"我可以放心"的感觉，是一种对某人、某事或某物的积极的态度。我们通常是在经过内心的评估后认为对方可信，然后才产生了一定程度的信任感。比如，当我们把钱放在某处时多少会有一些不安，但要是存在了正规的银行就会产生信任感。

信任感在身体上的表现主要是放松；相反，当信任感没有建立起来时，身体则会或多或少地表现出警觉。当我们需要依赖别人或将自己托付给别人时，会在一开始产生警觉，身体表现包括：身体会存在一定程度的紧张，肩部端起来一些，眼神中也带有一些审视。在我们逐渐产生信任感后，身体会放松下来，肩部也会放松下来，眼神中也不带有审视了。比如，在走夜路时突然看到一个人，我们会立刻警觉起来，但如果看到是来接自己的亲友就会立刻放松下来。

在产生信任感时，人会更敢于暴露自己的弱点。因此，此时会说一些在别处不敢说的话（比如说别人坏话），或是做一些在别处不敢做的事情（比如向亲近者表达愤怒等）。人在产生信任感时还会敢于尝试一些新的事情，且不会太担心自己做错或失败。此外，人在产生信任感时还会敢于睡觉——如果我们与一个信任的人在同一个房间，就能睡得很香；相反，如果我们与一个不信任的人在一个房间，就很可能会失眠。

在梦或是想象出的意象中，有信任感带来的意象可以是"坚实"的意象。当内心有能力信任别人、对世界有基本信任的人在想象房子时，房子的地基会建在正常的土地上或是岩石上；相反，缺乏信任感的人在想象房子时，房子可能会建在沙子上或是泥沼上。山的意象也可以象征值得信任。泰山石敢当①这种坚固的石头也是信任感的象征。柱石的意象、结实稳固的床，都可以象征信任。在动物意象中，牛、大象、龟等稳定的、有力的动物，会更多地被用来表达信任感。

人在能否建立信任方面存在很大的区别。有的人疑心重，很难信任别人，也很难对外界建立信任感。这种人比较容易恐惧、担心和不安，在生活中会因此产生很多困难，甚至可能会产生心理疾病。恐惧症、强迫症等心理障碍，都会在信任能力差的人身上出现。如果极度缺乏信任别人和信任世界的能力，甚至还可能会出现被害妄想等症状，成为精神分裂症等重性的精神疾病。当然，如果一个人盲目地信任别人，那么也会有问题——他会比较容易受骗，并因此受到别人的伤害。那些有信任的能力也懂得分辨该信任谁的人，能在适当的人或事上建立信任感，从而让心理状态保持健康。如果一个人能对该信的人有足够的信任感，其内心就会更有安全感、有力量，他也会更敢于承担风险，从而敢于创新和探索，在人生中就会有更大的成就，也会享有更多的幸福。

一个人是否有建立信任感的能力、这个能力是否足够强，按照精神分析的理论，这主要取决于其出生后第一年的人生经历。埃里克森认为，从出生到一岁这个阶段，就是基本信任对基本不信任阶段。如果婴儿在这个阶段获得了父母细心的、有规律的抚养和照顾，生理和情感获得了满足，他就会对父母有信任感。随后，这个信任感会泛化到方方面面，他会在整体上对他人和全世界有一个相对积极的预期，会相信"还是好人多""世界总的来说是好的"，从而敢于付出信任。尽管在之后的社会

---

① 泰山石敢当是远古人们对灵石崇拜的遗俗，其主要表现形式是以小石碑（或小石人）立于桥道要冲或砌于房屋墙壁，上刻（或书）"石敢当"或"泰山石敢当"之类字样，以禁压不祥。

生活中，他很可能会遇到"错信了一个人"这种事，但是只要错信的后果不是极差，就不会毁掉他基本的信任感。有这个基本的信任感做基础，他的心理状态就会相对更健康。然而，如果一个人在一岁前没有得到好的照顾（比如，母亲喜怒无常，有时能好好地照顾孩子，有时则完全不管孩子甚至是伤害孩子），孩子就会产生不信任感，这种不信任感泛化后，很容易扩散开并成为对父亲以及所有人乃至整个世界的基本不信任感。孩子在长大后，很可能会疑心很重。

从没有信任感到转化为有信任感的过程被称为信任感的建立过程。对某个具体的人、事、物建立信任感，相对来说比较容易。让一个对人和世界有基本不信任感的、疑心很重的人转变为一个有能力去信任他人和世界的人，则会是极为困难的。

信任感的建立，需要有一个人或事物能够长时间地、一致性地对我们有不伤害、关怀和帮助的态度和行为。当我们对这个人表现出试探、怀疑、质疑甚至是攻击时，他仍然能保持善意。比如，有人幸运地遇到了一个性格极为健康、耐受冲突的能力极高且对这个人很有爱的伴侣，这个人就会对伴侣产生信任感。然而，在现实生活中，很难有人能遇到这么好的伴侣，并被这么好的伴侣深深地爱上。

咨询师可能是人们在现实生活中最容易遇到的且能在这个方面做得很好的人。在心理咨询过程中，咨询师也会致力于让来访者对自己产生信任感。因此，当来访者对心理咨询师有更多的信任时，他就敢于表现出自己软弱或不好的一面，咨询师也能够继续保持对他的积极关注和支持。这样一来，来访者的信任就会进一步增加，逐渐让他在整体上得到转化。

在心理咨询中，合格的咨询师应善于观察和分辨来访者是否信任自己，并能按照心理咨询的伦理要求工作，不伤害来访者的信任，还应懂得如何增加来访者的信任，从而有能力让来访者对自己足够信任，并在信任的基础上给来访者积极的影响，让他转化成为有更好的信任能力的人。

兴奋感

在生物学或生理学中，兴奋是指动物或人的机体在受到刺激时由相对静止状态变成活动状态，或是从弱活动状态变成强活动状态。

如果这种兴奋带来的心理感受是消极的，那么我们通常不会把它称为"兴奋感"，而是"刺激感"。比如，癫痫患者的神经细胞是生物学兴奋的，但是癫痫给患者带来的感受并不是兴奋感。肌肉痉挛时，肌肉组织也是生物学兴奋的，但是痉挛给人带来的感受也不是兴奋感，而是疼痛感。

心理学上的兴奋感是指我们在受到某种刺激后，机体和心灵进入了被激发的状态，我们接纳并且很喜欢这种状态，从而产生了一种积极的感受。

这里所说的"兴奋"，是面对挑战的跃跃欲试，或是对未来结果有一个好的预期，是对自己的这种被激发状态的认可。这种在兴奋时所产生的感受就是兴奋感。

生活中能让人兴奋的事情，主要是能让人从中看到很好的可能性，或是参与其中会感到有趣。为了追求兴奋感，人可能会做一些有危险的事情（比如极限运动）。

兴奋的时候，身体上的表现为眼睛睁大并发亮，感觉能量充满了全身，呼吸加快、心跳加速、身体发热。

有兴奋感的时候，可能会出现的意象之一是燃烧的火。近距离看燃烧得很旺的篝火会令人兴奋；远距离看火山也会令人兴奋。瀑布、激流也可以让人兴奋。游乐园中的一些刺激性的设备（比如过山车）也是兴奋感的象征。兴奋感的意象常常是以主体人格的状态来表达的，比如，一个摩拳擦掌的人、一位正在起跑线上预备起跑的运动员、一名正在擦枪的战士、一个在过年时准备放鞭炮的小孩、一个即将挑开新娘红盖头的新郎官，甚至是一个磨刀霍霍的屠夫等。

适度的兴奋感能激发人的生命能量，有利于人的心理健康。如果兴奋感缺失，就可能是抑郁甚至抑郁症的迹象；如果兴奋感过度，则可能是躁狂的表现。

幸福感

古汉语中有用"幸"这个词也有"福"这个词，但并没有"幸福"这个词，在现代汉语中才出现了将二者连在一起使用的词——"幸福"。

最早创造这个词可能是用来翻译"happiness"，但"happiness"一词所表达的感受与中国人的"幸"和"福"都是不同的。"happiness"是"happy"的名词形式，"happy"所表达的情绪更接近中文中的"乐""高兴""开心"，与"幸"或"福"都不同。"幸"主要是表示一种有一定偶然性、暂时性的好运，更接近现代汉语中"幸运"的意思，组词"侥幸""不幸"等也都强调了偶然性。"福"这个词则代表了一种更加稳定的、长远的积极状态，或是一种积极的特质。当我们恭维一个人时会说"您真的是好福气啊"，这并不是表示我们认为他此时此刻很高兴，而是表示他真的处境很好。就算一个人身在福中不知福，情绪并不积极也不开心，他还是照样有福。

在积极心理学流行起来之后，"幸福"一词又经常被用来翻译"well-being"。相对来说，"well-being"和"福"这个词的意思接近一些，二者都表示某个人处于一种良好的状态中。我们可以用现代汉语中的"幸福"一词来表达古汉语中的"福"。这样一来，幸福感在大体上说就是感到自己是"有福"的。幸福感是对自身各方面综合处境和状态进行评估的结果，如果评估之后感到自己的状态好、令自己满意和满足，从而产生了积极的情绪情感，大体上就可以称之为"幸福感"。

在大多数情况下，满足是幸福的前提，因此满足感是幸福感中的核心成分。不过，幸福感并不等同于满足感。满足感更多的是一种焦虑缓解或是得到了欲求的事物而产生的愉悦；幸福感则是除了这种焦虑缓解的愉悦外，还包含着更具主动性的喜悦。自我实现或是更高层次的价值的实现，带来的更多是幸福感。此外，满足感往往出现在某个具体的需要得到满足的时刻，幸福感则出现在人对自己的生活进行感性的、全面的综合评价之时。

满足与否往往会受外在因素的影响。我们一旦得到了自己需要的，就会产生满足感。不过，幸福与否则更多的是内在的，是我们审视自己的人生后所产生的结果。因此，即使我们得到了我们需要的，但如果我们经过审视，感觉自己的人生过得并不好或是方向并不对，就还是不幸福。有些人有钱、有很好的家人，也获得了令人羡慕的成就，但依然可能会感到不幸福。对此，周围的人可能会不解，并问他"你已拥有了这些，你还有什么不满足的"。之所以会产生这种不解，就是因为他们没有区分满足感和幸福感，一个人是可以"没有什么不满足"但仍感到"不幸福"的。我们可以去尽量满足一个人，但仍可能无法让他感到幸福。

一些关于幸福感的研究指出，有的人天生就更容易感到幸福——天性乐观的人比天性悲观的人的幸福感要多。此外，良性的生活事件带来的积极情感也会倾向于增加人的幸福感。然而，生活事件对幸福感的影响并非决定性的——事件本身并不会决定一个人是否幸福，如何看待这个事件才决定了一个人是否幸福。一个良性的生活事件能短暂地提高人的幸福感但并不持久，良好的社会关系、亲子关系、婚姻恋爱关系等则很可能较持久地提高人的幸福感。

幸福感在躯体上的核心体现是心区的温暖感，这也是区分幸福感和满足感最基本的方法。满足感在躯体上的主要体现是腹部的饱足和身体的放松；幸福感则是心暖为主，尽管腹部也有饱足感、身体也是放松的，但是这些感觉都是次要的。幸福感中的心暖与爱的感觉中的心暖非常相似，但后者通常更为集中。在爱的时刻，人可能会清晰地感到一股暖流涌上心头，心瞬间就热乎乎的；幸福感中的心暖则相对比较弥散，且有时会比较轻微。如果以这个躯体感受为根据，那么我们可以说，幸福感是一种对自己生活的爱。人在有幸福感时，还会伴有沉醉其中的表情。

幸福感最常用的意象是和亲人或爱人在一起的形象，或是一个美好的、作为家的房子的意象，因为爱是幸福感最好的源头。表达幸福感的意象还可以是各种美丽的风景——鲜花盛开的场景是最好的，绿树成荫也可以，关键是色彩要艳丽，色彩饱和度要高，要干净整洁。

幸福往往会让人更加善良，或者说幸福的人往往会对别人有更多的善意，也会对别人更加宽容、友善。而这往往会带来善意的回应，并进一步加强他的幸福感。当然，也有一种可能是，心理格外不健康的人会嫉妒并恶意地回应，会去伤害幸福的人，幸福的人对此也应该有所防范。

人人都追求幸福感，但有些人通常会误以为幸福感需要依赖于财富、权力或美貌等外在条件。因此，他们往往会竭力营求越来越多的财富、权力、美色等，且在营求的过程中可能会产生很多痛苦。可见，以这种方式追求幸福常常是南辕北辙。其实，人只要知道这个简单的道理就能大大提高自己的幸福感：尽管外在条件对唤醒幸福感有一定的作用，但并不是决定性的；不要过度地追求这些外在条件，而要更多地回到自己的真心，让自己有机会真实地去生活、去爱，才更可能获得幸福。因为幸福来自人的内在标准，这个内在标准是稳定的、与这个人的存在意义感息息相关的，它不会受到外在的、一时的成败得失的干扰。

幸运感

幸运感就是古汉语中用"幸"字所表达的那种感受。

在各种可能的事件中，如果自己更希望发生的那件事发生了，且这并不是自己能掌控的，而是外界的原因所致，那么这就是幸运。如果人对所发生的事情给出了这样的诠释，他所产生的感受就是幸运感。也就是说，如果幸福感被归因为"运气""老天给的"而不是自己努力经营或创造出来的，人就会产生幸运感。幸运感中还隐含了一种"我得到的好处比我应得的更多"的内部评价。当然，这种内部评价有时还可以体现为"我本应倒霉，但我没有得到应有的恶果"。

如果一个人在抽奖时中了大奖就会产生幸运感，即结果如何完全看运气，没有谁能控制。如果一个人在抽奖前因作弊而抽到了大奖，他的感受就不是很纯粹的幸运感了，还可能会有掺杂着成功感的幸运感——"我成功了，幸运的是我作弊并没有被发现"。作弊水平越高的人，对结果越有把握，成功后的幸运感就越低。

人生中各种事情的成败都含有一定程度的概率因素。除非你真的能算无遗策，否则在一定程度上都需要运气。如果一个人知道自己需要运气，那么他在成功时就会多多少少有幸运感。反过来说，即使一个人是靠运气成功了，但如果他不认为自己是靠运气，那么他也不会产生幸运感。

幸运是一种侥幸成功，因此尽管幸运感是一种愉悦的感受，但其中也多多少少带有一点点后怕。如果事件到了最后发生了更坏的、自己害怕发生的结果，那么这就是不幸了，相应的感受就是不幸感，即我们日常所说的"怎么这么倒霉啊"。

产生幸运感和不幸感都说明这个人承认机遇或概率所起的作用，而不认为人可以完全掌控自己的命运。因此，幸运感和不幸感都属于外归因。如果一个人全然地对任何结果内归因，那么他既不会感到幸运，也不会感到不幸，而是"我成功了"或"我失败了"。一旦万事尽在掌握，就不会有幸运感和不幸感。失控的程度越高，幸运感和不幸感就越强烈。

幸运有时会意外地降临，我们事先完全不知道会有这样的好事。比如，在地里干活挖到了金银财宝。此时，幸运常会伴随着惊喜，身体的反应也主要是惊喜的反应，包括：眼睛发亮、两手也许会举到胸前，嘴巴也可能会张开，感觉快乐的能量涌到头上。人会产生"我太幸运了"的念头，也许还会伴随着轻微的摇头以表达难以置信。幸运感还会引发心口的地方有轻微的悸动。

有时我们等一个结果，但不确认这个结果是好还是坏，我们在等待的过程中会产生忐忑感。结果揭晓时，如果结果是好的，甚至好的程度超出意料，我们就会感到幸运。此时，身体的反应以兴奋为主，忐忑不安时悬在胸口的心理能量好像爆炸一样向四方发散，四肢突然变得有力，我们甚至可能会不由自主地跳跃，或大喊。我们会诠释说自己很幸运，并在胸口心窝的地方有一些暖暖的感受。

如果我们曾预期会有坏的结果，但在忐忑等待之后发现那个坏的结果并没有出现，我们就会松一口气（实际上是会吐出一口气），肩部和胸部的肌肉也会松弛下来，并庆幸自己侥幸躲过了一劫。

如果我们的未来有比较高的确定性，那么不管结果如何，都不大会有幸运感或不幸感；相反，如果我们的未来可确定性比较低，好运就会带来幸运感。在我们不能用现实的方法提高确定性时，我们就更容易借助宗教信仰、祈祷甚至巫术等方式去试图获得好运。如果好运的确来了，我们就会感到幸运。

幸运感还与一个人的自我认同有关。如果一个人认为自己"天生就是会遇到好运的人"，那么一旦好运真的降临，他的幸运感会稍许弱一点，因为他觉得这是本应如此的结果。如果一个人认为自己"天生是倒霉蛋"，那么当他遇到厄运时，他的痛苦感也会弱一点，因为他觉得这就是常态；当他遇到好运时，他反而更容易觉得难以置信，而不是坦然接受好运。总之，幸运感的强弱主要来自"我实际得到的好处"与"我应得的好处"之间的心理落差（注意，是心理顺差而不是心理逆差——如果是心理逆差，就是不幸感、倒霉感）。

幸运不是自己控制的，而是外界给予的，因此在我们产生了幸运感后很可能会激发感恩的心情——我们认为幸运来自哪儿，我们就会对那儿的人感恩。如果没有哪个人可以感激，那么我们至少可以"谢天谢地"。当然，也有人会随即把"老天的厚爱"变成"我就是天之骄子"的自大感，这样他就不会产生谢天谢地的感觉，而是有一种洋洋得意感。

性别感

对自己性别的感受被称为"性别感"（或称"男性感／女性感"）。

性别感是一种对于自我身份和性别品质的感受，就是感觉到自己属于某个性别并具备这个性别的特质。性别感不是一种很单纯的感受，而是一组感受的整体，是"我是男人／女人"的念头所带来的所有感受。性别感可以是愉悦的，也可以是不愉悦的，愉悦与否取决于这个人对自己性别的评价。

从幼儿最早意识到性别的时刻起，性别感就渐渐形成了。在两三岁时，幼儿会在生活中意识到人有不同的性别——其他小朋友有的是男孩，有的是女孩。成年人中，父母就是现成的两种不同的性别的人。幼儿也能从其父母或其他人那里知道自己是什么性别。

当他发现不同性别的人有不同的行为规范，或是有不同的待遇标准时，他就会产生或愉悦或不愉悦的感受，这些感受构成了他的性别感；相反，那些不管是男是女都要遵守的行为规范或是男女都会面对的境遇，则不会带来性别感。

如果幼儿发现自己所属性别的人群能得到更好的待遇，他的性别感就主要是愉悦的；反之，则是不愉悦的。例如，在一个重男轻女的家庭中，男孩会得到更多的关爱，家里的人对他笑得更多，他就会产生愉悦的男性感；相反，女孩在这个家庭中则常常会遇到轻视和冷遇，且知道这是因为自己是女孩所致，就会产生不愉悦的女性感。

有什么样的发型、穿什么样的衣服、如何小便，这些都能让幼儿感受到自己的性别。在刚刚有性别感时，这些都有助于孩子确认自己的性别。因此，两三岁的幼儿通常比成年人更在意自己是否符合自己的性别特点。

关于男孩或女孩在行为上应该有什么特点，父母可能会主动教育，也可能会在言行中表达出来。比如，小男孩比较淘气，父母会觉得正常；小女孩比较淘气，父母则会觉得不该这样。又如，小女孩爱打扮、喜欢玩洋娃娃，父母会觉得正常；而如果小男孩这样，父母通常就会觉得很不对劲了。孩子会感受到父母的态度和期待。因此，淘气的男孩男性意识会被强化，女孩在玩洋娃娃时也能越发意识到自己是女孩。父母表现出来的性别特点也会被孩子内化为自己的性别特点。

在成长的过程中，人的性别感会被逐步强化。青春期是性别意识进一步强化的关键时期。在这个时期，强化一个人的性别感有以下两个重要的外在影响源。

- **同伴之间的影响**。同性的同伴之间形成了一个团体，团体中有很多共同的活动，在这些活动中，人的性别感会得到强化。比如，男生一起去打球、游泳，女生一起聊八卦、逛街。
- **同性的、年龄更大的榜样人物的影响**。比如，少男会崇拜有男子气的大哥哥，少女也会倾慕女性气质明显的姐姐。他们在崇拜和倾慕中也在学习应有的性别气质，并获得更强的性别感。

如果孩子在心理发展的各个阶段没有经历过这种常规模式，他的性别感就会有所不同。比如，如果父母本身不符合通常的性别特点（父亲温和阴柔、情感敏感且多变；母亲刚毅、勇敢、有决断），幼儿在两三岁时就会形成"男人就是感情用事，女人才是理性的"这样的性别感，他也会更容易以此为标准来认识自己的性别特质。父母也可能会因为对某种性别的偏好而强行把相反生理性别的孩子培养成符合自己期待的性别的孩子。例如，在一个重男轻女的家庭中，父母可能会把独生女儿当儿子养，并把她培养成男孩的样子。在上述情况下，孩子从原生家庭中所获得的性别特质标准就是与社会习俗相反的。

当然，儿童还会与家庭之外的人接触，因此他们通常并不会完全与社会脱节。不过这样一来，如果孩子发现父母的性别特质与其他人的标准不同，他就会对"男性/女性应该是什么样的"的标准感到困惑，从而引发之后的性别身份认同困扰。

有些父母持有一些特别的理念，反对传统的性别观念。他们不认为男性就应该更加男子气，或者女性就应该更加人际化。即使他们看到儿子玩洋娃娃也不认为有什么问题，这样儿子就不会因为玩洋娃娃的行为而被父母批评，他在表现自己的行为时也会更加自由，他也不会认为玩洋娃娃让自己"不像男孩子"了。这的确会让他少一些心理压力和冲突，但由于他迟早要走向社会，并且很可能会在成年以后与异性建立婚恋关系，因此，他依然需要找到男性和女性的某种差别，从而在这些有差别的行为中获得自己的性别感。如果他找不到有什么可以把男性和女性区分开的行为或规则，他就会弱化性别感。尽管他可能会感觉到自己是一个什么样的人，但不会很明确地感受到自己是"男人"。对于女孩来说也是同样的道理。

有些孩子在成长过程中会习惯于和异性一起玩，并没有太关注性别差异，他们也会有比较弱的性别感。比如，如果一个男孩有几个姐姐但没有哥哥，他就会总是跟着姐姐以及她们的朋友玩，其行为方式也会与姐姐们相似。同理，如果一个女孩从小就和男孩一起爬树、上房和打架，就会成为"假小子"。不过，在青春期到来之后的那一波发展中，这些人还可能重新强化性别感。比如，有些小时候完全是个"假小子"的女孩，步入青春期后会突然意识到自己是女性，可能会突然转变为女孩子的打扮，也学会了女孩子的行为模式，让周围的人看不出她身上的"假小子"气。男孩子也会有这种转变，但由于男性的模仿和改变能力稍弱，因此他们可能还是会让别人看出来有些女性气质。女性在发生这样的转变后，其女性感完全不弱于其他女孩；男性在发生这样的转变后，其男性感则会稍微弱于其他男孩。

如果一个人出于某些原因不认同自己的生理性别，而认同与其生理性别相反的性别，或是认同双性或其他的性别，他的心理性别感就是他所认同的那个性别。生理性别是男性但认同女性的人，其性别感会与女性有相似之处。认同自己是双性的人，会与其他认同自己是双性的人共同构建一种共有的感受，并使之成为他们的性别感。同性恋者的性别感，有的与自己的生理性别一致，有的则与自己的生理性别相反。

传统的男性性别感在身体上的基本感受是强壮感，在双臂肌肉绷紧或是举起重物时最容易激发男性性别感，这是一种"我是一个男人"的感受。在看到和感受到性器官时，也能强化其男性性别感。在从事各种传统男性活动（比如打拳击、飙车、喝烈酒）时，人也容易产生男性性别感。意象中，体现男性性别感的人物是战士、大力士等人物形象，或是武器、车等物体形象，以及可作为男性象征的其他形象。

传统的女性性别感以身体外形的美为中心，因此"当窗理云鬓，对镜贴花黄"

是女性获得性别感最基本的方法（如今，女性则是用自拍来替代照镜子）。衣服、首饰等能让人更美的物品也是女性性别感的源泉。女性的第二性征是其性别感的重要源泉，因此有不少女性花重金丰胸或是苦练"蜜桃臀"。身体内在感受上，走路时的身体自然扭动等有女性特质的感受会给其带来性别感。在意象中，女性性别感则体现为传统中用于象征女性的各种意象，比如花以及瓶子等容器。

非传统的性别是现代产生的新事物，短短几十年的时间还不足以在人的深层潜意识中形成其特有的意象，也尚未在集体心灵中形成深层人格中的感受。

X

羞

羞的最原始意义与献祭有关，其字形是"手里拿着羊头（用以献给神）"。古人会献祭少女给神灵，少女被神宠幸时的那种不好意思也许就是最早的羞。之后，羞的意义扩展到"我私密的一面被看到时所产生的情感"。

羞也是一种人性的情感，动物大体上都是不知羞的。我们之所以这样说，是因为我们在观察并试图和动物共情时，未曾发现过害羞的动物。除了拟人化的童话之外，我也没有在文献中见到描写动物害羞的资料。即使是可爱的小白兔，也没有谁看到过它害羞。我们会看到兔子恐惧、愤怒或愉悦等，但是害羞的小白兔却只存在于童话中。[①]

之所以说羞是一种人性的情感，是因为它是人有了"自我"这种心理结构后才有的。这和喜、怒、哀、惧、惊等不同，那些情绪是动物在生存中所必备的。怒是为了战斗，恐惧是为了逃跑，这都是为了保存肉体。羞则与"自我"这样一个由认识活动所创造的心理实体有关，是为了保护自我而存在的。更具体地说，是为了保护自我的独特性而存在的，或者说是为了保护人的心理自我边界而存在的。

[①] 当然，我们不应把话说得太绝对。的确有视频展示了猫在清晰地说人类语言，并且用电脑打字索要鱼吃，也许个别与人类混久了的高智商动物是可能做一些出乎意料的事情的。不过，我们从总体上看，说动物不知道羞应该是没有什么问题的。

关于羞的文献或作品汗牛充栋，之所以会有这么多，是因为羞是和人作为人类的存在息息相关的。比如，伊甸园中的亚当和夏娃在吃了智慧树上的果子后产生的第一个人类情感就是羞，于是他们做的第一件人的事就是用树叶遮盖了下体。

在中国文化中，对"羞"的感受有很肯定的一面。"知羞"是我们对一个人的积极评价。女性尤其是少女的羞也被视为美的，李清照的词《点绛唇·蹴罢秋千》中羞怯的少女，"见客入来，袜刬金钗溜。和羞走，倚门回首，却把青梅嗅"，这个意象是很美好的。

人为了自我的存在，需要感受到自我的独特。如果"我"和"别人"一模一样，那么"我"的存在还有什么意义呢？"我"在与"别人"的区分中存在，这种区分构成了"我"和"别人"之间的边界。比如：我是一个男人，区分于女人；我是一个高个子男人，不仅区分于女人，且区分于矮个子男人；我是一个高个子中国男教师，区分于更多其他人……所有的不同划分出人与人的边界，从而保证了"自我"的存在。

为了保护自我边界和独特的感觉，我们需要让自己感觉到与别人不同。尽管人与人的差异可能很微小，但是我们要保护它。因此，我们需要一种遮蔽作为边界的保护，以区分"自我"和"别人"，即"我是我，你是你"。我也不能让你对我了如指掌，因为这样你就可能会发现我的独特性不强，你就有可能在精神上否认我的独特性，这样我就不能感受到自我的存在了。因此，自我的存在需要秘密。

羞，就是在这种边界被打破时人所产生的感觉。如果我们不想让别人看到的部分被看到了，就可能会引起羞。当然，有时让我们感到羞的其实并不具有独特性，但即使如此，这个部分仍是我的而不是别人的，这就是一种最基本的独特性。

小孩子和伊甸园中的亚当、夏娃一样，最初的自我边界是用遮挡私处作为标志的。"私处"意思就是"私人的地方"，是不公开的地方，是自己的地方，也是自我边界内的地方。虽然私处是身体的一部分，但象征的是精神领域中的自我的领域。一旦私处被别人看到，人的私人秘密就会暴露，人的独特性就会受损，人的边界就会被侵入，此时人就会产生羞的情感。因此，被看到私处是最基本的羞。

如果有的民族习惯于把性器官之外的地方界定为个人私处，那么人在被看到那个地方时也会感到羞。比如，宋之后的人们曾把女性的脚界定为私处，那么被看到赤裸的脚就是女性羞的来源。反之，如果某个民族并没有把某个身体部位界定为个人私处，那么就算那个部位被公开看到也不会让人有羞的感受。

自己的隐蔽欲望被暴露也会让人感到羞，因为一个人的欲望是他与别人不同的一个重要点。如果一个人很想吃某种食物但又不想让别人知道，那么一旦被别人知道了，他就会感到羞。爱的欲望被人发现是更常见的引发羞的原因。因此，害羞的少女最怕让别人知道自己爱慕某个男子。看到害羞的少女，也成了男性喜欢的场景。白先勇的小说《金大班》中有这样的一段话："那晚月如第一次到百乐门去，和她跳舞的时候，羞得连头都不抬起来，脸上一阵又一阵地泛着红晕。"可见，并非只有少女会因自己爱的欲望而羞，男性也是会的。

让我们羞的事情并非不好的事情，只不过是私密的、独特的、不希望被别人看到的事情。比如，洗澡时被别人看到了裸体是羞人的，但这并不是因为自己的裸体不好，只是裸体是自己的私密，不应该被别人看。再如，如果一个人对另一个人有深刻的、真正的、精神层面的爱情，也会同样"羞于"说出来。虽然让我们羞的事情本身并不是不好的，但在羞者的感受中会有怕丑的感受，或者至少是怕自己有可能会出丑。

在羞的情感带来的躯体反应中，最主要的是脸红，还有心跳加快、呼吸急促等。伴随的行动倾向包括：身体收缩——仿佛是让自己变小，以减少别人所看到的自己；用手、手臂或是其他东西遮住自己的脸或私密部位，甚至是整个身体，以让别人看不到或是少看到自己；低头或扭头，避免与他人的目光接触，眼神也会显得紧张、不自然；说话的音量减小。在心理感受上，羞的人会希望自己能躲起来，甚至是希望在地上找个缝钻进去。

和羞有关的意象包括：内衣等能让我们联想到私密部位的物品；象征羞的含羞草；生长在石头下的苔藓或虫子。

总的来说，羞是一种不舒服的情感，强烈的羞会让人产生一种"恨不得死"的感觉；相反，轻微的羞则能令人感觉满足——也许是羞的存在，让我们意识到了自我的存在，甚至是感觉到了自我中一些美好的存在。

X

为了回避羞，人可能会放弃很多想要的东西，减少追求，并因此限制了生命的广度。

人在产生羞后，通常有两种方式可以消除羞的感受。

第一种方式是遮羞，即借助有效的方式重新建立遮蔽，修补自我边界，避开外在的视觉或其他方式对自我的侵入。在完成遮蔽后，就能逐渐消除羞的感觉。

第二种方式是消弱人的羞感，即变得没羞没臊。不过，我认为不要轻易使用这种方式，要慎重。因为一旦用了这种方式去削弱羞，人保护自己的自我边界的驱力就会减弱。这样一来，人就会更放任外界对自己边界的侵入，这将不利于其形成健康的自我感。一个极端的例子是，边缘型人格障碍的人羞的感觉很弱，因此他们会乱性或是有其他不知羞的行为，他们还会缺少稳定的自我，这将进一步引发一系列问题。

儿童在自我形成的过程中也会同步产生羞的感觉，让他们感到羞的事情包括：排泄时被看到、裸体被看到、被别人侵入性地直视、被要求和陌生人打招呼、被强迫表演节目或唱歌、被议论等。

儒家文化很重视羞的感觉，并正确地指出羞是人之为人的基础，是人异于动物的基本特征。中国人重视的"面子"，在一开始与羞的情感有关，因为羞的生理反应中脸红是基本反应，所以能避免脸红的事情就是面子。妥善地运用羞的力量可以建立良好的自我边界，并让人产生健康的自尊——当然，后来的面子观念有所异化，成了一种虚荣。

怕羞和表现欲是两种相反相成的情感：怕羞使人回避自我表现，并保护自己的独特性；表现欲则使人表现自己，通过"被看到"而获得存在感。这两者都是人性中固有的需要，但又是彼此矛盾的。健康的人会在两者之间寻求一个平衡点。内向的人会偏向怕羞多一些，外向的人则会偏向表现欲多一些。

羞与耻相近，两者的区别是，羞和自我边界有关，耻则和自我评价有关。耻是在发现自己的行为不好、不符合自我规范时产生的情感；羞则只是因为私人的秘密处被别人看到了，哪怕这个秘密处是正常的甚至是美好的。

旋律感、韵律感和节奏感

从发源上说，旋律感、韵律感、节奏感都是对声音的乐感的一部分。它们都是人对声音的原始认知，从而更深入地懂得了声音的品质和内容后所获得的。换句话说，所有的乐感都是对连续发出的声音品质的感受。

感受到了一系列声音中存在的音高关系的规律被称为"旋律感"；感受到了一系列声音中存在的节奏的规律被称为"节奏感"；感受到了一系列声音中存在的发音相似性的规律被称为"韵律感"。音高关系、节奏和发音相似性都是声音审美的重要内容——它们越均匀、和谐，越有规律，听起来就越流畅自然，带来的美感也越强烈；反之，如果音高关系很突兀、节奏混乱、韵律找不到规律，声音带来的美感就很差。

音乐和诗歌的产生就是为了满足人们的乐感。乐感是一种人与生俱来的对声音的审美能力，这种能力包括情感功能、感知觉功能和直觉功能。

旋律感和节奏感是音乐的灵魂，但并不只存在于音乐中——在诗歌中，旋律感和节奏感也是核心，诗歌中的文字是否押韵也会影响其韵律感。在绘画、建筑等活动中，它们也非常重要。此外，旋律感、韵律感和节奏感还存在于其他人类活动中，比如，跑步时需要懂得节奏，名将指挥的战斗过程也有很好的节奏感。

在我们日常语境下所说的旋律、韵律和节奏，都与我们心中的美感、愉悦感相关。旋律和韵律越美，我们就越喜欢听，这也越能改善我们的心态，让我们的情绪更加积极。

节奏感还能令人愉悦，外在的节奏会引导我们的内在，让我们内在的节奏与之合拍。因此我们会发现，内在逐渐会用那个外部节奏去律动。如果外在的节奏慢，我们的内心就舒缓；如果外在的节奏快，我们的内心就会兴奋。

旋律感、韵律感和节奏感都会带动身体进行有规律的自发运动，并让身体的运动在别人看来更加美丽、流畅、有力量和有弹性。旋律感、韵律感和节奏感对身体的影响会从全身反映出来，而不局限于某个部位。然而，当一个人身体紧张时，受到的影响就会比较小；在身体放松时，受到的影响就会比较大。允许自己的身体按照旋律和节奏而运动能让人感到很愉悦，仿佛内心沉睡的生命力被唤醒了。

在心理意象层面，旋律、韵律和节奏感都可以用自然界中的律动意象来体现，比如一波一波的海浪、有规律地随风摇曳的枝条、翻卷变幻的白云，或是奔跑的骏马或猎豹、滑翔着的鹰隼等，以及有旋律和节奏的人物（比如回旋的舞姬、擂鼓的汉子等）。

对旋律和节奏的偏爱是生物具备的本能，哪怕是最低等的动物也更偏好有节律的运动，节律性的运动也是所有生物最自然的存在形态。任何动物在放松的状态下都会更有节律。有节律的运动可以更节省能量，让人更不容易疲劳，还可以持续得更久。投入舞蹈的人可以整晚不停地跳舞，但要是让他彻夜无休地做无节律的运动，他就会完全累垮并且厌烦至极。

在音乐、舞蹈、诗歌中，这些感受很直接；在其他事物和活动中，这些感受则不是那么明显，但依然能被敏锐的人体会到其中的旋律、韵律和节奏。比如，优秀的政治家在推进一个难度很高的变革时需要很多铺垫性的工作，他可以把这些事情按照一个很好的时间间隔来逐一推出，从而形成一种良好的节奏感，以让工作完成得更好。

人在各个心理发展阶段都可以感受到旋律、韵律和节奏感。相对来讲，儿童和青少年更容易产生这种感受。如果人能在生活中经常有这些感受，就能提升对这些感受的敏锐性。各行各业的大匠提升工艺的核心，其实都是提升自己对工作中的韵律和节奏的感受力。一旦能准确地感受到工作的韵律和节奏，就可以掌握这项工作的"道"。

庄子讲庖丁解牛的故事，说庖丁长时间修习解牛技艺，达到了至高的水准。"合于《桑林》之舞，乃中《经首》之会。"为什么庖丁解牛的动作和声音与舞蹈音乐合拍？因为他找到了解牛的韵律和节奏，也获得了解牛之"道"。

节奏感和韵律感还是动物层面的团体合作的基础。所谓"动物层面的团体合作"，完全不同于用语言沟通、社会规范来统领的合作，而是身体与身体之间的同频。要想让一群人的步调一致，可以用音乐来调整。比如，进行曲能让士兵们步伐整齐，广场音乐能让广场舞参与者舞步一致，鼓点能让龙舟划手动作划一。篮球场上，如果队友能按照相同的节奏跑位，他们在传球时就能非常默契，这也是节奏感促进团体合作的例证。

第 23 章

Y

压力感

在遇到困难时，如果人们判断当前的问题解决起来不容易，或是判断完成某项任务的时间不够、条件不具备、危险太大、找不到有把握的方法等，就会产生压力感。如果是别人强行要求或是命令自己去接受困难任务，就更容易产生压力感。需要注意的是，压力感的产生是基于一种"我不得不解决这个难题"的内在选择。如果个体把这个压力源认同为"这是我的任务，尽管困难但我不得不解决它"，压力感就会持续存在；如果个体选择逃避责任，认为"这并不是非得我来解决的"，甚至"这个困难和我无关"，那么就算当下处境困难，他也不会产生压力感。

虽然困难是多种多样的，但是给人的主要感受是一种受到压力的感觉。身体的感受包括：肩膀上有沉重受压的感觉，或是一种沉甸甸的感觉；胸口会感受到有些闷，呼吸或是加快或是有些费力；身体还会有疲倦感和无力感。由于压力会使人焦虑，因此压力感还会引发焦虑的身体感受，包括胃里的烧灼感、身体肌肉紧张感、口干等。在意象中，压力感可体现为沉重的包袱、担子、大石头等，或是会对自己构成威胁的可怕事物。如果长期存在过大的压力感，就会有损人的身体健康，甚至可能会让人得病。

压力感的意象通常包括：肩膀上挑着沉重的担子、背着的大背包、头顶上或心口上压着的巨大石块、向自己压下来的巨大的峭壁或高墙、驮着一身重物举步维艰的马或骆驼等。

婴幼儿通常不会产生压力感，因为他们并没有必须要完成的任务。游戏和工作的核心差异在于，游戏是不必当真的，故没有必须达到的目标，只需体验过程即可；

工作中则需要达到目标。然而，目标未必总能达到，这就会给人带来压力。比如，如果学生可以不在意分数，就不会有多少压力；越重视分数，带来的压力越大。

压力感是一种令人感到很不愉悦的感受，因此减轻压力感就成了人的重要需要。当然，减少压力最直接的方法就是放弃过于困难的任务，只去做简单、容易的事情。不过，虽然这样做可以减少压力，但往往不能满足人的其他需要。如果人在工作上不求上进，那么自然可以减少压力，但所产生的成就感也会减小。这样的人生往往不能让人觉得满足，就算他自己安于如此，他身边的人（比如父母）也可能无法忍受，继而对他施加压力，迫使他去努力。此时，他也无法逃脱压力感。对此，有些人可能会通过当"宅男宅女""啃老族"或"游戏成瘾者"来缓解压力；有些人则可能会选择不惧压力、迎难而上、努力完成任务去缓解压力。后者做起来并不容易，因此只有很少的人会选择这种方式去面对压力。

为了减少压力，人们常会喝咖啡、喝酒、吃东西，或是服用抗焦虑药物。尽管这些方法具有一定的减压作用，但如果长期采用也会产生副作用：长期服用抗焦虑药物不仅会引起头痛、头晕、嗜睡等副作用，还会产生依赖性；长期喝咖啡会产生失眠、心跳加速、胃部不适等副作用；长期过量饮酒不仅会伤身体，还可能破坏人际关系和社会形象，甚至会让人因此产生新的压力；经常用吃东西的方式缓解压力会影响身材甚至会有损健康。

相对来说，以下方法的副作用更小，也更健康：

- 深呼吸；
- 慢跑、散步等运动；
- 培养业余爱好，比如，唱歌、摄影、画画等；
- 游玩、旅行；
- 养宠物。

爱也可以减少压力感。比如，与配偶、家人、朋友等在一起都能减少人的压力感，让人感到放松。当然，这个前提是此时对方不是你的压力源，如果你的配偶对你不满、家人和你争吵、朋友向你抱怨，那么人际交往活动反倒会增加你的压力感。

如果压力感大到让你难以承受，那么你可以向心理咨询师寻求帮助，很可能会找到副作用更小的、效果更好的缓解压力的方法。你还可以在心理咨询师的帮助下通过调整认知，找到一些给自己带来压力感的不合理信念并消除它，从而化解压力感。向心理咨询师倾诉自己的压力感往往也能有效缓解压力，且倾诉出来的越多，心里留下的就越少。尽管平时向朋友倾诉也能起到一定的效果，但这也许会给朋友带来一些压力感。因此，相比之下还是去找心理咨询师更好一些，毕竟他们更专业，你的倾诉也不会给他们带来压力感，而且就算他们有了压力感，你也知道这是他们工作的一部分，无须对他们感到亏欠。

如今，人们还会使用冥想、静坐或禅定等方法来缓解压力。尽管这些方法从表面上看似乎有百利而无一弊，但其实并非如此。如果一个人的心理状态不大健康，或是练习的方法不对且又缺少正确指导，那么这些方法也会给他带来危险（即可能会导致所谓的"走火入魔"），因此还是在有资格、有经验的指导者的监督下练习才好。

厌恶感

在接触到肮脏的、丑陋的或畸形的等事物后，人产生的一种本能的讨嫌且想要回避的感受就是厌恶感。

厌恶感与其他感受不同的是，在其他感受出现后，并不一定会出现某种确定的行为（可能会暂时没有什么行动，还可能会出现不同的行为反应）。比如，在出现丰饶感后，并没有什么必然的行动伴随。然而，在出现厌恶感后则会产生一种确定的行为倾向，即回避或是消除那些肮脏的、丑陋的或畸形的事物。这种反应在人格最低的层级就会存在。

厌恶感与想象活动的关系非常密切，很多厌恶感都是由想象带来的。比如，你看到一个人裤子上粘着某种黄色的、黏糊糊的东西，他用手摸了这个东西并舔了一下。你可能会对此感到恶心并产生厌恶感（实际上是那个人裤兜里的巧克力融化了）。由此可见，厌恶主要发生在远古认知层次中。因此，厌恶感既是感受也是情绪，且它是最基本的情绪之一。

引起厌恶感的最初对象，是腐烂的、肮脏的、畸形的食物。厌恶感的最基本功能，就是让动物（当然也包括人）不要去吃这些食物。即使动物感到饥饿，厌恶感也能在相当大的程度上阻止其去吃这些食物，从而保护动物的卫生和健康，减少吃了脏的或不健康的东西的致病危险。此外，能表明动物在吃过后可能会有危险的食物也会引起其厌恶感，比如排泄物或呕吐物，以及其他有臭味和酸腐味的东西、发霉的东西、泡在脏水中的东西等。即使是水果或蔬菜中的虫子，尽管人在把它吃掉后对健康的影响不可知，但它的样子和触感也会激起人的厌恶感。

更进一步说，由于人与人在精神上会互相影响，因此人也需要保护自己精神上不受坏的影响。这样一来，当我们看到某些人有一些自己不认可的、自己认为是坏的或是邪恶的行为或人格品质（比如，吝啬、胆小怕事、依赖性强）时，我们也会产生厌恶感。

厌恶感的身体反应大多来自最初对肮脏食物的回避。首先会产生一种呕吐的倾向，这来自误食了脏东西之后的身体反应。其他的身体反应包括：皱眉；眼睛和脸转过去，以避开这个令人厌恶的东西；头向后缩；用手来捂嘴、捂鼻子、捂耳朵、捂眼睛；吐口水（这是一种轻微的呕吐或者说是象征性的呕吐，是为了让人感觉自己把不好的东西排出去了）。离开肮脏事物所在的地方，也是厌恶所引发的行为反应。小到走路时，偏离原来的路线几步路，以避开路上的狗屎；大到从公司辞职或是像陶渊明那样退隐，以避免令人厌恶的社会环境。行为上，厌恶感会激发人做出清洗、抛弃不干净的东西等清洁行为。如果厌恶感持续存在，人就可能会有过度的清洁行为。强迫症患者的强迫性洗手等行为，背后往往是有其他原因带来的一直存在的厌恶感。

与厌恶感相关的意象多为不洁事物。比如，腐烂物、排泄物、脏的黏液、蛆等。

如果有些事物看起来很脏但实际上很干净，或是闻起来臭但实际上并非排泄物（比如榴梿、葱、蒜等），那么后天的学习可以让人们消除对它们的厌恶感。这些后天带来的变化有时是有益的，有时则是有害的，不可一概而论。

在心理咨询中，通过培养接纳事物的能力可以减弱来访者的厌恶感，从而减少内心的冲突，缓解消极情绪。让来访者在后续的生活中能用理性取代厌恶本能，或是在接触不健康的事物时也能保护自己的身心健康，这会有利于其心理成长。注意，如果没有学会用更理性的方式去做选择，而只是一味地消除厌恶感，就会有被"肮脏的精神活动"污染的风险。

一致感

如果我们看到不同的部分之间有一致性，那么这种一致性可能会使得它们在我们的心理上构成一个完型，并让我们将其视为一个有序的有机整体，此时所产生的感受就是一致感。

一致，并不是一样。一致是各个部分之间的关系合乎规律，彼此之间不矛盾。

从头往下看，如果看到了肩膀，就是一致的；如果脖子下看到的是腿，然后再往下是头、胳膊、躯干等其他身体部位，那么虽然一个人的各个零部件全都在这里，但它们彼此之间的关系却不是一个有序的有机整体，此时信息就会不一致。不过，除了在恐怖片之中，我们通常不会看到这么严重的不一致。

如果我们发现某个人所说的话与他所做的事情一样，就会产生言行一致感；如果我们发现某个人在不同时间、不同场合所说的话没有矛盾，也会产生一致感。

一致感是人本能的认知需要，更确切地说，是一种追求认知协调以便达到"我知道了"的心理需要。我们认识世界或是认识他人都需要有一个确定的结论。如果我们所得到的各方面信息有一致性，就可以根据这些信息得出结论；相反，如果信息不一致，我们就会根据不同的信息源得出不同的结论，这样在认知上就会有矛盾冲突，无法得到一个明确的答案，人会因此产生焦虑感等不舒服的感受。因此，人必须努力协调这些不一致，努力获得一个能自圆其说的结论并获得一致感。社会心理学中的认知失调理论研究的，就是人在缺乏一致感时会如何通过调整认知来获得一致感。

一致感也是人为了维持自我所需要的感受。因为人在构建自我这个心理结构时，为了区别于非我，需要让自我有一些独特性或是有一些自己的特点，即"我"必须有"我"自己的样子。人必须在心中认定"我是这样的，而不是那样的"。如果自我不一致，一会儿是这样、一会儿是那样，就无法建立一个稳定的"我是什么样"的认知，也无法感到有一个稳定的"我"存在。

例如，若一个人认为"我是个好人"，就会期待自己应该不会做恶事。要是他发现自己不知道怎么做了一件坏事，就会感到和自己的认同不一致，从而产生对"自我认知"的冲击——"我到底是个什么样的人？我怎么好像有点不知道了呢？"反之，金庸小说《天龙八部》中的南海鳄神认为"我是恶人"，当他发现自己心软地对木婉清、段誉做了好事时，也会产生心理冲突。此时，人必须给自己一个能说明这些矛盾行为的解释才能获得一致感。比如，南海鳄神必须给自己一个理由，以解释为什么一个恶人却要对段誉他们友善，才能维持自己"恶人"的自我认同。

一致感在身体上没有很明显的表现，但在有一致感时，身体会有一种"得劲"的感觉，即身体舒服、没有别扭不得劲的地方。

在意象中，对称、均衡或协调的图形都可以给人带来一致感。

遗憾、恨和不甘心

"遗憾"这个词的核心是"憾"字。遗憾，意思就是遗留下来的憾。憾，多是针对过去的事情，因此都是遗留下来的，故可被称为"遗憾"。这与"悔"被称为"后悔"同理。

憾，就是对一件事或一件事的结果不满意、不甘心，因此在心里留下了一件未完成、未了的事。憾时，人会产生"怎么会这样""我不甘心"的想法。在古汉语中，"憾"和"恨"同义，因此，我们在古诗文中所看到的"恨"字往往并不是指仇恨，而是指遗憾。杜甫在《八阵图》一诗中写道："功盖三分国，名成八阵图。江流石不转，遗恨失吞吴。""遗恨失吞吴"的意思就是"好遗憾，没能吞并吴国"。苏轼在《临江仙·夜归临皋》中所写的"长恨此身非我有，何时忘却营营"，意思是"总是很遗憾，公务员生活不自由，总是有很多事务要惦记"，可见作者并没有对什么产生仇恨之心。张爱玲所说的"人间三大憾事"——"一恨鲥鱼多刺，二恨海棠无香，三恨红楼梦未完"，也是"遗憾"的意思，并不是对鲥鱼、海棠和《红楼梦》有仇恨。

　　只要有不如意，就可能会有憾恨。世界不是按照我们的愿望去设计的，别人也不是按照我们的愿望去做事的，因此憾恨不可避免。如果事情发展的结果符合我们的愿望，我们就不会有遗憾；如果不符合我们的愿望，就会成为憾事。比如，诸葛亮没能吞并吴国是他的遗憾，赵匡胤成功地吞并了南唐就成了李后主的"恨"。

　　憾或者说恨，是一种很强烈的感受。晴雯一直对宝玉有心，却并没有勾引宝玉，更没有发生什么，最后却被王夫人冤枉成勾引宝玉的狐狸精，她在临终时说"早知担了虚名"。她相思了那么久，最后丢了命，想做的事情却没有做过。本来有那么多机会却没有利用，现在想利用却没有了机会。可以想象，她是多么地不甘心。这就是憾和恨的感觉。

　　憾和悔不同，悔是过去自己做错了，憾则是自己未必有错甚至可能没有错，但可惜的是没有实现心愿。王昌龄在《闺怨》一诗中写"悔教夫婿觅封侯"，是女子要求丈夫出去干事业，结果后悔了。冯梦龙在《古今谭概》一书中写"恨海棠无香"，即海棠无香并不是我做错了什么造成的。文学作品中常会用到的"多少恨"，表达的也往往不是因为自己有错，而是因为天下事情本来就不能尽如人意。

　　憾的时候，胸口中会有空虚感，但我们未必能清晰地感受到这种空虚感，因为我们的头和双手臂都会很紧张，这会吸引我们的注意力。我们还会感觉到自己的眉头紧锁、牙关紧闭，会有一口气从胸口吐出来发出"哎呀"的声音，或是叹气。如果憾持续存在，我们就可能会不停地叹气。在我们感到憾的时候，双手也可能和悔的时候一样往下敲，或是往自己的头上敲，但是敲的力度会比悔的时候敲得轻。因为在憾的时候，所产生的自责会比悔的时候少，所以并没有自我惩罚的需要。憾的时候，手敲动的意思是"我当时如果做了某件事就好了"。不做，固然不是错误；但现在从结果来看，如果做了，就会有更好的结果。所以，能量会冲到手上，以表达"该做"的意思。

　　憾的意象可以是类似"手里抓了一个空"，或是某样东西飘散成空，更多的是浮现出所遗憾的具体事情的意象。比如，李后主在《望江南·多少恨》一词的"多少恨"之后，紧接着出现的就是一个梦——"还似旧时游上苑，车如流水马如龙。花月正春风"。这个梦就是为不能长存的事物而遗憾。

人有憾，这是一个存在性的问题。人的欲求是无限的，但能得到的满足是有限的，有限和无限之间的鸿沟无法弥合。辛弃疾也在《贺新郎》一词中慨叹："不如意事，十常八九。"我们无法预知事情发展的结果，更不具备预知未来的能力，因此常常会发现，事情没按照我们以为的样子发展。

如果人只是混沌地生活，那么尽管也会常常感觉不满足，但未必会有遗憾。只有在具备了一定的觉察能力后，觉察到事情不如意并觉察到了自己的心情，才会觉察到遗憾。李后主的词之所以能感动人心，主要是因为他能清晰地感受到各种憾，并能准确地表达出来，从而唤醒人们的内心共鸣。一旦我们清晰地知道有些遗憾是无可奈何的，是世界的本性所致，这种憾就成了一种存在性的情感。

人在有遗憾后往往会产生希望弥补遗憾的趋向。为了弥补遗憾，人可能会试图去做一些努力，以获得自己觉得过去本应获得的人或物。这种行动有时的确有用，比如，年轻时相爱却没能在一起的人到老年时再走到一起，也能感觉多多少少弥补了一些遗憾。金庸对自己年轻时没有能上一所好大学感到遗憾，因此在 80 多岁时远赴剑桥读博（和他嫉妒的表哥读的是同一所学校）。其实，对于早已功成名就的他来说，上大学已经没有多少实际价值了，但这可以弥补他的遗憾。当然，人有时也会意识到，遗憾从本质上来说是无法弥补的——就算现在做了过去想做却没有做的事情，所产生的感受也是不一样的。意识到这一点，让遗憾成为永恒，却更有存在性。也许，允许遗憾持续存在，感受着这份遗憾，并体验着这种人难免的体验，这种存在主义的人生态度能让人的心理更加健康。

异己感、异物感

在预期本应是自我所在的领域感到有非我的东西存在的迹象，此时所产生的感受就是异己感。如果非我的东西是物质的，那么就是异物感。异物感也是异己感的一种形式。

异己感能让人发现外物的入侵，保护自我的边界。

其实，自我与非我并没有绝对的界限。身体上的界限还算比较清楚，我的皮肤之内是我，我的皮肤之外就是非我。不过，这个界限并不是绝对的——孕妇肚子里的胎儿对于孕妇来说是"我"还是非我呢？从孕妇的感受上来说，她们通常会把胎儿看作"我"的一部分。如果这个孕妇不爱这个孩子，她就会感觉胎儿属于非我。

Y

精神上的界限则很不容易确定。所谓"我的思想"，绝大多数都不是原创，而是得之于教育或是受别人的熏染或启发，可能会与别人的思想很相似甚至完全一致。由于这些思想是构成一个人精神自我的成分，因此如果是在两个思想上很一致的人之间，哪里是他们精神自我的界限呢？这就不容易界定了。

虽然人的自我和非我之间的边界并不容易界定，但是为了保有我感，人往往需要持续地对之进行界定。因此，人会在各个层面不断地分辨我与非我，当发现非我进入或侵入了"我"的疆域时，就会产生异己感。

多数情况下，异己感是一种不愉悦的感受；少数情况下，异己感可以是愉悦的。

身体层面的异己感，有一种是被侵入感。比如，有什么东西卡在喉咙中或是耳道中有异物的感受，都属于异己感。人在有这种异己感后，会试图把异物排出体内。

如果人的身体的某些部位的神经损坏了，不再有正常的痛痒和触感，那么人也会感觉它如同一个异物，并对它产生异己感。比如，有的受伤者会觉得"这只手不像是我自己的了"。此外，身体上长了瘊子、赘疣，或是皮肤上扎了刺，人也会对此产生异己感或异物感。

在精神上，如果人在脑海中冒出了一个想法，但是这个想法和自己平时的价值观、思维方式等很不一致，就可能会产生异己感，即感觉"这个念头不是我的"。或者，当人对某件事的感受和平时对这件事的感受很不一样，他也意识到了这个不同，他也会产生异己感。此外，如果人对自己的心理活动的可控性突然降低，发现自己管不了自己，也会产生异己感。

如果这种异己感比较轻微，人就会有些迷惑，感到有些不舒服。如果这种异己感严重到一定程度，人甚至有可能断定自己像是因为"被附体了"才会有这样的念头、感受和行为；或是断定自己被"一种外部的邪恶力量用一种神秘的方式入侵了心灵"。重性精神疾病的患者常常会有这类妄想，因为他们有强烈的异己感，且这种强烈的异己感让他们相信"这不是我的念头、感受"。

在一个团体中，如果有人与众不同，让我们隐隐感觉到他和我们不像同类，那么我们对这个人也会产生异己感。这种不同未必很明显，未必明确违反了这个团体中的某个规则，他可能只是与团体稍有些不合拍，或是他在某些小地方稍有些异常。

对于异己，人的本能反应是排斥或排除。如果感觉有异物卡在喉咙中，人就会努力把它吐出来。如果感觉有些念头不是自己的，人就会否认、压抑这些念头，将这些念头压到潜意识中去。人还可能会吃精神类药物，以消除这些非我的思想。如果团体中有个人让大家产生异己感，大家就会疏远、排挤或是打击他，最好就是把他从这个团体中赶出去。如果一个孩子从小被寄养到爷爷奶奶家，那么当他回到父母身边时，往往会激发父母的异己感，导致父母在潜意识中排斥他。要是他有个一直在这个家里长大的弟弟或妹妹，他就更有可能得不到父母的偏爱。母亲在潜意识中的态度更可能像一头母兽，对待他会如同对待一个"染上了别人家味道的小崽子"，希望尽快把他赶出去。在动物本能的层次，如果这个有异己感的成员不肯离开，其他人甚至会有希望他死掉的冲动。

这种排异的本能，在动物层次对身体是有益处的。因为如果体内有异物，那么当然应该排出去。那些让人有异己感的念头、思想和冲动，是与其精神自我不和谐的，人很难整合它们，因此排斥它可以让精神自我免遭冲击。一个家或是一个团体中的那个异己分子，也许会危及这个家或是这个团体——在两国交战时最明显，异己分子可能就是一个混进我们之中的外国间谍，要是不排除他，其他所有的人都可能会受害。

不论是身体内的异物还是精神上的异见，抑或是团体中的特别的人，给人带来的异己感在身体上都有着类似的感受。这种感受都是一种虽然可能不疼不痒，却在哪里有些硌的感觉，或是一种身体上局部不舒畅的感觉。在意象中，异己感会被表达为房子里进来了侵入者这类意象的故事。

然而，正如我们在上文中提到的那样，并不是所有非我进入都会给人带来不愉悦的异己感。有时人并不会产生异己感，或是有异己感但属于一种令人愉悦的异己感——在异物能被接纳甚至是得到欢迎时，人就会有这种感受。比如，那个非我的异物是可食用的，或是象征着某种可食用或是可被吸收的东西。如果将卡在喉咙中的食物咽下去了，就不会再带来异己感，它就变成了正常的食物。再如，脑海中浮现出了一个念头后，人会感到这个念头有异己感，不像是从自己的知识体系中衍生出来的。如果人在此时把这个浮现出来的异己念头解释为"老天赐予的灵感"，他就可以接纳这个念头，且不但不排斥它反而还会很高兴。这样一来，异己感可能会消退，或是虽然不消退但可以转变成愉悦的异己感。接下来，这个念头会逐渐与他之前的知识体系相融合。

从心理学视角看，这些似乎莫名其妙地浮现出来且激发了人的异己感的念头，其实都来自人的心理世界，来自人的深层潜意识，来自人的阴影人格。如果了解深层心理学的知识，懂得什么是深层潜意识、什么是阴影，也相信这些念头来自自身，就更容易接纳这些看起来异己的念头，并能逐渐理解消化它。这样，在过了一段时间后，异己感就会逐渐消退。

孕育时，孕妇的子宫内有一个"异己"的生命，因此她在感觉到怀孕之后往往会产生异己感。这种异己感有不愉悦的一面——即使孕妇很希望自己怀孕，其潜意识中依旧可能会有不舒服的异己感。毕竟，肚子里有个异物，这本身就会让人不舒服。孕早期的孕吐从生物学和医学上都各有解释，但从心理学的角度来说，原因之一就是异己感导致孕妇的身体产生了排异的反应。吐，就是试图把肚子里的异物吐出去。如果孕妇在潜意识中不想要孩子（比如，和丈夫感情不好、对公婆不满，或是嫌有了孩子不自由等），那么这种异己感和排异反应就会格外强烈。正常情况下，孕妇会慢慢喜欢上腹中的胎儿，因此这种异己感会逐渐变得愉悦。在胎动开始之后，异己感会更加明显，尤其是被胎儿踢肚子，尽管此时的异己感非常强烈，但是对于很多孕妇来说却是一种非常幸福的体验。

异己感或异物感还可以随着感觉适应或是心理上的习惯而消除。比如，当一个人和一个陌生人住在同一个房间里时，他在最初会对这个进入自我空间的陌生人产生异己感，但是随着双方渐渐熟识，这种自我空间里的异己感就会慢慢消失。再如，人在刚刚安装假牙时总会产生不同程度的异物感，但随着时间推移，假牙会渐渐地进入这个人的"我的身体"边界里，异物感会在不知不觉中消失，人在吃东西、说话时也不会觉得假牙和自己的真牙有什么不同。

总结一下，异己感是感到了非我侵入了自我的领域，通常情况下，为了保护自我，人都会本能地排斥这些非我的异物。不过，随着慢慢适应，有些异己感会不复存在。在有爱的情况下，人还会接纳那些非我的异物甚至是喜欢上这些异物。不论这里所说的爱是对食物的喜爱，是友爱，是亲子之间的爱，是伴侣之间的爱，还是对新思想的热爱，都可以让人接受异己，从而打开自我的边界。爱，让异己感变得愉悦。

抑郁

我们接下来所说的"抑郁"，并不是诊断意义上的抑郁症，而是一种人们日常语境下的心境，是一种相对持续的精神低迷、消极、低落的心理状态。抑郁在体验上和悲哀有些相似，但悲哀是某个丧失直接带来的一时一事上的消极情绪；抑郁则是整体的生存状态不好，使得情绪整体消极，而不是具体针对一时一事的。

抑郁是持续地感到不愉快、闷闷不乐，看问题悲观，对什么事情都没有兴致。抑郁的人对任何不好的事情都会非常敏感，即使是一点小事也会激起不快，因此他们可能会更容易生气、烦躁。严重时，他们会彻底丧失对生活的欲望，感觉极为痛苦甚至想要自杀。极端严重时，甚至连自杀的念头都没有了，因为在他们的主观体验上，现在所谓"活着"实际上已经"死了"，根本用不着自杀就已经成了一具行尸走肉。

抑郁的时候，人的思维会变得迟钝、缓慢，好像脑子"转不动"了，想一句话要好长时间。在别人看来，他们的智力水平会显得很低。同时，他们的记忆力水平也会下降，注意集中的能力也有所下降。他们的行动力也大为衰退，什么事情都不想做，动都不想动，且感觉就算什么都不做也还是会觉得疲惫不堪，更不愿意和周围人接触、交往。严重时，连吃、喝和个人卫生都没有力气去做。

在身体上，抑郁会带来睡眠障碍，有的人抑郁时会严重失眠，还有的人会嗜睡；食欲方面，抑郁者往往没有食欲，不想吃东西，但也有人会暴饮暴食。因此，较多的抑郁者会体重减轻，但也有些是体重暴增。抑郁者还会出现身体乏力、便秘、身体有各种莫名其妙的疼痛、性欲减退等问题，女性还可能会闭经。

抑郁者的心理意象，色调上通常以灰色为主。在意象对话疗法中，如果一个人被引导想象房子，所想象出来的房子里满是灰尘，就表明他可能是一个有着抑郁心境的人。抑郁心境在意象中还经常表现为枯木、干涸的土地、瘦干的身体甚至是干尸等干枯的意象，这都反映出了抑郁者枯萎的心灵。抑郁者的意象中还会出现幽灵或鬼，且他们意象中的鬼通常穿长袍或长裙，双手下垂，长发下垂，面色苍白，眼神空洞，用飘行的方式移动，而且身体上的存在感很弱，边界不清晰，就像一个雾气状态的虚影子，这反映出抑郁者整个心境的无力、虚无和自我意志的渺茫无望。

早期生活中遇到创伤或是家庭中缺少爱和关心，都会让人容易抑郁。若生活中持续地存在一些不利于心理健康的因素，还有可能会让人产生抑郁情绪，严重时会发展为抑郁症。

抑郁对人的生活是有害的，它会严重损害人的工作能力和与别人建立良好关系的能力，还会严重影响人的幸福感。抑郁与悲伤不同，悲伤是人对丧失的正常反应，在宣泄了悲伤后，人会自然恢复；抑郁则不能自然恢复，而是会缠绵不愈且持续地对人产生消极的影响。《红楼梦》中的林黛玉就是一个抑郁的人，她总是经常性地心情低落，她的整个生活质量都因此受到了很大的损害。

抗抑郁药对减少抑郁有一定作用，在心理咨询和治疗中，也有很多专门用来缓解抑郁的技术和方法，从而提升人的幸福感和生活质量。

即便不接受心理咨询或治疗，如果抑郁者能在生活中遇见爱，或是在某种机缘下发现自己感兴趣的事情，抑或是投身于可以给自己创造出人生意义感的行动中，或是在偶然间获得了关于人生的超越性领悟，就可以走出抑郁。

其实，抑郁对人而言是一把双刃剑。

从消极的方面来说，如果人沉溺在抑郁中不可自拔，那么它无疑会消耗掉人的内在生命力，并让人短暂且宝贵的人生变得更加虚度、没有意义，因为抑郁会让人相信，自己已经失去了一切改变的希望，已经陷入了一个黑暗的死胡同里，且自己的人生不可能再有其他任何可以选择的出路。

从积极的方面来说，其存在性的意义是，抑郁是一个能从总体上反观人生意义与自我意义的重要机会，因为抑郁的人没有兴趣把自己眼下的精力投入日常琐碎且无度的欲望追求中，这让人形成了一个巨大的心理空间去反观什么才是自己的人生中最重要的、最有意义的东西。不在抑郁中死亡，就在抑郁中超越。如果你发现自己正在抑郁中，你会如何选择？

Y 意义感、无意义感

意义感是一种"（我做）这件事是有意义的"的感受，无意义感则是一种"（我做）这件事真没有意义、没有意思"的感受。

无论是意义感还是无意义感，都是有心理能量投注的。当我们有意义感时，我们是带着积极的感受和心理能量去说"这件事有意义"的；当我们有无意义感时，我们也是带着消极的感受，带着沮丧的、放弃的态度去说"这件事没有意义"的。

我们会在什么时候、什么情况下有意义感呢？

严格地说，意义感出现与否与情景或条件之间并不存在因果关系。也就是说，并不是只要在某种情景下、只要具备了某种条件，人就一定会产生意义感。意义感的产生是自由意志，它是否产生并不受控于外界条件，但人在有些情景下的确更容易有意义感。或者说，有些情景会有利于人心中意义感的产生。

能够提供自我存在感的事物最容易带来意义感。人需要证明自己的存在，如果一件事能让人感到自己的存在，就能实现这个证明，因此这件事就是很有意义的，从而让人产生意义感。需要区分的是，仅仅是像动物一样苟活着的存在并不大会带来意义感，只有精神性的存在才容易带来意义感。

按照自己的价值观定义为"有价值"的事情，也可以唤起意义感。比如，如果一个人关心自己的家人，那么他在去做有利于家人的事情时就会产生意义感；如果一个爱国者发现自己做了某件事能让国家变得富强，就会感到做这件事很有意义。意义感有大有小，做了一件小事，感觉很有意义，就会产生小的意义感；一生投身于一项伟大的事业，在临终时想到自己的人生没有虚度，活得很有价值，就会产生大的意义感。

意义感往往与人内心深处的心愿关联在一起，无意义感则往往是在人发现自己所做的事情对实现自己的心愿没有用时浮现。要是发现自己不可能成功，所产生的感受就是无望感；要是发现自己就算成功了但从根本上看也没有任何用处，所产生的感受就是无意义感。例如，一个男人很想让母亲摆脱痛苦，在一一实现了母亲的期望（比如，考上了名牌大学、找了份好工作、娶了贤妻、生了儿子）后却发现母亲依然痛苦，此时这个男人就会觉得自己一切的努力都是没有意义的。

如果一个人得到的与自己真正需要的不符，那么他通常也会产生无意义感。比如，一个人希望被父母认可，于是他坚持不懈地努力挣钱，终于有一天他突然看清了，即使自己富可敌国，父母也不会认可自己，此时他就会觉得挣钱这件事是无意义的，从而对挣钱产生无意义感。再如，一个女人希望得到一个男人的爱，便努力扮演他心中理想的女人的样子，这个男人真的爱上了她并与她步入了婚姻殿堂，但她也终于清醒地意识到，这个男人真正深爱的其实是他心中的那个理想的女人（即她一直努力扮演的样子），而不是真正的她，这时她就会对自己之前的一切努力以及眼前的婚姻产生无意义感。

人若是看到自己所追求的一切都没有意义，人生只是一场大梦，那么这就是一种根本的无意义感。

在产生意义感时，人在体验上是充实的、丰满的、光明的；在产生无意义感时，人在体验上是灰暗的、松懈的、无力的。意义感的身体感觉包括：身体有实实在在活着的感觉，身体会挺拔起来，但也不是很激烈和兴奋；胸腹有充实感，腿有一种稳定的力量感。努力投入之后的无意义感的身体感觉为：身体泄气，整个人有蔫下去的感觉，尤其是眼睛会无力下垂；相反，从来都没有找到过意义感的无意义感，则会让人有一种虚无的、行尸走肉般的、从没有实实在在活过的感觉。

意义感的产生要以价值体系的建立为基础。人在很小的时候还只是按照本能生活：吃了好吃的，会本能地开心；玩得尽兴了，会本能地开心；被责骂了，会本能地不开心。此时，人是不会产生意义感的。这就是前面所说的，动物性存在不大会带来意义感。

随着人逐步建立价值观，有了自己的选择，并对什么是好的、什么是坏的有了自己的看法后，做事时就可以去判断这件事是否符合自己的价值观、做这件事是否有价值了。如果一个孩子发现某件事是有价值的，就可能会感觉到意义感，只是他不会把它称作"意义感"，而是会说"这个有意思"。

到了青春期，人会明确自己的价值观，确定自我认同。因此，青春期也是比较容易产生意义感的时期。人在这时在哪类事情上获得了意义感，将来他就会倾向于继续追求哪类事情，甚至会影响他将来的人格发展以及成为什么样的人。因此，我们都希望青少年能在更善、更美好的事情上获得意义感，这样他们就能朝着更善、更美的方向发展。

为了让青少年有更大的概率在善良美好的事情上获得意义感，成年人应该为他们多创造机会去参与一些善良、美好的事情。比如，去做公益、参与环保活动，或是参与健康的艺术活动。这样一来，他们就有机会从这个活动中获得意义感。如果成年人能在恰当的时刻去引导他们，并用真诚且富有感情的语调告诉青少年这件事非常有意义，他们就会更容易产生意义感。注意，如果引导者不够真诚，或是功利性很强，抑或是急于引导，青少年就可能会对他们失去信任，反而更不容易产生意义感。

在中国传统文化中，儒家和墨家都很重视意义感。在他们所强调的意义中，核心都是爱，儒家的仁爱和墨家的兼爱都给了人们生活的意义。如果一个人能担负起责任，帮助自己以及自己的家庭、国家更有爱，他就能感受到自己的生命很有意义。

永恒感

永恒感是人对时间的感觉之一。当人感觉到时间不再以通常的方式流动，而是成了一个不变的存在物时，就会产生永恒感。

人对时间通常都有一个基本的、坚定不移的信念，即认定时间是不断流动的，因此人在绝大多数情况下都不会产生永恒感。换句话说，永恒感是很罕见的。

只有放下"时间不断流动"这个信念，人才会产生永恒感。然而，人很难放下这个信念，因此很多人可能终生都无法体验到永恒感。

在将注意放在永恒的事物上或至少是近乎永恒的事物上时，人可能会产生永恒感。所谓"永恒"的事物，就是不会或几乎不会随着时间的流动而变化的事物，包括理念世界的真理、精神的原型、美的本体等。当人注意到这些事物并沉浸在其中时，就会产生永恒感。

当人投入地观看相对来说近乎永恒存在的天体（比如太阳、月亮、星辰）时，也可能会产生永恒感。不过，如果人从天文学的视角去看日月星辰，就不太容易产生永恒感，因为这会让人意识到它们也不过是暂时的存在。只有人摆脱了天文学的视角，心怀对自然的崇敬去看天体，它们才能成为永恒的标志，并让人产生永恒感。由于月亮有圆缺，因此在激发永恒感这一点上不如太阳和星辰。由于太阳有升降，因此在激发永恒感上也稍弱于星辰。虽然星辰也有升降，但人们并不会过多地关注其升降，故它们反倒最容易激发永恒感的天体。

不过，如果人能从圆缺之中看到月亮不变的一面，那么月亮也可以带来永恒感。在《春江花月夜》一诗中的这几句，就写出了月亮带来的永恒感："江畔何人初见月？江月何年初照人？人生代代无穷已，江月年年望相似。"

人在生命中非常重要的某些时刻也会产生永恒感。这时体验发生的条件是，在这个非常重要的时刻，人从某个具体的事件中实现了精神的超越，从具体的事件中体验到了原型层面的理念、美、永恒的爱等。

在爱情中，如果相爱的人体验到了永恒的爱情的原型，他们就会感到时间不再流动，这一刻会成为永恒。此时，爱人的爱不是对一个具体的人的爱，而是因这个人唤起的永恒的爱。当人创造出一个不可思议的美的事物时，也有可能感到永恒的美。不过，这个事物肯定无法永恒存在，那份永恒感来自这个事物上体现出来的美的永恒存在。当人突然悟到某个超越性的真理时，这份认知也会给人带来永恒感。当人在禅定时，也可能体验到一种特殊的时空融为一体的永恒感。

永恒感是积极的，但不能称之为"愉悦的"，因为它超越了"愉悦"或"不愉悦"的生物性层面。永恒感之所以是积极的，是因为那些永恒的事物都是积极的。

永恒感一定不是生物性层面的感受，而是纯粹精神层面的，故在身体上所伴有的感受不明显——人在感受到永恒感时，往往会忘记自己身体的存在。

永恒感给人带来的积极的感受类似满足感，但不是满足感，这其实是一种存在焦虑的（暂时）全然平复。由于没有存在焦虑的感受是最大的积极感受，因此人在体验到永恒感时，甚至不再恐惧死亡。

一旦人离开对永恒事物的关注和体会，永恒感就会消失，日常的时间感就会再次出现。若从外人的视角看，这个"在永恒感中"的经验的持续时间也会或长或短；但在当事人的体验中，这个经验则是没有时间差别的——不论是在外人眼中的"十分之一秒"或"一刹那"，还是一整天，都是一样的"永恒"。

一旦人有过这种经验，他就拥有了一份永远的精神财富。他会知道，生灭不已的各种生活事件都是暂时的，因此也不是很重要的，永恒存在的才更重要。

优越感

当一个人把自己和他人比较并意识到自己超过了别人时，所产生的感受就是优越感。人在表达优越感时，常会说类似这样的话："你有什么？我比你强多了！"优越感对于人的自恋而言是相当愉悦的感受。

优越感的核心是"我比别人好，我比别人能，我比别人重要"。

与优越感相近的情绪是"傲"，或是古文中的"倨"。傲在现代汉语中通常被写成"骄傲"，它有时是褒义词，代表一个人知道自己比别人更高级时的积极感受；有时是贬义词，代表一个人因自己优越而轻视别人，所以令别人讨厌。优越感和傲的区别在于：优越感只是人意识到自己更优越，因此会自我关注和自我欣赏；傲则是因为自己更优越，而在态度和行为上表现出对别人的轻视。如果人没有优越感，就不可能骄傲；反过来，人就算有了优越感，也未必一定会表现出（贬义的）骄傲或傲慢，比如，佛教修行很好的人即便知道自己在品质上更优越也不会轻视别人，而只会对那些比自己差的人感到悲悯。

优越感是人的自恋最基本的追求。每个人都会天然觉得自己与众不同。既然与众不同，那么可以比较优劣；既然有了优劣之分，那么当然希望自己更优越。

弗洛伊德曾从生物学的角度出发，说性欲是人最基本、最重要的欲望。他的弟子阿德勒则持不同意见，提出优越感才是人最重要的欲求。阿德勒的话不无道理，因为人不仅仅是生物，更是社会化的产物。对于社会中的人或精神层面的人来说，优越感是一种最基本的追求。如果没有优越感，只有基本的生理满足，人就会感到很不愉快。

同理，奢侈品所满足的其实也是消费者追求优越感的需要——同样品质的包，只要附上一个名牌的标志就可以得到部分消费者的追捧；一旦降价，消费者就可能会感到不屑和不满，仿佛自己的身价也被随之降低了似的。

任何一方面的优越都可以带来优越感。

力量的强大是一种常见的优越感来源。如果一岁多的幼儿发现自己的力气比其他小孩大，就会产生优越感。在成年人的世界中，有更大力量的人也更有优越感（当然，在成年人中，所谓"力量大"并不一定是肌肉更有力，更常见的是通过其他方式体现出来的力量）。权力是一种力量，权力大，自然能让人产生优越感。社会地位高等同于权力大，因此，当了大官往往会让人产生强烈的优越感。因此，对于拥有很高权力的人来说，要想做到甘愿做人民公仆，就需要达到超出常人的境界。

身份优越，即使没有直接与权力挂钩，也能带来优越感。这里所说的"身份"，包括先天的身份和后天的身份。贵族出身、名门之后、书香门第，这些都属于先天的身份高。有的国家（比如印度）有种姓制度，还有的国家暗地里有种族歧视，这些国家中"高种姓"或"优等民族"的人就会有强烈的优越感。书香门第的后人通常并没有什么权力，但同样会有优越感。此外，人在后天成名或是获得某种身份（比如世界冠军）后，也会产生优越感。

智商高是另一种常见的优越感来源。有高智商优越感的人会对靠身份、权力甚至力量获得优越感的人有些不屑，因为那些身外之物是"不挑人"的，谁都可能获得，谁都可能得到后又失去；相反，人所拥有的高智商则不同，这并不是谁想拥有就能拥有的，而且一旦拥有就会属于自己，通常来说不会轻易失去，而且即使自己失去了，其智商也不会再属于别人。因此，智商高给人带来的优越感往往更大。

美貌是有些女性产生优越感的核心。为了获得美貌，在女性之间的竞争中胜出，很多女性都愿意付出极大的努力或极大的代价，可以说，有些女性愿意为美貌付出的，不亚于男性愿意为了权力所付出的。

拥有更多的财富是现代人获得优越感最普遍的方式。成为有钱人甚至是成为巨富是大多数人毕生的追求。因此，真的有了钱或是稍微有了一些钱，有些人就会努力显示出自己有钱，从而获得优越感。这是所有奢侈品消费的根基。相较而言，人们的日常花销很少，绝大多数开支其实都是为了购买优越感。比如，买一辆能开的车并不需要特别多的钱，但要是买一辆优越于别人的车则会昂贵得多。

Y

因自己能坚守道德而感到优越的人，总体上来说是亲社会的。我们要承认，道德优越感与富有优越感相比，前者在精神境界上更高一些，因为财富是身外之物，道德则是人的精神品质。然而，有些虚伪的人并不是真的接纳了那些优良的道德价值，他们只是为了获得道德优越感而"守"道德，这并不是真正的"有"道德。因为道德对他们而言只是一种手段，而不是内心真正信仰、实践和坚守的价值。老子说"上德不德，是以有德；下德不失德，是以无德"。所谓"上德不德"，就是说真正有道德的"上德"甚至都不曾意识到自己在坚守某种道德，这种道德已经成了他的精神本能；而"下德"虽然在行为上做得很符合道德、没有失误，但是如果这种行为没有融入其内心，就算不上是真正有道德。

包括道德优越感在内，各种因自己的其他优秀品质而生的优越感（比如正直、勇敢、坚定、仁爱），在总体上都可以提升人的精神境界。即使想追求优越感，人也应因自己有这些品质而感到优越，而不仅仅是因自己有钱、有权、有颜值等感到优越。有趣的是，虽然坚守道德是"更高级"的精神品质，但反倒是道德越高、越纯粹的人越不追求优越感，因为精神品质的超越让他们见过大道，所以更知道发自内心的谦卑。

如果人在优越感产生后变得傲慢和轻视别人，他就会引发别人的反感。遗憾的是，人在产生优越感后往往都会变得傲慢和轻视别人。要知道，不傲慢、不轻视别人本身也是一种优秀品质，它被称为"谦虚"。如果一个人因意识到自己比别人谦虚而产生了优越感，那么这种优越感往往也会使其轻视别人，令其产生"他们都不如我谦虚"的看法，这种想法中包含了对别人的轻视，从而使其背离了真正的谦虚。可见，知道自己谦虚的人很难谦虚。不去和别人比较、不追求优越感的人，才更容易保持不轻视别人的谦虚品质。

优越感在身体上的典型体现，简单地说就是趾高气扬，即尽量让自己站得更显高大——不仅仅是站直，头也要扬起来，让眼睛的高度高于正常的视线，这样在看

Y

面前的人时就需要眼珠往下转一点，从而露出向下俯视的表情。这样一来，人会感觉更舒服，仿佛别人比自己的个子矮，也会让别人因此感觉不舒服、感觉被轻视。因为头扬起来，所以下巴有一点向前凸，胸部也会向前挺，挺的程度会超过正常站立，看起来很挺拔。人在这样站立时，呼吸会很通畅，会产生一种扬眉吐气感，即心理上不压抑自我，而是释放了自我。如果不是站着而是坐着，人也会四肢开张，身体向后仰，并且看起来仿佛充满了气。如果是躺着，就会躺得很开放，比如躺成一个"大"字。总之，有优越感的人，身体整体上是"开"的。

在感觉中，有优越感的人会感到能量感和力量感，以及对别人的轻蔑或轻视感。

以上所说的这些身体姿势和感受都是优越感比较强烈或是明显表达出来的样子。现实中，很多人的优越感不是那么强烈，因此不一定会出现这样的姿势。有些人会掩饰自己的优越感，并有意识地避免表现出典型的优越感姿势。比如，当下比较流行一种伪装成谦卑的优越感——一些希望被别人视为贵族的人不会表现得像上述那样直接和暴露，因为那会暴露人的浅薄和没见过大世面的洋洋自得，所以他们的姿态是微微颔首，面部肌肉放松，但是胸部和后背挺直，肩膀暗暗地展开、架起，双臂却似乎自然地稍微向腰部两侧收拢下垂，同时收腹，臀部微微后翘，双膝打直。如果你在此时去抚摸他们的后背，你就会发现他们脊柱两侧的两条肌肉硬硬地隆起。其实，人在表现优雅的优越感时，身体是紧张的、不舒适的。

人的自我意象无不包含着优越感的成分。不仅仅是梦中或想象中的意象会受优越感的影响，我们看到镜子中的自己以及与自己有关的事物时，也会受到优越感的影响——让我们看到的意象被美化以满足优越感。如今人们常用的各种带有美颜功能的 App，其实都是为了提升人的优越感而发明的。

优越感是人的自恋所必需的一种"食物"。

从积极的方面来说，它可以激发人的生命力，让人投入能量去生活。优越感可以让人优先去保护自己、养育自己、提升自己，从而让自己从中获益。

从消极的方面来说，优越感带来的轻视别人会成为引爆人与人之间冲突的导火索。争夺优越感是引发人与人之间敌意的最大根源，它给人类社会带来的危害会大到不可思议——在极端情况下发动世界大战，杀人盈城、血流漂杵，其本质就是不同的人群争夺优越地位、争夺优越感。因此，从这个方面来说，优越感具有一种必然的趋势，即它会把人的心理能量过多地导向虚荣的方向。

其实，在人丰富的一生中，除了优越感，还有很多可以激发人的生命力、让人投入能量去生活的精神食粮。比优越感更能让人实现自我保护、自我养育和自我提升功能而且没有副作用的就是爱和智慧。

怨

怨是一种人际关系中的情感。"怨"和"愿"字是同音，可能也是同源。如果"愿"不能实现，所求不得、所欲不遂，结果让人不称心、不如意，并且把这个不如意归咎于别人、对别人不满意，认为是别人造成了这个结果，就会产生怨。如果人把心里的怨表达出来去责备别人，就被称为"抱怨"或"埋怨"。严重的怨会走向仇恨，因此可被称为"怨恨"或"怨仇"。

"儒有内称不辟亲，外举不辟怨"（《礼记·儒行》）、"事父母几谏，见志不从，又敬不违，劳而不怨"（《论语·里仁篇》）、"（韩）信由此日夜怨望，居常鞅鞅"（《史记·七十列传·淮阴侯列传》），这些怨都是指不满足带来的不满。"外举不辟怨"，是说推举人才不回避那些和自己有怨的、自己不喜欢的人；"劳而不怨"，是说对父母该做的就做、不要有抱怨；韩信的"怨望"，则是因政治地位上的不得意而产生的不满。

不过，并非所有的不满都是怨，怨往往是指被压抑的、并没有被直接表达出来的那些不满，而且总是带着对他人的归咎，这个归咎在心里以某些言语的方式存着，一有机会就会忍不住流露出来。因此，怨的感受是一种压抑着的、闷烧着的不满，而不是纯粹的愤怒。怨通常也不会带来直接的、明确的攻击和责难。怨和骂的区别在于：骂是直接表达的愤怒和攻击；怨所带来的攻击则可能都是带着压抑克制，但又没有被真正克制住。人在怨时并不会怒斥和责骂，而是指桑骂槐、冷言冷语、含沙射影，一副不敢说但又忍不住要说的样子。心里有怨气的人，还时常会用被动攻击的方式表达不满。

在身体上，怨会在胸腹部产生一种小火焖烧的感受，或是觉得胸口堵和憋闷、透不过气来，仿佛胸区压着重物。还可能会使人腹部感觉不舒畅、胃里好像堵着东西。表情会是沉着脸、不开心，但并不会有明确的愤怒。嘴会闭着，双眼无神，但脸上没有明确的表情，只是能看出来是不愉快。怨的时候，人的身体会不爱动，可能想要说出自己的抱怨之词，却又可能未必敢去说。人也许会希望慢慢地缓解怨气却很难缓解，一旦有了小的刺激就会再次激发怨气，变成更直接一些的抱怨。

在意象中，怨可以表达为灰色的云雾，或是冒烟的木头或草堆，还可以表达为荆棘等带刺的东西，抑或是丑陋的动物（比如老鼠、蛇）。怨的情绪在味觉意象上的感受是偏酸、辣、苦、涩的，有点类似于吐出来的胆汁味道。

经典精神分析中，被称为"口欲期固结"的人可能会比较容易有怨气或是愿意抱怨。因为他们心智不成熟，会在心理上依赖别人，像婴儿一样希望别人为他们解决问题。他们会以自我为中心，不会站在别人的角度想问题，内心希望别人都按自己的期待去做事。当别人所做的不如他们的心意时他们就会不满，并把自己的不如意归咎于别人的失职。与此同时，由于他们对别人很依赖，因此他们也不敢和别人发生太强烈的冲突，免得更加不如意，于是他们不得不压抑自己的不满。压抑久了他们又会压不住，还是会将不满发泄出来。此时，他们的感受就是所谓的怨。

如果人对别人心生不满又不敢直接说，但又做不到不说，便会用抱怨的语气去说，会让别人感到很厌烦，从而影响人际关系。一个习惯于抱怨的人，在社会生活中也很难适应。

由于习惯抱怨会形成人格问题或障碍，因此改变起来并不容易。在心理咨询中，帮助这样的来访者改变需要比较长的时间。

怨是一种很中国化的情感。在儒家价值观中比较推崇对情绪、情感有所克制，因此，中国古人不大会像古希腊神话中的角色那样放纵自己的情绪。这令中国文学中也不推崇那种大喜大怒，中国人也更容易产生怨这种比较压抑的类似怒的情感。因此，中国古代文学作品中常会有怨，有一类诗词题材被称为"闺怨"，其内容就是写少女、少妇在闺中的怨和不满。比如，王昌龄在《闺怨》一诗中写道："闺中少妇不知愁，春日凝妆上翠楼。忽见陌上杨柳色，悔教夫婿觅封侯。"这首诗描述的是少妇情感得不到满足时所引发的抱怨。有时，文人也借助闺怨类的诗词来影射自己作为臣子得不到帝王的恩宠时内心产生的不满足。

重视关系、身处弱势而又含蓄的中国古代女子，从小会在耳濡目染中了解到，自己心中的欲望不满以及对他人的归咎是不适合说出口的。因为将心中的怨作为抱怨口无遮拦地说出来，不但于事无补，还会被别人质疑自己的贤淑。因此，抱怨的女人在收到被厌恶的人际反馈后，心中原本就有的怨气会增加，这让她们迅速明白，直接抱怨并不是一种化解怨的好策略。这样会使她们再次压抑心中更多的怨，等到下次忍不住时再次抱怨。这样在人际关系的恶性循环中反复实践之后，除了原来的怨得不到化解、越积越多，还会逐渐增加一种因求不得或已失去（例如，对方曾经能够很耐心地倾听她的抱怨并试图改正，但现在做不到了）而带来的悲哀——此时就是哀怨。如果哀怨被压抑到彻底放弃抱怨的程度，就变成了幽怨。幽怨就是一个人毫无怨言却无时无刻不在用其眼神、表情、体态等身体语言哭诉心中无法言说的怨。与抱怨不同，哀怨和幽怨的效果很好，至少是很受男性的接纳甚至是鼓励的，男性会因此而怜惜她们、心疼她们，甚至是通过写诗、画画来赞美她们，替她们向世界表达怨。

因此，从另一个角度来说，怨女素材也常常被赋予一种文学美感，并得到了文化无意识的强化。因此，中国怨的种类非常之多，而且越压抑的、包装得越精美严实的怨，越能得到众人的同情和保护。

对中国心理咨询师来说，怨是一种非常重要的且很难从国外心理学语境中获得灵感的情绪、情感。以英语为例，英语中没有与"怨"直接对应的词汇，英语中只有最直接、最外化的"抱怨"，而且"抱怨"的英文"complain"还有"投诉"的意思，而中国的"怨"则与"投诉"的感觉不一样——一个包裹着里三层外三层衣服的女子，即便跑到屋子外面露脸，也依然是穿着里三层外三层的，而不是她一旦跑到屋子外面就脱光了衣服、赤条条地暴露在光天化日之下了。

愠

"愠"在《现代汉语词典》中的解释，是"怒"的书面语。

　　虽然"愠"这个词在当代语境中已经很少使用了，但我觉得愠这种独特的情绪还是普遍存在的，而且这种独特的情绪并没有一个新的汉语词汇能准确地取代它的含义，因此本书将会介绍它，以保留我们中国人对这种独特情绪的标定。

　　愠当然属于怒那一类情绪，但愠和怒又不完全相同，区别在于：怒是直接的、爆发出来的情绪；愠则是有所压抑的、未爆发的怒。因此，怒可以有大怒、暴怒，愠则没有"大愠""暴愠"的说法。大致说来，愠是一种隐秘或隐忍在心中的怒。在当代的生活词汇中，往往可以用"不高兴""不悦""不爽"来表示愠。

　　愠的时候，人的表情上会有细微却可被观察得到的变化。最常见的是脸一沉，或是板起脸后变成扑克脸，抑或是吊着脸，但并不会呈现怒的那种瞪眼、咬牙的表情，这种表情被称为"面有愠色"——与怒发冲冠对比，我们可以明显地感受到愠与怒之间的不同情绪氛围。

　　愠是一种很压抑的情绪，因此很容易躯体化。在身体感受上，愠最主要的不舒适感会集中分布在面部、胸部和胃部——脸皮会略微发热、发麻，眼珠会发胀甚至会产生略微的痛感，通常还会牵连到耳朵和太阳穴，有时鼻翼也会有略微发胀、发麻的感觉。胸部好像有两股气流突然交汇在一起：一股是热的，像一股热浪迅速地想要涌上头部；另一股却是凉的，像一大盆凉水迅速从头顶泼下来，把上涌的热浪压住。在两股能量交汇并僵持一段时间后，胸腔会被一团说不出是冷还是热的却很有张力的气胀满，带来明显的憋闷感。如果愠的心理能量更大，就会继续向下涌入或是沉入胃部，给胃部带来一种闷胀甚至是胀痛的感觉，在愠极为强烈时，胃部甚至是两肋都会出现类似痉挛或神经抽痛的感觉。在温度方面，怒和愠明显不同——怒是热的，愠则是一种说不清是冷还是热的感觉。

　　人的呼吸通常也会在愠时出现下意识的变化，例如，短暂屏息，向下吐出一口气然后暂时屏息，或是突然倒吸一口气然后立即屏息。当然，这一切呼吸动作都不会很明显，而是会在瞬间不经意地悄然进行。因此，愠的人往往是自己和别人都没有注意到和意识到他有所愠。

　　意象中，愠和怒的显现也不同。怒的代表意象是火或血，且不同种类的怒通常是与之匹配的各种类型的火或血，颜色也是不同燃烧程度的火的颜色（比如橙色、红色、黄色、蓝色），或是不同新鲜程度的血的颜色（比如红色、紫色）等。例如，火山喷发的岩浆就是非常典型的怒的意象。愠的意象则更像是黑压压的阴云密布，而且还不是静止的阴云，而是在一直慢慢涌动、翻滚的阴云，并且时不时从黑云的缝隙中露出火烧云的红色，就像整个天空都在暗流汹涌着。愠最典型的颜色是黑中透红，这是怒在压抑不住的瞬间流露出来的象征。有时愠的意象还会以声音意象来表现——通常是听到远方绵延不断的雷声滚滚，而且声音还会遍布四面八方，很像灾难要爆发前的前兆。怒则不同，怒会直接显现为电闪雷鸣。

第 24 章

Z

责任感

责任感，就是人意识到自己对某人或某事身负责任时的感受。能意识到自己的责任，愿意承担这个责任并为之付诸行动，这是最纯粹的责任感。如果人有纯粹的责任感，就能欣然承担责任，内心会产生一种具为己任的自觉自愿感。

当我们称赞一个人有责任感时，就是称赞其愿意负责，也决意去负责并能身体力行。然而，在现实生活中，人们往往很难有纯粹的责任感，都或多或少会有点拒绝责任，因此在一般人的责任感中，多多少少都掺杂了一些有负担、不完全情愿甚至是被绑架的感受。

责任感是一种人性水平的情感，而不是动物性的。像动物一样生活的人是谈不上责任感的，即使他们有时也必须做他们有责任去做的事情，但并不是责任感驱动他们去做，更多的可能是不这样做就会有一些自己不愿意承受的恶劣后果，例如，有些人会因为被法律逼迫而不得不去赡养父母。没有责任感的人也会努力工作，但是驱动他们工作的动力只是想多挣点钱，以及免遭批评和罚款，这些都只是动物层趋利避害的本能动力。有责任感的人在工作中会意识到做某件事是自己的责任，自己应当把它做好，因此他们不会仅仅是应付工作，而会主动想如何把事情做得更好，如何避免出现错误和危险，且在一旦不慎出现过失时他们也会愿意承担后果，并继续尽力做出改善。

有的母亲没有什么责任感，她们只不过会受哺乳本能的驱动，像动物一样保护和养育自己的子女。如果本能的驱动没有了，她们就可能会对子女漠不关心。即使她们可能还会继续对子女不错，对其他人（比如婆婆）则可能会很冷漠。责任感会让人心怀诚意地关心别人，并希望能把事情尽力做好，因此他对自己选择负责的对象一定不会冷漠，而是内心有温度的。同时，一旦一个人愿意负责，他就会在负责任的过程中更能耐受挫折，用心寻找新的办法。因此，责任感也会使人更有恒心和毅力去坚持。例如，一个有责任感的儿媳即使对婆婆并没有本能的亲近感，也能认真、负责地完成晚辈的责任，并在这个实践责任的过程中投注自己的情感和善意。她的真情实感和坚持不懈的善举到最后通常能引发婆婆对她的感激和爱惜，令婆媳关系越来越融洽。

本能推动行动与责任推动行动是完全不同的。当本能推动行动时，我们内部存在着天生就有的驱动力，推动着我们去做某件事，因此不需要动用意志力。比如：我们饿了去吃饭，不需要动用坚强的意志；累了就休息，也是很自然的事情。不过，责任所推动的行动，有时和本能一致，有时则与本能相抵触。当与本能相抵触时，就需要动用人的意志去推动行动了。地震了，撒腿就往室外跑，这是本能。有的教师因有强烈的责任感而先想到保护学生，便克制了自己逃跑的本能，为学生的安危负责。这是很不容易的，需要坚强的意志，这也是负责任的行动。在做负责任的行动的时候，内心中起作用的那种感受就是责任感。

在人性水平，人会对社会分工有理性的认识。人会认识到，在任何一个社会组织和结构中，社会的每个成员都有其应该为群体做的事，即所谓的"分内事"，这就是人的社会责任。在认识到这一点后，如果人对自己所在的群体有爱、有归属感，他就会自愿承担群体分配给他的任务，这就是社会责任。在自愿承担了任务、为群体负责时，他会产生一种心理感受，这种感受就是责任感或社会责任感。面对同样的工作和劳务，对一个没有责任感的人来说是负累和裹挟，但有责任感的人的内心却会有愉悦感和幸福感。因此，一个心怀责任感的人比没有责任感的人更容易享受工作的过程，更少产生职业倦怠。

在人性水平，人对自己的人生怎么度过、自己要过什么样的生活，也是有自觉意识的。他会思考并选择自己的价值，进而在自己的价值观基础上选择自己的目标和行动。在做出选择后，他做事时即使有时会感到不喜欢做、做得很辛苦或是有风险，但为了忠诚于自己的选择也还是要继续做。此时，人需要用责任的力量去抵御内心不愿意去做的力量。对这个责任的自觉意识会引发一种心理感受，即责任感或对自己负责的自我责任感。从这个角度来说，责任感的背后其实是一个人内心深处所珍视的价值观。换句话说，一个有责任感的人会把自己所选择的那些责任当成自我选择的活法，由于他在相当程度上是在按照自己的内心价值去行动和生活，因此更容易在实践责任的过程中体验到自我存在的价值。

在身体感受上，责任感主要体现为肩部的上扬和用力，仿佛担起一个看不见的担子。除了肩部之外，腰部也需要挺直，腿部也需要站直，同时脚掌也会展开着地，与大地更全然地接触。这并不轻松，但是在坚定地承担压力时，有一种整个人都更加有力量的感受，仿佛是压力让人的整个身体变成了一个整体。

责任感最基本的意象也是挑着担子的人，或是扛起什么东西的人，还可以是拉车的牛、驮着担子的马、运货的骆驼，或是驮着石碑的赑屃①。

口欲期固结的人很难产生责任感，人的心理至少要成长到肛欲期，他才会具备承担责任的能力。不过，就算人有了这个能力，也不见得愿意负起责任，毕竟人在负责任时需要付出，还需要在一定程度上牺牲自己的个人利益，所以只有一部分人才会产生责任感，这些人是人类社会赞许的对象。因此，丘吉尔才会说"高尚、伟大的代价就是责任"；顾炎武才会说"天下兴亡，匹夫有责"；"鞠躬尽瘁，死而后已"的诸葛亮才会成为人们的榜样。

虽然自我中心很强的人不喜欢责任感，但其实有很多心理问题恰恰是因责任感匮乏所致。我们在生活中会发现，有些人在内心不愿意为自己的选择负责，因此当他们因做了错误选择而影响了生活时，他们会责备外界环境，责备别人对自己的不良影响，或是哀叹自己生不逢时、运气不好，而不去反思自己所犯的错误。这种不去自我负责的做法会导致人无法从错误中吸取经验教训，从而很可能会一再犯同类错误，让自己的人生越来越失败，并积聚越来越多的怨气。心理学家维克多·费兰克尔（Viktor Frankl）说，每个人都被生命询问，而他只有用自己的生命才能回答这个问题。因此，"能够负责"是人类存在最重要的本质。不愿意为自己负责、没有责任感的人无法回答好生命的询问，就可能会抑郁、愤怒，产生种种心理问题。因

---

① 赑屃（bì xì），驮石碑的形似乌龟的瑞兽。

此，帮助他学会为自己负责、让他感受到什么是责任感，是解决这些心理问题的根本方法。

责任感具有很高的社会价值，因此不少人会试图提升自己的责任意识和责任感。这其实就是在试图让自己从动物性生存层面提升到人性生存层面，这能有效改善改进自己的工作和人际关系。因此，这种提升是值得去做的。

提升自己的责任意识并让自己有责任感，可以从行为层面入手。比如：在工作中，要像一个有责任感的人那样，愿意多努力，主动去助人，遵守组织的规范，遇事不推诿，尽量不抱怨、不找借口、不推卸责任、认真敬业等；在人际关系中，要做好自己分内的事情，要言之有信，要多关心身边的人，要孝敬父母，要爱护伴侣，要呵护子女后辈；在自我成长中，要为自己的行为负责，尽量不要怨天尤人，凡事多从自己身上找原因；在内心层面，提升责任感的关键是选择真心投入、真心去爱。

有责任感的人越多，社会就会越好。

珍惜感

懂得某件事物的珍贵，因此用爱惜的态度去对待它，绝不去损害它，此时的内心感受就是珍惜感。

珍惜感包含对一个事物的认知、情感和行为趋势三方面。在认知上，意识到这个事物的价值非常高，而且稀有难得；即便各种条件暂时具足，条件一旦变化也可能随时失去，因此自己需要付出努力才能维护它继续存在。在情感上，是欣赏、恋慕、恭敬、惊叹，以及一种不忍和不舍得（它遭到损害），同时还有一种内心的幸运感和责任感，以及不肯辜负的心愿。在行为趋势上，表现是警觉、自律和保护。

这里所说的"珍贵"，通常并不是以市场上的价格来衡量的，而是以这个事物本身的价值来衡量的。而且这个"价值"往往指的是它的精神性的价值，而不是它的物质层面的价值。

珍惜是一种爱，所以作为动词时也可以被称作"爱惜"。在珍惜的体验中，不仅包含着"这个事物真好"的赞叹，还包含着"我一定要保护好它"的愿望。

　　刚刚做母亲的人，看到孩子那小小的、柔嫩的身体时，会油然而生强烈的保护欲，甚至会产生"如果为了保护这个可爱的小东西需要让我死，我也愿意"的想法。这种保护欲的基础就是珍惜。《赠邻女》一诗中的"易求无价宝，难得有心郎"中描述的心情，就是对男女之间感情的珍惜。林冲买了宝刀之后，"当晚不落手看了一晚，夜间挂在壁上。未等天明，又去看那刀"，是对刀的珍惜。

　　珍惜在身体上的表现是轻拿轻放、小心谨慎。当我们接触让自己珍惜的人或事物时，特别怕不小心伤损到他／它，所以动作会非常轻柔、警觉，如同在接触一个娇嫩或易碎的事物。对于我们珍惜的人，俗话说就是"像保护自己的眼睛一样"去保护他，或是"含在嘴里怕化了，拿在手里怕碎了"。对于我们珍惜的物品，也会轻轻地抚摸，专心地、认真地移动这个物品，尽量避开任何可能伤损到它的东西。

　　如果我们所珍惜的是一个无形的事物（比如一种观念），就会尽量避免有可能破坏它的事情；如果珍惜和另一个人之间的感情（比如爱情），就不会去做可能伤害这份感情的事情（比如出轨）。

　　珍惜感在心理意象中会以珍贵事物的形象显现。比如，当我们对一个事物爱若拱璧时，在梦中或想象中就会用璧去象征它。当我们很珍惜一个人或是一份感情时，也会用宝玉、钻石、黄金等去象征他／它。此外，极为美丽的花朵或是感觉上如同来自仙境的花草树木，也可以体现珍惜感——意象中的花虽然极为美丽却可能比较脆弱，稍微不小心就会被碰掉花瓣。极度清澈的潭水、彩虹或日晕、洁白而精致的雪花、极美丽的鸟或其他小动物等意象，也可以象征珍惜感。此外，仙女、仙童或天人等形象，也可以作为珍惜感的意象。

　　人们经常会被提醒要珍惜时间，因为时间是有限的，时间就是生命的载体，时间流过生命就被消耗了，所以人们会形成"时间太珍贵"的意识。对于珍贵且易逝的时间，人在意象中会用美好但是短暂存在的事物来象征。春天的花常被用来象征值得珍惜的时间。李后主在《相见欢·林花谢了春红》一词中写"林花谢了春红，太匆匆"，表达的就是对美好的时间的珍惜感。此外，我们还可以用青春少女的形象来表达对时间的珍惜感。

　　尽管珍惜感中有一种不忍和不舍得它被损害的情感，但这并不是贪婪感——贪婪感是人的动物性层面的感受，是试图占有好东西且自己去消费这些好东西；珍惜

Z

感则是人性层面的感受，是对美好的爱。人只有懂得爱、懂得美，能够看到事物的价值或是人最高贵的内心价值，才能懂得珍惜。因此，没有成长到这个精神层级的人根本不懂得什么是珍惜。《红楼梦》中警幻仙子说的那种"皮肉滥淫"的男人，对女性的态度是贪婪；而贾宝玉这种懂得情之美的人则具有珍惜的能力，懂得珍惜女性，懂得怜香惜玉。只有懂得情，才能共情他人并懂得他人的情和心意，才能体会到这种情和心意的美好和可贵，才能懂得珍惜。

人会本能地贪生怕死，但这并不是人性层面的珍惜。真正懂得珍惜生命的前提是，人在内心深处真切理解了世界的无常流变，真正意识到了人生的短暂，真正意识到了死亡的存在和人的有限性，而且真切体会到了人生可以有意义。此时，人会知道人生的美好却又很短暂，从而格外珍惜时间。

珍惜感能让人能做出珍惜、保护那些美好的人或事物等的行为，这些行为会让这个世界变得更加美好。

真实感

是否有真实感与外在情境是否真实并不是完全一致的。有时虽然我们身处真实的外在世界中，看到和听到的都是真实存在的，却可能会产生不真实感；有时我们会对幻觉中的事物或是其他不存在的事物和情境感到很真实。当然，二者一致的时候相对来说还是更多，我们会对真实存在的世界感到真实，对幻觉或不真实的事物感到不真实。

真实感的体验是"好真实啊""真的就是这样的"，尽管这样的两句描述似乎是同样的意思，但人在感受上就是这样。如果你体验过强烈的真实感，就会对这两句话很有同感。

当真实感突然增强时，我们会觉得自己好像是从一个玻璃泡泡中出来了，或是打破了面前的玻璃墙，直接接触到了一个真实的世界。我们还可能感觉像是从梦中醒过来，面前的一切都变得更加真实。尽管我们所看到的形状未必有变化，听到的声音也未必有变化，但真实程度却有所不同。我们会感觉我们的眼睛仿佛更亮了，

Z

所看到的外界事物也都更明亮、更鲜明了，但其实亮度并不是真的提高了，而只是有这样的一种感受而已。在真实感更加强烈时，就算我们身处一个黑暗的房间，我们也会感受到这黑暗仿佛变成了更清晰的黑暗。同时，我们听到的、嗅到的、尝到的，也都会发生这样的改变。

"好真实啊"这种感受通常是很积极的、很愉悦的，因为这种感受会给人的内心带来确定感。

真实感的存在也让身体变得更加"真实"，人会更深切地感受到身体的存在，身体也显得更有活力，或者说感觉自己更像是一个"活人"。与此相比，真实感弱的时候，身体像是在昏睡或是浑浑噩噩，如同行尸走肉。

即使有痛苦，在伴随着真实感时人也会变得不那么难受，因为真实的痛苦会带来存在感，而且任何"真切地知道"都会让人内心中因未知、不确定而引发的焦虑大大降低。

真实感不需要借助意象来表达自己，因为真实的存在就在眼前。不过，有些通常被视为不真实存在的意象却可以带来真实感。在这种情况下，这些意象并不是为了象征某个真实，而是被感受为"它就是真实本身"。

人在醒来后，有时会对所做的梦产生强烈的真实感。在致幻药物影响下所看到的意象，有时也会让人产生强烈的真实感。此时，人会认为这不是想象，而是在另一个维度中的真实存在。在精神修习中，有的人会看到神仙、菩萨之类的形象，如果他有强烈的真实感，那么他也会认为这是真实存在的。有的人在某种情况下看到了前世的意象故事，也会把它认同为"这就是我的前世、真实存在的前世"。在濒死体验中，人所看到的形象可能会让他觉得这比平时的这个世界更加真实。[①]

正常程度的真实感在我们一生中的各个阶段都不可或缺，这种感受让我们相信，我们看到、听到的一切都是真实的，我们相信看到的是真实世界，这样我们才能正常生活。

[①] 本段文字只是展示这些现象，但对"到底是不是有真实性"不做评判。当事人在感受中，这些形象的真实感是非常强烈的。

Z

如果一个人的心理健康程度越来越低，如果一个人看世界时的偏见越来越多，那么他渐渐就会积聚越来越多的不真实感，他的真实感也会比正常人弱。例如，有的人经常感觉自己活在恍惚中，分不清哪些是自己的想象、哪些是现实中真的发生的；有的人感觉自己的身体好像一个游魂，在世间漂游不定；有的人在青春期时会在某个阶段忽然感觉自己的父母不是真实的父母，而是由其他人假扮的，甚至是受到了某些精神外力的掌控。如果他们借助心理咨询或心理治疗等方法让心理疾病得以治愈，就能增加其真实感，令其真实感回到正常人的水平。如果这个过程进展得比较快，他就会产生比较强烈的真实感。如果他通过心理成长和精神修习让自己的觉知能力得以大幅度提高，那么他也会产生比较强烈的真实感。除了精神药物影响下的那种情况，真实感的产生通常都是人心理更健康的标志。

由于真实感是远离幻想和幻觉妄想的，因此真实感通常不会通过意象激活（当然也有例外，就是我在上文中提到的那些例子）。

真实感是一种当下的、此时此地的觉知，它通常会在身体上被体验到。当出现真实感时，人会感觉身体的存在感普遍增强了、实在了。他的视听味触嗅的感观也变得更加敏锐和发达，他可以借助感官体验到与外部世界信息的接触，以及这些信息给自己带来的内部感知觉。心理学中有一些练习能有效提升真实感，例如正念等。当人产生真实感时，人、世界，以及人与世界的关系都能被觉知到。

秩序感

如果人能感觉到事物之间的关系符合某种规律，这种感觉就被称为秩序感。

人有时会因为发现了某个规律而产生秩序感；有时还不能找到规律，但事物之间的关系让人感到其背后似乎有某种规律，此时也会产生某种程度的秩序感。

与秩序感相反的感受是混乱感（或杂乱无章感）。混乱感会给人带来极大的焦虑，因为人找不到事物的规律，无法理解和消化自己的世界里发生了什么，仿佛一大堆随机生成的碎片满世界乱飞，不知道在什么时候、什么地方给自己带来什么影响，这会给人带来未知的不安和信息过载的压迫感，从而让人感受到自己难以认识事物、掌控事态发展。秩序感则是一种偏向于愉悦的感受，这种感受也可以说是一种井井有条的感受。秩序感之所以能给人带来愉悦，是因为混乱带来的焦虑得到了缓解甚至是释放。如果秩序感比较强烈，那么还会让人产生一种和谐所带来的美感。

在日常生活中，最基本的秩序感就是我们看到物品按照某种简明的规则摆放，尤其是整齐地摆放。比如，厨房中的刀具都被整齐地放在一个专门放刀具的架子上，所有的碗碟都被整齐地放在碗橱中，调料放在操作台上的同一个区域，任何地方都没有乱丢的东西，这些都会使人产生一种秩序感。

行动中的秩序感表现为行动步骤清晰明确，每次行动都按照相同的、安排好的步骤进行，因此在行动时总能知道下一步需要做什么，无须太多的临时判断。而且所安排的行动步骤也比较合理，因此，人不太可能会感到混乱，从而也提高了效率。

在身心状态上，秩序感在整体上的感受体现为，认知和行动都比较轻松和顺畅，其中比较明显的感受包括：眼神淡定且有神，视野中的事物仿佛更清晰、明朗；头脑中的念头是灵活的、丰富的、彼此有关联的，既不会思维奔逸，也不会像死机一样思维卡顿，头部还会有一种淡淡的清凉感；全身的皮肤和肌肉是松紧适度的，四肢是轻松且有力量的，呼吸也是自然、平稳、有节律的。

秩序感在意象中的表达，可以是一些整齐的图形，或是按规则重复的几何图形，抑或是整齐的环境。有时，一棵盘根错节、枝杈繁多的大树也会让人产生秩序感。

幼儿在到了一岁多后会逐渐建立起秩序感，其建立的基础主要是身体动作能顺畅地接触世界，并能从行动中获得一些对世界规律的基本认识的体验。有节奏的运动（比如舞蹈）能帮助他产生对身体和韵律的秩序感。

此外，还有很多方式能让人获得秩序感，其中最简单化的方式是，强行把事物之间的复杂关系简化，从而建立一种简单的秩序感。高等级的方式是，寻找事物之间的关系，并在更复杂的关系中找到根本规律。比如，把道路修得笔直、把树冠修剪为标准的球形，这些就是简单化的秩序感；在中国古典园林中，道路虽然曲折但是流畅，各处所种的植物都错落有致，这就是相对高等级的秩序感。通过持续观察生活不断抛给自己的随机事件，人们发现了万事万物运行的基本规律，这个过程中就建立了最高级的秩序感。

　　缺乏秩序感的人如果强行努力求得最大限度的秩序感，就很可能会采用简单化的方式强行把外界事物按照某种简单的规则来安排。强迫型人格的人有时就会这样做——他们可能会竭力把自己房间里的东西摆放得极度整齐，自己做事情时也要遵守僵化的步骤。为了这种秩序，他们宁可牺牲其他的利益，因为他们的内心无法耐受混乱的信息过载引发的焦虑，便试图强行抓取一种虚假的秩序感作为心理代偿的结果。

　　试图获得秩序感是人类认知和情感的本能需求，这无可厚非。真正建设性地获得秩序感的方式，要从耐受混乱引发的焦虑开始。在回归疗法中，我将其称为"焦虑容纳力"。当许许多多纷乱无绪的信息被这个心理容器收拢和承载时，人就不会急于像没头苍蝇一样地胡乱应战、越忙越混乱，而是会停下那些无效的活动，让自己的身心暂时安稳下来。由于万事万物的发生本身始终都遵循着一定的规律（即所谓的"道法自然"），因此只要人能让自己的身心不再胡乱动作，涌入这个心理容器中的浑水就会自然地慢慢静止下来——沙是沙，水是水，混乱奔腾的浑水汤自然会向我们显露出它原本的内在秩序。

自卑感

　　自卑感是一种整体性的、深层的"我什么都不如别人"的基本感受。这种感受的内核是一个"我什么都不如别人"的基本信念，深埋在人的心底，作为一种背景时刻存在着。正因为自卑感来自心底的一个基本信念，因此自卑感并不是一种一过性的、对某个情景下失利的即时反应，而是一种泛化的、近乎无条件的、整体的、指向自己的低自我评价。自卑感中有一个要素，就是一个关系中的比较。从意象对话的视角来看，自卑感就是一个子人格对子，在这个对子中，有一个永远优于"我"的他者，以及一个处于劣等的"我"。

　　值得一提的是，虽然自卑感来自与他人的比较，但人在与他人比较之后发现自己不如别人，却不一定会产生自卑感。如果人内心的基本信念是"我挺棒的"，那么在与他人比较后发现自己不如别人，他更可能产生的感受是对优秀他者的仰慕感和榜样认同感，或是准备奋起直追的兴奋感，即便是发现自己与对方在品德上差距巨大，也最多会感到自惭形秽和谦卑，却不会产生自卑感，也不会全盘否定自我。

顺便说一下，自卑和自惭都是人在感到自己不如人时产生的情绪，但是两者有所区别。自卑的评价标准是外在的（虽然最终被自卑者内化了，但依然是被内化了的"外在标准"），是公认的标准，是觉得"大家会看不起我"；自惭则不一定，有时还可能是内在的标准（"我发现这个人真的比我强"）。自卑是消极的；自惭则包含对别人的优点的欣赏，所以不完全是消极的。自卑容易引发嫉妒；自惭则更容易引发羡慕。

自卑感和优越感刚好相反。优越感是一种在与他人的比较中产生的、指向自己的、整体的、积极的评价，核心是一种"我什么都比别人强"的信念。对于人的自恋本能来说，优越感是一种非常美妙的感受；自卑感则相反，它是一种极其不愉悦的感受。

由于人对自我天生都是贪恋的，因此人在本质上总是爱自己胜过别人——哪怕有些人会声称爱别人胜过爱自己，但其实他们所说的"爱别人胜过爱自己"通常不过是在控诉别人对自己付出的不够，或是宣扬自己比别人更好、更有爱、更高尚等。由于人在内心最深处会默认自己应该是优越的，但如果在现实中经过比较后发现自己不是优越的而是劣等的，就会产生落差——这种心理落差引发的痛苦就是所谓的"自卑感"。

让一个人自卑的，既有内在的自我品质，又有外在的自我条件。人可能会因为自己的外貌丑而自卑，或是因为自己智力低而自卑，抑或是因为自己做事能力差而自卑等，这些都是内在原因带来的自卑。人还可能会因为自己穷而自卑，或是因为自己出身低下而自卑，抑或是因为自己属于某个低级的种族而自卑等，这些都是外在原因带来的自卑。任何一方面比别人差都可能会激发自卑感。

自卑感通常是蛰伏的。因为人的自恋一旦发现自己内在有让自己自卑的信念就会无法忍受，从而本能地做出补偿，以修复被损害的、默认的自我优越感。因此，尽管自卑感是一种无时无处不在的深层信念，但自卑的人却往往很少能意识到这一点，他们常常会表现出一副很有优越感的样子。

从客观上来说，人与人在各自擅长方面的天赋本身就是不同的，即所谓的"尺有所短，寸有所长"。因此，任何一个人与别人相比，无论是想要找到其优越于别人之处，还是找出不如别人之处，都不是难事。可见，一个人骨子里是自卑还是优越，其实并不取决于他有多好或多差，而是取决于他内心认同什么样的标准。一个心灵手巧却不善言辞的人，可以认同"谁手巧谁厉害"的标准并从中获得优越感，也可以认同"谁会说话谁厉害"的标准并从中获得自卑感。

小孩子似乎可以用任何东西去和别人比：比谁的爸爸更厉害、比谁的妈妈更漂亮、比谁撒尿尿得更远、比谁身上被蚊子叮的包更多……你可能会感到奇怪：被蚊子叮的包更多有什么好的？为什么也可以拿来比？其实，好不好没有关系，重要的在于比较。随意设定任何一个标准，比较之后就可以决出胜负，任何胜者都可以有优越感，失败者则会产生自卑感。小孩子为了获胜可能会胡乱吹牛，比如一个孩子说"我上次发烧到了40℃"，另一个孩子就可能会说"我上次发烧到了50℃呢"，这样比来比去，最后说发烧到了1000℃也不足为奇。

人与人的比较往往会持续一生。人在社会中所做的最多的事情就是努力获得优越感、减少自卑感。《三国演义》中，有一首被说成是诸葛亮写的诗，其中有几句是"苍天如圆盖，陆地似棋局；世人黑白分，往来争荣辱"。这里所说的"荣辱"，就是指优越感和自卑感。那么多英雄逐鹿中原、浴血奋战，归根结底不过是在争优越感。

人可以殚精竭虑去努力去奋斗，可以牺牲很多很美好的事物，只不过是为了获得优越感，避免自卑感，这听起来似乎很不理性。然而，如果我们放下成见去观察，就会发现这个世界可能真的是这样运行的。

成年人拼命挣钱，有些人为了钱可以不惜损害健康，但要更多的钱干什么呢？吃饱穿暖有地方住，这些基本需要并不需要太多的钱。我们会发现，更多的钱只是用于比较。用什么来比较？绝大多数人会按照社会上别人设定的比较规则去比较。比如，现在的富贵女性比较的是包，为什么一个更贵的包就这么重要？有什么道理吗？其实根本没有道理，只不过是制造包的那些厂家通过广告诱导她们去比这个。古代贵妇互相比较的就不是手提包，而是首饰。

人在步入青春期后，也走进了社会，此时会与他人进行更多的比较。因此，中学生和大学生常常会受到自卑感的困扰：学习成绩不好的学生在与"学霸"比较后可能会自卑；相貌不如人的学生会自卑；无法和别人玩到一起的学生也会自卑……

青少年与成年人的一个不同是，成年人往往最后会选定一个赛道，在这个赛道上和别人比较，这样在这个赛道上胜过了别人就不会有自卑感了。比如，商界精英只要赚了大钱，哪怕自己大腹便便、相貌油腻，也不会因此而感到自卑。又如，一级教授、博士生导师，即使收入只不过是中产水平，也不会感到很自卑。青少年则不同——他们还没有选定赛道，因此会在多个方面与别人比较。没有人会在各个方面都能胜过别人，因此青少年经常会产生自卑感，自卑问题也会成为青少年常见的心理问题之一。

自卑感在身体姿势上表现为：无力地耷拉着眉毛或略微皱眉，嘴角下拉或略微噘嘴，眼睛更习惯于往下看，目光躲闪难以和别人对视、头微微下垂，双肩向身体前侧内收且含胸，腰有些弯而不挺拔，两臂会向两侧的前方无力地下垂，臀部夹紧，髋部整体略为向前，膝盖略微弯曲，有时双脚趾会抠地甚至双脚有点内八字，整个身体整体有点缩的倾向。当自卑感明显时，身体内部虚弱无力，呼吸也有气无力。当人产生自卑感时，胃部会有类似被酸腐蚀的那种烧灼感。

在意象感受中，自卑情绪是一种发黑的灰色，自卑能量是下沉的，声音是无力的如同叹息，味道是酸苦的。自卑感也会以一些弱小、被轻视的动物（比如老鼠、蟑螂、癞蛤蟆）等意象来表达。周星驰电影中的著名蟑螂“小强”就是自卑感典型的象征性意象。

在意象对话心理咨询中，如果咨询师让来访者想象一个房子（即意象对话心理咨询中所谓的“看房子”），那么有强烈自卑感的人所看到的房子会比较小、比较破旧，还可能会是草房或土坯房这种材质不好的房子，甚至可能会看到残垣断壁或废墟。有强烈自卑感的人还会夸大自己的丑陋、寒酸，想象别人轻视的眼光，在意象中更容易看到乞丐、妓女、废物、丑鬼等被人轻贱的人物形象。

一岁以下的婴儿通常不会有自卑感，因为他还只是生活在母子关系中，与其他人没有什么心理联系（如果第一年的养育者不是母亲，婴儿就会与最主要的养育者建立类似母子 / 女的关系）。

一旦幼儿开始个体化，就开始与其他人有了关系，也开始了最初的比较，从而

Z

产生了优越感或自卑感。弗洛伊德提出的俄狄浦斯情结，就是指有了性别意识的幼儿与同性别的父母一方相比后产生了自卑感。阿德勒则指出，兄弟姐妹之间的相互比较，也会让其中较弱的一方产生自卑感。由于小一点的孩子本身是弱小无能的，在与长兄长姐或其他人相比后肯定会发现自己相形见绌，因此阿德勒认为所有人小时候都会有自卑感。为了消除自卑感，人会努力奋斗去做补偿，以求将来能够在有一天感受到优越感。比如，小时候口吃的人苦练之后，可能会成为演讲家；小时候身体弱的人练武，也许就成了霍元甲。

阿德勒说的这种情况当然存在，但并不是所有自卑者最后都能超越。有些自卑者可能会破罐破摔，一辈子就这样自卑下去了。不过，阿德勒的观点中有一点我不敢苟同——我不认为阿德勒说的这种方式能真正超越自卑。我认为在人格表面的层次，超越固然可能会实现，但是在人格更深的层次，原来的自卑感不会因此而被消除，因为自卑感的内核是人生早期就被烙印在人格底层的一句类似咒语的核心信念。即使一个人成了演讲家，他内心深处有关口吃的自卑感也依旧会存在，这种超越者需要不停地提升自己，才能对抗其内心一直存在的自卑感。因此，他必须不断地继续努力，让新的成功去抵御内心深处的自卑，这会令他的人生不自由。这并不是心理最健康的状态——当然，比起破罐破摔的人还是健康多了。

人在试图用补偿的方式来消弭自卑的过程中，内心多多少少还会有一种报复心理，希望让别人感受自己过去所感受的自卑之苦，从而让自己在对比中站到优越者的那一方。

如果内在自卑但能在外在行为上做到超越，获得阿德勒式的成功，这也还好，但有的人可能会出现其他情况——自卑感让他很难受，但是他并没有能力在现实世界成功，更没有能力获得阿德勒式的超越，就会用自欺欺人的方式去应对。他会幻想自己成功，或是骗自己说自己很出色，从而用虚幻的优越感去抵御实实在在的自卑感。这样的人会伪装出异常优越的样子，或是在意象中想象出一个强大或美丽的自己，但内心依旧被自卑感啃噬。

自卑感是许多心理问题的根源，也是很多社会问题的根源，心理成长中的一项重要任务就是化解人内心的自卑感，并让人获得心理健康。

— 后记 —

终于看到这本书成稿了，本以为我会有成就感。毕竟，按照我的自我评价，在我所写过的书之中，这本应该是属于最有价值的几本书之一。因为我在这本书中对人的情绪、情感给出了比较系统、直观的阐释。以这本书为基础，可以推行情绪管理和情感养成教育，这可能会让很多人更懂感情，从而提升其生命的品质。我可以自信地说，这是一本好书。

然而，当真的看到这本书成稿时，我并没有感受到成就感。

我此时的感受并未在本书中提及，也没有现成的词汇，但有个词句与我此时的感受类似——别有一番滋味在心头。

"别有一番滋味"是什么滋味呢？对于李煜，也许是离愁。不过，它又不仅仅是离愁，而是包含了离愁且有更多的情感混杂在一起的感受。我们能感觉到我们的心被充满——充满了生命的感动与忧伤、孤独与爱、丰盈与凄凉，这情绪、情感是语言所不能表达的，只有拥有过同样经历的人才能懂得。走上西楼，登高而望，人在这个时刻但又不仅仅活在这个时刻。地面上的人活在这个时刻，他们或是因得到而喜，或是因失去而悲，或是贪求，或是躲避，而楼上的人身处这个时刻之外，但又能看到这个时刻中的每个人。他好像能够知道每个人，他是每个人但又不是任何一个人。楼上的人并不是天上的人，因为天上的人已经超越了这些世俗的悲欢，太忘情了。楼上的人还是钟情的人，他不想去那高处不胜寒的天上琼楼，而愿意只独上人间的西楼。

说不清是什么滋味，但这滋味不能忘怀。因此，只好无言。无言，不仅是因为独上西楼、无人可言，更是因为如果别人不懂，那么说也说不清；如果身边有个懂的人，又何须去言说呢？就看着如钩的月亮，看着梧桐深院，这种滋味就在心上了。

我已到了人生的秋季，多少雄心壮志也渐渐在月色下冷下去了。一人，在一生当中能做多少呢？就算你做成了一番事业，又能持续多久？"遥想公瑾当年，小乔初嫁了，雄姿英发。羽扇纶巾，谈笑间，樯橹灰飞烟灭。"何等英雄，而今安在哉！是非成败何止是转头就空，其实没有转头的时候，它何尝不是一场空？世事不过是一场大梦，人生能有几度秋凉？

如梦幻泡影？在今天或可以说，如梦幻电影。电影，无非就是种种情、种种感受，而已。

人是什么？

人无非就是有情。

那无情的人呢？

无情的不是人。

人是什么？

人无非更懂情。

如果只懂低级的情绪感受呢？

那就是禽兽。

本来，也没有什么能说清楚。

但是，既然说了，那就说说吧。

于是我就写了这本书，姑妄说之，或可以有谁听到，或可以不无裨益。

情为何物呢？

我说说看。

受疫情影响，难得有闲，因我不愿意荒废光阴便写了这本书。本来想简单写一些就好，但是写着写着，就发现有越来越多的感受、情绪、情感，好像只要想一直写下去，就永远都写不完。

在写每种感受词、情绪词时，我都会让自己更"理性"，毕竟我想让这本书成为一本工具书，成为心理咨询师、心理工作者和心理学爱好者的工具，而并不打算把它写成散文。然而，尽管在这样的约束下，在我写每种感受词、情绪词时，还是会多多少少地体验那种感受、情绪，体验有那种感受、情绪的人。仁者，难免心动。因此，我写这本书的过程，仿佛与古今所有的人相遇。

人有千千万万，情有万万千千，哪能写完？

最后，也只好说"天下事了犹未了，何妨以不了了之"了。

因此，这本书就到这里结束了。

情为何物？读此书，你或许有触动启发。

如果感觉不够尽兴，那么若干年后，我也许会写修订版——也许不写。

不过，无论怎样都没有关系，如果我不写修订版，早晚也都会有人填这个坑。

那个填坑的人是谁不重要，我就当他是我好了。

好了。

北京阅想时代文化发展有限责任公司为中国人民大学出版社有限公司下属的商业新知事业部，致力于经管类优秀出版物（外版书为主）的策划及出版，主要涉及经济管理、金融、投资理财、心理学、成功励志、生活等出版领域，下设"阅想·商业""阅想·财富""阅想·新知""阅想·心理""阅想·生活"以及"阅想·人文"等多条产品线，致力于为国内商业人士提供涵盖先进、前沿的管理理念和思想的专业类图书和趋势类图书，同时也为满足商业人士的内心诉求，打造一系列提倡心理和生活健康的心理学图书和生活管理类图书。

《意象对话心理治疗（第3版）》

- 中国心理学界的扛鼎人物、著名心理学家、意象对话疗法创始人朱建军开山之作最新修订版。
- 一本影响中国本土心理咨询与治疗发展的经典传承著作。
- 中国心理卫生协会精神分析专委会副主委、中国医师协会心身医学专委会副主委、主任医师张天布作序推荐。
- 孙时进 / 李明 / 徐钧 / 张沛超 / 东振明 / 慈藏等众多知名心理专家联袂推荐。

《心由境造》

- 意象对话心理治疗创始人朱建军潜心之作。
- 用意象对话揭示环境与人心的微妙关系，学会与环境和谐相处。
- 苏彦捷作序推荐，訾非、吴建平、田浩、徐钧、张焱联袂推荐。